普通高等教育"十三五"规划教材
石油化工卓越工程师系列教材

石油化工装备制造与安装

王文友　宣征南　刘　波　王宗明　主编

中国石化出版社

内 容 提 要

本书以石油化工装备制造与安装工程中普遍应用的新标准、新技术、新工艺、新机具为重点，依据石油化工装备制造与安装工程实际，比较系统地介绍了石油化工装备制造与安装的方法、手段及技术措施。全书分为两篇，第一篇为石油化工装备制造，第二篇为石油化工装备安装，全部示例取自工程实际，实用性强。

本书以培养石化行业卓越工程师为导向，可供过程装备与控制工程、油气储运工程等相关专业的本科生使用，也可供石油化工行业相关专业技术人员参考。

图书在版编目(CIP)数据

石油化工装备制造与安装 / 王文友等主编 . —北京：中国石化出版社，2020.9
ISBN 978-7-5114-5818-6

Ⅰ. ①石… Ⅱ. ①王… Ⅲ. ①石油化工设备-制造-教材 ②石油化工设备-设备安装-教材 Ⅳ. ①TE65

中国版本图书馆 CIP 数据核字(2020)第 164577 号

中国石化出版社出版发行

地址:北京市东城区安定门外大街 58 号
邮编:100011 电话:(010)57512500
发行部电话:(010)57512575
http://www.sinopec-press.com
E-mail:press@sinopec.com
北京富泰印刷有限责任公司印刷
全国各地新华书店经销
＊
787×1092 毫米 16 开本 22.5 印张 565 千字
2020 年 9 月第 1 版　2020 年 9 月第 1 次印刷
定价:58.00 元

前　　言

本教材为教育部"卓越工程师教育培养计划"配套教材，由《石油化工卓越工程师规划教材》编委会组织编写，内容紧密贴合工程实际，旨在帮助"过程装备与控制工程"专业及相关专业本科学生掌握石油化工装备制造与安装方面的知识，培养工程实践能力。

随着现代科学技术和工业经济的飞速发展，各类建设工程的规模不断扩大，各种新结构、新技术、新工艺、新材料、新设备正在被广泛应用。"一带一路"国际合作，高举和平发展的旗帜，积极发展与沿线国家的经济合作伙伴关系，共同打造政治互信、经济融合、文化包容的人类命运共同体。从 2013 年 9 月习近平主席提出共同建设"丝绸之路经济带"到 2015 年 3 月，"一带一路"经济区承包工程项目突破 3000 个，收获了雅万高铁、瓜达尔港、中俄原油管道复线等一批重大项目。

大型、超大型石油化工设备的制造、安装工程越来越多，标准不断更新，施工技术、施工手段也越来越先进。本书以目前石油化工装备制造与安装工程中普遍应用的新标准、新技术、新工艺、新机具为重点，依据石油化工装备制造与安装工程实际，比较系统地介绍了石油化工装备制造与安装的方法、手段及技术措施。本书全部示例取自工程实际，符合工程实际应用的需求和要求。本书以工程实际应用为出发点，引用石油化工装备制造与安装相关的最新标准、规范，内容新颖、文字简练、通俗易懂，较全面地反映了石油化工装备制造与安装工程中涉及的主要知识和环节，实用性强。

本书共分为两篇，第一篇为石油化工装备制造，共分 7 章，分别介绍了设备壳体制造的准备工序、成形加工工艺、过程设备的组装工艺、过程设备的焊接工艺、典型过程设备制造、设备制造的检验与质量评定和过程设备制造的质量管理。第二篇为石油化工装备安装，共分 5 章，分别介绍了安装准备工作、泵和压缩机的安装、静设备安装、化工管道安装、试车与交工验收。

本书以培养石化行业应用型人才为导向，可供过程装备与控制工程、油气储运工程等相关专业的本科生使用，也可供石油化工行业相关专业技术人员参考。

本书由王文友、宣征南、刘波、王宗明主编，负责全书统稿和修改工作。本书的绪论、第1章、第2章由王文友、刘波编写；第3章、第5章由宣征南、郭福平编写；第4章、第6章、第7章由王宗明编写；第8章、第9章、第10章、第11章、第12章由刘波、赵海超编写。

在编写过程中，作者参阅了大量的相关教材、标准规范和国内外技术文献资料，在此对有关作者一并表示感谢！

由于编者水平所限，加之当前石油化工装备制造与安装技术飞速发展，书中会有不足之处，敬请同行专家和广大读者予以批评指正。

目　　录

第二篇　石油化工装备安装

绪　　论

0.1　课程内容

制造业是国民经济的主体，是立国之本、兴国之器、强国之基。18世纪中叶开启工业文明以来，世界强国的兴衰史和中华民族的奋斗史一再证明，没有强大的制造业，就没有国家和民族的强盛。打造具有国际竞争力的制造业，是我国提升综合国力、保障国家安全、建设世界强国的必由之路。

制造业的基础是装备制造业，它的发展不仅是一个国家社会生产力全面发展的基本条件，是实现现代化的基础，也是一个国家国际竞争力的根本体现。以美国、日本、德国为代表的发达国家，其发展历程无一不是以装备制造业的发展作为其发展前提。装备制造业不仅是工业进一步发展的保障，更是关系到国家安全、国家实力、民生发展的基本保证，无论从全球国家发展史的角度，还是从产业、行业发展史的角度都说明装备制造业是立国之本、兴业之源。

石油化工装备主要是指石油、化工等行业生产工艺过程中所涉及的关键典型装备。从制造角度可将石油化工装备大致分为两大类：以焊接为主要制造手段的石油化工设备部分，如换热器、塔器、反应容器、储存容器及锅炉等；以机械加工为主要制造手段的石油化工机器部分，如泵、压缩机、离心机等。另外，石油化工装备也包含由于各种特殊生产工艺要求（如吸附、离子交换、膜分离技术等）采用综合制造手段生产的各种工艺装置。

石油化工装备制造对于过程装备与控制工程专业来讲，应该突出石油化工设备的制造及安装内容，这也正是本专业与其他机械类专业的重要区别，同时也应该掌握机器在制造过程中影响制造质量的主要因素和原因，以利于在实际工作中对机器选型、安装、维修、管理等。

本书内容共分为两篇，第一篇为石油化工装备制造，共分7章，分别介绍了设备壳体制造的准备工序、成形加工工艺、过程设备的组装工艺、过程设备的焊接工艺、典型过程设备制造、设备制造的检验与质量评定和过程设备制造的质量管理。第二篇为石油化工装备安装，共分5章，分别介绍了安装准备工作、泵和压缩机的安装、静设备安装、化工管道安装、试车与交工验收。

0.2　石油化工设备制造技术

石油化工设备制造过程中，要涉及很多零部件的制造，最重要的或者说直接影响到安全生产的承压部件的制造是最关键的。例如，一台管壳式换热器主要由壳体、接管、法兰、支座、管板、管束等零部件所组成，承压壳体的制造是核心问题。

同样，塔器、反应容器、储存容器及锅炉等过程设备制造中最重要的核心问题也是承压壳体的制造问题。了解、掌握了承压壳体的制造工艺内容也就抓住了石油化工设备制造的重点。

TSG 21—2016《固定式压力容器安全技术监察规程》中规定，压力容器制造（含现场制造、现场组焊、现场粘接）单位应当取得特种设备制造许可证，按照批准的范围进行制造，依据有关法规、安全技术规范的要求建立压力容器质量保证体系并且有效运行，制造单位及主要负责人对压力容器的制造质量负责；制造单位应当严格执行有关法规、安全技术规范及标准，按照设计文件的技术要求制造压力容器。

注：《固定式压力容器安全技术监察规程》（TSG 21—2016）以原有的《固定式压力容器安全技术监察规程》（TSG R0004—2009）、《非金属压力容器安全技术监察规程》（TSG R0001—2004）、《超高压容器安全技术监察规程》（TSG R0002—2005）、《简单压力容器安全技术监察规程》（TSG R0003—2007）、《压力容器使用管理规则》（TSG R5002—2013）、《压力容器定期检验规则》（TSG R7001—2013）、《压力容器监督检验规则》（TSG R7004—2013）等七个规范为基础，进行合并以及逻辑关系上的理顺，统一并且进一步明确基本安全要求，形成关于固定式压力容器的综合规范。

目前，压力容器按制造方法不同可分为单层容器和多层容器两大类，见图0-1。

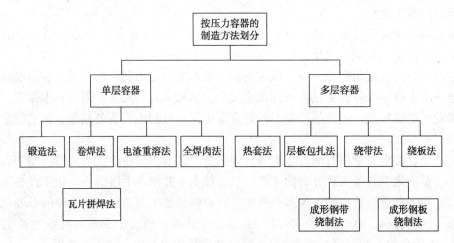

图 0-1　压力容器制造方法的分类

上述压力容器的几种制造方法（除全焊肉法外）国内均已采用。其中大型压力容器以热套法和单层卷焊法制造，尤其是后者最为常用。

本书将以单层卷焊式结构为主，介绍压力容器的材料、成形、焊接和检测等制造工艺内容。

0.3　石油化工设备安装的施工方法和技术措施

随着现代科学技术和工业经济的飞速发展，各类建设工程的规模不断扩大。各种新结构、新技术、新工艺、新材料、新设备正在被广泛应用。大型、超大型石油化工设备的安装工程越来越多，标准不断更新，施工技术、施工手段也越来越先进。

本书以目前石油化工设备安装施工工程中普遍应用的新标准、新技术、新工艺、新机具为重点，依据设备安装施工程序系统地介绍了石油化工设备安装的施工方法、手段及采取的技术措施及相应的安装施工案例。

本书比较全面地介绍了石化设备安装施工基础，石化设备安装施工准备，动设备（泵和压缩机）、静设备（换热设备、反应器、储罐、塔设备）安装的施工，石化管道的安装施工，设备试车及交工验收等内容。

第1章　设备壳体制造的准备工序

本章将介绍过程设备制造的第一个环节，即下料准备工序，其内容主要包括：钢材的预处理、展开划线、分割下料及边缘加工等三部分。

1.1　钢材的预处理

钢材的预处理是指对钢板、管子和型钢等材料进行净化处理、矫形和涂保护底漆。

净化处理主要是对钢板、管子和型钢在划线、分割、焊接加工之前和钢材经过分割、坡口加工、成形、焊接之后清除其表面的锈、氧化皮、油污和熔渣等。

涂保护漆主要是为提高钢材的耐腐蚀性、防止氧化、延长零部件及装备的寿命，在表面涂上一层保护涂料。

1.1.1　净化

在设备制造的全部工艺过程中都涉及净化处理。

（1）作用

① 试验证明，除锈质量的好坏直接影响着钢材的腐蚀速度。不同的除锈方法对钢材的保护寿命也不同，如抛丸或喷丸除锈后涂漆的钢板比自然风化后经钢丝刷除锈涂漆的钢板耐腐蚀，寿命要长 5 倍之多。钢板表面氧化皮存在的多少对腐蚀速度的影响参见表 1-1。

表 1-1　钢板表面氧化皮的多少对腐蚀速度的影响

样板型号	用喷砂法除氧化皮的面积/%	阴极与阳极面积比	去除氧化皮钢材腐蚀速度/(mm/a)
1	5	10 : 1	1.140
2	10	9 : 1	0.840
3	25	3 : 1	0.384
4	50	1 : 1	0.200
5	100	—	0.125

另外，铝、不锈钢制造的零件应先进行酸洗再进行纯化处理，以形成均匀的金属保护膜，提高其耐腐蚀性能。

② 对焊接接头处，尤其是坡口处进行净化处理，清除锈、氧化物、油污等，可以保证焊接质量。例如，铝及合金、低合金高强钢，特别是目前广泛推广使用的钛及其合金的焊

接，必须进行焊前的严格清洗，才能保证焊接质量，保证耐腐蚀性能。

③ 可以提高下道工序的配合质量。例如，下道工序需要进行喷镀、搪瓷、衬里的设备以及多层包扎式和热套式高压容器的制造，净化处理是很重要的一道工序。

(2) 方法

对局部维修等净化处理可使用手工净化即手工用砂布、钢丝刷或手提砂轮打磨，显然这种方法劳动强度大、效率低。在现代专业化的生产中使用喷砂法、抛丸法和化学清洗法。

① 喷砂法　喷砂法是目前国内常用的一种机械净化方法，主要用于型材(如钢板)和设备大表面的净化处理。可除锈、氧化皮等，使之形成均匀的有一定粗糙度的表面。效率较高但粉尘大，对人体有害，应在封闭的喷砂室内进行。

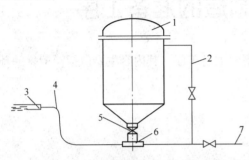

图 1-1　喷砂装置工作原理
1—砂斗；2—平衡管；3—喷砂嘴；4—橡胶轮管；
5—放砂旋塞；6—混砂管；7—导管

喷砂装置工作原理如图 1-1 所示。

砂粒为均匀石英砂，压缩空气的压力一般为 0.5~0.7MPa，喷嘴受冲刷磨损较大，常用硬质合金或陶瓷等耐磨材料制成。

② 抛丸法　由于喷砂法严重危害人体健康，污染环境，目前国外已普遍应用抛丸法。其主要特点是改善了劳动条件，易实现自动化，被处理材料表面质量控制方便。例如，对不锈钢表面的处理，使表面产生压应力，可提高抗应力腐蚀的能力，另外，表面粗糙度的不同要求，可通过选择抛丸机的型号、钢丸的数量和安装分布位置来实现。

抛丸机抛头的叶轮一般为 $\phi380~500mm$；抛丸量 200~600kg/min；钢丸粒度 $\phi0.8~1.2mm$。另外，还有一套钢丸回收除尘系统。

③ 化学净化法　金属表面的化学净化处理主要是对材料表面进行除锈、除污物和氧化、磷化及钝化处理，后者即在除锈、除污物的基础上根据不同材料，将清洁的金属表面经化学作用(氧化、磷化、钝化处理)形成保护膜，以提高防腐能力和增加金属与漆膜的附着力。

1.1.2　涂保护漆

金属放置在储料场，金属表面与大气接触会出现锈蚀，主要腐蚀机理为化学腐蚀或电化学腐蚀。防锈漆是一种可保护金属表面免受大气的化学或电化学腐蚀的涂料。主要分为物理性和化学性防锈漆两大类。前者靠颜料和漆料的适当配合，形成致密的漆膜以阻止腐蚀性物质的侵入，如铁红、铝粉、石墨防锈漆等；后者靠防锈颜料的化学抑锈作用，如红丹、锌黄防锈漆等。生产中常用的有铁红防锈漆、灰色防锈漆等。

1.2　划线

划线是在原材料或经初加工的坯料上划出下料线、加工线、各种位置线和检查线等，并打上(或写上)必要的标志、符号。划线工序通常包括对零件的展开计算、放样和打标记。

划线前应先确定坯料尺寸。坯料尺寸由零件展开尺寸和各种加工余量组成。确定零件展开尺寸的方法如下。

作图法 用几何制图法将零件展开成平面图形。

计算法 按展开原理或压(拉)延变形前后面积不变原则推导出计算公式。

试验法 通过试验公式决定形状较复杂零件的坯料尺寸,简单、方便。

综合法 对计算过于复杂的零件,可对不同部位分别采用作图法、计算法,有时尚需用试验法配合验证。

容器制造过程中欲展开的零件可分为两类:可展零件和不可展零件,如圆形筒体和椭圆形封头等。

1.2.1 零件的展开计算

(1)可展零件的展开计算

例1-1 某容器筒体的展开计算,如图1-2所示。已知H、DN(公称直径)、D_m(中性层直径)、δ(壁厚),求展开矩形的长l和宽h。

解:分析

① 计算时以中性层为基准。

例如,$D_m = DN + \delta$(后面均如此)。

② 确定零件展开后图形的形状及所求的几何参数。例如,圆柱形筒体展开后为矩形,所求的几何参数分别为长l和宽h,则:

$$l = \pi D_m = \pi(DN + \delta);\quad h = H \quad (1-1)$$

此时需要注意的是要根据现有钢板的宽度(B),来求需要的筒节数量,同时注意组装筒体中任何单个筒节的长度不得小于300m。

筒体公称直径DN见表1-2(GB/T 9019—2015《压力容器公称直径》)。

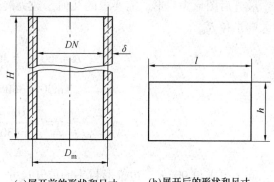

(a)展开前的形状和尺寸   (b)展开后的形状和尺寸

图1-2 筒节展开

表1-2 压力容器公称直径DN(以内径为基准)   mm

公称直径									
300	350	400	450	500	550	600	650	700	750
800	850	900	950	1000	1100	1200	1300	1400	1500
1600	1700	1800	1900	2000	2100	2200	2300	2400	2500
2600	2700	2800	2900	3000	3100	3200	3300	3400	3500
3600	3700	3800	3900	4000	4100	4200	4300	4400	4500
4600	4700	4800	4900	5000	5100	5200	5300	5400	5500
5600	5700	5800	5900	6000	6100	6200	6300	6400	6500
6600	6700	6800	6900	7000	7100	7200	7300	7400	7500
7600	7700	7800	7900	8000	8100	8200	8300	8400	8500
8600	8700	8800	8900	9000	9100	9200	9300	9400	9500
9600	9700	9800	9900	10000	10100	10200	10300	10400	10500
10600	10700	10800	10900	11000	11100	11200	11300	11400	11500
11600	11700	11800	11900	12000	12100	12200	12300	12400	12500
12600	12700	12800	12900	13000	13100	13200			

注:本标准并不限制在本标准直径系列外其他直径圆筒的使用。

标记示例：圆筒内径2800mm的压力容器公称直径：公称直径 *DN* 2800　GB/T 9019—2015。

例1-2　60°无折边锥形封头的展开计算如图1-3所示，已知 D_m、d_m，$\dfrac{\beta}{2} = 30°$。

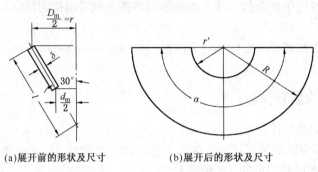

(a)展开前的形状及尺寸　　　　(b)展开后的形状及尺寸

图1-3　无折边锥形封头的展开

解：分析

展开后图形为扇形，需要求的几何参数为展开后的圆心角 α、锥形封头展开小端半径 r' 和大端半径 R。

$$\alpha = 360° \frac{r}{l} = 360° \sin\frac{\beta}{2}$$

$$\sin 30° \times 360° = 180°$$

$$R = l = \frac{D_m/2}{\sin 30°} = D_m$$

$$r' = d_m$$

同上可求得90°无折边锥形封头的展开尺寸。

（2）不可展零件的展开计算

例1-3　带折边锥形封头的展开计算如图1-4所示。已知折边锥形封头大端中性层直径 D_m，小端中性层直径 d_m，折边中性层半径 r_m，直边高度 h，锥顶角 $\beta = 90°$。

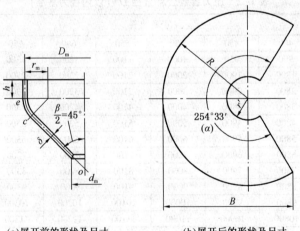

(a)展开前的形状及尺寸　　　　(b)展开后的形状及尺寸

图1-4　折边锥形封头的展开

解：分析

从理论上讲带折边锥形封头属于不可展的零件，但生产中需要展开，则可假设板材的中性层处弧长在成形前后相等（等弧长法），以进行展开计算。此法适用于曲面面积较小零件，如膨胀节、带折边锥形封头等零件的展开计算，方法较简单，但展开尺寸偏大。

带折边锥形封头展开成平面后，仍为扇形（见图 1-4）。展开角 α、r' 的求解同例 1-2。

$$\alpha = 360°\sin\frac{\beta}{2} \approx 254°33'$$

$$r' = \frac{d_m/2}{\sin 45°} = 0.707 d_m$$

利用等弧长法求展开后大端展开半径 R，展开后中性层处半径等于展开前中性层处弧长。

$$R = \overline{oc} + \overset{\frown}{ce} + h$$
$$= 0.707 D_m - 0.414 r_m + 0.785 r_m + h$$
$$= 0.707 D_m + 0.371 r_m + h$$

例 1-4 椭圆形封头的展开计算如图 1-5 所示。已知公称直径 DN、壁厚 δ、封头曲面深度 h_g、封头直边高度 h。

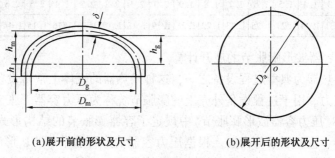

(a)展开前的形状及尺寸　　　　　　(b)展开后的形状及尺寸

图 1-5　椭圆形封头展开计算

解：分析

椭圆形封头、球形封头、碟形封头都属于不可展的零件，但生产中冲压加工或旋压加工时毛坯料（展开后的图形）都为圆形，所以只需要求出展开后的半径或直径即可。

封头中性层处直径 D_m 等于公称直径（内径）与壁厚之和，即 $D_m = DN + \delta$。封头中性层处长、短半径分别为 a 和 b，且 $a = D_m/2$；$b = h_m = h_g + \delta/2$（中性层处曲面深度）。

① 等面积法　椭圆形封头毛坯的较准确计算方法应为等体积法，即板材在成形前后的体积是不变的，但实际上壁厚的变化很小，可以忽略，故可以认为中性层处的表面积在展开前后是相等的，即等面积法。

椭圆形封头展开前的表面积由直边部分表面积和半椭球表面积组成，即：

$$\pi D_m h + \pi a^2 + \frac{\pi b^2}{2e}\ln\frac{1+e}{1-e}\left(e\text{ 为椭圆率，}e = \frac{\sqrt{a^2-b^2}}{a}\right)$$

椭圆形封头展开后的表面积为 $\frac{1}{4}\pi D_a^2$。

则

$$\frac{1}{4}\pi D_a^2 = \pi D_m h + \pi a^2 + \frac{\pi b^2}{2e}\ln\frac{1+e}{1-e}$$

可得
$$D_a^2 = 8ah + 4a^2 + \frac{2b^2}{e}\ln\frac{1+e}{1-e}$$ (1-2)

对标准椭圆形封头 a：$b=2$，代入式（1-2）整理得：
$$D_a = \sqrt{1.38D_m^2 + 4D_m h}$$ (1-3)

式（1-3）即为标准椭圆形封头的展开近似计算公式。

② 等弧长法
$$D_a = \frac{\pi}{2}\sqrt{2\left[\left(\frac{D_g}{2}\right)^2 + b^2\right] + \frac{1}{4}\left(\frac{D_g}{2} - b\right)^2} + 1.5h$$ (1-4)

标准椭圆形封头 $D_a = 1.213D_g + 1.5h$

③ 经验法
$$D_0 = KD_m + 2h$$ (1-5)

式中，D_0 为包括了加工余量的展开直径；K 为经验系数，可查表 1-3。

标准椭圆形 $\qquad D_0 = 1.19D_m + 2h$ (1-6)

表 1-3 经验系数 K 值

a/b	1.0	1.1	1.2	1.3	1.4	1.5	1.6	1.7	1.8	1.9	2.0	2.1	2.2	2.3	2.4	2.5	2.6	2.7	2.8	2.9	3.0
K	1.42	1.38	1.34	1.31	1.29	1.27	1.25	1.23	1.22	1.21	1.19	1.18	1.17	1.16	1.16	1.15	1.14	1.13	1.13	1.12	1.12

例 1-5 压力容器波形膨胀节的展开计算。

固定管板式换热器为典型过程设备之一，这种换热器的壳体上常常设置膨胀节以降低管程和壳程的温差应力。用于过程设备外壳上的膨胀节统称为压力容器膨胀节，我国国家标准 GB/T 16749—2018《压力容器波形膨胀节》中规定了容器膨胀节的结构形式、几何参数、设计计算方法和制造、检验要求等内容。根据压力容器波形膨胀节（即 U 形波纹膨胀节）结构形式不同，其波纹管加工成形分为两种方法：整体成形方法和半波整体冲压成形方法。下面介绍整体成形时波纹管展开计算方法：

整体成形时波纹管展开计算如图 1-6 所示。整体成形结构展开后为矩形，L'、H 即为展开计算尺寸。按等弧长原理进行展开计算如下：

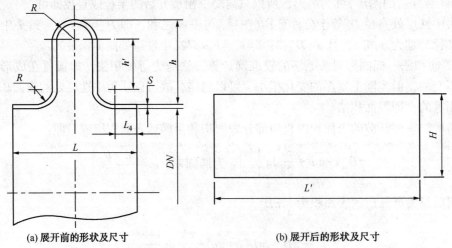

(a) 展开前的形状及尺寸　　　　　　　　(b) 展开后的形状及尺寸

图 1-6　整体成形 U 形波纹管的展开

展开长度(通常以中间层的直径来计算):

$$L' = \pi(DN+S) \tag{1-7}$$

展开高度:

$$H = 2L_4 + 2h' + 2\pi(R+S/2)$$
$$= 2L_4 + 2(h-2R-S) + 2\pi(R+S/2) \tag{1-8}$$

式中(图1-6),DN—波纹管内径;R—圆弧半径;h—波高;S—单层厚度;L_4—直边段高度。

1.2.2 号料(放样,即划线)

工程上把零件展开图画在板料上的过程称为号料(放样)。号料过程中主要注意两个方面的问题:全面考虑各道工序的加工余量;考虑划线的技术要求。

1.2.2.1 加工余量

上述展开尺寸只是理论计算或经验尺寸,号料时还要考虑零件在全部加工过程中各道工序的加工余量,如成形变形量、机械加工余量、切割余量、焊接工艺余量等。由于实际加工制造方法、设备、工艺过程等内容不同,因此加工余量的最后确定是比较复杂的,要根据具体条件来确定。这里介绍几个主要参数供实际下料时参考。

(1)筒节卷制伸长量

筒节卷制伸长量与材质、板厚、直径、卷制次数、加热等条件有关。

钢板冷卷伸长量较小,约7~8mm,一般可以忽略。

钢板热卷伸长量较大,不容忽视,一般可用经验公式估算其伸长量 Δl。

$$\Delta l = (1-K)\pi D_m \tag{1-9}$$

式中 K——修正系数,$K = 0.9931 \sim 0.9960$。

热卷筒节展开后长度 l 的计算公式为:

$$l = K\pi D_m \tag{1-10}$$

对 π 修正的 $K\pi$ 值可参见表1-4。

表1-4 Kπ 值

材质	冷卷		热卷
	三辊	四辊	
低碳钢、奥氏体不锈钢	3.14	3.13~3.14	3.14
低合金钢、合金钢	3.14		3.12~3.129

注:热卷温度高、卷制次数多、直径小时,宜取小值。

(2)边缘加工余量

包括焊接坡口余量,主要考虑内容为机械加工(切削加工)余量和热切割加工余量。边缘机加工余量见表1-5,边缘加工余量与加工长度关系见表1-6,钢板切割加工余量见表1-7。

表 1-5　边缘机械加工余量　　　　　　　　　　　　　mm

不加工	机加工		要去除热影响区
	厚度≤25	厚度>25	>25
0	3	5	

表 1-6　边缘加工余量与加工长度关系　　　　　　　　mm

加工长度	<500	510~1000	1000~2000	2000~4000
每边加工余量	3	4	6	10

表 1-7　钢板切割加工余量　　　　　　　　　　　　　mm

钢板厚度	火焰切割		等离子切割	
	手工	自动及半自动	手工	自动及半自动
<10	3	2	9	6
10~30	4	3	11	8
32~50	5	4	14	10
52~65	6	4	16	12
70~130	8	5	20	14
135~200	10	6	24	16

　　焊接坡口余量主要是考虑坡口间隙。坡口间隙的大小主要由坡口形式、焊接工艺、焊接方法等因素来确定。由于影响因素较多，坡口形式也较多，所以实际焊接坡口余量（间隙）要由具体情况来确定，可参见 GB/T 985.1—2008《气焊、焊条电弧焊、气体保护焊和高能束焊的推荐坡口》及 GB/T 985.2—2008《埋弧焊的推荐坡口》，坡口间隙确定方法举例见表 1-8。

表 1-8　坡口间隙确定举例　　　　　　　　　　　　mm

坡口形式及坡口间隙	焊接方法和焊接工艺							备　注
	埋弧自动焊				焊条电弧焊			
I 字形坡口	单双面焊	单面焊	双面焊	带垫板	单双面焊	双面焊	带垫板	b—对 I 形坡口间隙； δ—板厚。
	δ	3~20	>9~12	>11~24	>9~12	δ	<3	>3.5~6	2~4	窄间隙焊：b 为 8~12
	b	0^{+1}	2^{+2}_{-1}	3±1	4±1	b	0	$1^{+1.5}_{-1.0}$	$2^{+1.6}_{-2.0}$	电渣焊：b 为 30 左右
	不带垫板		带垫板		不带垫板		带垫板	
	δ	>9~26	>9~26	δ	>16~24	>20~30		
单面Y形坡口	b	2^{+1}_{-2}	5±1	b	3±1	4±1		b—V 形坡口间隙； δ—板厚； p—钝边高度； α—坡口角度。 其他条件下的坡口间隙，根据实际情况确定。

（3）焊缝变形量

对于尺寸要求严格的焊接结构件，划线时要考虑焊缝变形量（焊缝收缩量）。焊缝收缩量参见表 1-9 和表 1-10。

表 1-9　焊缝横向收缩量近似值（电弧焊）　　　　　　　　　　　　mm

接头形式	板　　厚						
	3~4	4~8	8~12	12~16	16~20	20~24	24~30
	焊缝收缩量						
V 形坡口对接接头	0.7~1.3	1.3~1.4	1.4~1.8	1.8~2.1	2.1~2.6	2.6~3.1	—
X 形坡口对接接头	—	—	—	1.6~1.9	1.9~2.4	2.4~2.8	2.8~3.2
单面坡口十字接头	1.5~1.6	1.6~1.8	1.8~2.1	2.1~2.5	2.5~3.0	3.0~3.5	3.5~4.0
单面坡口角焊缝	0.8			0.7	0.6	0.4	—
无坡口单面角焊缝	0.9			0.8	0.7	0.4	—
双面断续角焊缝	0.8	0.3		0.2			

表 1-10　焊缝纵向收缩量近似值（电弧焊）　　　　　　　mm/m

焊缝形式	焊缝收缩量	焊缝形式	焊缝收缩量
对接焊缝	0.15~0.30	断续角焊缝	0~0.10
连续角焊缝	0.20~0.40		

焊缝的收缩量、弯曲变形等受多种因素影响，在划线时若准确地考虑由于焊接变形所产生的各种焊接余量是十分困难的，因此表 1-9、表 1-10 均为近似值。

对一些简单结构在自由状态下进行电弧焊接时，也可以对焊缝收缩量等变形进行大致估算。

单层焊对接接头焊缝纵向收缩量为：

$$\Delta l = \frac{k_1 A_H L}{A} \tag{1-11}$$

式中　Δl——焊缝纵向收缩量，mm；

　　　k_1——与焊接方法有关的系数，焊条电弧焊 $k_1 = 0.050 \sim 0.057$，埋弧自动焊 $k_1 = 0.071 \sim 0.076$；

　　　A_H——焊缝熔敷（熔化）金属截面积，mm^2；

　　　L——构件长度，如纵向焊缝长度比构件短，则取焊缝长度，mm；

　　　A——构件截面积，mm^2；

焊缝收缩量和焊缝其他变形受多种因素影响，准确地考虑是比较困难的，应结合实际确定。

1.2.2.2　划线技术要求

（1）加工余量与尺寸线之间的关系

在实际生产中经常划出零件展开图形的实际用料线和切割下料线。

筒体（节）划线如下：

实际用料线尺寸 = 展开尺寸 - 卷制伸长量 + 焊缝收缩量 - 焊缝坡口间隙 + 边缘加工余量；

切割下料线尺寸 = 实际用料尺寸 + 切割余量 + 划线公差。

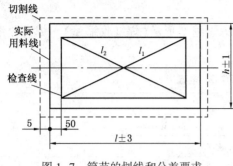

图 1-7　筒节的划线和公差要求

（2）划线公差

目前划线公差尚无统一标准，各制造单位根据具体情况制定内部要求，来保证产品符合国家制造标准。

图 1-7 所示为某厂对一般筒节划线的公差要求。长度 l 和宽度 h 如图 1-7 所示；l_1-l_2 不大于 1mm；两平行线的平行度不大于 1mm。若再考虑相对长度、宽度的关系则更为完善。一般情况下划线公差也可考虑为制造公差的一半。

（3）合理排料

① 充分利用原材料、边角余料，使材料利用率达到 90% 以上。

② 零件排料要考虑到切割方便、可行。例如，剪板机下料必须是贯通的直线，等等。

③ 筒节下料时注意保证筒节的卷制方向应与钢板的轧制方向（轧制纤维方向）一致。

④ 认真设计焊缝位置。在划线下料的同时，基本上也就确定了焊缝的位置（钢板的边缘往往就是焊缝的位置），因此必须给予认真配置。在制定排板工艺时要结合相关国家标准（如 GB/T 150、GB/T 151 等）合理排板下料。

1.2.3　材料复验与标志移植

1.2.3.1　材料复验

对于下列材料应进行复验：

① 采购的第Ⅲ类压力容器用Ⅳ级锻件；

② 不能确定质量证明书真实性或者对性能和化学成分有疑问的主要受压元件材料；

③ 用于制造主要受压元件的境外材料；

④ 用于制造主要受压元件的奥氏体型不锈钢开平板；

⑤ 设计文件要求进行复验的材料。

1.2.3.2　材料标志移植

制造受压元件的材料应有可追溯的标志。

在钢板划线时对制造受压元件的材料应有确认的标志（如打上冲眼、涂上标号），如原有确认标志被截掉或材料分成几块，应按照 TSG 21—2016《固定式压力容器安全技术监察规程》（以下简称"新固容规"）要求，于材料分割前完成标志准确、清晰、耐久的移植工作。材料标志或代号的保留和移植，是保证制造过程中不致用错材料，并为检验和监督人员识别材料标志提供方便。其主要内容有选用何种标志、标志定位、标志方法以及标志移植等规定。

（1）选用材料标志代号

为使焊工钢印、焊缝代号以及检测标号有所区别，材料标志有全称标志（即包括厂家商标、牌号和炉批号、规格及标准号）和代号标志。前者可以直接读出，但容器的小零件却表达不全；后者可以减少打印工作量，大小零件均适宜，虽直观感较差，但仍常用。目前国家还没有统一的标志代号，故各制造厂对材料的标志管理和移植制度都有各自的规定。

当螺栓、螺母类小型零件打钢印有困难时，可采用硫酸印制标志。对于低温钢或有较大裂纹敏感倾向的钢制容器，由于不允许有钢印刻痕引起应力集中的不良影响，因而可以采用画涂标志来表示。

（2）标志定位

规定出标志在各种零件上的位置，有助于生产过程和设备维修中对标志的查找与识别。各种零件坯料标志的位置，根据其零件形状和受力状态的不同而有所区别。

筒体类板料的标志位置如图 1-8 所示，封头类板料的标志位置如图 1-9 所示。

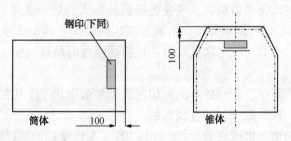

图 1-8　筒体类板料的标志位置图

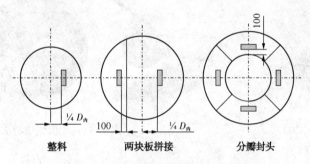

图 1-9　封头类板料的标志位置图

（3）标志移植和确认

要求在钢板分离之前，先将标志移植到被分开而又无标志的那一块钢板上，而且应经检验人员复检并打上检验人员的确认标记。这样在每一个材料标志代号下，都有一个检验确认标记。对仅有材料标志代号而无检验确认标记的材料，标志管理和标志移植制度规定不得使用。如材料标识在加工中被去除，加工后应立即恢复，且经检验员确认对于可用的余料，必须在下料的同时，由操作者做好标志移植，经检查员核对确认后，方可退库。

1.3　钢材的分割及边缘加工

石油化工设备的坯料在划线之后就要按所划线位进行分割下料及边缘加工，以便得到所需要的形状和尺寸，并为以后成形、拼装和焊接做好准备。

分割就是按照所划的分割线从原材料上割下坯料的过程。金属的分割方法很多，常用的分割方法有：机械切割、火焰切割、电弧切割（包括等离子切割）、高压水切割、激光切割等。

边缘加工是板材焊接前的一道准备工序，其目的在于除去切割时产生的边缘缺陷；根据焊接方法的要求，在板边缘加工出一定形状的坡口。目前常用的边缘加工方法有氧气切割及机械加工两种。

1.3.1 机械切割

机械切割是常用的一种切割方法，随着火焰切割、电弧切割等技术的发展，机械切割的比例正在减少，但仍是过程设备制造中不可缺少的切割方法。机械切割有剪切、锯（条锯、圆片锯、砂轮锯等）切、铣切等。剪切主要用于钢板的切割；锯切主要用于各种型钢、管子的切割；铣切主要用于精密零件和焊缝坡口的切割。

机械切割最常用的设备是剪板机。现在剪板机的最大剪切厚度可以达到60mm，最大剪切宽度为8000mm。剪板机的传动方式有机械和液压两种。它的工作原理是利用机械装置对材料施加一个剪切力，当剪切应力超过材料的抗剪切强度时就被切断，从而达到将材料分离的目的。

剪切的优点是操作简单，劳动成本低，切割质量和效率比手工切割有大幅度提高。缺点是切割厚度受到限制，且仅限于各种直线切割。

工业生产中常用的切割机械有剪板机（图1-10）、无齿锯切割机（图1-11）以及锯床等。

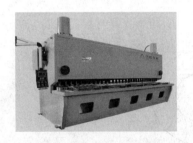 

图1-10 QC11K-60×3200
数控液压闸式剪板机

图1-11 无齿锯切割机

1.3.2 氧乙炔切割

氧乙炔切割又称火焰切割或气割。它的特点是设备结构简单、操作容易。主要用于碳素钢、低合金钢板材的切割下料，焊接坡口的加工，特别适合厚度较大或形状复杂零件坯料的下料切割。将数控技术、光电跟踪技术以及各种高速气割技术应用于火焰切割设备中，氧气切割的工作生产率和切割质量将大大提高，使火焰切割向精密、高速、自动化方向发展。

1.3.2.1 氧气切割原理

氧乙炔切割的原理是：利用高温下的铁在纯氧气流中剧烈燃烧，铁燃烧时产生的氧化物被切割气流带走，从而达到分离金属的目的。氧气切割的化学反应式为：

$$3Fe+2O_2 \longrightarrow Fe_3O_4+Q（放热反应）$$

（1）氧乙炔切割的过程

氧乙炔切割的过程如图1-12所示。

① 点燃氧-乙炔混合气体的预热火焰，将切割金属预热到1350℃（工作表面发红）；

② 向预热金属喷射纯氧，使高温下的铁在纯氧气流中剧烈燃烧；

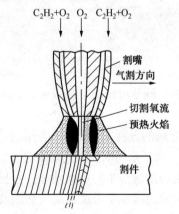

图1-12 氧乙炔切割的过程

③ 高速的氧气流将燃烧生成的氧化物从切口中吹掉；

④ 工件燃烧放出的潜热使附近的金属预热，移动割嘴使金属燃烧，切割连续进行。

(2) 氧乙炔切割的条件

氧乙炔切割是一种在固态下燃烧的切割方法，固态燃烧是切割质量的基本保障。不是所有的金属都能被切割，而是有条件限制的，必须同时具备下列条件的材料才能被切割：

① 金属的燃点必须低于金属的熔点

必须保证金属燃烧时仍是固态，否则开始燃烧之前金属就已熔化为液体，使切割无法进行。由铁碳平衡图可知，随着含碳量的增大，铁碳合金的熔点逐渐降低，而燃点逐渐升高。当含碳量为 0.7% 时，燃点高于熔点就不能采用火焰切割。具体来说，高碳钢和铸铁就不符合这一要求，只有低碳钢和低合金钢满足这个条件。

② 金属氧化物的熔点必须低于金属的熔点

金属氧化物是铁燃烧的产物。只有液态金属氧化物具有流动性，才能被高速纯氧气流吹走，而金属本身还保持其固体状态。具备这一条件的只有低碳钢和低合金钢，而以铬和镍为主的高合金和有色金属不具备这个条件。如铝的氧化物 Al_2O_3 的熔点为 2025℃，高于铝本身的熔点 658℃；铬氧化后生成 Cr_2O_3，其熔点高达 1990℃，超过钢和铬镍钢的熔点。因此，这些材料也无法采用氧气切割。

③ 金属燃烧时放出的热能足以补偿金属传导及向周围辐射损失的热能

金属燃烧时放出的热量比预热热量大 6~8 倍时才能维持切割连续进行，才能为切割所需的预热温度提供补充，这是保证切割过程持续快速进行的充分条件。有色金属具有良好的导热性，例如铝的热导率是钢的 4 倍，燃烧时产生的热会很快向切口的两侧传导而散失，切口处无法保持金属燃烧时所需的温度，这也是有色金属不能使用氧气切割的原因。低碳钢切割时，只有约 30% 的热能是依靠氧-乙炔火焰燃烧时提供的，其余是铁燃烧时释放的，因此低碳钢不仅切口质量好，而且切割速度快。

1.3.2.2 氧乙炔切割气体

(1) 氧气

氧气本身不能自燃，它是一种极为活泼的助燃气体，能帮助别的物质燃烧，能与很多元素化合生成氧化物。

氧气的化合能力随着压力的增加和温度的升高而增加。高压氧和油脂类等易燃物质接触时，会产生剧烈的氧化而使易燃物自行燃烧，甚至发生爆炸，使用时必须注意安全。

(2) 乙炔

乙炔是一种可燃气体，分子式为 C_2H_2，是一种无色而带有特殊臭味的碳氢化合物，是最简单的炔烃。标准状态下的密度是 $1.173kg/m^3$，沸点为 -82.4℃。比空气轻，微溶于水，易溶于丙酮。

乙炔具有发热量高、火焰温度高、制取方便等特点。在纯氧中燃烧的火焰，温度高达3150℃左右，热量比较集中，是目前在切割中应用最为广泛的一种可燃性气体。但乙炔是一种易燃易爆的气体，当乙炔压力达 0.15MPa，温度达 580~600℃时，遇火就会发生爆炸，当乙炔与空气或氧气混合时，爆炸性会大大增加；与铜、银等长期接触也能生成乙炔铜和乙炔银等爆炸化合物，因此，禁止用银或纯铜来制造与乙炔接触的设备或器具。乙炔与氯、次氯酸盐化合会燃烧爆炸，因此乙炔燃烧时禁止用四氯化碳灭火。

1.3.2.3 氧乙炔切割设备

氧乙炔切割设备由氧气瓶、乙炔气瓶、氧气减压器、乙炔减压器、回火防止器、割炬和胶管组成。常见的氧乙炔切割设备如图 1-13 所示。

（a）基本切割设备组成

（b）仿形切割机

（c）切管机

图 1-13 氧乙炔切割设备

（1）氧气瓶

氧气瓶用来盛装氧气，常用氧气瓶的压力为 14.7MPa。为了保证其强度，采用强度级别较高的 42MPa 合金钢，并用特殊旋压工艺轧制成一种无缝气瓶。

氧气瓶的外径为 219mm、高度为 1370mm、容积为 40L。在 20℃、0.1MPa 条件下的装气量为 6m³。按我国《气瓶安全监察规程》规定，氧气瓶外部涂天蓝色油漆，用黑色油漆写上"氧气"两字以作标志，在瓶体上套两个橡胶防振圈，并在瓶体的上方打上检验的钢印标记。氧气瓶在使用过程中每隔 3 年应检验一次，即检查气瓶的容积、质量，查看气瓶的腐蚀和破裂程度。超期或经检验有问题的不得继续使用。有关气瓶的使用、运输、储存等其他方面应遵循 TSG R0006《气瓶安全技术监察规程》的规定。

（2）乙炔气瓶

瓶装乙炔已在国内广泛使用，它与移动式乙炔发生器相比，显示出节省能源、减少污染、安全可靠、使用方便等一系列优越性。瓶装乙炔是利用乙炔易溶于某些有机溶剂的特性，又以多孔填料作为溶剂的载体，将乙炔在加压的条件下，充入到乙炔气瓶中。瓶内填有高空隙的填料，溶剂则吸附于众多的微小空隙中。

由于气瓶的工作压力不高，所以瓶体采用有缝筒体与椭圆封头焊接而成。乙炔瓶体通常被漆成白色，并漆有"乙炔"红色字样。瓶内装有浸满丙酮的多孔性填料，可使乙炔以 1.5MPa 的压力安全地储存在瓶内。有关乙炔气瓶的使用、运输和储存按 TSG R0006《气瓶安全技术监察规程》执行。

（3）氧气减压器

氧气减压器又称氧气表，其作用是将氧气瓶内高压气体的压力降低到工作时所需要的压力并输送到割炬内。切割时，氧气瓶内的压力随着用气量的增多会逐渐降低，造成工作压力波动，导致切割受到影响。为了保证切割的稳定性，应要求减压器的工作压力不随瓶内氧气的消耗而变化，能稳定地维持在调整好的工作压力上。

（4）割炬

割炬是氧气切割的重要切割工具，它将氧气和乙炔以一定的比例进行混合后形成一定能量的预热火焰，同时在预热火焰中心喷射一定压力的切割氧，从而保证切割连续进行。

1.3.2.4 切割火焰

切割火焰有焰芯、内焰和外焰三部分组成，如图 1-14 所示。

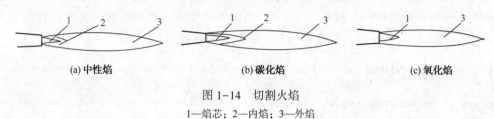

(a) 中性焰　　　(b) 碳化焰　　　(c) 氧化焰

图 1-14　切割火焰

1—焰芯；2—内焰；3—外焰

焰芯呈尖锥形，色白而明亮，轮廓清楚；外焰是氧乙炔燃烧的外轮廓，颜色由里向外逐渐由淡紫色变成橙黄色。它是未燃烧的一氧化碳和氢气与空气中的氧气化合燃烧的部分；内焰呈蓝白色，有深蓝色线条呈杏核形，依乙炔与氧气比例的改变，在焰芯和外焰之间移动。随着氧气比例的增大，内焰逐渐向焰芯靠近，甚至进入焰芯；当氧气比例减小时，内焰逐渐远离焰芯。切割时可调整内焰选择不同的切割火焰。

切割火焰调节措施：通过调节割炬上氧气和乙炔的控制阀来选择不同的切割火焰。

1.3.2.5 氧乙炔切割工艺规范

切割工艺参数主要包括：切割氧压力、切割速度、预热火焰能率（单位时间内火焰提供的能量）、割嘴与工件间的倾角、割嘴至工件表面的距离等。

（1）氧气压力

氧气压力是根据切割材料的厚度来确定。压力过低时氧化反应速度减缓，切割速度变慢，而且氧气流不足以吹净氧化渣而使其附着在切缝的背面；压力过高时不仅使氧气消耗量增加，而且对工件产生强烈的冷却作用，使切割缝表面粗糙，割缝变宽，同样限制了切割速度的提高。

（2）切割速度

切割速度应与金属氧化的速度相适应。控制切割速度应使火焰和熔渣以接近于垂直的方向喷向切割件的底面为准。速度太慢时会使切口上缘熔化，导致切口过宽；速度太快时后拖量过大，甚至切割不透（即上部金属已切断，而下部金属未烧透）。后拖量一般保持钢板厚度的 10%～15% 为宜，如图 1-15 所示。

（3）切割纯氧度

氧和氮的汽化点比较相近，制氧过程中有可能混入氮，使燃烧温度降低。氧的纯度每降低 1%，切割 1m 长的钢板，时间增加 10%～15%，耗氧量增加 25%～35%。切割用氧的纯度为：Ⅰ级不小于 99.2%，Ⅱ级不小于 98.5%。

（4）割嘴与工件之间的倾角和距离

割嘴与工件之间的距离为切割火焰焰芯的长度为宜。因为距离较长时切割热量损失大，从而切割速度

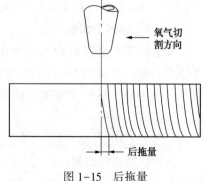

图 1-15　后拖量

17

就慢；距离较短时会使切口金属边缘熔化而产生渗碳，切割产生的飞溅易堵塞割嘴孔，严重时产生回火现象。

割嘴一般应垂直于切割件表面。对直线切割厚度小于 20mm 的切割件，割嘴可沿切割方向后倾 10°~30°，以减小后拖量，提高切割速度。割嘴的倾斜角度直接影响切割速度与熔渣喷射的方向和后拖量。切割 6~20mm 钢板，割嘴的轴线应与钢板的表面垂直；切割 6mm 以下的钢板，割嘴的轴线应向后倾斜 5°~10°；切割大于 20mm 的钢板时，割嘴的轴线应先倾斜 5°~10°，当工件快割穿时，割嘴迅速与钢板的表面垂直。

1.3.3 等离子切割

1.3.3.1 等离子切割的特点

（1）等离子的概念

在通常情况下，气体是不导电的。但是通过某种方式使气体的中性分子或原子获得足够能量，就可使外层的一个或几个电子分离，而变成带正电的正离子和带负电的电子。这就是气体电离的过程，而被充分电离的气体，则称为等离子体。

在等离子体中的原子、电子和正离子，一方面由于不断激发，使原子不断离解成电子和正离子；另一方面电子、正离子又不断地复合成原子，在一定条件下，这种离解、复合过程将达到某种动态平衡状态。当电子和正离子复合时，以热和光的形式释放能量，使等离子体具有很高的温度和强烈的光。

（2）等离子切割特点

等离子切割是电弧切割的一种。它利用压缩强化的电弧，使气体介质被充分电离，获得一种比电弧温度更高、能量更集中，具有很大的动能和冲刷力的等离子焰流，将切口处金属迅速熔化，随即由高速气流把熔化金属吹走，使金属或非金属材料分离。

等离子焰流的温度可达 13000~14000℃，速度可达 300~1000m/s，高能密度可达 48kW/cm^2。它可以熔化任何难熔的以及用火焰和普通电弧所不能切割的金属和非金属，如不锈钢、铝、铜、铸铁、钨、钼以及陶瓷、水泥和耐火材料等。

等离子切割具有切割厚度大、切口较窄、切口平整光滑、热影响区小、变形小、速度快、生产率高，机动灵活和装夹工件简单以及可以切割曲线等优点。缺点是：电源的空载电压高，耗电量大，在割炬绝缘不好的情况下容易造成操作人员触电；设备相对较贵，切割过程中会产生弧光辐射、烟尘及噪声等。

1.3.3.2 等离子切割工艺

等离子切割质量是由切缝是否平直、光滑、背面有无粘渣、切缝的宽度和热影响区的大小来衡量。主要参数有气体流量、空载电压、切割电流、工作电压、切割速度、喷嘴到工件的距离、钨极到喷嘴端面的距离及喷嘴尺寸等，这些参数的选取与切割厚度等因素有关。

（1）等离子切割机的切割功率选择

等离子切割机的切割功率大小应根据切割厚度(参照表 1-11)选取。切割较厚的钢板应选择较大功率挡或大功率切割机，选择切割功率时还应考虑喷嘴和电极相匹配。

表 1-11　手工切割工艺参数

切割厚度/mm	喷嘴孔径/mm	功率/kW	切割速度/(m/min)	割缝宽度/mm
10~12	2.8	25	2.0~2.5	4.0~5.0
15~20	2.8	35	1.5~2.0	4.5~5.5
25~35	3.0	45	1.0~1.5	5.0~6.5
40~50	3.2	60	0.6~1.5	6.5~8.0
50~60	3.2	70	0.4~0.6	8.0~10.0
80	3.2	100	0.2~0.4	10.0~12.0

（2）空载电压

切割电源应具有较高的空载电压，一般为 150~200V。若空载电压高，则引弧容易，电弧燃烧稳定，等离子弧挺度好、机械冲刷力大、切割速度快且质量好。但安全性差，易使操作人员触电。

（3）切割电流与工作电压

在不影响喷嘴寿命和电弧稳定性的情况下，应采用较大的切割电流和较高的工作电压以提高切割速度和切割厚度。一般工作电压为空载电压的 60% 以上，可以延长割嘴的使用寿命。当切割电流过大时，弧柱变粗、割缝变宽、切割质量下降。切割电流和工作电压这两个参数决定着等离子电弧的功率。

（4）气体流量

增加气体流量，既能提高工作电压，又能增强对电弧的压缩作用，使等离子弧的能量更加集中，有利于提高切割速度和质量。当气体流量过大时，部分电弧热量被冷却气流带走，反而使切割能力减弱。

空气流量要与喷嘴孔径相适应，气体流量较大时有利于压缩电弧，使等离子弧的能量更集中，吹力更大。因此可提高切割速度时吹走熔化金属，且有利于避免烧坏喷嘴。但气体流量过大时，从电弧中带走的热量太多，不利于电弧稳定，因此要选择合适的空气压力和流量。

（5）切割速度

在电弧功率不变的情况下提高切割速度，能使切缝变窄，热影响区域不大且切割工件变形小。但切割速度过大，则不易切透工件。切割过慢会降低生产率，增加切缝处的粘渣，使得切缝粗糙，工件变形较大。切割速度主要取决于钢板厚度、切割功率和喷嘴孔径等。在切割厚板时，应适当减小切割速度，否则切割后拖量太大，甚至切割不透；当钢板厚度不变时若用较大功率的切割机，则切割速度应加快，否则切割缝和热影响区太宽，切割质量变差。

（6）喷嘴至工件的距离

在电极内缩量一定时（通常为 2~4mm），喷嘴距切割件的距离一般为 4~6mm，电极尖端角度为 50°左右。距离过大，电弧电压升高，电弧能量散失增加，切割工件的有效热量相应减小，使切割能力减弱。距离过小，喷嘴损坏较快。

（7）电极至喷嘴端面距离

一般取电极至喷嘴端面距离为 8~11mm。距离过大时，工件的加热效率低，电弧不稳定；距离过小，等离子弧被压缩的效果差，切割能力减弱，易造成电极和喷嘴短路而烧坏喷嘴。

上述工艺参数应综合考虑，不同材料的切割规范也不同。

1.3.4 机械化切割装置

上面介绍的氧气乙炔切割、等离子切割，最初的使用都是手工操作。手工操作效率低、质量差，且劳动强度大，特别不适合大批量切割同一种零件，因此，半自动切割机、仿形切割机、光电跟踪切割机及数控切割机等自动切割装置陆续开发研制了出来，并在承压壳体制造中得到了越来越广泛的应用。机械化、自动化切割装置的应用，在提高切割效率、保证切割质量和减轻劳动强度等方面显示出手工切割所不能比拟的优势。

1.3.4.1 半自动气割机

在过程设备制造厂里有一种半自动气切割机，由切割小车、导轨、割炬、气体分配器、自动点火装置及割圆附件等组成。割炬固定在由电动机驱动的小车上，小车在轨道上行走，可以切割较厚、较长的直线钢板或大半径的圆弧钢板。通过调整割炬的角度，可以加工 V 形、X 形坡口。其切割厚度为 5~60mm，切割速度为 50~750mm/min。每台切割机配有三个不同孔径的割嘴，以适应不同厚度的钢板。在直线切割时，导轨放在被切割钢板的平面上，使有割炬的一侧面向操作者，根据钢板的厚度调整气割角度和速度。

各种不同类型的气割机其区别仅在于使割炬移动的原理和方式不同：有依靠由直流电动机驱动和调速，在导轨上移动或在割圆附件上转动的半自动气割机；有按照样板移动的机械仿形气割机；有依靠电磁铁吸附在管子上，并沿管子外表面转动的管子气割机；还有用于切割封头、球片、马鞍形开孔的专用气割机等等。它们都有各自的应用范围和应用的局限性，但由于是通过电气和机械装置移动，速度均匀，在较大范围内可以进行无级调速，速度快，因而切口光洁，切割精度高，克服了手工割炬的不足，在不同领域得到应用。

1.3.4.2 数控切割机

数控切割机是目前最先进的热切割设备。它在数控系统的基础上，经过二次开发运用到热切割领域，可以控制氧气切割、普通等离子切割、精细等离子切割等。数控切割无需划线，只要输入程序，即可连续完成任意形状的高精度切割。它可以将 CAD 图形输入系统，实现图形跟踪切割。

数控切割机是一种高效节能的切割设备。适用于各种碳钢、不锈钢及有色金属板材的精密切割下料，板材利用率高，省时省料。数控切割编程方式和操作方式简单，可对图形实现自动排序。操作人员只需输入切割数量与排列方向，即可实现大批量连续自动切割。图 1-16 为 CNC 数控氧乙炔火焰多头直条切割机，图 1-17 为 CNC 数控等离子切割机。

图 1-16　CNC 数控氧乙炔火焰多头直条切割机　　图 1-17　CNC 数控等离子切割机

1.3.5 碳弧气刨

碳弧气刨虽然是一种热切割的方法，但在生产实际中常把它作为一种辅助切割。这是因为碳弧气刨的热源是焊接电弧，没有像等离子那样进行处理，所以能量不够集中，切口比较宽也不光滑整齐，切割速度还比较低。因而碳弧气刨的切割质量和效率都不高，但可应用于氧气切割无法切割的材料及焊缝坡口的加工等场合。

碳弧气刨的特点是在清除焊缝或铸件缺陷时，使得被刨削面光洁，在电弧下容易发现各种细小的缺陷。因此，有利于焊接质量的提高，降低工件加工的费用。碳弧气刨主要用于氧气切割难以切割的金属，如铸铁、不锈钢和铜等材料，并适用于仰、立各个位置的操作，尤其在空间位置刨槽时更为明显，大大降低了劳动强度。与等离子切割相比碳弧气刨设备简单，成本低，对操作人员要求较低。缺点是在刨和削的过程中会产生一些烟雾、噪声，在通风不良处工作，对人的健康有影响。另外，目前多采用直流电源，设备费用较高，有一定的热影响区和渗碳现象。

1.3.5.1 工作原理及应用

碳弧气刨在以碳棒为一极、工件为另一极的回路中，利用碳棒与工件电弧放电而产生的高温，将金属局部加热到熔化状态，同时借助夹持碳棒的气刨钳上通入的压缩空气将熔化的金属吹掉，从而达到对金属进行刨削或切割的目的，切割原理如图 1-18 所示。

在石油化工设备制造过程中，碳弧气刨常用于不锈钢容器的开孔，双面焊时清焊根。对有缺陷的焊缝进行返修时清除缺陷，开 U 形坡口，切割不锈钢等金属的异形工件。

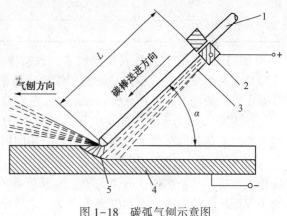

图 1-18 碳弧气刨示意图
1—碳棒；2—气刨枪夹头；3—压缩空气；
4—工件；5—电弧

1.3.5.2 碳弧气刨设备

（1）电源设备

碳弧气刨采用直流电源。电源特性与焊条电弧焊相同，即要求具有陡降的外特性和较好的动特性，因此直流焊条电弧焊机和具有陡降外特性的各种直流弧焊设备都可以充当碳弧气刨电源，但是碳弧气刨一般选用电流较大、连续工作时间较长、功率较大的直流焊机。

（2）刨枪

刨枪按送风方式可分圆周送风式和侧面送风式。圆周送风式具有良好的导电性，吹出来的压缩空气集中而准确，电极夹持牢固，更换方便，外壳绝缘良好，重量轻以及使用方便。钳式侧面送风结构，在钳口端部钻有小孔，压缩空气从小孔喷出，并集中吹在碳棒电弧的后侧，它的特点是压缩空气紧贴着碳棒吹出，当碳棒伸出长度在较大范围内变化时，始终能吹到且吹走熔化的金属，同时碳棒前面的金属不受压缩空气的冷却，碳棒伸出长度调节方便，碳棒直径大或小都能使用，缺点是只能向左或向右单一方向进行气刨，因此在有些使用场合显得不够灵活。圆周送风刨枪可弥补其缺陷，应用较广泛。

1.3.5.3 碳弧气刨工艺

（1）工艺参数及其影响

① 极性碳弧气刨多采用直流反接（工件接电源的负极，碳棒接电源的正极）。普通低碳钢采用反接时，熔融金属的含碳量为 1.44%，而正接时为 0.38%，含碳量高时，金属的流动性较好，同时凝固温度较低，使刨削过程稳定、刨槽光滑。

② 电流与碳棒直径：电流太小，切割速度慢，还容易产生夹碳现象，电流较大，则刨槽宽度增加，可以提高刨削速度，并能获得较光滑的刨槽质量。电流的大小与碳棒的直径有关，不同直径的碳棒，可按下面公式选取电流：

$$I = (30 \sim 50) d \tag{1-12}$$

式中，d 为碳棒的直径，mm。而碳棒直径的选取应考虑钢板厚度，见表 1-12。

表 1-12　碳棒的直径的选取　　　　　　　　　　　　　　　mm

钢板厚度	碳棒直径	钢板厚度	碳棒直径
3	一般不刨	8~12	6~7
4~6	4	>10	7~10
6~8	5~6	>15	10

③ 刨削速度：刨削速度对刨槽尺寸、表面质量都有一定的影响。刨削速度太快，会造成碳棒与金属相碰，使碳棒在刨槽的顶端形成所谓"夹碳"的缺陷。刨削速度增大，刨削深度就减小。一般刨削速度在 0.5~1.2m/min 左右较合适。

④ 压缩空气压力：常用的空气压力为 0.4~0.6MPa，压力提高则对刨削有利，但压缩空气所含的水分和油分应加以限制，否则会使刨槽质量变坏，必要时可加过滤装置。

⑤ 电弧长度：碳弧气刨时，电弧长度约为 1~2mm。电弧过长时，电弧电压增高，会引起操作不稳定，甚至熄弧；电弧太短，容易使碳棒与工件接触，引起"夹碳"缺陷。在操作时为了保证均匀的刨槽尺寸和提高生产率，应尽量减小电弧长度的变化。

⑥ 碳棒的伸出长度：碳棒从钳口导电嘴到电弧端的长度为伸出长度，一般为 80~100mm 左右，伸出长度大，压缩空气吹到熔渣的距离远，引起压缩空气压力不足，不能顺利将熔渣吹走；伸出长度太短，会引起操作不方便，一般在碳棒烧损 20~30mm 时，就需要对碳棒进行调整。

（2）碳弧气刨的常见缺陷和预防措施

① 夹碳：刨削速度太快或碳棒送进过猛，会使碳棒头部碰到铁水或未熔化的金属上，电弧就会短路而熄灭，由于这时温度还很高，当碳棒再往前送或向上提时，头部脱落并粘在未熔化的金属上，形成夹碳。这种缺陷不清除，焊后易出现气孔和裂纹。清除方法是在缺陷前端引弧，将夹碳处连根刨掉。

② 铜斑：有时因碳棒镀铜质量不好，铜皮成块剥落，刨削时剥落的铜皮呈熔化状态，在刨槽表面形成铜斑点。如不注意清除铜斑，铜进入焊缝金属的量达到一定数值时会引起热裂纹，清除方法是在焊前用钢丝刷将铜斑刷干净。

③ 其他：黏渣、刨槽不正和深浅不均、刨偏等缺陷，都会降低刨削质量。

1.3.6　边缘坡口加工

板材的边缘坡口加工是焊接前的一道准备工序，其目的在于除去切割时产生的边缘缺陷。根据焊接方法的要求，当切去边缘的多余金属并开出一定形状的坡口时，应保证焊缝焊透所需的填充金属是最少的。为了满足焊接工艺的要求，保证焊接的质量，钢板厚度较大时需要在焊缝处开坡口。

坡口形式的选用是由焊接工艺所确定的，而坡口的尺寸精度、表面粗糙度取决于加工方法。目前，焊缝的常用边缘加工方法有氧气乙炔切割及机械加工两种。

1.3.6.1　火焰切割坡口

切割坡口通常和钢板的下料结合起来，而且多半采用自动或半自动的方法进行，在缺乏这些设备或不适应时才采用手工切割。

（1）单面 V 形坡口的加工

手工切割：将割炬与工件表面垂直，割嘴沿着切割线匀速移动，完成切断钢板下料的工作。然后再将割炬向板内侧倾斜一定的角度，完成坡口的加工。切割后钝边就处于板的下部。

半自动切割：利用半自动切割机将两把割炬一前一后装在有导轨的移动气割机上，前一把割炬垂直切割坡口的钝边，后一把割炬向板内倾斜，可完成坡口的加工任务，如图 1-19 所示。

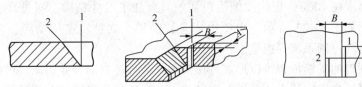

图 1-19　氧气乙炔切割 V 形坡口

1—垂直割嘴；2—倾斜割嘴；A—割嘴 1、2 之间的距离；B—割嘴 2 倾斜的距离

（2）双面 X 形坡口加工

图 1-20 所示为受压壳体纵向焊缝为不对称的 X 形坡口。X 形坡口多用于较厚的钢板用两把或三把割炬同时进行切割。

（3）U 形坡口的加工

开 U 形坡口由碳弧气刨和氧乙炔切割联合完成。首先由碳弧气刨在钢板边缘做出半圆形凹槽，如图 1-21 所示。凹槽的半径应与坡口底部的半径相等，然后用氧气切割按规定的角度切割坡口的斜边，切出的斜边应在凹槽的内表面相切的方向上。

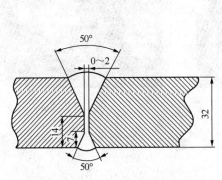

图 1-20　壳体纵缝 X 形坡口形式

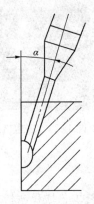

图 1-21　U 形坡口的加工

图 1-22　FQ 封头切割机

（4）封头坡口的加工

封头坡口多采用立式自动火焰切割装置，图 1-22 所示为封头切割机。切割机架上固定气割割炬，可以用来对碳钢、低合金钢封头进行边缘加工（即齐边和开坡口），固定等离子割炬式可以加工不锈钢、铝制封头。

封头放在转盘上，切割机架固定不动，割炬可在机架导杆上上下移动，并作一定角度的倾斜，以对准封头的切割线，完成切割坡口工作。切割前先移动割炬切割嘴，使之高于封头切割线约 15mm，再打开并调整预热火焰接着自上而下切割，直到割嘴与封头切割线相重合时，立即停止割嘴的向下移动，然后转动转盘，沿切割线切去余高。转盘的转动速度决定了切割速度，可根据封头直径和厚度调节转盘的转动速度。

1.3.6.2　刨边机（铣边机）加工坡口

在石油化工设备制造行业中，用刨边机加工坡口十分普遍。刨边机的工作行程一般为 15m 左右，加工厚度在 200mm 以内。刨边机切削具有加工尺寸精确、质量好、生产率高的优点。刨边机外形如图 1-23 所示，主要由床身、横梁、立柱、主传动箱、刀架、液压系统、润滑系统及电气控制系统等组成。

刨边机是用刨刀加工钢板边缘以形成焊接所需的各种坡口的专业机床，可以加工各种形式的坡口。它主要适应于容器壳体的纵缝和环缝，封头坯料的拼接缝，不锈钢、有色金属及复合板的纵、环缝。板料可以由气动、液压、螺旋压紧及电动压紧等方式夹持固定。若加工板料比较短，则可同时加工许多工件，刨边机的切削动作在前进与回程中均可进行。

1.3.6.3　车床加工坡口

对于封头环缝坡口、封头顶部中心开孔的坡口，大型厚壁筒节的环缝坡口等，均可在立式车床上加工完成。其优点是对各类坡口形式都适宜，钝边及封头直径尺寸精度高。国内一些大型过程设备制造厂配有 8m 左右的立式车床，如图 1-24 所示。

图 1-23　刨边机外形

图 1-24　8m 立式车床

复　习　题

1-1　下料工艺过程包括哪几方面内容？

1-2　何谓钢材的预处理？对于石油化工设备制造来说，钢材的预处理包括哪几方面的内容？

1-3　净化处理的作用有哪些?

1-4　净化方法有哪些?

1-5　何谓划线? 划线工序有哪些?

1-6　计算加工余量需要考虑几个方面的因素?

1-7　金属的分割方法有哪几种?

1-8　氧乙炔切割工艺参数有哪些?

1-9　等离子切割有哪些特点?

1-10　碳弧气刨工艺参数有哪些?

1-11　碳弧气刨的常见缺陷有哪些?

1-12　板材边缘坡口加工的目的是什么? 边缘坡口加工方法有哪些?

1-13　无折边锥形封头的展开计算(参见图 1-3), 已知 $D_m = 2200mm$, $d_m = 1400m$、$\beta = 60°$, 求展开后的圆心角 α, 锥形封头小端半径 r 和大端半径 R。

1-14　带折边锥形封头的展开计算(参见图 1-4), 已知折边锥形封头大端中性层直径 $D = 2000mm$, 小端中性层直径 $d = 500mm$, 折边中性层半径 $r = 100mm$, 直边高度 $h = 50mm$, 锥顶角 $\beta = 90°$。求展开后的圆心角 α, 小端半径 R_1、大端半径 R_2。

1-15　标准椭圆形封头的展开计算(参见图 1-5), 已知封头的公称直径 DN 为 $2200mm$, 封头直边高度 $45mm$, 壁厚 $\delta = 10mm$。试分别利用等面积法和经验法的计算公式展开计算, 并比较结果。

第2章　成形加工工艺

石油化工设备成形加工工艺主要指筒节弯卷成形，封头的冲压、旋压成形，管材的弯曲成形，波纹膨胀节成形等成形加工工艺过程。这些成形加工都是通过外力作用使金属材料在室温下或在加热状态下，产生塑性变形而达到预先规定尺寸和形状的过程。

2.1　筒节的弯卷成形工艺

筒节的弯卷成形通常是在卷板机上完成的。根据钢板的材质、厚度、弯曲半径、卷板机的形式和卷板能力，实际生产中筒节的弯卷基本上可分为冷卷和热卷两种工艺过程。

2.1.1　钢板弯卷的变形率

2.1.1.1　变形率的概念

筒体卷制是设备制造的重要工序。它是将平直的板料在卷板机上弯曲成形的过程。在弯曲过程中沿板料厚度方向受到弯曲应力的作用，在板料内、外表面上的应力值最大，因而变形量也最大。除高压厚壁容器的圆筒外，大多数低、中压容器的直径比其壁厚大得多，因此可以认为中性层是在圆筒中径的位置，即中性层在卷制前后长度不变。如果将厚度为 δ 的钢板卷成内径为 D_i 的圆筒，按最外层的伸长量考虑(如按最内层的压缩量考虑，绝对值相同)，其实际变形率为：

$$\varepsilon_{实} = \frac{\pi(D_i+2\delta)-\pi(D_i+\delta)}{\pi(D_i+\delta)} = \frac{\delta}{D_i+\delta} \times 100\% \tag{2-1}$$

对于单向拉伸(如钢板卷圆筒)：

$$\varepsilon = 50\delta(1-R/R_0)/R \tag{2-2}$$

对于双向拉伸(如筒体折边、冷压封头等)：

$$\varepsilon = 75\delta(1-R/R_0)/R \tag{2-3}$$

式中　ε——钢板弯卷变形率，%；

δ——钢板名义厚度，mm；

R——成形后中性层(中间面)半径，mm；

R_0——成形前中面半径(对于平板为∞)，mm。

2.1.1.2　允许变形率

在金属板材的弯卷、封头的冲压或旋压、管子的弯曲及其他元件的压力加工中，成形工艺都是依靠材料的塑性变形来实现。如果塑性变形的过程是在冷态下进行，有可能会造成加工硬化现象。材料性能上的这种变化，对设备的安全可靠性和焊接结构的质量不利。变形率反映了材料加工硬化的程度，变形率的大小对金属再结晶后晶粒的大小影响很大。金属材料冷弯后产生粗大再结晶晶粒的变形率，称为金属的临界变形率(ε_0)。钢材的理论临界变形率范围为 5%~15%。

粗大的再结晶晶粒将会降低后续加工工序(如热切割、焊接等)的力学性能。为消除因冷加工而引起材料性能的变化，就要求冷加工的变形率避开晶粒度处于峰值的临界变形率，即钢板的实际变形率应该小于理论临界变形率。各种钢材的冷成形允许变形率数值见表 2-1。

表 2-1　各种钢材冷成形时的允许变形率

钢材牌号	允许变形率/%
碳钢、低合金钢及其他材料	5
奥氏体型不锈钢	15
	（当设计温度低于-100℃，或高于 675℃时）10

对于钢板冷成形的受压元件，变形率超过表 2-1 的范围，且符合下列①～⑤条件之一时，应于成形后进行相应热处理恢复材料的性能。

① 盛装毒性为极度或高度危害介质的容器；

② 图样注明有应力腐蚀的容器；

③ 对碳钢、低合金钢，成形前厚度大于 16mm 者；

④ 对碳钢、低合金钢，成形后减薄量大于 10%者；

⑤ 对碳钢、低合金钢，材料要求做冲击韧性试验者。

2.1.2　冷卷与热卷成形概念

2.1.2.1　冷卷成形

冷卷是在金属再结晶温度以下的弯卷（也称冷变形）。冷卷成形通常是在室温下的弯卷成形，不需要加热设备，不产生氧化皮，操作工艺简单，方便操作，费用低。

根据钢板弯卷临界变形率概念，冷卷成形有个最小冷卷半径要求。实际冷卷筒节的半径不能小于最小冷卷半径，否则应考虑采用热卷成形或冷卷后热处理工艺，即冷卷的实际变形率应小于或等于该强度等级材料的允许变形率。根据表 2-1 所给出的允许变形率的数值和式(2-2)、式(2-3)，可得筒节冷弯卷最小半径 R_{min} 与厚度 δ 应满足如下关系：

碳钢、低合金钢及其他材料

$$R_{min} = 10\delta（单向拉伸）\tag{2-4}$$
$$R_{min} = 15\delta（双向拉伸）\tag{2-5}$$

奥氏体型不锈钢

$$R_{min} = 3.33\delta（单向拉伸）\tag{2-6}$$
$$R_{min} = 5\delta（双向拉伸）\tag{2-7}$$

式(2-4)～式(2-7)是钢板采用冷卷工艺和热卷工艺的界限，也是确定弯卷加工工艺的依据。

2.1.2.2　热卷成形

钢板在金属再结晶温度以上的弯卷称为热卷（也称热变形）。钢板加热到 500～600℃进行的弯卷，由于是在钢材的再结晶温度以下，因此其实质仍属于冷卷，但它具备热卷的一些特点。

金属的再结晶温度 T_z 与金属熔点 T_u 之间的关系为

$$T_z = (0.35～0.4)T_u　(K)\tag{2-8}$$

热卷时应控制合适的加热温度。热卷筒节时温度高，塑性好，易于成形，变形的能量消耗少，但温度过高会使钢板产生过热或过烧，也会使钢板的氧化、脱碳等现象加重。过热是由于加热温度过高或保温时间较长，使钢中奥氏体晶粒显著长大，钢的力学性能变坏，尤其是塑性明显下降。过烧是由于晶界的低熔点杂质或共晶物开始有熔化现象，氧气沿晶界渗入，晶界发生氧化变脆，使钢的强度和塑性大大下降。过烧后的钢材不能再通过热处理恢复其性能，因此，加热温度应适当。钢板的加热温度一般取 900~1100℃，弯曲终止温度不应低于 800℃。对普通低合金钢还要注意缓冷。

热卷时应控制适当的加热速度。钢板在加热过程中，其表面与炉内氧化性气体 H_2O、CO_2、O_2 等进行化学反应，生成氧化皮。氧化皮不但损耗金属，而且坚硬的氧化皮被压入钢板表面，会产生麻点、压坑等缺陷，同时氧化皮的导热性差，延长了加热时间。钢在加热时，由于 H_2O、CO_2、O_2、H_2 等气体与钢中的碳化合生成 CO 和 CH_4 等气体，从而使钢板表面碳化物遭到破坏，这种现象称为脱碳。脱碳使钢的硬度和耐磨性、疲劳强度降低。因此，钢材在具有氧化性气体的炉子中加热时，钢材既产生氧化，又产生脱碳。一般在 1000℃ 以上时，由于钢材强烈地产生氧化皮，脱碳相对微弱，在 700~900℃ 时，由于氧化作用减弱，脱碳相对严重。在保证钢材表里温差不太大，膨胀均匀的前提下，加热速度越快越好。实践证明，只有导热性较差的高碳钢和高合金钢或截面尺寸较大的工件，因其产生裂纹的可能性较大，此时需要低温预热或在 600℃ 以下缓慢加热，而对于一般低碳钢或合金钢板，在任何温度范围内都可以快速加热。

热卷可以防止冷加工硬化的产生，塑性和韧性大为提高，不产生内应力，减轻卷板机工作负担。但是，热卷需要加热设备，费用较大，在高温下加工，操作麻烦，钢板减薄严重。一般对于厚板或小直径筒节采用热卷；当卷板时变形率 ε 超过要求、卷板机功率不能满足要求时，需考虑采用热卷。

对于一台具体设备的壳体而言，究竟采用热卷还是冷卷，除了受变形率这个主要因素制约外，在实际工作中还要考虑到一些其他因素，如受到卷板机能力的限制不能采用冷卷，或者钢板在弯卷前已有电渣焊的拼接焊缝等，由于电渣焊的拼接焊缝具有铸造特征的组织结构，其冷塑性变形能力较低，虽然其变形率未超过许用范围，此时也应采用热卷。

2.1.3 卷板机工作原理与弯卷工艺

板料弯卷机简称卷板机，是设备筒体制造的主要设备之一。石油化工设备制造企业都根据各自不同的生产规模和产品特点配置各种类型的卷板机。

卷板机类型较多，但其基本功能部件都是轧辊，按轧辊数分为两大类，即三辊卷板机和四辊卷板机。本节简要介绍三辊卷板机(图 2-1)、四辊卷板机(图 2-2)和立式卷板机(图 2-3)三种卷板机的工作原理及卷板过程。

图 2-1　三辊卷板机　　　　图 2-2　四辊卷板机　　　　图 2-3　立式卷板机

2.1.3.1　对称式三辊卷板机

三辊对称式卷板机的三个辊成"品"字形排列，轧辊中心线的连线是等腰三角形，具有对称性，故称对称三辊卷板机。对称三辊卷板机的工作过程如图 2-4 所示。

图 2-4(a)中，上辊 1 是从动辊，可以上下移动，以适应各种弯曲半径和厚度的需要，并对钢板施加一定的弯曲压力，两个下辊 2 是主动辊，对称于上辊轴线排列，并由电动机经减速机带动，以同向同速转动。工作时将钢板置于上、下辊之间，然后上辊向下移动，使钢板被压弯到一定程度，接着启动两个下辊转动，借助于辊子与钢板之间的摩擦力带动钢板送进，上辊随之转动。通常一次弯卷很难达到所要求的变形程度，此时可将上辊再下压一定距离，两下辊同时反向转动，使钢板继续弯卷，这样经过几次反复，可将钢板弯卷成一定弯曲半径的筒节。这种卷板机操作简单，在生产上得到较普遍的应用。

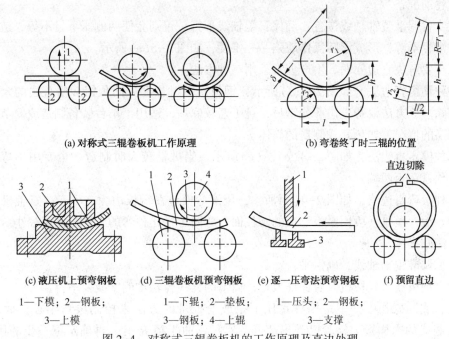

(a) 对称式三辊卷板机工作原理　　　　(b) 弯卷终了时三辊的位置

(c) 液压机上预弯钢板　　(d) 三辊卷板机预弯钢板　　(e) 逐一压弯法预弯钢板　　(f) 预留直边

1—下模；2—钢板；　　　1—下辊；2—垫板；　　　1—压头；2—钢板；
3—上模　　　　　　　　3—钢板；4—上辊　　　　3—支撑

图 2-4　对称式三辊卷板机的工作原理及直边处理

对称式三辊卷板机的特点：

① 与其他类型卷板机相比，其构造简单，价格便宜，应用很普遍。

② 被卷钢板两端各有一段无法弯卷的直边段[图 2-4(f)]，直边长度大约为两个下辊中心距的一半。直边的产生使筒节不能完成整圆，也不利于矫圆、组对、焊接等工序的进行，因此在卷板之前通常将钢板两端进行预弯曲。

钢板弯卷的可调参量是上、下辊的垂直距离 h，h 取决于弯曲半径 R 的大小，其计算可从弯卷终了时三辊的相互位置中求得[参见图 2-4(b)]：

$$(R+\delta+r_2)^2=(R-r_1+h)^2+\left(\frac{l}{2}\right)^2$$

$$h=\sqrt{(R+\delta+r_2)^2-\left(\frac{l}{2}\right)^2}-(R-r_1)$$

由上式也可以导出钢板弯曲半径 R 与各参数之间的关系：

$$R = \frac{(r_2+\delta)^2 - (h-r_1)^2 - \left(\frac{l}{2}\right)^2}{2(h-r_1-r_2-\delta_1)} \qquad (2-9)$$

式中　δ——钢板厚度，mm；

　　　R——筒节弯曲半径，mm；

　r_1，r_2——上、下辊半径，mm；

　　　l——两下辊之间中心距，mm；

　　　h——上、下辊中心的垂直距离，mm。

对称式三辊卷板机卷制圆筒工艺过程一般包括卷前准备和滚圆操作两个工序。

（1）卷前准备

第一步要调准辊轴轴线位置，确保三辊轴线平行。否则会使两侧压下量不等，造成筒节两侧弯曲半径不等，形成滚圆操作缺陷——锥度，如图2-5（a）所示。

第二步要解决直边问题。生产上常采用三种方法：

第一种预留直边法，如图2-4（f）所示，钢板号料时长度方向预留2倍直边的余量，滚圆时再切除。该方法浪费直边部分钢材，且工艺较麻烦，适用于单台装备制造或筒节制造精度要求较高的情况，如热套式制造的筒体。

第二种模压直边法，如图2-4（c）、（e）所示，当批量较大时制造一个专用预弯模，在压力机上预弯钢板两端。

第三种滚弯直边法，如图2-4（d）所示，用滚弯模垫在钢板边缘之下，在三辊机上预弯两侧直边。滚弯模是一段用厚板弯成的圆柱面，弯曲半径比预弯的工件滚圆半径小。

（2）滚圆操作

首先，调准辊轴轴线，确保平行；

其次，钢板放入卷板机时要保证放正，筒节的素线与辊轴的素线要平行；

第三，实际操作中并不是用计算压下量或上推量的方法来控制滚弯半径，而是用一个薄铁板制成的内样板去检验已卷出部分的实际弯曲半径 R 值，再确定下一步的压下量。为测量准确，样板弧长不能太短，检查时中心露光表示已卷圆过度，$R<0.5DN$；两端露光，$R>0.5DN$，表明滚圆不足。

滚圆操作缺陷：

① 锥度

当滚圆操作时如果上辊轴线与下辊轴线不平行，会使两侧的实际压下量不等，造成筒节两侧弯曲半径不等形成锥度，如图2-5（a）所示。

② 错口

钢板放入滚圆机时要保证放正，筒节的素线与辊轴的素线要平行，否则卷成的筒节端部边缘不是平面内的圆，而是一条螺线，图2-5（b）称为错口。

③ 不均

一般总压下量要分几次完成，尤其是板厚接近卷板机最大厚度时。操作中要注意避免卷圆过度，因为卷板机自身无法矫回，形成滚圆操作缺陷——不均，如图2-5（c）所示。

(a)锥度　　　　　　　　(b)错口　　　　　　　　(c)不均

图2-5　滚圆操作缺陷

用对称式三辊卷板机卷制圆筒节的工艺过程见表2-2。

表2-2　单个筒节的卷制工艺过程

工序号	工序名称	所需设备	备注
05	备料(材料复验、净化)	平台及净化设备	
10	划线(展开计算、打标记和标记移植)	划线平台	
15	切割下料	剪板机或气割机	
20	边缘坡口加工	刨边机或气割机	
25	预弯直边	油压机、卷板机	
30	弯曲(滚圆)	卷板机、样板	
35	纵缝的焊接	电焊机	
40	矫形	卷板机	
45	形状尺寸、焊缝质量检查	X光机、量具、样板	

2.1.3.2　其他形式的三辊卷板机

除对称式三辊卷板机外,还有些其他形式的三辊卷板机,主要有:

(1) 下辊垂直移动三辊卷板机(图2-6)

这种卷板机的下辊可以上、下移动,可以实现无直边卷制圆筒。这种三辊卷板机结构比较简单,操作也不复杂,在生产中应用较为普遍。

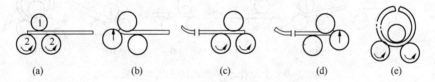

(a)　　　　　　(b)　　　　　　(c)　　　　　　(d)　　　　　　(e)

图2-6　下辊垂直移动三辊卷板机

(2) 不对称式三辊卷板机(图2-7)

这种卷板机上辊与一个下辊在一条垂直线上,第三辊为旁辊,在下辊的一侧。下辊可在垂直方向进行调节,调节量的大小约等于卷板的最大厚度,旁辊可沿 A 向调节,如图2-7(e)所示。下辊与旁辊间的调节可用电动或手动操作。卷板时,先将钢板置于上、下辊之间,使其前端进入旁辊并摆正,然后升起下辊将钢板紧压在上、下辊之间,如图2-7(a)所示,再升起旁辊预弯右板边,如图2-7(b)所示。旁辊回原位,启动上、下辊,使钢板移至图2-7(c)位置,再升起旁辊,预弯左板边,如图2-7(d)所示。最后启动电机带动上、下辊旋转,使钢板弯卷成形,如图2-7(e)所示。这种卷板机不仅可卷圆筒节,由于旁辊两端可分别调节,故也可弯卷锥形简体。

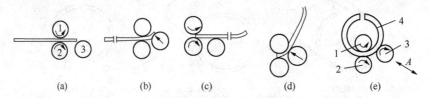

图 2-7　不对称式三辊卷板机

（3）两下辊同时水平移动的三辊卷板机（图 2-8）

卷板时将钢板置于上、下辊之间，如图 2-8（a）所示。两下辊同时向右作水平移动至图 2-8（b）位置，上辊向下移动，预弯左板边，如图 2-8（c）所示。上辊旋转，钢板移至图 2-8（d）位置，两下辊同时向左作水平移动至图 2-8（e）位置，上辊向下移动，预弯右板边。最后上辊旋转，使钢板弯卷成形，如图 2-8（f）所示。这种卷板机由于可以同时调节的辊子较多，故机械传动机构较复杂。

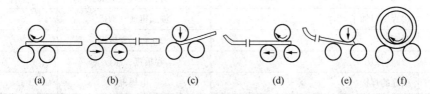

图 2-8　两下辊同时水平移动的三辊卷板机

（4）上辊作水平移动的三辊卷板机（图 2-9）

卷板时将钢板置于上、下辊之间，上辊向右水平移动，如图 2-9（a）所示。移至图 2-9（b）位置，上辊向下移动，预弯右板边。下辊旋转，使钢板移至图 2-9（c）位置。上辊向左水平移动至图 2-9（d）位置。上辊向下移动，预弯左板边，如图 2-9（e）所示。最后下辊旋转，使钢板弯卷成形，如图 2-9（f）所示。这种卷板机的调节辊子虽少，但结构较复杂。

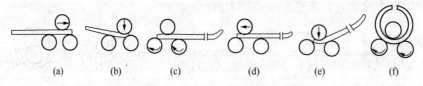

图 2-9　上辊作水平移动的三辊卷板机

2.1.3.3　对称式四辊卷板机

对称式四辊卷板机如图 2-10 所示。上辊 1 为主动辊，下辊 3 可垂直上、下移动调节，两侧辊 2 是辅助辊，其位置也可以调节。卷板时，将钢板端头置于 1、3 辊之间并找正，升起下辊 3 将钢板压紧，如图 2-10（a）所示，然后升起左侧辊对板边预弯，如图 2-10（b）所示，预弯后适当减小压力（防止钢板碾薄），启动上辊旋转，此时构成一个不对称式三辊卷板机对钢板弯卷，随后升起右侧辊托住钢板，当钢板卷至另一端时，上辊停止转动，将下辊向上适当加大压力，同时将右侧辊上升一定距离，弯曲直边，再适当减小下辊压力，并启动上辊旋转，又形成一个不对称式的三辊卷板机，连续弯卷几次直到卷成需要的简节为止，如图 2-10（c）所示。

这种卷板机的最大优点是不需要进行直边预处理就可以直接卷制成圆筒，故加工性能较先进，但其结构复杂，辊轴多用贵重合金钢制造，加工要求严格，造价高。

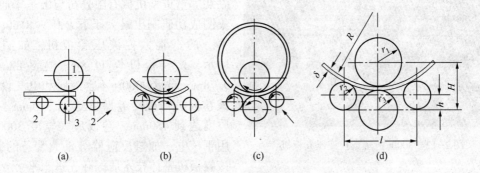

图 2-10 对称式四辊卷板机

对称式四辊卷板机可调参量和弯曲半径的计算如下：

图 2-10(d)所示为弯卷终了时四辊的位置，由图中几何关系可得：

上、下辊中心距 $\quad H = r_1 + r_3 + \delta$

两侧辊与下辊的高差 $\quad h = R + \delta + r_3 - \sqrt{(R + \delta + r_2)^2 - \left(\dfrac{l}{2}\right)^2}$ (2-10)

式中 r_1，r_2，r_3——上辊、侧辊、下辊半径，mm；

　　　δ——钢板厚度，mm；

　　　l——两侧辊中心距，mm。

由式(2-10)可导出钢板弯曲半径 R 与各参数间的关系。考虑钢板弯卷后的回弹，实际弯卷筒节半径应比需要的筒节半径略小。

2.1.3.4 立式卷板机

立式卷板机如图 2-11 所示。图 2-11(a)中轧辊 1 为主动辊，两个侧支柱 2 可沿机器中心线 O—O 平行移动，其间的距离还可调节，压紧轮 3 可前、后调节。弯卷时，钢板放入辊 1 和柱 2 之间，压紧轮 3 靠液压力始终将钢板紧压在辊 1 上，两侧支柱 2 朝辊 1 方向推进将钢板局部压弯，然后支柱 2 退回原位，驱动辊 1 使钢板移动一定距离，两侧支柱 2 再向前将钢板压弯，这样依次重复动作，将钢板压弯成圆形筒节。

立式卷板机特点如下：

其优点是——卷大直径薄壁筒节时，不会因钢板的刚度不足而下塌；热卷厚钢板时，氧化皮不会落入辊筒与钢板之间，因而可避免表面产生压坑等缺陷；

其缺点是——弯卷过程中钢板与地面摩擦，薄壁大直径筒节有拉成上、下圆弧不一致的可能。

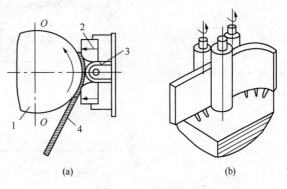

图 2-11 立式卷板机

33

图 2-12 8000t 三辊数控液压卷板机

技术的发展日新月异，卷板机也向数控、全液压、超大型发展。2014 年，我国湖北鄂重重型机械有限公司与山东华通重工集团成功研制出最大压下力高达 8160t 世界第一的三辊数控液压卷板机，如图 2-12 所示，该卷板机长 11.8m、宽 8.83m、高 9.78m，自重 9000t（不含液压和电气设备），该卷板机钢板冷卷厚度达到 370mm、热卷厚度达到 450mm，卷板最大宽度 3000mm，用于核电、加氢反应器等重大装备的制造。该卷板机整体技术居国际先进水平。

2.2 封头的成形工艺

封头作为设备的主要受压元件之一，其成形是设备制造过程中的关键工序。封头的制造需要具备压力容器制造的相关资质，压力容器制造厂可以自己制作封头，但目前我国封头制造已形成专业化生产的格局，专业生产厂家配备比较先进的设备，有先进的生产技术，有专业化的生产人员，相对成本低、生产效率高、质量好。压力容器制造企业多数都不自己生产封头，而是直接向专业化生产厂家订购封头。

常用的压力容器封头为凸形封头（以下简称封头）（GB/T 25198—2010），其名称、断面形状、类型代号及型式参数示例见表 2-3、表 2-4。

表 2-3 半球形、椭圆形、碟形和球冠形封头的断面形状、类型代号及型式参数

名　称		断面形状	类型代号	型式参数关系
半球形封头[a]			HHA	$D_i = 2R_i$ $DN = D_i$
椭圆形封头	以内径为基准		EHA	$\dfrac{D_i}{2(H-h)} = 2$ $DN = D_i$
	以外径为基准		EHB	$\dfrac{D_o}{2(H_o-h)} = 2$ $DN = D_o$

名　称		断面形状	类型代号	型式参数关系
碟形封头	以内径为基准		THA	$R_i = 1.0D_i$ $r_i = 0.10D_i$ $DN = D_i$
	以外径为基准		THB	$R_o = 1.0D_o$ $r_o = 0.10D_o$ $DN = D_o$
球冠形封头			SDH	$R_i = 1.0D_i$ $DN = D_o$

a 半球形封头三种型式：不带直边的半球($H = R_i$)、带直边的半球($H = R_i + h$)和准半球(接近半球 $H < R_i$)

表 2-4　平底形、锥形封头的断面形状、类型代号及型式参数

名称	断面形状	类型代号	型式参数关系
平底形封头		FHA	$r_i \geq 3\delta_n$ $H = r_i + h$ $DN = D_i$
锥形封头		CHA(30)	$r_i \geq 0.10D_i$ 且 $r_i \geq 3\delta_n$ $\alpha = 30°$ DN 以 D_i/D_{is} 表示
		CHA(45)	$r_i \geq 0.10D_i$ 且 $r_i \geq 3\delta_n$ $\alpha = 45°$ DN 以 D_i/D_{is} 表示
		CHA(60)	$r_i \geq 0.10D_i$ 且 $r_i \geq 3\delta_n$ $r_s \geq 0.05D_{is}$ 且 $r_s \geq 3\delta_n$ $\alpha = 60°$ DN 以 D_i/D_{is} 表示

封头的公称直径见表2-5。

表2-5　封头的公称直径 *DN*（GB/T 9019—2015《压力容器直径》）　　　mm

300	350	400	450	500	550	600	650	700	750	800	850	900	950	1000	1100
1200	1300	1400	1500	1600	1700	1800	1900	2000	2100	2200	2300	2400	2500	2600	2700
2800	2900	3000	3100	3200	3300	(3400)	3500	3600	3700	3800	3900	4000	4100	4200	4300
4400	4500	4600	4700	4800	4900	5000	5100	5200	5300	5400	5500	5600	5700	5800	6000

注：封头公称直径 *DN* 即为内径。

封头的成形方法主要有冲压成形、旋压成形。

2.2.1　封头的冲压成形

（1）冷、热冲压条件

冲压成形按冲压前毛坯是否需要预先加热，分为冷冲压法和热冲压法，其选择的主要依据如下。

① 材料的性能。对于常温下塑性较好的材料，可采用冷冲压；对于热塑性较好的材料，可以采用热冲压。

② 依据毛坯的厚度 δ 与毛坯料直径 D_0 之比，即相对厚度 δ/D_0 来选择冷冲压还是热冲压，具体参见表2-6。

表2-6　封头冷、热冲压与相对厚度的关系

冲压状态	碳素钢、低合金钢	合金钢、不锈钢
冷冲压	$\delta/D_0 \times 100 < 0.5$	$\delta/D_0 \times 100 < 0.7$
热冲压	$\delta/D_0 \times 100 \geq 0.5$	$\delta/D_0 \times 100 \geq 0.7$

（2）热冲压的加热过程

① 加热规范：

从降低冲压力和有利于钢板变形考虑，加热温度可高些，但温度过高会使钢材的晶粒显著长大，甚至形成过热组织，使钢材的塑性和韧性降低，严重时会产生过烧组织，毛坯冲压可能发生碎裂。为保证坯料有足够的塑性和较低的变形抗力，必须制订合理的加热温度范围、加热速度和加热时间等规范来保证封头的冲压质量。

② 加热注意要点：

a. 加热时防止过烧和过热

过烧是指工件加热到接近熔点温度时，晶粒处于半熔化状态，晶粒间的联系受到破坏，冷却后组织恶化，严重时会使坯料报废的现象，这种过烧现象不可恢复。

过热是指在稍低于过烧温度的高温下，金属长期保温时，使晶粒过分长大的现象。坯料出现过热使晶粒粗大，钢的力学性能降低，在冲压中会降低塑性和冲击韧性，影响封头的冲压质量。

b. 始锻温度和终锻温度的控制

始锻温度是指冲压开始的温度。始锻温度过低达不到加热的目的，使可锻性差，锻造时间减小，过高易产生过热和过烧现象，为了避免过热和过烧必须控制加热温度和保温时间。

终锻温度是指冲压终止的温度,应控制在再结晶温度以上。低于再结晶温度必然使钢硬化甚至产生裂纹,所以不允许低于再结晶温度进行冲压。终锻温度主要是保证在结束冲压前坯料还有足够的塑性,在冲压后获得良好的组织。

图 2-13 为封头热冲压的典型加热过程示意图。

(3) 封头的冲压过程

封头的冲压成形通常是在油压机上进行。图 2-14 所示为油压机冲压封头的过程。将封头毛坯 4 对中放在下模(冲环)5 上,如图 2-14(a)所示。然后开动油压机使活动横梁 1 空程向下,当压边圈 2 与毛坯 4 接触后,开动压边缸将毛坯的边缘压紧。接着上模(冲头)3 空程下降,当与毛坯接触时[图 2-14(b)中Ⅰ],开动主油缸使上模向下冲压,对毛坯进行拉伸[图 2-14(b)中Ⅱ],至毛坯完全通过下模后,封头便冲压成形[图 2-14(b)中Ⅲ]。最后开动提升缸和回程缸,将上模和压边圈向上提起,与此同时用脱模装置 6(挡铁)将包在上模上的封头脱下[图 2-14(b)中Ⅳ],并将封头从下模支座下取出,冲压过程结束。

为了降低工件与模具间的摩擦力,减少皱褶,在坯料上方设置压边圈,控制坯料的变形。在压边圈下表面和冲环圆角处涂以润滑剂,以减小冲压时的摩擦力。润滑剂一般用石墨粉加水或机油配制。

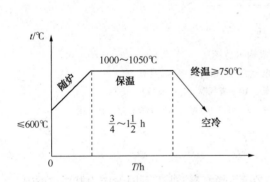

图 2-13　封头热冲压的加热过程

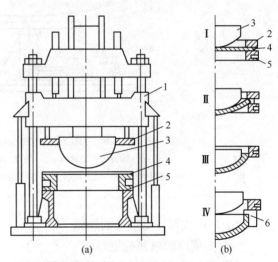

图 2-14　油压机冲压封头过程
1—活动横梁;2—压边圈;3—上模(冲头);
4—毛坯;5—下模(冲环);6—脱模装置

(4) 封头的热冲压成形制造工艺规程

封头的热冲压成形制造工艺规程见表 2-7。

表 2-7　封头的制造工艺规程(有焊缝封头)

工序号	工序名称	所需设备	备注
05	备料(材料复验、净化)	平台及净化设备	
10	划线(展开计算、打标记和标记移植)	划线平台	
15	切割下料	气割机	
20	边缘、坡口加工	气割机(或刨边机)	

工序号	工序名称	所需设备	备注
25	拼装(组对)	平台	
30	拼缝的焊接	电焊机	
35	焊缝质量检查	X光机	
40	加热	加热炉	
45	冲压成型	油压机、冲压模具	
50	形状尺寸检查	量具、样板	
55	焊缝质量检查	X光机	
60	边缘、坡口加工	气割机(或车床)	

封头的热冲压成形后，边缘和坡口可以在封头切割机上气割加工，封头切割机如图2-15所示。

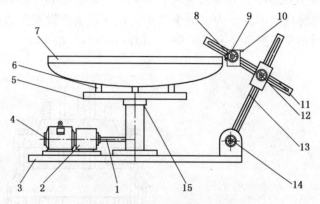

图 2-15　封头切割机构示意图

1—传动轴；2—变速器；3—底座；4—电动机；5—转盘；6—支撑柱；
7—椭圆封头；8—组合割嘴；9—调节紧固手轮；10—进气嘴；11—支撑杆(Ⅰ)；
12—支撑杆(Ⅰ)调节紧固手轮；13—支撑杆(Ⅱ)；14—支撑杆(Ⅱ)调节紧固手轮；15—轴承座

(5) 冲压成形容易产生的缺陷

① 封头壁厚的减薄与增厚

封头的冲压属于拉伸和挤压的变形过程，坯料在不同的部位处于不同的应力状态，产生不同的变形。图2-16为椭圆形封头和球形封头冲压后各部分的壁厚变化情况。

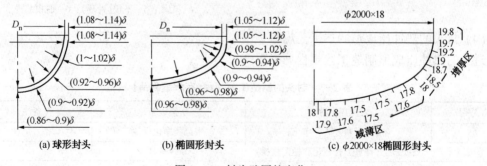

图 2-16　封头壁厚的变化

可见,通常在封头曲率大的部位,由于经向拉应力和变形占优势,所以壁厚减薄较大。碳钢椭圆形封头减薄量可达8%~10%;球形封头减薄量可达10%~14%。这种减薄是一个无法回避和改变的现实,从制造工艺上来说,只能通过合理的模具设计、选择适当的加热规范、严格执行操作规范和工艺规程等措施,最大限度地降低这个区域的减薄量,并在产品验收上严格把好质量关,减薄量超限的封头不得用于压力容器的组装。

封头冲压过程是依靠模具强迫坯料进行变形。坯料的外边缘还存在一个直边部分。从变形度看,直边和靠近直边部分变形最大,有多余金属相互挤压,但由于受到上冲模和冲环的制约,材料将受到沿板坯切向挤压而产生压缩变形,而使得该部位壁厚增加,而且越接近边缘,增加壁厚越大。

② 折皱

从宏观来看,封头越深,毛坯直径越大,坯料外缘周边的压缩量越大。此压缩量可向三个方向流动:增加边缘厚度;拉伸时向中心流动,以补充经向拉薄;向外自由伸长。由于金属在经向向外流动的阻力小,所以向外伸长往往较大。如果工件较薄或模具不当、工艺不当,则坯料周边就会在纬向应力作用下,丧失稳定而产生折皱。折皱是冲压封头中常见的缺陷。

影响折皱产生的主要因素是相对厚度(厚度与直径的比值)和切向应力的大小。相对厚度越大,坯料边缘的稳定性越好,切向应力可能使板边增厚。反之相对厚度小,板边对纵向弯曲的抗力小,容易丧失稳定而起皱。采用压边圈可以用来防止折皱的产生。

③ 鼓包

在毛坯拉伸过程中,由于某种原因会产生局部受力和变形不均现象,使成形后的封头产生鼓包。鼓包是金属局部纤维的变形量大于其他部位引起的。例如,毛坯边缘焊缝的余高太高,会因摩擦等原因产生较大的拉应力,使局部的金属产生较大的伸长而鼓包。又如,毛坯局部温度高于其他部位,此处金属变形抗力小,在相同拉应力作用下,金属纤维将产生较大的伸长而鼓包。

(6) 冲压模具设计

① 上模(冲头)

上模结构及主要设计参数如图2-17所示。在实际冲压中,以内径为准的封头,上模设计应考虑同一直径几种相邻壁厚封头的通用性。

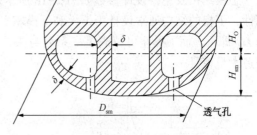

图2-17 上模结构图

a. 上模直径 D_{sm}(参见图2-17)

根据封头内径 D_n 和热冲压的收缩率 ψ 或冷冲压的回弹率 ψ 计算 D_{sm}:

$$D_{sm} = D_n(1 \pm \psi)(mm) \tag{2-11}$$

$$\psi = \alpha \Delta t \times 100\% \tag{2-12}$$

式中 α——线胀系数(碳钢、低合金钢 $\alpha = 14.7 \times 10^{-6}$,不锈钢 $\alpha = 19 \times 10^{-6}$),$℃^{-1}$;

Δt——冲压结束温度与室温之差,$℃$。

实际冲压中,直径和壁厚大的封头冷却慢,冲压结束温度高、收缩率大;直径和壁厚小的封头,冲压结束温度低、收缩率小。因此收缩率并不完全按公式(2-12)计算确定,通常由经验(见表2-8)选定。回弹率通常按材料不同参考表2-8选定。

表 2-8　收缩率或回弹率的经验值

D_n/mm	<600	700~1000	1100~1800	>2000	材料	碳钢	不锈钢	铝	铜
Ψ/%	0.5~0.6	0.6~0.7	0.7~0.8	0.8~0.9	$-\Psi(\%)$	0.3~0.4	0.4~0.7	0.1~0.15	0.15~0.2

注：1. 薄壁封头取下限，厚壁封头取上限。

2. 不锈钢封头的收缩率按表增加 30%~40%。

3. 需调质处理的封头应另减调质后的胀大量，其值通常为 0.05%~0.1%。

4. 对封头余量采用气割时，应增加气割收缩量，其值通常为 0.04%~0.06%。

b. 上模曲面部分高度 H_{sm}（参见图 2-17）：

$$H_{sm} = h_n(1 \pm \psi)(mm) \tag{2-13}$$

式中　h_n——封头内（曲面）高度，mm；

　　　$\pm\psi$——收缩率或回弹率。

c. 上模直边高度 H_0（参见图 2-17）：

$$H_0 = h + H_1 + H_2 + H_3(mm) \tag{2-14}$$

式中　h——封头直边高度（按标准规定），mm；

　　　H_1——封头高度修边余量，一般为 15~40mm；

　　　H_2——卸料板厚度，一般为 40~80mm；

　　　H_3——保险余量，一般为 40~100mm。

d. 上模上部直径 D'_{sm}（参见图 2-17）：

$$D'_{sm} = D_{sm} + (2~3)(mm) \tag{2-15}$$

e. 上模壁厚 δ：

当压机吨位小于等于 400t 时，$\delta = 30~40mm$；

当压机吨位大于等于 1500t 时，$\delta = 70~80mm$。

② 下模（冲环）

下模结构及主要设计参数如图 2-18 所示。为了适应冲压不同尺寸封头及模具设计的通用性，下模的结构通常设计为下模和下模座。这样在冲压不同直径封头时，只需改变下模直径 D_{xm} 即可，而下模座可以满足一系列封头冲压的需要，方便了模具的更换，避免了设计、制造大量模具。

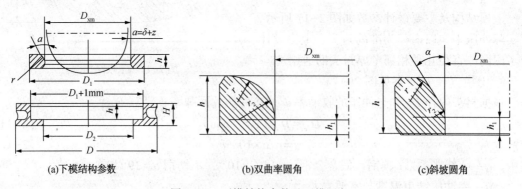

图 2-18　下模结构参数及下模圆角

a. 上、下模的间隙 a

间隙 a 对封头成形质量有直接影响，若 a 值过大，则使冲压力减小，但易产生鼓包和折皱，并影响封头直径尺寸；若 a 值过小，则边缘部分将产生很大的挤压力和摩擦力，使冲压力增大，不仅耗费功率，而且可能将封头严重拉薄。因此，间隙 a 应考虑板厚 δ，还应考虑适当的附加值 Z，即：

$$a = \delta + Z \, (\mathrm{mm}) \tag{2-16}$$

热冲压时 $Z = (0.1 \sim 0.2)\delta$；冷冲压时 $Z = (0.2 \sim 0.3)\delta$。

间隙附加值 Z 的选取要注意：薄壁封头取小值、厚壁封头取大值；球形封头及直边较大的椭圆形封头取较大值；压机能力较小时取大值，并可适当加大；可以参考间隙附加值的经验数据，见表2-9。

表2-9 间隙附加值 Z 的经验值

δ/mm	6	8	10	12	14	16	20	25	28	30	32	36	40	46	50	52	56	60
$2Z/\mathrm{mm}$			1		1.5	2	2.5	3.5	4	4.5	5	6	6.5		8		9	11

b. 下模内径 D_{xm}

$$D_{xm} = D_{sm} + 2a + \delta_m \, (\mathrm{mm}) \tag{2-17}$$

式中 δ_m——下模制造公差，mm。

其他符号同上。

c. 下模圆角半径 r

冲压毛坯通过下模圆角时，除受拉应力外，还受很大的弯曲应力。若圆角太小，毛坯滑入下模拐弯很急，弯曲应力增大，并使冲压力增大，毛坯受到严重拉薄和表面产生微裂纹；若圆角太大，则易产生折皱和鼓包。因此有三种设计方案。一种如图2-18(a)所示，根据经验选取。

采用压边圈时 $\qquad r = (2 \sim 3)\delta \, (\mathrm{mm}) \tag{2-18}$

不采用压边圈时 $\qquad r = (4 \sim 6)\delta \, (\mathrm{mm}) \tag{2-19}$

当毛坯很厚，下模高度受限制时，可采用双曲率圆角，如图2-18(b)所示；或采用斜坡圆角，如图2-18(c)所示。

$$r_1 = 80 \sim 150 \mathrm{mm}; \ r_2 = (3 \sim 4)\delta; \ \alpha = 30° \sim 40° \tag{2-20}$$

d. 下模直边高度 h_1

$$h_1 = (40 \sim 70) \, (\mathrm{mm}) \tag{2-21}$$

e. 下模总高度 h

$$h = (100 \sim 250) \, (\mathrm{mm}) \tag{2-22}$$

f. 下模外径 D_1

$$D_1 = D_{xm} + (200 \sim 400) \, (\mathrm{mm}) \tag{2-23}$$

g. 下模座外径 D 应大于毛坯直径 D_0；高度 $H = h + (60 \sim 100) \mathrm{mm}$；下口内径 D_2 应比与之配套的最大壁厚封头的下模内径 D_{xm} 大 $5 \sim 10 \mathrm{mm}$。

③ 压边圈

其结构及设计参数如图2-19所示。

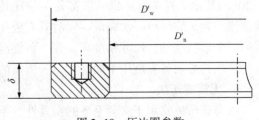

图2-19 压边圈参数

其主要尺寸为：内径 $D'_n = D_{xm} + (50 \sim 80)(mm)$；外径 $D'_w = D(下模座外径)(mm)$；厚度 $\delta' = 70 \sim 120mm$。

2.2.2 封头的旋压成形

随着过程设备的大型化发展，同时需要解决大型封头的制造问题，如果仍采用冲压成形法，则需要大吨位、大工作台面的油压机、大吨位冲压模具，成本将大大提高。目前旋压成形法已成为大型封头或薄壁封头主要制造方法，已经制造出 $\phi 5000mm$、$\phi 7000mm$、$\phi 8000mm$，甚至 $\phi 20000mm$ 的超大型封头。

（1）封头旋压成形的特点

① 制造成本低

旋压加工封头时，同一模具可制造直径相近且壁厚不同的各种封头；而冲压法制造封头是一种直径就得配制一套模具，不但造价高，而且需要很大的地面去堆放和保管相配置的模具冲环。另外，旋压法制造封头其变形过程是局部连续的，所以旋压机比油压机轻巧，制造相同尺寸的封头，旋压机比油压机轻 2.5 倍左右，旋压机功率大大降低。故旋压法制造封头的成本比较低。

② 生产效率高

旋压法与冲压法相比，制造相同尺寸的封头，旋压机的模具和工装设备的尺寸小，更换工艺装备和模具所需时间短，与冲压法相比约减少 80% 的时间。此外，旋压机的机架附设有刀架，可以对坯料的成形及边缘加工一次连续完成，故旋压加工的生产效率较高。

③ 加工质量好

旋压加工是由局部逐步扩展到整体的变形过程。旋压封头直径的尺寸精度高，不存在冲压加工的局部减薄现象和边缘折皱问题。一般情况下旋压法不需要加热，因而加工后的封头表面没有氧化皮。总体看旋压法制造封头的质量好。

冷旋压成形后的封头，对于某些钢材还需要进行消除加工硬化的热处理；对于厚壁小直径(小于等于 $\phi 1400mm$)封头采用旋压成形时，需在旋压机上增加附件，比较麻烦，不如冲压成形简单。

（2）旋压成形的方法

① 单机旋压法。一步成形法就是在一台旋压机上，压封和翻边一次完成封头的旋压成形过程，也叫单机旋压法。根据模具使用情况，一步成形法可分为有模旋压法、无模旋压法和冲旋联合法，如图 2-20 所示。

a. 有模旋压法

这类旋压机具有一个与封头内壁形状相同的模具，封头毛坯被辗压在模具上成形，如图 2-20(a)所示。这类旋压机一般都是用液压传动，旋压所需动力由液压提供，因此效率高、速度快，封头旋压可一次完成。同时具有液压靠模仿形旋压装置，旋压过程可以自动化。旋压的封头形状准确，尺寸精度高，在一台旋压机上可具有旋压、边缘加工等多种用途，但是这类旋压机必须备有旋压不同尺寸封头所需的模具，因而成本相对较高。

b. 无模旋压法

这类旋压机除用于夹紧毛坯的模具外，不需要其他的成形模具，封头的旋压成形全靠外旋辊与内旋辊配合完成，如图 2-20(b)所示。这种旋压的工装设备比较简单，但旋压机构

(a) 有模旋压法
1—上(右)主轴；2—下(左)主轴；
3—外旋辊Ⅰ；4—外旋辊Ⅱ；5—模具

(b) 无模旋压法
1—上(右)主轴；2—下(左)主轴；
3—外旋辊Ⅰ；5—内旋辊

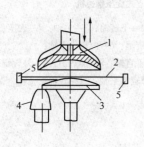
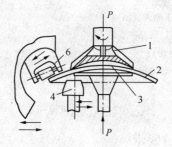
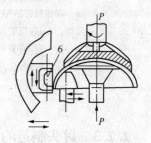

Ⅰ 冲旋开始　　　　Ⅱ 冲旋中心部分　　　　Ⅲ 旋压翻边成形
(c) 立式冲旋联合法生产封头过程示意

1—上压模；2—坯料；3—下压模；4—内旋辊；5—定位装置；6—外旋辊

图 2-20　封头单机旋压成形

造与控制比较复杂，需要较大的旋压功率，适于批量生产。

c. 冲旋联合法

冲旋联合法是冲压和旋压的结合成形方法。在一台成形机上先以冲压法将毛坯压鼓成碟形，再以旋压法进行翻边使封头成形。图 2-20(c)所示是立式冲旋联合法加工封头过程。图 2-20(c)中Ⅰ所示，加热的毛坯 2 放到旋压机下模压紧装置的凸面 3 上，用专用的定中心装置 5 定位，接着有凹面的上模 1 从上向下将毛坯压紧，并继续进行模压，使毛坯变成碟形，如图 2-20(c)中Ⅱ所示。然后上下压紧装置夹住毛坯一起旋转，外旋辊 6 开始旋压并使封头边缘成形，内旋辊 4 起靠模支撑作用，内外辊相互配合，即将旋转的毛坯旋压成所需形状，如图 2-20(c)中Ⅲ所示。

这种装置可旋压直径 $\phi 1600 \sim 4000 \mathrm{mm}$、厚度 $18 \sim 120 \mathrm{m}$ 的封头。这类旋压机虽然不需要大型模具，但仍需要用比较大的压鼓模具来冲压碟形，功率消耗较大。这种方法大都采用热旋压，需配有加热装置和装料设备，较适宜于制造大型、单件的厚壁封头。

② 联机旋压法

用压鼓机和旋压翻边机先后对封头毛坯进行旋压成形的方法。首先用一台压鼓机将毛坯逐点压成凸鼓形，完成封头曲率半径较大的部分成形，如图 2-21(a)所示，然后再用旋压翻边机将其边缘部分逐点旋压，完成曲率半径较小部分的成形，如图 2-21(b)所示。

由于采用两个步骤和两个设备联合工作，故称两步成形法或联机旋压法。

这种方法占地面积大，需有半成品堆放地，工序间的装夹、运输等辅助操作多，但机器结构简单，不需要大型模具，而且还可以组成封头生产线，该方法适用于制造中小型薄壁的封头。

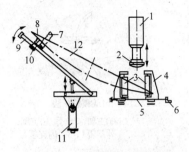 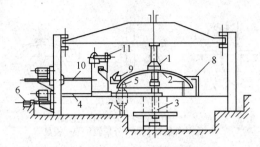

(a) 压鼓机工作原理图

1—油压机；2—上胎(下胎未画出)；
3—导辊；4—导辊架；5—丝杆；6—手轮；
7—导辊(可作垂直板面运动)；
8—驱动辊；9—电机；10—减速箱；
11—压力杆；12—毛坯

(b) 立式旋压翻边机

1—上转筒；2—下转筒；3—主轴；4—底座；
5—内旋辊；6—内辊水平轴；
7—内辊垂直轴；8—加热炉；9—外旋辊；
10—外辊水平轴；11—外辊垂直轴

图 2-21　联机旋压法

2.2.3　封头制造的质量要求

（1）封头制造标准

封头的制作除应符合图样、技术条件要求外，还应符合有关法规、标准的规定。如：TSG 21—2016《固定式压力容器安全技术监察规程》、GB/T 150—2011《压力容器》、GB/T 25198—2010《压力容器封头》等。

（2）封头下料拼焊要求

加工封头的材料须经检验合格，符合相应设备的压力容器类别要求的复验项目。坯料的指定位置上应有标记。封头板料应尽量用整块钢板制成；必须拼接时，各板必须等厚度。封头的坯料厚度应考虑成形工艺减薄量，以确保封头成形后实测最小厚度符合设计要求。

封头板料切割后，应清除钢板毛刺，周边修磨圆滑，端面不得有裂纹、熔渣、夹杂和分层等缺陷。封头板料拼接焊接接头表面不得有裂纹、气孔、咬边等缺陷。在成形前应将拼接焊缝余高打磨至与母材表面平齐。

（3）成形

封头毛坯在成形前，应根据图样和工艺文件要求核对产品编号、件号、材料标记、形状、规格和尺寸等。封头成形工艺和方法由封头加工单位确定，成形过程中应避免板料表面的机械划伤，冲压成形后应去除内外表面的氧化皮，表面不允许有裂纹等缺陷。

（4）封头外观质量检验

① 外圆周长检测：以外圆周长为(与筒体)对接基准的封头切边后，在直边部分端部用钢卷尺实测外圆周长，记录实测值，与理论周长的公差应符合国家标准要求(见 GB/T 25198—2010 表5)。

② 内直径检测：以内直径为对接基准的封头切边后，在直边部分实测等距离分布的4个内直径，取其平均值为实测内直径，其公差应符合国家标准要求(见 GB/T 25198—2010 表5)。

③ 圆度检测：封头切边后，在直边部分实测等距离分布的4个内直径，以实测最大直径与最小直径之差作为圆度公差，其圆度公差不得大于 $0.5\% D_i$（D_i 为封头内径），且不大于

25mm。当 δ/D_i 小于 0.005 且 δ 小于 12mm 时，圆度公差不得大于 $0.8\%D_i$，且不大于 25mm。

④ 形状检测：封头成形后，用弦长相当于 $3/4D_i$ 的样板检查封头的间隙，样板与封头内表面的最大间隙，外凸不得大于 $1.25\%D_i$，内凹不得大于 $0.625\%D_i$。

⑤ 封头总深度检测：封头切边后，在封头端面任意两直径位置上分别放置直尺或拉紧的钢丝，在两直尺交叉处垂直测量封头总深度，其公差为 $(-0.2\sim0.6)\%D_i$。

⑥ 厚度检测：沿封头端面圆周 0°、90°、180°、270° 的四个方位。用超声波测厚仪、卡钳和千分尺在必测部位检测成形封头的厚度。

(5) 热处理与无损检测

焊接后需要热处理的封头，一般由封头制造单位负责热处理。在封头验收时应要求封头供货方交付有关热处理的工艺资料和记录；如果封头带有试板，应同时向封头制造单位交付有识别标记的试板，同炉进行热处理。

成形后封头的全部拼接焊接接头应根据图样或技术文件规定的方法，按照 NB/T 47013—2015《承压设备无损检测》进行 100% 射线或超声检测，其合格级别符合要求。

2.3 管子弯曲成形工艺

设备上的管子类零部件(简称管件)，除直接管、管壳式换热器中的直管换热管外，很多管件都属于弯曲管件，如 U 形管式换热器的 U 形换热管、平面盘管、圆柱面盘管和弯曲连接管等，这些弯管件都需要弯曲加工成形。

生产中弯管的方法很多，有冷弯和热弯、有芯弯管和无芯弯管、手工弯管和机动弯管，按外力作用方式又有压(顶)弯、滚压弯、拉弯和冲弯等。其主要目的是在保证弯管的形状、尺寸的同时，要尽量减少和防止弯管时产生的不同缺陷。

2.3.1 冷弯或热弯方法的选择

选择冷弯或热弯方法主要考虑如下内容：

① 管子的尺寸规格和弯曲半径。通常管子的外径大、管壁较厚、弯曲半径较小时，多采用热弯，相反则采用冷弯。同时，注意表 2-10 的内容，并且注意管子冷弯、热弯方法的特点及有关工艺要求。

表 2-10　冷弯或热弯的适用范围

		无　芯				有　芯	
冷弯	$d_w<108$mm (或 $d_g<100$mm)	弯管机回转	挤弯	简单弯管	滚弯		
	$R>4d_g$	$\delta_x\approx0.1$	$\delta_x\geq0.06$	$\delta_x\geq0.06$	$\delta_x\geq0.06$	$\delta_x\geq0.05$	$\delta_x\geq0.035$
		$R_x\geq1.5$	$R_x\geq1$	$R_x>10$	$R_x\geq10$	$R_x\geq2$	$R_x\geq3$
热弯	$d_g<400$mm	充砂	热挤			热挤	
	中低压管道 $R\geq3.5d_g$	$\delta_x\geq0.06$	$\delta_x\geq0.06$			$\delta_x\geq0.06$	
	高压管道 $R\geq5d_g$	$R_x\geq4$	$R_x\geq1$			$R_x\geq1$	

注：表中 $\delta_x=\delta/d_w$ 为管子相对弯曲壁厚；$R_x=R/d_w$ 为相对弯曲半径；d_g 为管子公称直径；d_w 为管子外径；δ 为管子壁厚；R 为管子弯曲半径。

② 管子材质为低碳钢、低合金钢可以冷弯或热弯；合金钢、高合金钢应选择热弯。

③ 弯管形状较复杂，无法冷弯，可采用热弯。

④ 不具备冷弯设备，采用热弯。

2.3.2 管子冷弯方法

冷弯成形不需要加热，效率较高，操作方便，所以直径在 108mm 以下的管子大多采用冷弯，直径在 60mm 以下的厚壁管也可以采用适当工艺措施冷弯。冷弯方法又分为手动弯管法和机动弯管法。

2.3.2.1 手动弯管法

通常使用手动弯管器(参见图 2-22)来完成弯管。弯管前管内常填充干燥砂，管端塞堵或焊接。弯管时将管子插入固定扇轮 1 与活动滚轮 2 之间，使其一端放入夹子 6 中，推动手柄 4 带动滚轮朝管子弯曲方向转动，一直达到所需要的弯曲角度为止。这种弯管器是利用一对不能调换的固定扇轮和活动滚轮滚压弯管，故只能弯曲一种规格(外径在 32mm 以下)与一种弯曲半径(由固定扇轮的半径来决定)的管子。从保证弯管质量合格考虑，凭经验一般取最小弯曲半径为管径的四倍。手动弯管法劳动量大，生产率较低，但设备简单，并且能弯曲各种弯曲半径和各种弯曲角度的管子，所以应用仍较普遍。一些中小型压力容器制造厂常用此法弯制 U 形换热管。

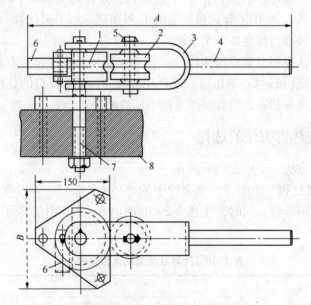

图 2-22　手动弯管器

1—固定扇轮；2—活动滚轮；3—夹叉；4—手柄；5—销轴；6—夹子；7—螺栓；8—工作台

2.3.2.2 机动弯管法

机动弯管法中拉拔式弯管法应用较广泛。拉拔式弯管法常用的弯管机有辊轮式和导槽式两种，可以采用无芯弯管和有芯弯管等方法。

(1) 辊轮式弯管机无芯弯管法

辊轮式弯管机无芯弯管如图 2-23 所示。辊轮式弯管机由电机驱动，通过蜗轮减速器带动扇形轮 1 转动。弯管时，将管子安置在扇形轮与压紧辊 3、导向辊 4 中间，并用夹子 2 将管子固定在扇形轮的周边上。当扇形轮顺时针转动时，管子随同一起旋转，被压紧辊和导向辊阻挡而弯曲成形。扇形轮的半径即为弯管的弯曲半径(弯管机配有不同半径的扇形轮)。

（2）导槽式弯管机有芯弯管法

导槽式弯管机有芯弯管如图 2-24 所示，它与辊轮式弯管机的区别是用导槽代替辊轮。由于导槽与管子接触面大，在控制管子截面变形上比辊轮优越。另外，还可以在管子内放置一根芯棒，预防管子的变形。

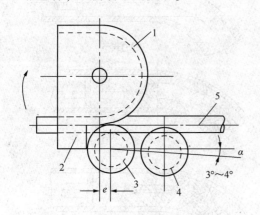

图 2-23 辊轮式弯管机无芯弯管
1—扇形轮；2—夹子；3—压紧辊；
4—导向棍；5—管子

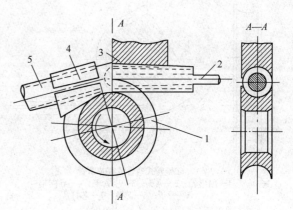

图 2-24 导槽式弯管机有芯弯管
1—扇形轮；2—芯棒；3—导槽；
4—夹头；5—管子

（3）辊轮式弯管机有芯弯管法

为弯制大直径的管子，减少弯管变形，可在管内设置一根芯棒，芯棒另一端固定在弯管机支架上，弯管时芯棒不动，芯棒的形状、尺寸及在管内的位置是保证有芯弯管质量的关键。辊轮式弯管机有芯弯管及五种芯棒形状如图 2-25 所示。

图 2-25ⓐ所示为圆柱式芯棒，形状简单，制造方便，在生产上得到广泛的应用。但是，由于芯棒与管壁弯管时的接触面积小，因而其防止椭圆变形的效果较差。这种芯棒适用于相对弯曲壁厚 $\delta_x \geq 0.5$，相对弯曲半径 $R_x \geq 2$ 或 $\delta_x = 0.035$、$R_x \geq 3$ 的情况。

图 2-25ⓑ所示为勺式芯棒，芯棒可向前伸进，与管子外侧内壁的支撑面积较大，防止椭圆变形的效果较好，且有一定的防皱作用，但制作稍复杂。这种芯棒的适用范围与圆柱式芯棒相同。

图 2-25ⓒ所示为链节式芯棒，是一种柔性芯棒，由支撑球和链节组成，能在管子的弯曲平面内挠曲，以适应管子的弯曲变形。因为它可以深入管子内部与管子一起弯曲，故防止椭圆变形的效果很好。但这种芯棒制造复杂、成本高，一般不宜采用。

图 2-25ⓓ所示为软轴式芯棒，也是一种柔性芯棒，是利用一根软轴将几个碗状小球串接而成。它也能深入管中与管子一起弯曲，防止椭圆效果好。

图 2-25ⓔ所示为万向球节式芯棒，是一种可以多方向挠曲的柔性芯棒。芯棒各支撑球之间采用球面铰接，因而可以很方便地适应各种变形。支撑球可以自由转动，其磨损均匀，使用寿命长。

上述图 2-25ⓒ、ⓓ、ⓔ三种柔性芯棒如与防皱板、顶墩机构配合使用，可用于相对弯

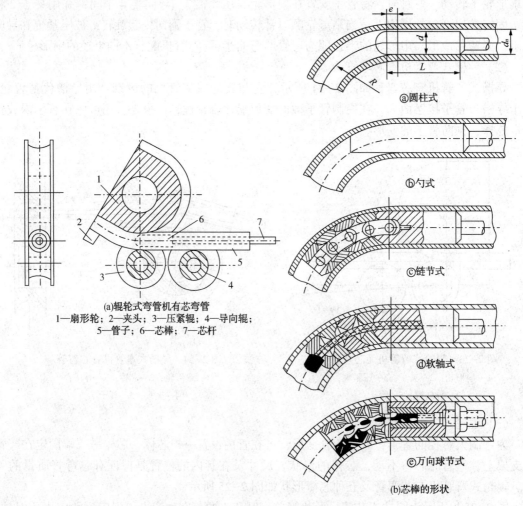

图 2-25　辊轮式弯管机有芯弯管及芯棒的形状

(a)辊轮式弯管机有芯弯管
1—扇形轮；2—夹头；3—压紧辊；4—导向辊；
5—管子；6—芯棒；7—芯杆
ⓐ圆柱式
ⓑ勺式
ⓒ链节式
ⓓ软轴式
ⓔ万向球节式
(b)芯棒的形状

曲半径 $R_x \geqslant 1.2$ 的情况。

　　芯棒的尺寸及其伸入管内的位置，对弯管质量影响很大。芯棒的直径 d 一般取为管子内径 d_n 的90%以上。通常比管内径小 $0.5 \sim 1.5$ mm。芯棒长度 L 一般取为 $(3 \sim 5)d$；d 大时系数取小值，d 小时系数取大值。芯棒伸入弯管区的距离，可按式(2-24)选取。

$$e = \sqrt{2\left(R + \frac{d_n}{2}\right)Z - Z^2} \qquad (2-24)$$

式中　Z——管子内径与芯棒间的间隙，$Z = d_n - d$，mm。

　　有芯弯管虽可预防管子椭圆变形，但因芯棒与管内壁摩擦，会使内壁粗糙度增大，弯管功率也增大，为了减少芯棒与管内壁的摩擦，管内应涂润滑油或采用喷油芯棒。目前，小直径的管子采用有芯弯管还存在很多困难。

2.3.3　管子热弯方法

　　当将碳钢管加热到 $950 \sim 1000$ ℃，低合金钢管加热到 1050 ℃左右，奥氏体不锈钢管加热到 1100~1200℃时，进行弯曲加工，通常称为管子的热弯加工。生产中常用的热弯管方法有手工热弯管法、中频感应加热弯管法等。

（1）手工热弯管法

手工热弯管前，在管内装实烘干纯净的砂子，并将管口封堵好。管子被弯曲部位加热要均匀，达到加热温度后立即送至弯曲平台，夹在插销之间，如图 2-26（a）所示为应用样杆弯管。

为不使管子夹坏，可以放保护垫（钢板或木板）。弯管时施力要均匀，并按样杆形状［图 2-26（a）］或按预先划出的弯曲半径线进行弯曲。对已达到弯曲半径的部位，可用水冷却，但对合金钢管弯曲时禁用水冷，以防淬硬、出现微裂纹。弯管终止温度控制在 800℃左右，即当管壁颜色由樱红色变黑时，立即停止弯曲。

若是批量弯曲相同的管子和弯曲半径时，可以应用样板弯管如图 2-26（b）所示。将样板用插销固定在弯管平台上。这种方法弯曲的半径、弯曲角度较准确，效率较高。管径较大时，可利用卷扬机代替手工弯管。

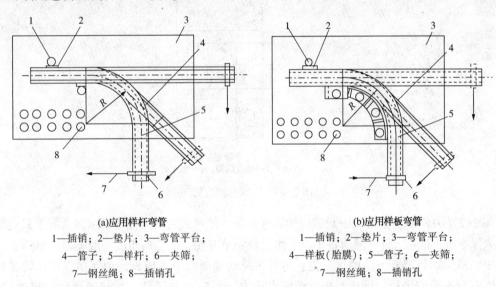

(a)应用样杆弯管
1—插销；2—垫片；3—弯管平台；
4—管子；5—样杆；6—夹筛；
7—钢丝绳；8—插销孔

(b)应用样板弯管
1—插销；2—垫片；3—弯管平台；
4—样板(胎膜)；5—管子；6—夹筛；
7—钢丝绳；8—插销孔

图 2-26　手工热弯管

（2）中频加热弯管法

中频加热弯管是将特制的中频感应线圈套在管子适当位置上，依靠中频电流产生的热效应，将管子局部迅速加热到需要的高温，采用机械或液压传动方式，使管子边加热边拉弯或推弯成形。图 2-27 所示为中频感应加热弯管和中频感应线圈结构。

图 2-27（a）所示为拉弯式中频感应加热弯管法。先按管子外径配置好感应圈 5，套在待弯管子 1 上，靠导向辊 6 保持管子与感应圈同轴，管子一端通过夹头 2 固定在转臂 3 上，另一端自由地托在支撑辊 7 或机床面上，管子仅在感应圈宽度范围内（一般为 5~20mm）被加热到 900~950℃，然后转臂回转将管子拉弯，紧接着被从感应圈侧面喷水孔［图 2-27（c）］喷出的水冷却。因此，加热管段的前后均处于冷态，只有加热段被弯曲。这样，管子局部被加热—弯曲—冷却，连续进行下去，就完成了整个管子的成形。拉弯式可弯制 180°弯头。

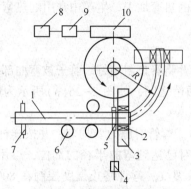 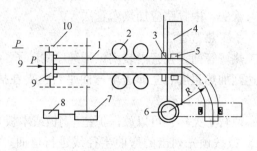

(a) 拉弯式中频感应加热弯管
1—管子；2—夹头；3—转臂；4—变压器；
5—中频感应圈；6—导向辊；7—支撑辊；
8—电动机；9—减速器；10—蜗轮副

(b) 推弯式中频感应加热弯管
1—管子；2—导向辊；3—转臂；4—感应圈；
5—夹头；6—立轴；7—变速箱；8—调速电动机；
9—推力挡板；10—链条

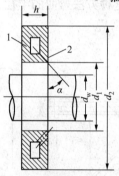

(c) 中频感应圈结构
1—感应线圈；2—喷水孔

图 2-27　中频加热弯管

图 2-27(b)所示为推弯式中频感应加热弯管法。推弯式的动力在管子末端，管子只能沿转臂作圆弧弯曲。推弯式外壁减薄量小，弯曲半径调整方便，但弯曲角度一般不超过 90°角。

中频感应加热弯管方法的优点是：弯管机结构简单，不需模具，消耗功率小；转臂长度可调以弯曲不同的半径，可弯制相对弯曲半径 $R_x = 1.5 \sim 2$ 的管件；加热速度快，热效率高，弯管表面不生氧化皮；弯管质量好，椭圆变形和壁厚减薄小，不易产生折皱。其缺点是：投资较大，耗电量大；拉弯式易产生弯头外侧壁厚减薄，弯曲半径受转臂长度影响。

中频感应圈是保证中频加热弯管质量的关键，其结构如图 2-27(c)所示。感应圈大都用紫铜管制成，其内径 d_1 比管子外径 d_w 大 20~100mm，宽度 h 为 5~20mm，外径 d_2 按允许通过的最大电流密度($20\sim40A/mm^2$)确定。管内通水冷却，并沿着感应圈侧面圆周具有一圈斜向喷水孔，喷水压力以 0.05MPa 表压为宜，喷水温度低于 75℃。

2.3.4　弯管缺陷及质量要求

管子在弯曲过程中由于弯曲部分的外侧和内侧受力不同，使得管子弯曲的截面变形(图 2-28)，并常出现一些缺陷，如管子断面产生椭圆，外侧管壁减薄，内侧管壁产生波浪形折皱，弯曲角度和弯曲半径偏差，管壁产生裂纹等缺陷。这些缺陷的存在对弯管的安全使用有很大影响，所以涉及弯管的相关标准和规范中，对弯管缺陷的允许程度都有要求和规定。

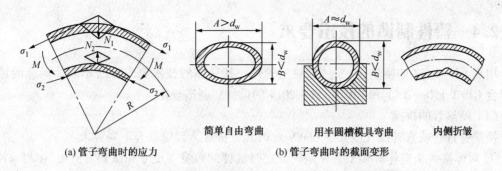

图 2-28　管子弯曲的应力和变形分析

（1）弯管外侧减薄量及其限制

管子弯曲时，弯管部位的外侧壁受拉应力作用，随着变形率的增大，管壁可能发生减薄。减薄率 b 为：

$$b = \frac{\delta - \delta_{min}}{\delta} \times 100\% \qquad (2-25)$$

式中　δ——弯管前管子壁厚，mm；

　　　δ_{min}——弯管最薄处壁厚，mm。

一般规定管壁减薄率 b 值不超过 $10\% \sim 15\%$。

（2）弯管椭圆度及其限制

管子进行自由弯曲时，外侧受拉伸，内侧受压缩，两侧应力的合力都有将弯曲段管子压扁的趋势，因而使管子横截面变成为近似的椭圆形。衡量产生椭圆的程度用椭圆率 a 表示，其计算式为：

$$a = \frac{d_{max} - d_{min}}{d_w} \times 100\% \qquad (2-26)$$

式中　d_{max}——弯管（弯头）横截面上最大外径，mm；

　　　d_{min}——弯管（弯头）横截面上最小外径，mm；

　　　d_w——管子公称外径，mm。

一般规定弯管的椭圆率不得大于 8%。弯管截面的椭圆率也可以用通球率来限制，即用钢球放入管内进行通过检查。

（3）弯管内侧壁折皱及其限制

管子在弯曲过程中，弯管处内侧壁受压缩应力作用，使得内侧管壁有增加厚度的趋势。当内侧壁在压应力作用下丧失稳定时，将产生折皱（起包）。一般规定内侧壁起包高度不得超过管子外径的 4%。

在实际弯管过程中对于弯管缺陷要加以控制，前面介绍弯管方法时，管内填装砂子、加芯棒、放置在横槽中弯管等措施都是为了限制弯管变形，控制缺陷尺寸。除上述几项弯管缺陷外，有些设备如锅炉的弯管件制造，还有管子端面倾斜度、对接后的弯折度、管子弯曲角度偏差、弯曲管子的平面度等要求。对于管子弯曲质量要根据现行的相应的标准和规范进行评价和验收，且如果弯管产生裂纹缺陷，则为不合格产品。

2.4 管件制造的技术要求

用于不同设备(如换热器、锅炉等)的管件,其具体的技术要求有所不同,但总的原则要符合 GB/T 150—2011 和 GB/T 151—2014 的设计、制造规定。

(1) 换热管的拼接

换热管直管或直管段长度大于 6000mm 时允许拼接,且应符合下列要求:

① 对焊接接头应作焊接工艺评定。评定时试件的数量、尺寸和试验方法按 NB/T 47014 承压设备焊接工艺评定的规定;

② 直管换热管的对接焊缝不得超过一条;U 形管对接焊缝不得超过两条,包括至少 50mm 直管段的 U 形管段范围内不得有拼接焊缝;最短直管长度不得小于 300mm,且应大于管板厚度 50mm 以上;

③ 对接接头的管端坡口应采用机械方法加工,焊前应清洗干净;

④ 对口错边量应不超过换热管壁厚的 15%,且不大于 0.5mm,并不得影响穿管;

⑤ 对接后应进行通球检查,以钢球通过为合格,钢球直径应按表 2-11 选取;

表 2-11 钢球直径

换热管外径 d	$d \leqslant 25$	$25 < d \leqslant 40$	$d > 40$
钢球直径	$0.75 d_i$	$0.8 d_i$	$0.85 d_i$

注:d_i 为换热管内径。

⑥ 对焊接接头应按 NB/T 47013.2—2015 进行 100% 射线检测,合格级别不低于 Ⅲ 级,检测技术等级不低于 AB 级;

⑦ 对接后的换热管应逐根进行耐压试验,试验压力不得小于热交换器的耐压试验压力(管、壳程试验压力的高值)。

(2) U 形管的弯制

① U 形管弯管段的圆度偏差,应不大于换热管名义外径的 10%;但弯曲半径小于 2.5 倍换热管名义外径时,圆度偏差应不大于换热管名义外径的 15%;

② U 形管不宜热弯;

③ U 形管弯制后应逐根进行耐压试验,试验压力不得小于热交换器的耐压试验压力(管、壳程试验压力的高值)。

2.5 型钢的弯曲

在过程设备中有许多构件选用各种型钢制成,如塔内的塔板支承圈、容器的加强圈和保温支承圈等经常使用型钢弯制加工而成。因此,型钢的弯曲成形也是过程设备制造中必不可少的。

常用的型钢有扁钢、角钢、槽钢和工字钢等,型钢的弯曲也可分为冷弯和热弯两种。冷弯型钢可直接用弯卷机,而热弯型钢一般在平台上用胎具进行。

型钢弯卷机与卷板机工作原理大致相同,只不过由于型钢弯卷时容易丧失稳定性,所以弯卷辊轴应有对应的形状,以阻止型钢发生扭曲和折皱。又因型钢宽度较小,故辊轴长度也相应短些。为了更换辊轴和型钢弯卷装卸方便,弯卷机可以设计成开式直立悬臂结构。

（1）三辊角钢弯卷机

图 2-29 所示为三辊角钢弯卷机。上辊是从动辊,可以上下移动,以调节适应工件弯曲半径。下辊均为主动辊。为控制角钢扭曲和折皱的发生,可在上辊或下辊上开出环槽。图 2-29（a）为弯卷法兰外边的情形,此时,将角钢外边缘嵌在下辊环槽中。相反,当弯卷法兰内边时,是在上辊开环槽,如图 2-29（b）所示。由于弯卷角钢边缘是嵌在辊轴环槽中进行,故完全控制了角钢弯卷中可能发生的扭转与皱褶问题。

与用对称式三辊卷板机卷圆筒一样,弯卷角钢时,角钢两头各有一段 100~300mm 的直边,解决办法可以加长角钢下料尺寸,待卷制完成后割去两头直边;或者将角钢两端先在压弯机上使用胎具（模）压弯,以解决直边处的成形问题。

（2）转胎式型钢弯卷机

转胎式型钢弯卷机使用比较简单灵活。工作时被弯型钢的一端固定在转胎上,当转胎按一定方向转动时,型钢便绕在卷胎上而成形。图 2-30 为转胎弯卷原理,通过压轮施加的压力使型钢得以弯曲。

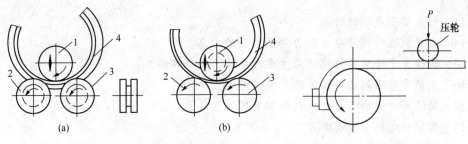

图 2-29 三辊角钢弯卷机　　　　　　图 2-30 转胎弯卷原理
1—上辊;2、3—下辊;4—角钢

转胎式型钢弯卷机的转轴是直立的,转胎表面形状与被弯型钢相适应,为了弯卷型钢不起折皱,除了转胎压轮外还采用辅助轮将型钢压紧到转胎上。图 2-31 所示为转胎式型钢弯卷机的工作简图。同样,弯卷不同型钢需要更换形状不同的转胎、压轮和辅助轮。

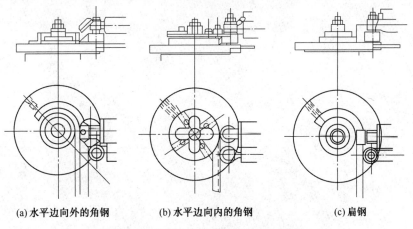

(a)水平边向外的角钢　　　(b)水平边向内的角钢　　　(c)扁钢

图 2-31 转胎式型钢弯卷机工作原理

复 习 题

2-1 给出碳钢、不锈钢筒节冷弯卷最小半径与厚度的关系。

2-2 热卷筒节成形的特点。

2-3 常用卷板机有哪几种类型?

2-4 对称式三辊卷板机的特点有哪些?

2-5 利用对称式三辊卷板机卷制筒节时,直边产生的原因及其处理方法。

2-6 立式卷板机的特点有哪些?

2-7 筒节卷圆前为什么要预弯?预弯的方法有哪些?

2-8 封头加工制造的完整工艺过程包括哪些内容?

2-9 选择冷、热冲压条件需要考虑哪些因素?

2-10 热冲压的加热过程应注意哪些?

2-11 冲压成形容易产生的缺陷有哪些?

2-12 冲压加工标准椭圆形封头,材料 Q245R,公称直径 $DN = 2200mm$,壁厚 $\delta = 12mm$,直边高度 $h = 45mm$。试编制加工工艺;设计冲压加工该封头时的冲压模具(冲头和冲环)。

2-13 封头旋压成形的特点。

2-14 封头制造的质量要求包含哪几方面的内容?

2-15 选择管子冷弯或热弯方法主要考虑的内容有哪些?

2-16 生产中常用的热弯管方法有哪些?

2-17 简述管子弯曲时易产生的缺陷及控制方法。

2-18 型钢弯卷机类型有哪些?

第3章　过程设备的组装工艺

过程设备的组装是把组成容器的零部件按技术要求组装成容器整体的工序。其中，凡是利用焊接等不可拆连接进行拼装的工序称为组对，组对后进行焊接以达到密封和强度方面的要求。凡是利用螺栓等可拆连接进行拼装的工序称为装配，装配好后设备就可试验、使用。

3.1　设备组装工艺的意义及要求

3.1.1　设备组装的意义

（1）精度

组对直接决定着设备的整体尺寸和形状精度，对焊接质量有重要意义的焊口精度也是由组对决定的。

① 错边

焊口错边[图3-1(a)]造成的危害有：

a. 降低接头强度　焊缝错边会使焊缝区的有效厚度减小，同时因为对接不平而造成附加应力，使焊缝成为明显的薄弱环节。当材料的焊接性较差，设备承受动载时，错边的危害性更大。

b. 影响外观、装配和流体阻力　有些设备如管壳式换热器、合成塔的筒体对焊口错边量限制严格，否则内件安装困难；错边的存在使筒体与内件之间增加间隙导致设备的使用性能受到影响。

② 棱角

棱角[图3-1(b)]的不良作用与错边类似，它对设备的整体精度损害更大，并往往具有更大的应力集中。

③ 间隙

焊口处的间隙有以下的作用：

a. 保证焊接熔深　这对于焊条电弧焊特别重要，因为当坡口形状确定以后，焊条末端到焊口底部的距离随间隙的增大而减小(参见图3-2)，电弧能伸向底部而使其熔化；间隙增大后，熔化金属由底部表面张力形成的支承液态金属的能力下降，液体金属下陷，有利于电弧对更深的金属加热，使底部熔透。当采用焊条电弧焊完成单面焊双面成形焊缝时，必要的间隙是其重要条件。

b. 补偿焊缝收缩　对焊缝横向收缩的补偿一般是下料时留有余量，但调节间隙也是一个辅助措施。多层包扎式高压容器的层板组对时，故意加大间隙提高焊缝的横向收缩量来促进层间贴紧是间隙的一个特殊用途。

c. 调整焊缝化学成分　坡口型式和间隙一起能调节焊缝中母材金属所占的比例，故对调整焊缝成分有一定作用。

d. 电渣焊和气体保护电弧窄间隙焊时，间隙是重要的焊接参数。

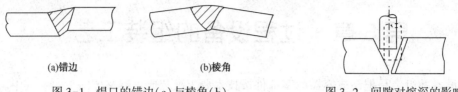

(a)错边　　　　　(b)棱角

图 3-1　焊口的错边(a)与棱角(b)　　　图 3-2　间隙对熔深的影响

(2) 生产周期

设备组对工艺有时占去很多时间，这是因为组对本身的技术和工装有其特定的难度。首先，设备组对时零件或坯料不像机器零件组装时那样，有基准面和安装面可以互相依靠，零件彼此较好定位，而这里几乎是无依无靠，各方全有间隙，需要制作必要的组对用工装。其次，设备的零件和坯料常常精度不高，组对时既要使设备的整体形状尺寸要求得到满足，还要使焊口局部精度合格。

(3) 为焊接提供良好条件

焊口处的组对质量(特别是均匀性)直接影响焊接质量。妥善的组对安排还可给焊接操作以较大的作业空间及较好的焊接位置，并易于克服变形，这对提高焊接质量是有利的。这个问题的关键是组对与焊接良好配合，如图 3-3 所示为例。

(a)支座　　　　　(b)深顶盖　　　　　(c)减速箱体

图 3-3　焊接零件结构图

图 3-3(a)所示为支座，应当在组对完后再焊接，否则变形问题突出。图 3-3(b)所示为小直径深顶盖，其接管内焊缝在完全组对好后就不太好焊，应该在筒节与封头组对前进行焊接。图 3-3(c)所示为筋板在内的减速箱体，应以箱体的每边为组焊单元，这不仅焊接方便，而且焊后基本是一块板，其变形可利用压力机矫平，最后组焊时焊缝少较易保证精度。若组对焊接一个波形膨胀节需焊一圈环焊缝，这一圈环焊缝的焊接需一个适当的旋转机构，若将两个膨胀节组对好后点焊在一起，就能较好地解决环焊缝焊接时的旋转问题。当然也可根据情况用焊条电弧焊就地滚动完成波形膨胀节环缝的组对。

3.1.2　设备组装的技术要求

TSG 21—2016《固定式压力容器安全技术监察规程》中规定，压力容器制造过程中不允许强力组装。GB/T 150—2011《压力容器》提及了对组装技术的规定。组装后的设备必须符合施工图纸的要求和标准的组装技术规定。

筒节和封头等零件在制造过程中，由于划线、切割、边缘加工、成形等工序中，都不可避免地产生尺寸和几何形状的误差，为了保证设备的制造质量和便于加工，必须提出一些技术要求，综合限制设备部件制造和组对中产生的误差。组装过程中主要控制以下指标：

（1）焊接接头的对口错边量

焊接接头的对口错边对化工容器有严重的危害，其主要表现在降低接头强度和影响外观、装配和流体阻力。

A、B类焊接接头对口错边量 b（见图3-4）应符合表3-1的规定。锻焊容器B类焊接接头对口错边量 b 应不大于对口处钢材厚度 δ_s 的1/8，且不大于5mm。

表 3-1　对口错边量要求　　　　　　　　　　　　　　　　　　mm

对口处钢材厚度 δ_s	按焊接接头类别划分对口错边量 b	
	A	B
≤12	≤$1/4\delta_s$	≤$1/4\delta_s$
>12~20	≤3	≤$1/4\delta_s$
>20~40	≤3	≤5
>40~50	≤3	≤$1/8\delta_s$
>50	≤$1/6\delta_s$ 且≤10	≤$1/8\delta_s$，且≤20

注：球形封头与圆筒连接的环向接头以及嵌入式接管与圆筒或封头对接连接的A类接头，按B类焊接接头的对口错边量要求。

复合钢板的对口错边量 b（见图3-5）不大于钢板复层厚度的5%，且不大于2mm。

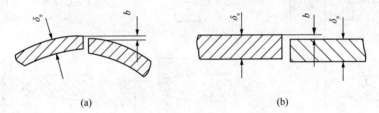

图 3-4　单层钢板A、B类焊接接头对口错边量

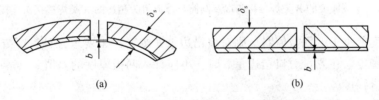

图 3-5　复合钢A、B类焊接接头对口错边量

（2）棱角度

棱角对设备整体精度损害大，应力集中明显。所以，要求在焊接接头环向形成的棱角 E，用弦长等于内径 $D_i/6$、且不小于300mm的内样板或外样板检查[图3-6(a)]，其 E 值不得大于$(\delta_s/10+2)$mm，且不大于5mm。在焊接接头轴向形成的棱角 E[图3-6(b)]，用长度不小于300mm的直尺检查，其 E 值不得大于$(\delta_s/10+2)$mm，且不大于5mm。

（3）不等厚钢板对接的钢板边削薄长度

容器壳体各段或封头与壳体常常出现不等厚连接，此处便会出现承载截面突变，会产生附加应力。因此，必须对厚度差超过一定限度的厚板边缘进行削薄处理，使截面连续缓慢过渡。具体要求是：

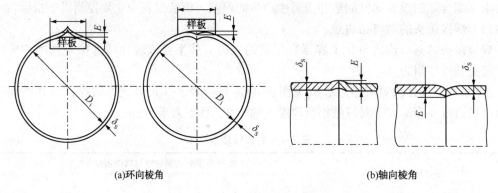

(a)环向棱角　　　　　　　　　　　(b)轴向棱角

图 3-6　焊接接头处的棱角

B 类焊接接头以及圆筒与球形封头相连的 A 类焊接接头，当两侧钢材厚度不等时，若薄板厚度不大于 10mm，两板厚度差超过 3mm；若薄板厚度大于 10mm，两板厚度差大于薄板厚度的 30%，或超过 5mm 时，均应按标准要求单面或双面削薄厚板边缘，或按同样要求采用堆焊方法将薄板边缘焊成斜面。如图 3-7 所示。

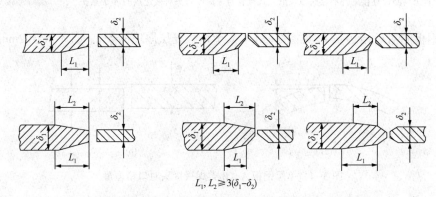

L_1, $L_2 \geqslant 3(\delta_1 - \delta_2)$

图 3-7　不等厚度的 B 类焊接接头以及圆筒与球形封头相连的 A 类焊接接头连接型式

当两板厚度差小于上列数值时，则对口错边量 b 按表 3-1 要求，且对口错边量 b 以较薄板厚度为基准确定。在测量对口错边量 b 时，不应计入两板厚度的差值。

（4）筒体直线度

筒体直线度检查是通过中心线的水平和垂直面，即沿圆周 0°、90°、180°、270°四个部位进行测量。测量位置与筒体纵向接头焊缝中心线的距离不小于 100mm。当壳体厚度不同时，计算直线度时应减去厚度差。

除图样另有规定外，壳体直线度允差应不大于壳体长度的千分之一。当直立容器的壳体长度超过 30m 时，其壳体直线度允差应不大于（0.5L/1000）+15mm。

（5）焊接接头的布置

组装时，壳体上焊接接头的布置应满足以下要求：

① 相邻筒节 A 类接头间外圆弧长，应大于钢材厚度 δ_s 的 3 倍，且不小于 100mm。

② 封头 A 类拼接接头、封头上嵌入式接管 A 类接头、与封头相邻筒节的 A 类接头相互间的外圆弧长，均应大于钢材厚度 δ_s 的 3 倍，且不小于 100mm；

③ 组装筒体中，任何单个筒节的长度不得小于 300mm；

④ 不宜采用十字焊缝。

（6）其他技术要求

① 法兰面应垂直于接管或圆筒的主轴中心线；

② 直立容器的底座圈、底板上地脚螺栓孔应均布，中心圆直径允差、相邻两孔弦长允差和任意两孔弦长允差均不大于±3mm；

③ 容器内件和壳体间的焊接应尽量避开壳体上的 A、B 类焊接接头；

④ 容器上凡被补强圈、支座、垫板等覆盖的焊缝，均应打磨至与母材齐平；

⑤ 容器组焊完成后，应检查壳体的直径；

⑥ 外压容器组焊完成后，还应按要求检查壳体的圆度。

3.2　装配（组装）单元及其划分

3.2.1　装配（组装）单元

石油化工设备的种类和结构虽然各不相同，但组成设备的单元零件存在着一定的共同特征，即都是由筒体、封头、接管、法兰、支座等构件组成。如果将上述构件中的基本零件称为一个组装单元，那么组装就是把各个组装单元，通过平行或交叉作业方式组装成部件或整体的加工工序。

在石油化工设备中，组装单元的大小没有一定的规定，在满足相关标准的前提下，可以由钢材规格的大小和制造厂的加工能力来决定。组装单元划分的合理与否不仅影响到设备的受力状态和制造质量，而且还影响到生产成本和原材料的利用率。

3.2.2　划分装配（组装）单元的要求

划分组装单元通常应考虑以下方面：

① 材料的经济性　能最大限度地提高原材料的利用率；

② 焊缝位置的正确性　设置焊缝时，要求能避开应力峰值区。例如拼板封头的对接焊缝要求距封头中心距离小于 $1/4DN$；为避免焊接热影响区的重叠和改善焊接残余应力的分布状况，两相邻焊缝的间距大于 $3\delta_s$，且不小于 100mm。除上述影响材料强度要求外，还应使焊缝处于有利于施焊的空间位置上；

③ 焊接工艺的合理性　要求采用合理经济的焊接种类或方法，减少焊缝长度，有利于减少焊接应力和变形；

④ 制造工艺的可能性　要求为制造厂加工能力所允许。例如分瓣封头瓣片大小的确定、弯管形状及其类别的（弯管或虾米焊接管）确定；

⑤ 符合技术规范的要求　组装单元划分应满足有关规范的要求；

⑥ 能互换通用，外形美观；

⑦ 减少工艺程序。

必须指出，石油化工设备的制造，因为产品具有单件、小批、多品种生产的特点，所以组装单元的划分亦应随设备种类和结构特点的不同而有所不同。例如体积庞大、重量大的重型设备在划分组装单元时，还得考虑场地环境、起重能力、工艺装备、运输条件等因素的影响。有时即使是同一类、同一种或同样规格的设备，因条件的变化也可能有不同的划分方法。当然，划分组装单元的工作不是组装工作开始时才考虑，而是在划线展开时就要考虑好，因为不可能在组装时才来考虑分瓣封头的瓣片尺寸、筒体各个筒节的长短。但组装人员如何按单元进行组装，即组装单元顺序不同，组装效果也不相同。

3.3 常用组装机械及其使用方法

石油化工设备制造中，组装过程的机械化是非常重要的。据资料介绍，机械组装与手工器具组装相比不仅可极大地改善劳动条件，而且可提高劳动生产率达 50% 以上，特别是组装厚板或规格相近的批量生产设备，劳动生产率的提高则更为显著。

3.3.1 用吊车进行筒体的组装

筒体在吊车的配合下进行手工组装是石油化工设备制造厂的主要组装形式。由于不需要专门的组装机械，又不必设置固定的组装场地，因此为众多的中小型企业所广泛采用。即使是组装机械化程度较高的设备制造厂，在制造大型（直径 4000mm 以上）薄壁容器时，也常常要在吊车配合下，对筒体进行手工组装。

筒体的组装（包括筒体与封头的组装）有立式吊装和卧式吊装两种形式。

立式吊装就是借助于吊车（或行车）先将一个筒节（或封头）吊置于平台上，再逐一地将其他的筒节搁置其上，如图 3-8 所示，为使筒节准确到位，可用定位挡铁，当调整好间隙后，即可逐渐点焊固定。

筒体卧式吊装的组装形式如图 3-9 所示。当起吊零件为薄壁筒体时，应当避免筒体发生圆度变形，如筒体内装撑圆支架等。

实际生产中更多的是采用立式吊装与卧式吊装相结合的组装方法，以充分发挥其各自的优点。

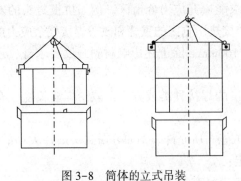

图 3-8　筒体的立式吊装

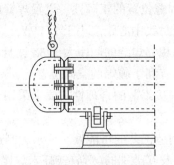

图 3-9　筒体的卧式吊装

3.3.2 简单组装机械

在设备组装机械中，由于液压传动具有调节方便，操作可靠的优点，因此组装机械中液压组装机更为优越。常用的组装机械有两种，一种是以压夹器为主的组装机械。另一种是以滚轮架为主的组装焊接机械。压夹器根据传动方式的不同又可分为机械式、液压式、气压式和磁铁式几种。其中以机械式和液压式最为常见。前者多用于小批单件生产场合，后者多用于锅炉专用生产上。

筒体的组装先进行纵缝的组对与焊接，然后再进行环缝的组对与焊接。相应的就有楔形压夹器、螺旋拉(压)紧器、多用螺旋夹钳等组对与组焊工具。

环缝组对时，边缘偏移量可用压夹器进行调整对齐。图 3-10 为两种压夹器调整环缝大小及对齐情况。

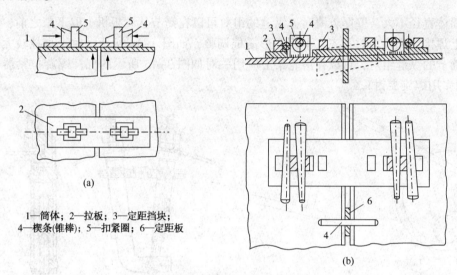

1—筒体；2—拉板；3—定距挡块；
4—楔条(锥棒)；5—扣紧圈；6—定距板

图 3-10　用楔条压夹器环缝对齐

楔形(条或锥棒)压夹器是最简单的装配工具，既可以单独使用，又可以与其他工具联合使用。虽然它操作简单，调整方便，但扣紧圈和定距挡块必须焊接在工件上，拆除时就有可能出现损坏工件表面的现象，因此对于有较高表面要求的材料不允许使用。

压夹器的数目根据筒节直径的大小可安装 4、6、8⋯⋯个，均布在圆周上，以便找正对中。

筒节刚度较差时，可用推撑器调整筒节端面。推撑器是在组对筒节时对齐边缘、矫正凹陷等缺陷用的。图 3-11 为一种圆柱形螺旋推撑器，它不仅可以用来撑开焊缝及凹陷，而且可用调整螺钉 3 来对齐焊缝。

图 3-12 为一种环形螺旋推撑器，它是用六或八根带有顶丝的螺旋推杆拧在一个环形架上而构成的，使用时分别调整各根推杆便可对齐。

图 3-13 为环形螺旋拉紧器，构造和环形螺旋推撑器相似，后两种适用于直径大的筒节的组对。

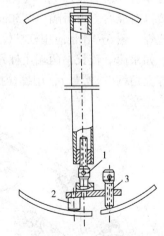

图 3-11　柱形螺旋推撑器
1—螺旋推杆；2—顶铁；3—调节螺钉

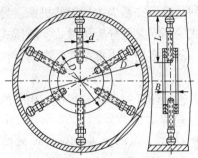

图 3-12 环形螺旋推撑器

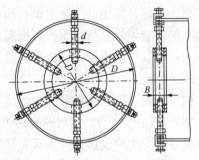

图 3-13 环形螺旋拉紧器

当筒体直径不大，壁厚较薄时，纵缝的组对可以在筒节从卷板机上取下来之前，直接在卷板机上焊接，如两边对不齐，可用 F 形撬棍调整，如图 3-14 所示。对于直径较大，壁厚较厚的筒节的纵缝组对，可以在滚轮架上应用一对如图 3-15 所示的杠杆螺旋拉紧器进行调整(又叫多用螺旋夹钳)。

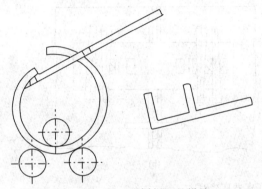

图 3-14 用 F 形撬棍调整纵缝

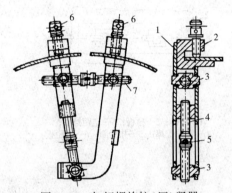

图 3-15 杠杆螺旋拉(压)紧器

1, 5—杠杆；2—U 形铁；3—螺母；4, 7—丝杠；6—螺栓

杠杆螺旋拉紧器是以两块固定在杠杆 1 和 5 上的 U 形铁 2 分别卡住纵缝的两板边，转动带有左右螺纹的丝杠 7，调节焊缝的尺寸，转动带有左右螺纹的丝杠 4 作径向焊缝对齐，焊缝坡口对准后，可每隔 20~50mm 从中间向两端点焊，钢板边缘固定点焊好后，卸下夹具即可施焊。图 3-16 是应用杠杆螺旋拉(压)紧器进行筒体纵缝的组对。

如果筒节较长，两端用杠杆螺旋拉紧器不能准确地对正边缘时，可在筒节每隔一定距离点焊上角钢(或螺母)，用螺栓拉紧来调整组对边缘，如图 3-17 所示，这种拉紧器称为普通螺旋拉紧器。

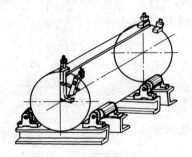

图 3-16 筒节纵缝的组对

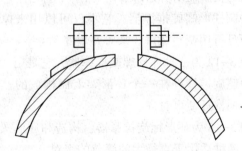

图 3-17 普通螺旋拉紧器

3.3.3 纵缝组装机械

液压组装机多用于固定组装焊接作业线上，多用于中厚板制造的中等长度的定型设备组装。图 3-18(a)所示为一筒节纵缝液压组装机。这个装置利用液压进行筒节纵缝组装。筒节的纵缝朝下放置，利用液压驱动，可在三个方向上进行调节，以纠正卷板产生的偏差。筒节纵缝组对后，可以直接在此装置上进行焊接，也可以在装置上进行点焊固定后取下工件另行焊接。由于需要有三个方向上的相对运动，所以该机构有些庞大。但是，用它可以大大减少组装纵缝的时间，减轻劳动强度，节约劳动力，也可以取消拉紧板，因而可以提高筒节的表面质量。

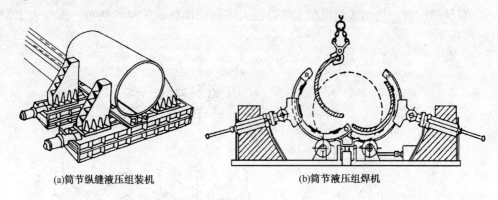

(a)筒节纵缝液压组装机　　　　　　　　　(b)筒节液压组焊机

图 3-18　筒节液压组装机

图 3-18(b)所示为筒节液压组焊机，该机有三对或更多对夹紧对开环，每一个半环上装有压紧滑块，它直接与液压工作活塞杆相连接。工作活塞是通过回程液压活塞来实现回程的，而回程液压活塞则是通过连杆连接到工作活塞上。当筒节液压机有三对夹紧对开环时就需要六个工作活塞的液压缸和六对回程液压缸；若有五对夹紧对开环，则需相应配置十对工作缸和十对回程缸。工作液压缸与回程液压缸均安装在同一底板的机架上。

组装时，先将瓣片或筒节吊入夹紧对开环中，随着油缸柱塞的推进，夹紧环夹紧筒节而使筒节纵缝合拢。当需要满足焊接坡口的间隙时，只要在纵缝合拢处插入相应的间隙楔条，焊接时当焊嘴接近楔条时，再用手锤将楔条敲出。经点焊固定，焊接后即完成了筒节的组装。

对于不同直径的筒节的组装，只要更换曲率相近的对开环即可。

由于该装置依靠柱塞前端的柱形铰链与对开环连接，可以有较大的向心压紧力，适合于壁厚较大的中小直径的容器组装，如锅炉和换热器等。为矫正端口错位的筒节，在筒节的轴线位置处，还可配置端面压紧机构，生产效率较高。

该液压组装机生产效率高，适用于专业生产。

3.3.4 筒体环缝的组对

因为筒节或封头的端面在成形后，可能存在椭圆度或各曲率不同等缺陷，故环缝组对要比纵缝组对困难。如板边对不齐会产生对口错边量过大或不同轴等缺陷，因此环缝组对较复杂，工作量较大。

3.3.4.1 滚轮架

组装—焊接变位机械是设备制造中不可缺少的辅助工艺装备，主要是提供一种连续的运动方式，以满足组装和焊接时改变工件位置的需要，例如焊接容器或其他的构件，水平焊接位置可以获得最大的焊缝熔深，可以获得较好的焊接质量，滚轮架就可以使容器上的环焊缝始终处于一种水平焊接位置状态。

焊接滚轮架是最常见的组装—焊接变位机械之一，是容器筒节组对及焊接的一种重要辅助装备。它有支承定位（使两筒节自动对心）和翻转的作用，滚轮架的载重量，在某种程度上可以看成是设备制造厂生产能力的标志之一。

焊接滚轮架分为可调式和自调式两种。可调式滚轮架工作时，可通过调整滚轮间中心距适应不同直径的回转。自调式则根据工件直径大小自动调整滚轮组的摆角，无需人工调校，如图 3-19 所示。

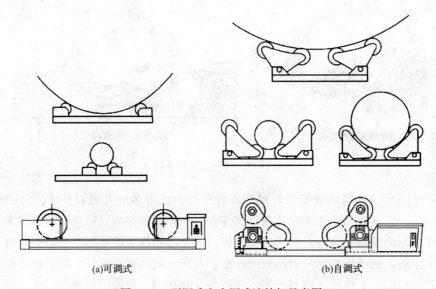

(a)可调式　　　　　　　　　　　(b)自调式

图 3-19　可调式和自调式滚轮架示意图

焊接滚轮架一般成组使用，一部分为主动滚轮架，主动架四只滚轮采用齿轮啮合传动，实现四轮驱动。另一部分为从动滚轮架，可以直接固定在工位上，也可安装于轨道上。

焊接滚轮架可与埋弧自动焊配套使用，完成工件内、外纵缝或内、外环缝的焊接，也可用于手工焊接、装配、探伤等场合的工件变位。

3.3.4.2 变位机械

组装—焊接变位机械除滚轮架外，还有用于装焊人孔、接管法兰和各式支架的焊接变位机械。常用的是 3t 焊接变位机。其工作台可以在 360°范围内沿纵轴回转，也可以在 135°范围内沿水平倾斜，以适应工件上各条焊缝都能在水平位置施焊的需要。为适应工件不同的高度，工作台还可以在一定范围内进行升降。

3.3.4.3 液压组装机械

环缝组对要比纵缝组对困难得多，因为筒节和封头的端面在加工后可能存在椭圆度或各处曲率不同等缺陷。这些缺陷对环缝组对会造成对不齐、不同轴等缺陷。因此在组对过程中必须严格地按技术要求进行，以免影响质量。

筒体的环缝组装较为复杂，不仅有各种因素引起的筒节间的径向直径差异，还存在有筒节纵缝处直边段的影响，要使筒体组装符合规定的技术要求，组装工作量较大。为此，近年来出现了很多环缝组装机械。

图 3-20 为筒体环缝液压组装装置。组装时，使两筒节的环缝连接处放置于 Ⅱ 形压头下，其外圈均布的柱塞加压使环缝口对齐，环缝间隙靠油缸 7 来进行调整。完成第一条环缝的组装并点焊固定后，由油缸 7 推出框架，再吊入下一段筒节，如此可连续组装筒节成为设备筒体。

为适应不同直径筒节的组装，该装置还设有油缸 10 用以升降油缸框架。由于受油缸框架刚度的限制，一般多限于薄壁容器的组装。

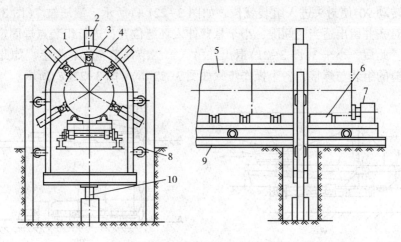

图 3-20 筒体环缝液压组装装置

1—Ⅱ形压头；2—油缸；3—油压柱塞；4—油缸框架；5—筒体；6—滚轮架；

7—轴向油缸；8—导向辊；9—导轨；10—框架升降油缸

图 3-21 所示为环缝液压组装机。该机由筒体组装车、封头组装架和滚轮架三部分组成。装配小车 3 上装有悬臂 13 和托座 6 组成钳形支架，支架高度可以用液压缸 4 来调节。小车可在导轨 5 上沿着辊轮架行走。在悬臂的端部装有焊机 16、挡块 15 和液压缸 14，托座的端部还装有焊剂垫 12、压紧缸 11 及工作缸 10。悬臂和托座之间有水平推送的液压缸 7，并由限位板 9 进行限位。

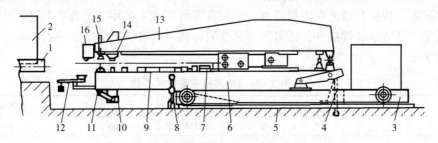

图 3-21 环缝液压组装机

1—轮架；2—筒节；3—小车架；4，7，14—液压缸；5—导轨；6—托座；8—操作台；

9—限位板；10—工作缸；11—压紧缸；12—焊剂垫；13—悬臂；15—挡块；16—焊机

　　组装时，小车行走并使悬臂伸进筒节 2 内，到工作位置后停止。借助于压紧缸 11 和挡块 15 固定筒节。接着工作缸 10 和液压缸 14 将另一个筒节压紧并调整到与第一个筒节边缘于齐，开动液压缸 7 调整好适当的间隙。对正后即由焊机 16 进行点焊固定。通过转动筒节，完成整圈的环缝组装点焊固定。此后可由焊机 16 立即进行自动焊接。

　　在滚轮架的另一端是一个封头装配架，如图 3-22(a) 所示。其框架 1 可进行 90°的回转，以便封头调放和就位，2 是一个转动环，真空吸持器 3 装于转动环 2 上，且可沿框架进行调节，以适应不同直径封头的需要。

　　当必须从封头开始组装时，整个筒体的组焊程序为：先将一个筒节吊在滚轮架上，再将封头吊到封头装配框架上，如图 3-22(b) 所示。依靠支承架 4 和真空吸持器 3 将封头固定，封头装配架转动 90°使封头进入组装就位，如图 3-22(a) 所示。液压缸 7(图 3-21) 推动筒节，使环缝对齐并留出适当的间隙，小车悬臂伸入环缝位置，进行组装点焊固定，焊接封头筒节的环缝。此后，小车 3(图 3-21) 退出并吊入第二节筒节至辊轮架上。如此，即可完成其他各道环缝的组装与焊接，各个操作步骤如图 3-22(b)~图 3-22(e) 所示。

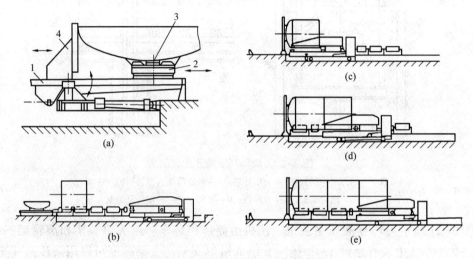

图 3-22　环缝液压组装机工作示意图

　　环缝组装机具有操作灵活，调节范围大的优点，适合于单件小批生产。由于组装时仅需 1 人操作，生产效率较高。例如组装直径 4000mm、壁厚 8~12mm 的筒节、封头，包括对齐、组装点焊固定，焊接及清渣在内仅需 80min 左右即可完成一道环缝，为手工组装时间的 1/4。该机除可用于环缝组装焊接外，还可用于纵缝的焊接，具有一机多能的特点。其主要技术参数参见表 3-2。

表 3-2　环缝组装机主要技术参数

项　目	技术参数	项　目	技术参数
筒节直径/m	1.2~4.2	夹钳移动速度/(m/min)	0.15~3.3
筒节长度/m	0.5~3.6	滚轮圆周速度/(m/min)	0.2~4.95
板厚/mm	5~60	对齐方式	断续
加压力/t	50	错位调整(任选)	手动或自动
夹钳上下调整范围/m	0.4		

复　习　题

3-1　组对和装备有何区别？设备组对技术要求内容有哪些？

3-2　GB/T 150—2011《压力容器》中有关对口错边量的规定有哪些？

3-3　GB/T 150—2011《压力容器》中有关棱角度的规定有哪些？

3-4　GB/T 150—2011《压力容器》中有关筒体垂直度的规定有哪些？

3-5　如何进行环缝组装？

第4章 过程设备的焊接工艺

4.1 常用焊接方法概述

在过程装备制造过程中，常用的焊接方法主要有焊条电弧焊、埋弧自动焊、气体保护电弧焊、电渣焊、堆焊、窄间隙焊等，现结合工程需要介绍如下。

4.1.1 焊条电弧焊

焊条电弧焊由于设备简单、操作方便、适合全方位焊接等特点，在装备制造中是一种应用广泛的焊接方法。

（1）装备

a. 设备

目前国内手弧焊设备有三大类：弧焊变压器(交流电焊机)、弧焊发电机(直流电焊机)和弧焊整流器。三类弧焊设备的比较见表4-1。

表4-1 三类弧焊设备比较

项　　目	弧焊变压器	弧焊发电机	弧焊整流器
稳弧性	较差	好	较好
电网电压波动的影响	较小	小	较大
噪声	小	大	小
硅钢片与铜导线的需要量	少	多	较少
结构与维修	简单	复杂	较复杂
功率因数	较低	较高	较高
空载消耗	较小	较大	较小
成本	低	高	较高
质量	小	大	较小

选择弧焊设备首先要考虑的是焊条涂层(药皮)类型和被焊接头、装备的重要性。例如，对于低氢钠型(碱性)焊条、重要的焊接接头、压力容器等装备的焊接，尽管其成本高、结构较复杂，但必须选用直流电焊机或弧焊整流器(即直流电源)，因其电弧稳定性好，易保证焊接质量。对于酸性焊条，一般的焊接结构，虽然交、直流焊机都可以用，但通常都选择价格低、结构简单的交流电焊机。

另外，还要考虑焊接产品所需要的焊接电流大小、负载持续率等要求，以选择焊机的容量和额定电流。

b. 焊钳、焊接电缆

选择焊钳和焊接电缆主要考虑的是允许通过的电流密度。焊钳要绝缘好、轻便(表4-2)；

焊接电缆应采用多股细铜线电缆(有 YHH 型电焊橡皮套电缆或 YHHR 型电焊橡皮套特软电缆)，电缆截面可根据焊机额定焊接电流(表 4-3)选择，电缆长度一般不超过 30m。

表 4-2　焊钳技术参数

型号	额定电流/A	焊接电缆孔径/mm	适用焊条直径/mm	质量/kg	外形尺寸/mm
G325	300	14	2~5	0.5	250×80×40
G582	500	18	4~8	0.7	290×100×45

表 4-3　额定电流与相应铜芯电缆最大截面积关系

额定电流/A	100	125	160	200	250	315	400	500	630
电缆截面积/mm^2	16	16	25	35	50	70	95	120	150

c. 面罩

面罩是为防止焊接时的飞溅、弧光及其辐射对焊工的保护工具，有手持式或头盔式两种。面罩上的护目遮光镜片可按表 4-4 选择，镜片号越大，镜片越暗。

表 4-4　焊工护目遮光镜片选用表

工　种	焊接电流/A			
	≤30	>30~75	>75~200	>200~400
	遮光镜片号			
电弧焊	5~6	7~8	8~10	11~12
碳弧气刨			10~11	12~14
焊接辅助工	3~4			

(2) 焊条

焊条电弧焊的焊接材料——焊条，由焊芯和药皮组成。

① 型号分类：焊条型号根据熔敷金属的力学性能、药皮类型、焊接位置和焊接电流种类划分。

焊条型号编制方法如下：字母"E"表示焊条；前两位数字表示熔敷金属抗拉强度的最小值；第三位数字表示焊条的焊接位置，"0"及"1"表示焊条适用于全位置焊接(平、立、仰、横)，"2"表示焊条适用于平焊及平角焊，"4"表示焊条适用于向下立焊；第三位和第四位数字组合时表示焊接电流种类及药皮类型。

在第四位数字后附加"R"表示耐吸潮焊条；附加"M"表示耐吸潮和力学性能有特殊规定的焊条；附加"-1"表示冲击性能有特殊规定的焊条。

② 碳钢焊条、低合金钢焊条、不锈钢焊条标准如下：

碳钢焊条见 GB/T 5117—2012。

低合金钢焊条见 GB/T 5118—2012。

不锈钢焊条见 GB/T 983—2012。

③ 常用碳钢焊条牌号见表 4-5(GB/T 5117—2012)。

表 4-5　常用碳钢焊条牌号与 GB/T 5117—2012 对照表

焊条型号	药皮类型	焊接位置	电流种类
E43 系列–熔敷金属抗拉强度 ≥420MPa（43kgf/mm²）			
E4300	特殊型	平、立、仰、横	交流或直流正、反接
E4301	钛铁矿型		
E4303	钛钙型		
E43 系列–熔敷金属抗拉强度 ≥420MPa（43kgf/mm²）			
E4310	高纤维素钠型	平、立、仰、横	直流反接
E4311	高纤维素钾型		交流或直流反接
E4312	高钛钠型		交流或直流正接
E4313	高钛钾型		交流或直流正、反接
E4315	低氢钠型		直流反接
E4316	低氢钾型		交流或直流反接
E4320	氧化铁型	平	交流或直流正、反接
		平角焊	交流或直流正接
E4322		平	交流或直流正接
E4323	钛粉钛钙型	平、平角焊	交流或直流正、反转
E4324	铁粉钛型		
E4327	铁粉氧化铁型	平	交流或直流正、反接
		平角焊	交流或直流正接
E4328	铁粉低氢型	平、平角焊	交流或直流反接
E50 系列–熔敷金属抗拉强度 ≥490MPa（50kgf/mm²）			
E5001	钛铁矿型	平、立、仰、横	交流或直流正、反接
E5003	钛钙型		
E5010	高纤维素钠型		直流反接
E5011	高纤维素钾型		交流或直流反接
E5014	铁粉钛型		直流反接
E5015	低氢钠型		交流或直流反接
E5018	低氢钾型		
E5018M	铁粉低氢钾型		直流反接
E5023	铁粉低氢型	平、平角焊	交流或直流正、反接
E5024	铁粉钛型		交流或直流正、反接
E5027	铁粉氧化铁型		交流或直流正接
E5028	铁粉低氢型		交流或直流反接
E5048		平、仰、横、立向下	

注：①焊接位置栏中文字含义：平—平焊、立—立焊、仰—仰焊、横—横焊、平角焊—水平角焊、立向下—向下立焊。
②焊接位置栏中立和仰系指适用于立焊和仰焊的直径不大于 4.0mm 的 E5014，EXX15，EXX16，E5018 和 E5018M 型焊条及直径不大于 5.0mm 的其他型号焊条。
③E4322 型焊条适宜单道焊。

4.1.2 埋弧自动焊

埋弧自动焊是压力容器等焊接结构的重要焊接方法之一，现对其设备、焊接材料(焊丝、焊剂)介绍如下。

(1) 设备

埋弧自动焊的设备可分为两部分：埋弧焊电源和埋弧焊焊机。

① 埋弧焊电源

可采用直流(弧焊发电机或弧焊整流器)、交流(弧焊变压器)或交直流并用。

直流电源电弧稳定，常用于焊接工艺参数稳定性要求较高的场合。小电流范围、快速引弧、短焊缝、高速焊接。采用直流正接(焊丝接负极)时，焊丝的熔敷率高；采用直流反接(焊丝接正极)时，焊缝熔深大。

交流电源焊丝的熔敷率和焊缝熔深介于直流正接和直流反接之间，而且电弧的磁偏吹小。交流电源多用于大电流埋弧焊和采用直流时磁偏吹严重的场合。交流的空载电压一般要求在65V以上。

② 埋弧焊焊机

分为半自动焊机和自动焊机两类。

③ 辅助设备

埋弧自动焊机工作时，为了调整焊接机头与工件的相对位置使接头处在最佳施焊位置，或为了达到预期的工艺目的，一般都需要有相应的辅助设备与焊机相配合。埋弧自动焊的辅助设备大致有以下几种。

a. 焊接夹具 使用焊接夹具的主要目的是使被焊工件能准确定位并夹紧，以便焊接。这样可以减少或免除定位焊缝，也可以减少焊接变形，并达到其他工艺目的。

b. 工件变位设备 埋弧自动焊中常用的工件变位设备有滚轮架、翻转机、万能变位装置等。这种设备的主要功能是使工件旋转、倾斜，使其在三维空间中处于最佳施焊位置、装配位置等，以保证焊接质量、提高生产效率、减轻劳动强度。

c. 焊机变位设备 这种设备的主要功能是将焊接机头准确地送到待焊位置，也称做焊接操作机。它们大多与工件变位机、焊接滚轮架等配合工作，完成各种形状复杂工件的焊接。其基本形式有平台式、悬臂式、伸缩式、龙门式等。

d. 焊缝成形设备 埋弧焊的功率较大，焊接时为防止熔化金属流失、烧穿，并使焊缝背面成形，经常在焊缝背面加衬垫。常用的焊缝成形设备除铜垫板外，还有焊剂垫。焊剂垫有用于纵缝的和环缝的两种基本形式。

e. 焊剂回收输送设备 用来自动回收并输送焊接过程中的焊剂。

(2) 焊丝与焊剂

焊丝与焊剂是埋弧焊、电渣焊的焊接材料。其主要作用与焊条焊芯和药皮的作用相似。焊丝与焊剂是各自独立的焊接材料，但在焊接时要正确地选择焊丝和焊剂，而且必须配合使用，这也是埋弧焊、电渣焊的一项重要焊接工艺内容。

① 焊丝的种类、特点及应用

焊丝按形状结构分类有实芯焊丝、药芯焊丝和活性焊丝；按焊接方法分类有埋弧焊焊丝、电渣焊焊丝、CO_2焊焊丝、氩弧焊焊丝等；按化学成分分类有低碳钢焊丝、高合金钢焊丝、各种有色金属焊丝、堆焊用的特殊合金焊丝。其中，用于埋弧焊的实芯焊丝应用最广泛。

② 焊剂的种类、特点及应用

埋弧焊使用的焊剂是颗粒状可熔化的物质。焊剂的分类方法有按制造方法分类、按化学成分分类、按化学性质分类、按颗粒结构分类等。

按制造方法分类有熔炼焊剂、烧结焊剂、陶质焊剂。国内目前用量较大的是熔炼焊剂和烧结焊剂。

4.1.3 其他焊接方法

(1) 钨极氩弧焊

气体保护电弧焊简称气体保护焊或气电焊，焊接时，从喷嘴中均匀的、连续的喷出惰性气体，可靠的将焊接区保护起来，利用钨极与工件间产生的电弧的热量熔化母材和填充金属 (可不加添金属)，形成熔池，在惰性气体保护下，熔池冷却结晶后形成焊缝。所有惰性气体都可以用来做保护气体，最常用的是氩气或氦气，常用钨棒做不熔化电极，故叫钨极氩弧焊或钨极氦弧焊，简称 TIG 焊(Tungsten Inert Gas Welding)。

TIG 焊与其他焊接方法相比有如下特点：

① 可焊金属　多氩气能有效隔绝焊接区域周围的空气，它本身又不溶于金属，不和金属反应；TIG 焊接过程中电弧还有自动清除焊件表面氧化膜的作用。因此，可成功地焊接其他焊接方法不易焊接的易氧化、氮化、化学活泼性强的有色金属、不锈钢和各种合金。

② 适应能力强　钨极电弧稳定，即使在很小的焊接电流下也能稳定燃烧；不会产生飞溅，焊缝成形美观；热源和焊丝可分别控制，因而热输入量容易调节，特别适合于薄件、超薄件的焊接；可进行各种位置的焊接，易于实现机械化和自动化焊接。

③ 焊接生产率低　钨极承载电流能力较差，过大的电流会引起钨极熔化和蒸发，其颗粒可能进入熔池，造成夹钨。因而 TIG 焊使用的电流小，焊缝熔深浅，熔敷速度小，生产率低。

④ 生产成本较高　由于惰性气体较贵，与其他焊接方法相比生产成本高，故主要用于要求较高产品的焊接。

TIG 焊几乎可用于所有钢材、有色金属及其合金的焊接，特别适合于化学性质活泼的金属及其合金。常用于不锈钢、高温合金、铝、镁、钛及其合金以及难熔的活泼金属(如锆、钽、钼、铌等)和异种金属的焊接。TIG 焊容易控制焊缝成形，容易实现单面焊双面成形，主要用于薄件焊接或厚件的打底焊。脉冲 TIG 焊特别适宜于焊接薄板和全位置管道对接焊。但是，由于钨极的载流能力有限，电弧功率受到限制，致使焊缝熔深浅，焊接速度低，TIG 焊一般只用于焊接厚度在 6mm 以下的焊件。

(2) 二氧化碳(CO_2)气体保护电弧焊

CO_2 气体保护电弧焊是利用 CO_2 作为保护气体的熔化极电弧焊方法。这种方法以 CO_2 气体作为保护介质，使电弧及熔池与周围空气隔离，防止空气中氧、氮、氢对熔滴和熔池金属的有害作用，从而获得优良的机械保护性能。

其优点为：①焊接生产率高。由于焊接电流密度较大，电弧热量利用率较高，以及焊后不需清渣，因此提高了生产率。CO_2 焊的生产率比普通的焊条电弧焊高 2~4 倍。②焊接成本低。CO_2气体来源广，价格便宜，而且电能消耗少，故使焊接成本降低。通常CO_2焊的成本只有埋弧焊或焊条电弧焊的40%~50%。③焊接变形小。由于电弧加热集中，焊件受热面积小，同时CO_2气流有较强的冷却作用，所以焊接变形小，特别适宜于薄板焊接。④焊接品质较高。对铁锈敏感性小，焊缝含氢量少，抗裂性能好。⑤适用范围广。可实现全位置焊接，并且对于薄板、中厚板甚至厚板都能焊接。⑥操作简便。焊后不需清渣，且是明弧，便于监控，有利于实现机械化和自动化焊接。

其缺点是：①飞溅率较大，并且焊缝表面成形较差。金属飞溅是CO_2焊中较为突出的问题，这是主要缺点。②很难用交流电源进行焊接，焊接设备比较复杂。③抗风能力差，给室外作业带来一定困难。④不能焊接容易氧化的有色金属。CO_2焊的缺点可以通过提高技术水准和改进焊接材料、焊接设备加以解决，而其优点却是其他焊接方法所不能比的。因此，可以认为CO_2焊是一种高效率、低成本的节能焊接方法。

CO_2焊主要用于焊接低碳钢及低合金钢等黑色金属。对于不锈钢，由于焊缝金属有增碳现象，影响抗晶间腐蚀性能。所以只能用于对焊缝性能要求不高的不锈钢焊件。此外，CO_2焊还可用于耐磨零件的堆焊、铸钢件的焊补以及电铆焊等方面。目前CO_2焊已在汽车制造、机车和车辆制造、化工机械、农业机械、矿山机械等部门得到了广泛的应用。

（3）电渣焊

电渣焊是利用电流通过液体熔渣产生的电阻热作为热源，将工件和填充金属熔合成焊缝的焊接方法。电渣焊的焊接过程可分为三个阶段：引弧造渣阶段、正常焊接阶段和引出阶段。合格的焊缝在正常焊接阶段产生，而两端焊缝部分应割除(图4-1)。

根据采用电极的形状及其是否固定，电渣焊方法分为丝极电渣焊、熔嘴电渣焊(包括管极电渣焊)和板极电渣焊。电渣焊最主要的特点是适合焊接厚件，且一次焊成，但由于焊接接头的焊缝区、热影响区都较大，高温停留时间长，易产生粗大晶粒和过热组织，接头冲击韧性较低，一般焊后必须进行正火和回火处理。

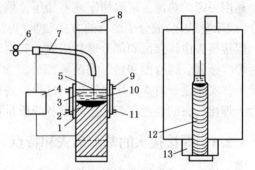

图4-1 电渣焊过程示意图
1—水冷成形滑块；2—金属熔池；3—渣池；
4—焊接电源；5—焊丝；6—送丝轮；
7—导电杆；8—引出板；9—出水管；
10—金属熔滴；11—进水管；12—焊缝；13—起焊槽

丝极电渣焊设备主要包括电源、机头及成形块等；丝极电渣焊焊接材料为焊丝(电极)和焊剂。

电渣焊的主要焊接工艺参数有焊接电流I、焊接电压U、渣池深度H和装配间隙C_0，它们直接决定电渣焊过程的稳定性、焊接接头质量、焊接生产率及焊接成本。

（4）窄间隙焊

随着厚壁压力容器等装备的发展，对厚壁的焊接质量和生产效率提出了新的要求。以往厚壁的焊接一般采用电渣焊和埋弧自动焊，而电渣焊晶粒粗大、热影响区宽，焊后必须进行热处理，周期长，成本高，质量不十分稳定；埋弧自动焊随着壁厚的增加热影响区增大，特别是对高强度钢，会严重影响接头的断裂韧性，降低抗脆断的能力。20世纪60年代后期出现了窄间隙焊，由于其焊接坡口的截面积比其他类型有很大的缩小，故称之为"窄间隙焊"。目前采用的窄间隙焊接多属于熔化极气电焊(也有埋弧窄间隙焊)。

其主要特点为：

① 坡口狭小，大大减小了焊缝截面面积，提高了焊接速度，一般常用I形坡口，宽度约为8~12mm，焊接材料的消耗比其他方法低。

② 主要适于焊接厚壁工件，焊接热输入量小，热影响区狭小(两侧壁的熔池仅为0.5~1mm)，接头冲击韧性高。

③ 由于坡口狭窄，采用惰性气体保护，电弧作热源，焊后残余应力低。焊缝中含氢量少，产生冷裂纹和热裂纹的敏感性也随之降低。

④ 对于低合金高强度钢及可焊性较差的钢的焊接，可以简化焊接工艺。

⑤ 可以进行全位置焊接。

⑥ 与电渣焊和埋弧自动焊相比，同样一台设备的总成本可降低30%~40%左右。

4.2 焊接接头

利用一定的热源，采取加压或不加压，填充或不填充的方式，使两个物体之间产生原子结合(或冶金结合)或分子结合的方式就叫"焊接"，其接头就是"焊接接头"。

焊接接头由焊接区和部分母材组成，其中对结构可靠性起决定作用的是焊接区。焊接区包括焊缝金属、熔合面和热影响区等部分，如图4-2所示。通常工程中所关注和研究的焊接接头，实际是针对焊接区进行的。过程设备是典型的铆焊设备，工作中往往要承受一定的压力，焊接接头的性能将直接影响设备的质量和安全。

4.2.1 焊接接头的基本形式和特点

焊接接头的基本形式有对接接头、T形(十字形)接头、角接头和搭接接头。

(1) 对接接头

对接接头的形式如图4-3所示。对接接头焊接后产生的余高，使焊接接头中实际工作应力分布是不均匀的，焊趾处将产生应力集中。应力集中系数的大小取决于焊缝宽度C、余高e、焊趾处焊缝曲线与工件表面的夹角θ及转角半径r，θ增加、转角半径r减小、余高e增加，都将使应力集中系数增大，即工作应力分布更加不均匀，造成焊接接头的强度下降。因此，焊缝余高越高越不利，如果焊接后将余高磨平，则可以消除或减小应力集中。一般情况下，遵守焊接工艺规程要求，对接接头的应力集中系数应不大于2。

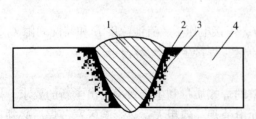

图4-2　融化焊焊接接头的组成

1—焊缝金属；2—熔合面；3—热影响区；4—母材

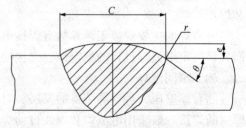

图4-3　对接接头

当对接接头的母材厚度大于 8mm 时，为保证焊接接头的强度，常要求焊接接头要熔透，为此需要在焊接之前在钢板端面开设焊接坡口。在几种焊接接头的连接形式中，从接头的受力状态、接头的焊接工艺性能等多方面比较，对接接头是比较理想的焊接接头形式，应尽量选用。在过程设备制造中，容器是主要受压零部件，承压壳体的主焊缝(如壳体的纵、环焊缝等)应采用全焊透的对接接头。

(2) T 形(十字形)接头

T 形(十字形)接头的形式如图 4-4 所示，由于十字形接头受力状态不同，又有工作焊缝和联系焊缝之分，工作焊缝又有未开坡口和开坡口的情况。

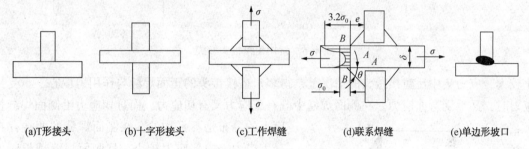

| (a)T 形接头 | (b)十字形接头 | (c)工作焊缝 | (d)联系焊缝 | (e)单边形坡口 |

图 4-4　T 形(十字形)接头形式

T 形(十字形)接头焊缝向母材过渡部分形状变化大、过渡急，在外力作用下应力分布很不均匀，在角焊缝的根部(e 为焊角高度)和过渡处都有很大的应力集中。不开坡口的 T 形(十字形)焊接接头，通常都是不焊透的，焊缝承载强度较低，焊缝根部的应力集中较大。开坡口后再焊接通常是保证焊透，焊缝承载强度大大提高，可以按对接接头强度来计算。联系焊缝不承受工作应力，但此时在角焊缝根部的 A 点处和焊趾 B 点处有应力集中。在外形、尺寸相同的情况下，工作焊缝的应力集中系数大于联系焊缝的应力集中系数。应力集中系数，随角焊缝 θ 角的增大而增大。

对 T 形(十字形)焊接接头，应避免采用单面角焊缝，因为这种接头形式的焊缝根部往往有很深的缺口，承载能力较低。对要求完全焊透的 T 形接头，实践证明采用半 V 形坡口从一面焊比采用 K 形坡口施焊可靠。

(3) 角接接头

常用角接焊接接头的形式如图 4-5 所示。图 4-5(a)所示为最简单的角接接头，但承载能力差。图 4-5(b)所示为采用双面焊接、从内部加强的角接接头，承载能力较大。图 4-5(c)和(d)所示为开坡口焊接的角接接头，易焊透，有较高的强度，而且在外观上具有良好的棱角，但要注意层状撕裂问题。图 4-5(e)和(f)所示的角接头易装配、省工时，是最经济的角接头形式。图 4-5(g)所示的角接接头，利用角钢作 90°角过渡，有准确的直角，并且刚性大，但要注意角钢厚度应大于板厚。图 4-5(h)所示为不合理的角接接头，焊缝多且不易施焊。

(4) 搭接接头

搭接接头的形式如图 4-6 所示。根据焊缝的受力方向，可分为正面焊缝(受力方向与焊缝垂直)、侧面焊缝(受力方向与焊缝平行)和介于两者之间的斜向角焊缝。搭接接头形状变

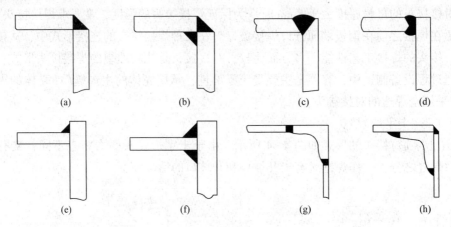

图 4-5　常用角接接头形式

化较大，应力集中比对接接头的情况复杂得多。搭接接头的正面焊缝与作用力偏心，承受拉应力时，又承受弯曲应力。在侧面焊缝中既有正应力又有切应力，而且切应力沿侧面焊缝长度上的分布是不平均的，在侧面焊缝的两端存在最大应力，中部应力较小，且侧面焊缝越长应力分布越不均匀，一般规定焊缝长度不大于 50 倍的焊脚高度。正面焊缝强度高于侧面焊缝，斜向焊缝介于两者之间。

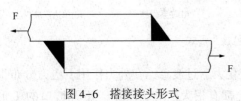

图 4-6　搭接接头形式

4.2.2　焊缝级别分类

根据 GB/T 150—2011《压力容器》对压力容器受压元件之间的焊接接头分为 A、B、C、D 四类；非受压元件与受压元件之间的连接接头为 E 类焊接接头，如图所示。如图 4-7 所示。

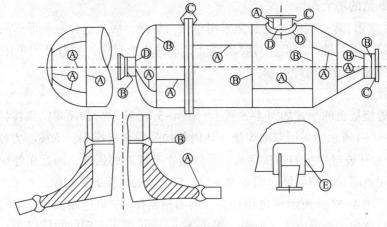

图 4-7　焊接接头分类

圆筒部分的纵向接头（多层包扎容器层板层纵向接头除外），球形封头与圆筒连接的环向接头，各类凸形封头中的所有拼焊接头以及嵌入式接管与壳体对接连接的接头，均属 A 类焊接接头。

壳体部分的环向焊缝接头，锥形封头小端与管连接的接头，长颈法兰与接管连接的接头，均属 B 类焊接接头，但已规定为 A、C、D 类的焊接接头除外。

平盖、管板与圆筒非对接连接的接头，法兰与壳体、接管连接的接头，内封头与圆筒的搭接接头以及多层包扎容器层板层纵向接头，均属 C 类焊接接头。

接管、人孔、凸缘、补强圈等与壳体连接的接头，均属 D 类焊接接头，但已规定为 A、B 类的焊接接头除外。

上述关于焊接接头的分类及级别顺序，对于压力容器的设计、制造、维修、管理等工作都有着很重要的指导作用，例如：

① 壳体在组对时的对口错边量、棱角度等组对参数的技术要求，A 类和 B 类接头是不同的，总的来看 A 类焊接接头的对口错边量、棱角度等参数的技术要求要比 B 类的严格；

② 焊接接头的余高要求，对于 A、B、C、D 类的接头分别提出了不同的技术要求；

③ 无损检测对 A、B、C、D 类焊接接头的检测范围、检测工艺内容以及最后的评定标准等都作了较具体的不同要求。

需要强调的是，上述对焊接接头的分类及分类顺序的划分，基本上只是以主要零部件之间或与壳体连接的焊接接头在壳体的相对位置来进行的。实际上对焊接接头类别及分类顺序的划分和顺序安排，除了应该考虑焊接接头所在相对位置之外，还应考虑焊接接头实际受力状态的复杂性，焊接工艺的实施难易程度，焊接结构、焊接材料等因素对最后焊接质量的影响，焊接检测对真实状态的反映程度等情况。总之，为了使所有焊接接头质量都得到不同程度的保证，使得压力容器更安全更可靠，对焊接接头的类别和分类顺序的划分应该有更全面的综合考虑，A、B、C、D 类焊接接头分类不是绝对的。

4.2.3 焊缝坡口

为满足实际焊接工艺的要求，对不同的焊接接头，经常在焊接之前，把接头加工成一定尺寸和形状的坡口。

（1）焊缝坡口的基本形式和技术要求

目前，中国已经颁布并实施了 GB/T 985.1—2008《气焊、焊条电弧焊、气体保护焊和高能束焊的推荐坡口》、GB/T 985.2—2008《埋弧焊的推荐坡口》。坡口的基本形式有 I 型、V 型、Y 型、X 型、U 型等，关于坡口尺寸符号见表4-6。

表4-6　坡口尺寸符号

项目	坡口角度	根部间隙	钝边高度	坡口面角度	坡口深度	根部半径
坡口尺寸符号	α	b	p	β	H	R
坡口图示						

国内现行标准中没有关于坡口尺寸加工的技术要求，为满足实际生产不断发展的需要，设计、制造时对坡口尺寸提出加工要求是必需的（表4-7）。另外，对坡口表面有如下要求（GB/T 150、NB/T 47015）：

① 坡口表面不得有裂纹、分层、夹杂等缺陷。

② 标准抗拉强度下限值 σ_b>540MPa 的钢材及 Cr-Mo 低合金钢材，宜采用冷加工方法加工坡口；若经火焰切割的坡口表面，应进行磁粉或渗透检测。当无法进行磁粉或渗透检测时，应由切割工艺保证坡口质量。

③ 施焊前应清除坡口及母材两侧表面 20mm 范围内(以离坡口边缘的距离计)的氧化物、油污、熔渣及其他有害杂质。

④ 奥氏体高合金钢坡口两侧各 100mm 范围内应刷涂料，以防止黏附焊接飞溅。

表 4-7　坡口加工的主要尺寸允许偏差

项目	根部间隙 b			钝边高度 p	坡口面角度 α	根部半径 R
	全熔透开坡口焊接		部分焊透开坡口焊接			
	无垫板	有垫板				
加工允许偏差 Δ/mm	手弧焊：0≤Δb≤4 I 形坡口时，0<Δb≤δ/2 埋弧焊：0<Δb≤1 气体保护半自动焊：0<Δb≤3 I 形坡口时，0<Δb<δ/3	手弧焊和气体保护半自动焊：Δb≤-2 埋弧焊：-2≤Δb≤2	手弧焊：0≤Δb≤3 埋弧焊：0≤Δb≤1 气体保护半自动焊：0<Δb≤2	手弧焊和气体保护半自动焊：有垫板 -2≤Δp≤1 无垫板 -2≤Δp≤2 埋弧焊：-2≤Δp≤1	手弧焊、埋弧焊和气体保护半自动焊：Δα≥-5°	手弧焊、埋弧焊和气体保护半自动焊：ΔR≥-2

（2）焊条电弧焊、气体保护焊，焊缝坡口的基本形式与尺寸见 GB/T 985.1，埋弧焊焊缝坡口的基本形式与尺寸见 GB/T 985.2。不同厚度的钢板对接接头的两板厚度差($\delta-\delta_1$)不超过表 4-8 规定的，焊缝坡口的基本形式与尺寸按厚板的尺寸数据来选取；当两板厚度差超过表 4-8 规定的数值时，应在厚板上做出如图 4-8 所示的单面或双面削薄，其削薄长度 $l \geqslant 3(\delta-\delta_1)$。钝边和坡口面应去毛刺。

表 4-8　不同厚度钢板对接接头两钢板厚度差

较薄板厚度 δ_1/mm	≥2~5	>5~9	>9~12	>12
允许厚度差($\delta-\delta_1$)/mm	1	2	3	4

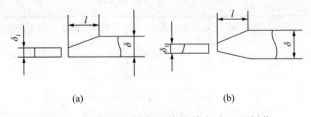

　　　　　(a)　　　　　　　　　　　　　　(b)

图 4-8　不同钢板厚度对接的单向或双面削薄

4.2.4　焊缝表示符号(GB/T 324—2008)

为了简化制图，焊接接头一般应采用标准规定的焊缝符号表示，也可采用技术制图方法表示。符号表示一般由基本符号与指引线组成，必要时可以加上补充符号和焊缝尺寸符号，有时需要对基本符号进行组合。基本符号是表示焊缝截面形状的符号，例I形焊缝和V形焊缝，如图4-9(a)和(b)；基本符号的组合如双面V形焊缝(X焊缝)和双面单V形焊缝(K焊缝)如图4-10(a)和(b)。补充符号是为了补充说明有关焊缝或接头的某些特征而采用的符号，如表面形状、衬垫、焊缝分布、施焊地点等，如图4-11所示。焊缝符号的应用示例，如图4-12所示。关于焊缝符号的说明详见GB/T 324—2008。

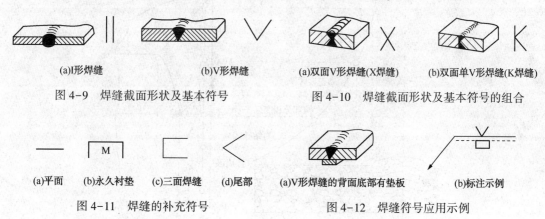

| (a)I形焊缝 | (b)V形焊缝 | (a)双面V形焊缝(X焊缝) | (b)双面单V形焊缝(K焊缝) |

图4-9　焊缝截面形状及基本符号　　　　图4-10　焊缝截面形状及基本符号的组合

(a)平面　　(b)永久衬垫　(c)三面焊缝　(d)尾部　　　(a)V形焊缝的背面底部有垫板　　(b)标注示例

图4-11　焊缝的补充符号　　　　　　图4-12　焊缝符号应用示例

4.3　焊接工艺基础

4.3.1　焊接接头的组织

在焊接热源(如电弧)作用下，焊接接头其各部位相当于经历了一次不同规范的特殊热处理，因而使接头的各部分组织和性能都有差异。

焊接接头的组织形成及其性能是由焊缝区和热影响区所决定的的，焊缝区金属由熔池的液态金属凝固而成，热影响区的金属受焊接热源影响造成与母材有较大的变化。

(1) 焊缝区

以低碳钢为例，焊缝金属由高温液态冷却到室温要经过两次组织变化："一次结晶"是从液态到固态(奥氏体)；"二次结晶"是从固相线冷却到常温组织。

① 一次结晶

液态金属沿着垂直熔合面的方向向熔池中心不断形成层状树枝柱状晶粒并长大，晶粒内部存在成分不均匀现象，称作微观偏析或枝晶偏析。整个焊缝区也存在成分不均匀现象，称作宏观偏析或区域偏析。区域偏析除与成分、部位等因素有关外，还与焊缝形状系数 φ 的大小有关。φ≤1 时，杂质易集中在焊缝中间，见图4-13(a)，易形成热裂纹；φ>1.3~2.0时，杂质易集聚在焊缝上部，见图4-13(b)，不会造成薄弱截面。

② 二次结晶

即由奥氏体冷却至室温组织的转变，与热影响区的金属组织转变很相似。

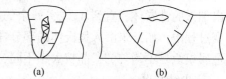

| (a) | (b) |

图4-13　不同焊缝形状的区域偏析

（2）热影响区

对于低碳钢或强度级别较低的普低钢，其热影响区可近似看作是在最高加热温度下的正火热处理组织，如图4-14所示。由图可知，根据其组织特征低碳钢的热影响区可分为以下六个温度区。

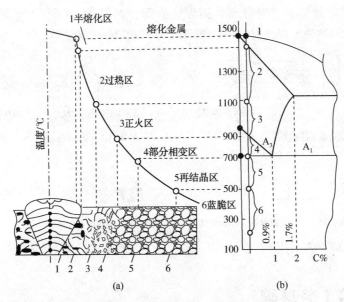

图4-14 低碳钢热影响区的温度分布

① 半熔化区（熔合区）

此区在焊缝与母材的交界处，处于半熔化状态，是过热组织，冷却后晶粒粗大，化学成分和组织都不均匀，异种金属焊接时，这种情况更为严重，因此塑性较低。此区虽较窄，但是与母材相连，所以对焊接接头的影响很大。

② 过热区

金属处于过热状态，奥氏体晶粒产生严重增大现象，冷却后得到过热组织。冲击韧性明显降低，下降25%~30%左右，刚性较大的结构常在此区开裂。过热程度与高温停留时间有关，气焊比电弧焊过热严重。对同一种焊接方法，线能量越大，过热现象越严重。

③ 正火区（完全重结晶区）

加热温度范围如图4-14所示，金属在A_3线与1100℃之间的温度范围内将发生重结晶，使晶粒细化，室温组织相当于正火组织，力学性能较好。

④ 部分相变区（不完全重结晶区）

此区的温度范围在A_1线和A_3线之间。焊接时加热温度稍高于A_{c1}线时，便开始有珠光体转变为奥氏体，随着温度升高，有部分铁素体逐步溶解到奥氏体中，冷却时又由奥氏体中析出细微的铁素体，直到A_{r1}线，残余的奥氏体转变为珠光体，晶粒也很细。可见，在上述转变过程中，始终未溶入奥氏体的部分铁素体不断长大，变成粗大的铁素体组织。所以，此区金属组织是不均匀的，晶粒大小不同，力学性能不好。此区越窄，焊接接头性能越好。

⑤ 再结晶区

此区温度范围为450~500℃到A_{c1}线之间，没有奥氏体的转变。若焊前经过冷变形，则有加工硬化组织，加热到此区后产生再结晶，加工硬化现象得到消除，性能有所改善。若焊前没有冷变形，则无上述过程。

⑥ 蓝脆区

此区温度范围在 200~500℃。由于加热、冷却速度较快，强度稍有增加，塑性下降，可能会出现裂纹。此区的显微组织与母材相同。

上述六个区总称为热影响区，在显微镜下一般只能见到过热区、正火区和部分相变区。总的来说，热影响区的性能比母材焊前性能差，是焊接接头较薄弱的部位。一般情况下，热影响区越窄越好。

（3）易淬火钢的热影响区金属

当焊接易淬火钢时，热影响区的组织与钢材焊前的热处理状态有关。

对于正火或退火状态的易淬火钢的热影响区，其组织与低碳钢不同，一般可分为三个区，即过热区、淬火区和不完全淬火区，如图 4-15 所示。过热区显微组织的特征是粗大马氏体。由于这类钢淬透性好，淬火区在相当于低碳钢正火区的冷却速度下也会出现淬火现象，产生极细的针状马氏体组织。若含碳量和合金元素量低，则会有托氏体和马氏体共存的组织。不完全淬火区的显微组织特征是马氏体与稍粗大的网状铁素体组织，即产生部分淬火组织。

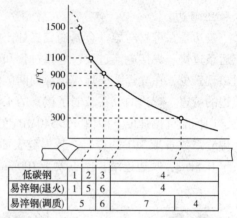

图 4-15 焊接接头组织变化
1—过热区；2—正火区；3—不完全重结晶区；
4—未变化的母材；5—淬火区；
6—不完全淬火区；7—回火区

对于调质状态易淬火钢的热影响区，其组织又与正火状态的不同，可分为以下三个区，即淬火区、不完全淬火区和回火区，如图 4-15 所示。淬火区属于淬火组织，不完全淬火区与正火状态相同。在焊接时，加热温度低于 A_{c1} 线就发生不同程度的回火，使硬度和强度略有下降，出现"回火软化区"。

高合金钢、有色金属等焊接加热时热影响区的组织转变更为复杂，但分析方法相同。

综上所述，焊接接头较薄弱的部位在热影响区，而热影响区中的过热区又是焊接接头中最薄弱的区域。影响过热组织的主要因素除化学成分外，再就是焊接热循环。调节焊接热循环的主要措施有：改变焊接线能量的大小，可以改变焊接热循环的曲线形状；改善材料焊接前的初始温度（如预热），可使冷却速度降低；采用后热等措施可使冷却速度改善等。

4.3.2 常见的焊接缺陷

焊缝缺陷的类型较多，按其在焊缝中的位置，可分为内部与外部的两种缺陷。

（1）外部焊接缺陷

外部缺陷位于焊缝外表面，用肉眼或低倍（5~10 倍）的放大镜或表面探伤（渗透、磁粉）方法可以看到。

① 焊缝尺寸不合要求

焊缝形状高低不平，焊波厚度不均，尺寸过大或过小均属焊缝尺寸不符合要求。图 4-

16 所示为角焊缝，焊脚高度 K 彼此相等，图 4-16(c) 具有圆滑过渡形式，应力集中系数最小。造成尺寸不合适的原因大多是因为运条速度不均匀造成。

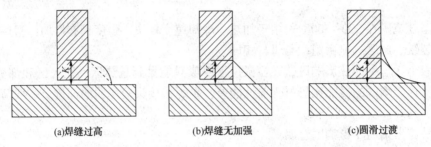

(a)焊缝过高　　　　　　　(b)焊缝无加强　　　　　　　(c)圆滑过渡

图 4-16　角焊缝的三种过渡形式

② 咬边

咬边是在母材与熔敷金属的交界处产生的凹陷，如图 4-17 所示。造成咬边的原因是由于运条过快、焊接电流过大、电弧过长和各种焊接规范不当所引起的缺陷。咬边在对接平焊时出现较少，在立焊、横焊或角焊的两侧较容易产生。焊条偏斜使一边金属熔化过多会造成单边的咬边。咬边的存在减弱了接头的工作截面，并在咬边处造成应力集中。GB/T 150 规定，用标准抗拉强度下限值 σ_b>540MPa 的钢材、Cr-Mo 低合金钢材、不锈钢制造的容器以及焊缝系数 ϕ 取为 1 的容器，其焊缝表面不得有咬边，其他容器焊缝表面的咬边深度不得大于 0.5mm，咬边连续长度不大于 100mm，焊缝两侧咬边的总长不得超过该焊缝的 10%。

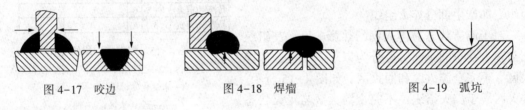

图 4-17　咬边　　　　　　　图 4-18　焊瘤　　　　　　　图 4-19　弧坑

③ 焊瘤

焊缝边缘上未与母材金属熔合而堆积的金属叫做焊瘤(图 4-18)。焊瘤下面常有未焊透现象存在。管子内部的焊瘤不仅降低强度，还减小管内的有效面积。造成焊瘤的主要原因是电流太大，焊条熔化过快或焊条偏斜，一边金属熔化过多，特别是角焊缝更容易发生。

④ 弧坑未填满

在焊缝尾部或焊缝接头处有低于母材金属表面的凹坑为弧坑(图 4-19)。它减小了焊缝的截面，使焊缝强度降低。在弧坑形成凹陷表面，其内常有气孔、夹渣或裂纹，因此必须填满弧坑。

⑤ 表面裂纹及气孔

这是由于焊条不干燥、坡口未净化干净、焊条不合适等原因造成。

(2) 内部焊接缺陷

这些缺陷都位于焊缝内部，它可用无损检测方法或破坏性检验来发现，内部缺陷有：

① 未焊透

未焊透是指母材金属和焊缝之间，或焊缝金属中的局部未熔合现象(图 4-20)，又分根部未焊透[图4-20(a)]、中部未焊透[图4-20(b)]、边缘未焊透[图4-20(c)]、层间未焊透等。其产生原因是运条不良、表层没有清理干净、焊接速度过大、焊接电流过小和电弧偏斜等。

② 气孔

焊缝中存在着近似球形或筒形的圆滑空洞称为气孔(图4-21)。气孔是由于焊条不干燥、坡口面生锈、油垢和涂料未清除干净、焊条不合适或熔融中的熔敷金属同外面空气没有完全隔绝等原因所引起的缺陷。

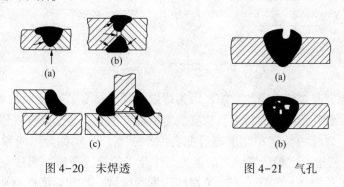

图4-20 未焊透   图4-21 气孔

③ 裂纹

焊缝的裂纹可以大致分为在焊缝金属部分和热影响区发生的两种裂纹(图4-22)。前者包括焊道裂纹、焊口裂纹、根部裂纹、硫脆裂纹和微裂纹等,后者包括根部裂纹、穿透裂纹、焊道下裂纹和夹层裂纹等。其原因是焊缝金属的韧性不良、母材或焊条含硫量过多、焊接规范不当、焊口处理不良、焊缝金属的含氢量过多等。裂纹是诸缺陷中最为危险的缺陷,通常在焊接接头中是不允许有裂纹存在的。但目前根据断裂力学的原则允许有一些裂纹存在,只要在使用应力条件下该裂纹不再扩展即可。当发现裂纹后,应铲除裂纹后补焊。

④ 夹渣

夹渣是夹杂在焊缝中的非金属熔渣(图4-23)。它是由于焊条直径以及电流的选择不当、运条不熟练和前道焊缝的熔渣未清除干净等焊接技术不好所造成的缺陷。夹渣与气孔同样会降低焊缝强度。某些焊接结构在保证焊缝强度和致密性的条件下,也允许有一定尺寸和数量的夹渣。

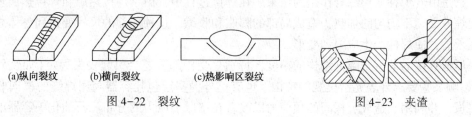

(a)纵向裂纹   (b)横向裂纹   (c)热影响区裂纹

图4-22 裂纹   图4-23 夹渣

4.3.3 焊接残余应力和变形

(1) 焊接变形

① 变形的种类、生成原因及其危害

焊接变形和残余应力在一个焊接结构中是焊缝局部收缩的两种表现。如果在焊接过程中,工件能够自由收缩,则焊后工件变形较大,而焊接残余应力较小。如果在焊接过程中,由于外力限制或工件自身刚性较大而不能自由收缩，则焊后工件变形较小，但内部却存在着较大的残余应力。

焊接变形是较为复杂的，主要表现为收缩、转角、弯曲、扭曲和波浪等数种，基本形式如图 4-24 所示。

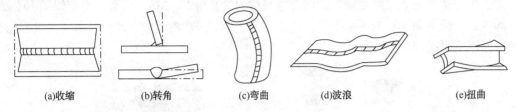

(a)收缩 (b)转角 (c)弯曲 (d)波浪 (e)扭曲

图 4-24 焊接变形的基本形式

造成变形的原因是焊缝金属的收缩。因为焊缝金属是焊条在熔化状态敷焊到工件上的，冷却后它的收缩量较其余区域大得多，长度、宽度都要缩短，甚至高度也要缩小。这样，无论哪种接头型式，焊缝的长度和宽度焊后都会缩小一点，分别称为纵向和横向收缩，如图 4-24(a)所示。严格地说，焊后要缩短的不光是熔化了的焊缝金属，那些在焊缝两旁升温膨胀时受到较冷区工件限制，实际上产生了塑性压缩的区域，冷却后都比原来长度小。对于纵向或横向收缩，只要工件在下料时事先留长点、宽点就可以得到补偿。至于数值的大小，要看材料、结构、板厚、焊接方法等因素，对于比较定型的工件，现已积累了一些经验数据，在结构制造工艺书籍或技术资料里可以查到。图 4-24(b)是转角变形，这是焊缝断面近似为三角形造成的。焊缝根部为三角形的顶，表面为底，可以认为顶的线收缩为零，底的线收缩量与底的长度(焊缝宽度)成正比，这样焊缝表面的宽度冷后缩短，根部并不会缩短那么多，所以对接焊后会翘起一定角度。T形接头焊后总是倒向焊接的一侧。T形角接，焊脚高等于板厚时变形为 2°~3°，角接时随结构不同刚度变化较大，变形值也会有变化。图 4-24(c)是弯曲变形，是由于焊缝在结构上分布不对称造成的。显然，焊缝数量愈多，焊缝愈不对称，则弯曲得愈厉害。带有大量筋板的"丁"字梁就属这种情况。图 4-24(d)为波浪变形，是薄板上焊缝收缩量大于丧失稳定的临界压缩变形量造成的。另外，如果平板上的筋板过多，筋板处的角变形也会造成波浪式变形。图 4-24(e)是扭曲变形，其产生的原因是比较复杂的，它是由若干种变形综合作用的结果。在焊接过程中，由于焊接热源和焊接热循环的特点，使焊件受到不均匀的加热，造成局部的膨胀和收缩，这种局部的尺寸变化和整体之间必然产生矛盾，使焊件产生应力和变形。

变形最直接的危害是降低结构的精度，特别是受压部分还会引起丧失稳定(如受外压容器)，影响某些要求外表光滑美观的结构。也有例外，多层包扎容器利用焊缝的横向收缩来包紧层板，并利用它造成层板间的预应力以改善在壁厚上应力的分布。石油化工容器的变形问题不如金属结构那么突出，要求不那么严格。

② 焊接变形的控制

变形量超过允许数值就要进行矫正，有的经过矫正虽然能够达到使用要求，但要占用更多的生产时间，有的则因矫正无效而报废。石油化工厂的容器、设备、构架尺寸巨大，如发生整体变形就很难矫正。因此在制定焊接工艺时，要充分估计到可能产生的变形，并采取措施对变形进行控制。

　　控制焊接变形的措施主要有工艺措施和设计措施。设计上如果考虑得比较周到，注意减少焊接变形，能够比单纯通过工艺措施更有效地控制焊接变形。

　　a. 设计方面

　　i. 合理选择焊件尺寸　焊件的长度、宽度和厚度等尺寸对焊接变形有明显影响。以角焊缝为例，板厚对于角焊缝的角变形影响较大。当厚度达到某一数值(钢，约为9mm；铝，约为7mm)时，角变形最大。另外，在焊接薄板结构时会产生较大的波浪变形。在焊接细长结构时，会产生弯曲变形。因此，要精心设计焊接结构的尺寸参数(如厚度、宽度、长度和间距等)。

　　ii. 合理选择焊缝尺寸和坡口形式　焊缝尺寸过大，焊接工作量大，填充金属消耗量大，焊接变形也越大。因此，在设计焊缝尺寸时，在保证结构承载能力的条件下，应尽量采用较小的焊缝尺寸。但是，较小的焊缝尺寸由于冷却速度过快，又容易产生焊接缺陷，如焊接裂纹、热影响区硬度过高等。由于低合金钢对冷却速度比较敏感，所以在同样厚度条件下，最小焊角尺寸应比低碳钢焊角尺寸大些。合理地设计坡口形式也有利于控制焊接变形。例如，双Y形坡口的对接接头角变形明显小于V形坡口对接接头的角变形。但是，为了使双Y形坡口对接接头角变形消除，还需要进一步精心设计坡口的具体尺寸。对于受力较大的T形接头和十字接头，在保证相同强度的条件下，采用开坡口的焊接不仅比不开坡口的角焊缝焊耗金属量小，也更能有效地减小焊接变形。尤其对厚板接头意义更大。除了坡口形状和尺寸要精心设计外，还要注意坡口位置的设计。

　　iii. 尽量减少不必要的焊缝　焊接结构应该力求焊缝数量少。在设计焊接结构时，有时为了减轻结构的重量而选用板厚较薄的构件，采用加强肋板来提高结构的稳定性和刚度。如果使用加强肋板的数量过多，将大大地增加装配和焊接的工作量，不但不经济，而且焊接变形量也较大。因此需要选择合适的板厚和肋板数量，使焊缝节省。

　　iv. 合理安排焊缝位置　应该力求使焊缝位置对称于焊接结构的中性轴，或者接近于中性轴，避免焊接结构的弯曲变形。焊缝对称于中性轴，有可能使焊缝引起的弯曲变形相互抵消。焊缝接近于中性轴，可以减小由焊缝收缩引起的弯曲力矩，构件的弯曲变形也会减小。焊缝的对称布置在很大程度上取决于结构设计的对称性，所以在设计焊接结构时，应该力求使结构对称。

　　b. 工艺措施方面

　　i. 反变形法　通过焊前估算结构变形的大小和方向，然后在装配时给予一个相反方向的变形量，使之与焊后构件的焊接变形相抵消，达到设计的要求。这是生产中最常用的方法。反变形法一般有自由反变形法[图4-25(a)]、塑性反变形法[图4-25(b)]、弹性反变形法[图4-25(c)]等几种方式。如果能够精确控制塑性反变形量，可以得到没有角变形的角焊缝。正确的塑性预弯曲量随着板厚、焊接条件和其他因素的不同而变化，而且弯曲线必须与焊缝轴线严格配合，这些都给生产带来困难，实际中很少采用。角焊缝通常采用专门的反变形夹具，将垫块放在工件下面，两边用夹具夹紧，变形量一般不超过弹性极限变形量，这种方法比塑性反变形法更可靠，即使反变形量不够准确，也可以减少角变形，不至于残留预弯曲的反变形。

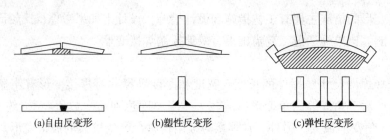

(a)自由反变形　　　　(b)塑性反变形　　　　(c)弹性反变形

图 4-25　减少焊接变形的反变形法

ii. 刚性固定方法　这个方法是在没有反变形的条件下，将焊件加以固定，采用强制的手段来减小焊后的变形。采用这种方法，只能在一定程度上减小变形量，效果不及反变形法。但用这种方法来防止角变形和波浪变形，效果较好。在焊接薄板时，多用这种方法，如图 4-26 所示。板的四周用定位焊与平台焊牢，在焊接时易出现波浪变形的区域用重物压住，这样在焊后可减小变形。定位焊等均应在焊缝全部冷却后拆除，否则会影响刚性固定的效果。薄板焊接也可使用磁性平台固定，但磁性平台价格昂贵。

iii. 合理选择焊接方法及焊接规范　选用热输入较低的焊接方法，可以有效防止焊接变形。焊缝不对称的细长结构有时可以选用合适的热输入而不必采用反变形或夹具克服挠曲变形。如图 4-27 中的构件，焊缝 2 到中性轴的距离大于焊缝 3 到中性轴的距离，若采用相同的规范焊接，则焊缝 1、2 引起的挠曲变形大于焊缝 3、4 引起的挠曲变形，两者不能抵消。如果把焊缝 1、2 适当分层焊接，每层采用小热输入，则可以控制挠曲变形。如果焊接时没有条件采用热输入较小的方法，又不能降低焊接参数，可采用水冷或铜冷却块的方法限制和缩小焊接热场分布的方法，减少焊接变形。

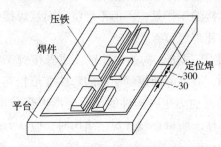

图 4-26　刚性固定防止薄板波浪变形

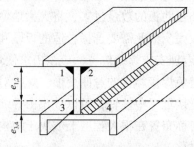

图 4-27　防止非对称截面挠曲变形的焊接

iv. 采用合理的装配焊接顺序　设计装配焊接顺序主要是考虑不同焊接顺序焊缝产生的应力和变形之间的相互影响，正确选择装配焊接顺序可以有效地控制焊接变形。如图 4-28 所示的加盖板的工字梁，可以采用三种方案进行焊接。

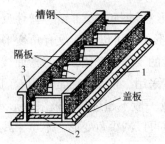

图 4-28　带盖板的双槽钢焊接梁

方案 1：先把隔板与槽钢装配在一起，焊接角焊缝 3，角焊缝 3 的大部分在槽钢的中性轴以下，它的横向收缩产生上挠度 f_3。再将盖板与槽钢装配起来，焊接角焊缝 1，角焊缝 1 在构件断面的中性轴以下，它纵向收缩引起上挠度 f_1。最后焊接角焊缝 2，角焊缝 2 也位于断面的中性轴以下，它的横向收缩产生上挠度 f_2。构件最终的挠曲变形为 $f_1+f_2+f_3$。

方案2：先将槽钢与盖板装配在一起，焊接角焊缝1，它纵向收缩引起上挠度f_1。再装配隔板，焊接角焊缝2，它的横向收缩产生上挠度f_2。最后焊接角焊缝3，此时角焊缝3的大部分在构件断面的中性轴以上，它的横向收缩产生下挠度f_3'。构件最终的挠度为$f_1+f_2-f_3'$。

方案3：先将隔板与盖板装配在一起，焊接角焊缝2，盖板在自由状态下焊接，只能产生横向收缩和角变形，若采用压板将盖板紧压在平台上是可以控制角变形的。此时盖板没有与槽钢连接，因此焊缝2的收缩不引起挠曲变形，$f_2=0$。再装配槽钢，焊接角焊缝1，引起上挠度f_1。最后焊接角焊缝3，引起下挠度f_3'。构件最终的挠度为f_1-f_3'。

比较以上三种方案可以看出，不同的装配焊接顺序导致不同的变形结果，第一种方案挠曲变形最大，第三种最小，第二种介于第一种和第三种之间。

(2) 焊接残余应力

① 产生原因及危害

焊缝及其近邻区金属冷却收缩受阻是造成焊接残余应力的主要原因，并称之为温度应力(由不均匀加热所致)。近邻区是加热膨胀时受到塑性压缩的区域。加热宽度愈大则产生塑性压缩区愈大，一般结构钢温度超过600℃时膨胀受限制的部分就要产生塑性压缩。另外材料膨胀系数大，产生塑性压缩量也大。工件刚度大，膨胀收缩受到严重限制，焊接应力就严重。焊接残余应力有时达到很大值，厚工件个别地区达到屈服极限是经常遇到的。焊缝区金属发生组织变化，特别是产生淬火组织，由于体积膨胀也会产生应力，这种应力称为组织应力。温度应力和组织应力共同作用使残余应力比较复杂。用实验方法能测定出应力情况，发现它是一个局部效应，在焊缝两侧200~300mm以外就可以忽略残余应力的存在了。

一般说来，焊缝及其近邻区存在拉伸残余应力，多是两向拉伸，厚板可能出现三向拉伸应力。拉伸应力会降低材料的塑性，故它是焊件产生裂纹和脆断的因素之一。对于塑性本来不太好的材料和承受动载荷的工件，焊接残余应力的危害性就更大。但塑性很好的材料，如低碳钢、强度级别低的普低钢，残余应力对结构的静强度没有明显的影响。

② 防止焊接残余应力的措施

最主要的措施是正确设计结构。工艺方面的措施与防止变形的措施关系密切，产生变形和残余应力有共同处也有不同之处，选择合理的装焊顺序和焊接顺序不仅能防止和减少焊后变形，也能减少一部分应力，但是若单纯从防止变形的角度出发，那么焊后必然出现残余应力。特别是用刚性固定法和散热法等防止变形的方法，不仅会有很大的温度应力，同时还有较大的组织应力，这些应力最后都以残余应力的形式留在焊接结构内。

常用消除和减少应力的方法有如下几种：

a. 选择合理的焊接顺序

为防止和减少焊接结构的应力，在安排焊接顺序时应遵循以下几个原则：

i. 尽可能考虑焊缝能自由收缩　对于大型焊接结构来说，焊接应从中间向四周推进，见图4-29中箭头所示。只有这样才能使焊缝由中间向外依次收缩，减小焊接应力。

ii. 收缩最大的焊缝应当先焊　对于焊接结构来说，先焊的焊缝受阻较小，故焊后应力较小。而收缩量大的焊缝，容易产生较大的焊接应力，因此构件上收缩最大的焊缝先焊就可以减小焊接应力。如焊件上既有对接焊缝，也有角接焊缝时，应尽量先焊对接焊缝，因为对接焊缝的收缩量较大。

iii. 焊接平面交叉焊缝时应先焊横向焊缝　在焊缝的交叉点会产生较大的焊接应力。如果在设计上不可避免，就应采取合理的焊接顺序。图4-30所示，为T形焊缝和十字焊缝的合理焊接顺序。要注意的是焊缝的起弧和收尾应避免在焊缝的交点上，并保证横向焊缝先焊，让其有自由收缩的可能，以减小应力。

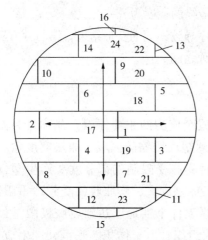

图4-29　大容器底部拼板焊接顺序

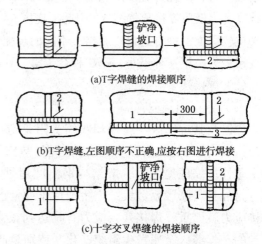

(a)T字焊缝的焊接顺序

(b)T字焊缝,左图顺序不正确,应按右图进行焊接

(c)十字交叉焊缝的焊接顺序

图4-30　交叉焊缝的焊接顺序

b. 选择合理的焊接规范

焊接时，根据焊接结构的具体情况，应尽可能采用较小的焊接规范，即采用小直径的焊条和偏低电流，以减小焊件受热范围，从而减小焊接应力。

c. 预热法

预热法是指焊前对焊件整体进行加热，一般加热到150~350℃。其目的是减小焊接区和结构整体的温度差。温差越小，越能使焊缝区与结构整体尽可能均匀地冷却，从而减少内应力。对于易裂的焊接材料(如中、高碳钢，合金结构钢，铸铁件等)的焊接或焊接刚性较大的焊件常用此法。预热温度视金属材料、结构刚性、散热情况等的不同而异。

d. 加热"减应区"法

在构件的适当部位进行加热，使之伸长。加热这些部位以后再去焊接或补焊原来刚性很大的焊缝时，焊接应力可大大减小。这个加热区就叫"减应区"。这个方法是减小焊接区和构件上阻碍焊接区自由收缩部位(减应区)之间的温度差，使它们尽量均匀冷却和收缩，以减小内应力，如图4-31所示。

e. 敲击法

焊缝区金属由于在冷却收缩时受阻而产生拉伸应力。若在焊后冷却过程中用手锤或风锤敲击焊缝金属，促使焊缝金属产生塑性变形，则可抵消一些焊缝的收缩，起到减小焊接应力的作用，这就是敲击法的原理。实验证明，敲击第一层焊缝金属就能使内应力几乎全部消除。为防止产生裂缝，应在焊缝塑性较好的热态时进行敲击。另外，为保持焊缝的美观，表层焊缝一般不锤击。

③ 消除残余应力的方法

完全防止残余应力是很困难的。但消除残余应力的方法在原理上却很简单，只要将工件加热到适当温度，内应力就可消除。结构钢加热温度超过600℃，原来的应力就可消除，加热低于这个温度，保温时间长些亦可消除应力。可惜的是，焊接结构往往非常大、壁薄，加热比较困难，加热时保证工件不会因自重而变形也不容易，所以焊接结构焊完后整体加热以消除残余应力是较少的，只有在大型锅炉厂具备大型热处理炉时才有可能。大型球罐的退火，可以采用在外壁保温，内部用火焰加热升温。经600℃左右退火处理后的球罐，其焊接残余应力可降低60%~80%。这不但有效地防止了延迟裂纹的产生，还可提高球罐的抗疲劳寿命。

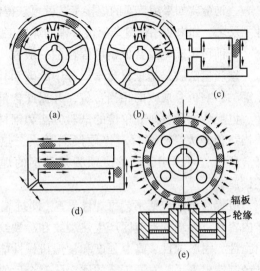

图4-31　几种简单结构加热"减应区"法示意图
网纹为减应区→表示膨胀方向

目前，用焊缝局部加热的办法来减少焊接残余应力在生产上已经使用。局部加热时要注意加热区的选择和加热温度的控制。对于直径不大的圆周焊缝，可以只将焊缝及两边一定距离内均匀加热至600~650℃保温，然后均匀缓冷，即可消除残余应力，加热方法可采取电阻丝加热、红外线加热和火焰加热等。

另外，通过拉伸加载，拉应力区在外力的作用下产生拉伸塑性变形。它与焊接时产生的压缩塑性变形相抵消，拉伸量越大，压缩塑性变形抵消得越多，内应力也消除得越彻底。当外界使截面全面屈服时，内应力可以全部消除。

4.3.4　钢材的可焊性

金属材料的焊接性是指材料在一定的焊接工艺条件下（包括焊接方法、焊接材料、焊接工艺参数和结构形式等），能否获得优质焊接接头的难易程度和该焊接接头能否在使用条件下可靠运行。由于焊缝金属和热影响区金属在焊接过程中所处的情况不同，可焊性可以分为冶金可焊性和热可焊性。

凡是与焊接熔池中发生的冶金反应有关的问题都属于冶金可焊性的范围。冶金可焊性包括所有与焊接冶金过程有关的因素，如母材和填充金属的化学成分、焊条药皮、焊剂或保护气体的组成等。冶金可焊性不好时，可能在焊缝中形成热裂纹、气孔、夹渣等缺陷，也可能造成焊缝使用性能不符合要求，如强度过低、不耐腐蚀、不耐高温等。

凡是近缝区母材在焊接热循环作用下发生的与固态相变有关的问题都属于热可焊性。热可焊性的好坏可由焊接接头的使用性能与母材本身的各项性能进行比较加以判定，包括强度、硬度、塑性、韧性、耐磨蚀性等，原则上应该是最薄弱部分的各项性能也不得低于要求的指标。热可焊性不好时，可能产生冷裂纹等缺陷，或者是强度太低、低温脆性等。

一种金属如果用普通的焊接工艺就可获得优质接头，便认为该种金属材料具有良好的可焊性。反之，如果要用很复杂、很特殊的焊接工艺才能获得优质接头，则说明它的可焊性差。

当前评定碳钢及普低钢可焊性的一般方法是碳当量计算法和抗裂性试验。

碳当量法就是把钢材化学成分中的碳和其他合金元素的含量多少对焊后淬硬、冷裂及脆化等的影响折合成碳的相当含量，并据此含量的多少来判断材料的工艺焊接性和裂纹的敏感性。世界各国和各研究单位的试验方法和钢材合金体系不同，各自建立了许多碳当量公式。碳当量值越大，被焊材料淬硬倾向越大，热影响区越容易产生冷裂纹，工艺焊接性越不好。所以，可以用碳当量值预测某种钢的焊接性，以便确定是否需要采取预热和其他工艺措施。

可焊性试验包括工艺可焊性试验（即抗裂性试验方法）和焊接接头使用性能的试验，具体内容有：焊缝和近缝区产生热裂纹和冷裂纹的倾向；焊缝产生气孔的倾向；焊接接头的低温脆性，耐腐蚀性、高温强度和常温机械性能等。由于过程设备主要是单件小批生产，设备已经制造出来了，对原工艺的评定除对今后的生产有参考价值外，对本设备就失去意义，使用性能试验法成本太高，浪费大，故很少使用。常用抗裂性试验法进行评价，如小铁研式试验法、插销试验法等。

设备制造常用金属材料主要有碳素钢、低合金钢、高合金钢、铝、钛等，由于材料化学成分的不同，焊接性能也各不相同。对碳素钢来说，低碳钢的焊接性优良，随着含碳量的增加，焊接性逐渐变差。常用的低合金钢中高强钢、低温用钢、耐蚀钢焊接性能较好，低合金高强钢中 16Mn 钢应用最广泛，是制造中低压容器和一般钢结构的代表材料，耐热钢一般需要焊前预热。当合金钢中主要元素铬的含量超过 12% 时，会使钢对某些腐蚀性介质具有耐腐蚀性，其中，奥氏体不锈钢应用较广泛，焊接性较好，但在实际焊接生产中要防止产生晶间腐蚀和热裂纹。铝易被氧化，而且其导热系数大，焊接时易产生气孔和裂纹。钛在焊接时也极易被氧化或氮化，并很容易吸氢，导致塑性、韧性降低，而且焊接变形较大，易过热，需要采取一些专门的焊接措施。异种金属的焊接问题比较复杂，焊接时应特别注意焊缝金属与母材热影响区金属之间形成的过渡层。

4.3.5 焊接结构的工艺性

化工设备的设计除应满足工艺需要及强度、刚度的要求外，还应充分考虑设备的结构工艺性（合理性）。焊接结构的工艺性，是指设计的焊接结构在具体的生产条件下能否经济的制造出来，并采用最有效的工艺方法的可行性。这是评定一个设备设计优劣不可缺少的组成部分。

从焊接工艺的角度来评定结构设计的合理性包括以下三个方面：是否具备可焊到性；从制造角度看结构是否合理；选用的材料是否具备可焊性。

（1）可焊到性

如果一个焊接结构中有的地方在现实的焊接条件下根本焊不到，则称为没有可焊到性。焊条电弧焊时，某些焊缝位置无法使焊工的手把（焊钳）伸到（即够不着焊缝），或者即使伸到，焊工的眼睛也看不见焊缝区（或叫摸黑），手把摆动受阻碍（称为别手）；自动焊时，焊机的焊嘴伸不到位等情况，就属于结构不具有可焊到性。

下面举一些结构不具备可焊到性的例子：

内径小于600mm的长容器，管道的内侧焊缝，由于很难钻进去焊接，因此就不具备可焊到性。若结构或条件许可，则宜设计成内部加垫环的单面焊或要求单面焊双面成形，再配合以较严格的射线透视检验，即可保证设备的焊接质量。

密封容器(如储罐类)要求内部焊缝全部焊接时，如容器将来并不需要检修人孔，就应设计专门为焊接使用的人孔(称为工艺孔)，不然内部焊缝将无法全部焊到。

如图4-32所示，夹套容器内套的伸出管在夹套里设计有焊缝，这条焊缝就没有可焊到性。

管束与联箱的焊缝，如果该焊缝设在管束一侧就不具有可焊到性(图4-33所示)。当管束很密时更为突出，若焊缝设在联箱板一侧，就具备可焊到性。当然，焊缝设在联箱一侧，将来试压检验焊缝泄漏时却很困难，故焊接这些焊缝时要特别注意焊接质量，并要在未焊联箱侧板前，先用煤油试漏检验焊缝。

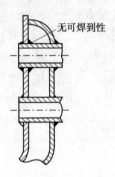
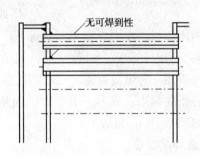

图4-32 夹套接管   图4-33 管束与联箱的焊接

还应指出，有时因石油化工工艺的发展，一些新的设备结构就会应运而生，往往现有的制造工艺方法及其设备不便或根本无法加工制造这些新型结构，这就要求革新制造工艺方法及其设备来适应新的要求。例如，目前化工设备向大型化发展，有些新型换热器的管板厚度高达500~600mm，而与其连接的管束直径常常是$\Phi19\times3$或$\Phi16\times3$，其数量成百上千，为了保证使用质量，废除了以往的管子与管板的胀接方法，利用如图4-34所示的对接焊的联接方法，且要求用氩弧焊，并从管内一次施焊，这是由于这个焊缝处于不可见位置，这种结构若用通常的焊接方法施工，则认为是无可焊到性的焊缝。因为新型结构具有独特的优点，提高了大型设备的可靠性，所以要求革新制造工艺方法及其设备来适应新的发展，结果试制成功一种小直径管子内径自动焊机，用这种新焊机可以较为满意地完成这项焊接工作。一旦出现新的工艺设备时，反过来又要求使用和推广新的结构设计方案，即如图4-34所示的管板与管子联接型式应考虑使用和推广。

(2) 结构的合理性

石油化工设备除了应具有可焊到性外，还应便于制造，并能保证质量，这就称为制造上具有结构合理性。当然，便于施焊只是结构工艺合理性的一个方面，便于装配、便

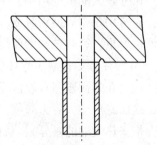

图4-34 管子与管板的对接焊

于检验修理、便于零件加工等都是结构工艺合理性的表现。往往一个设计在局部，尤其是在细节上认真考虑了结构的合理性，就会给施工带来很大的方便，节约不少的人力、物力；反之，则会造成一些浪费或困难。现举例如下：

① 应使焊缝在最好焊的位置施焊

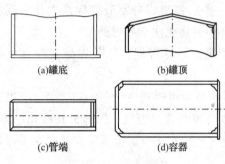

(a)罐底　　　　(b)罐顶

(c)管端　　　　(d)容器

图 4-35　好焊与不好
焊的结构示意图

图 4-35(a)是平底盖板与筒体的结构，若侧盖板直径与筒体外径相等，在固定位置施焊只能是横焊；若盖板比筒体外径大一些，则外侧焊缝可以在平焊位置焊角缝，很容易获得良好的焊接质量。图 4-35(b)是锥形顶盖和筒体连接的结构，其左侧是通过加强圈连接起来的。这样做不但要焊两道焊缝，而且两条焊缝都不好焊。如果改为右面所示结构，则可在平焊位置用一条焊缝焊成。只要筒体伸出量合适(约 3mm)焊后外形美观，罐顶处也不会积存雨水。图 4-35(c)是水平固定式管子端部的封闭盖板，左面焊缝类似对接，但要采用全位置焊接，转两个半圈施焊，这样要求焊接技术高，有时还要改变几次电流，熔透也不易保证。右面的是立焊位置的角缝，没有仰焊位置，可以用一种电流焊完。留适当间隙时，熔透较好解决。如果是非安装焊缝，右边结构可以将管子立起来，成为一个平焊圆周角缝，效果也好。图 4-35(d)是以薄壁容器结构，图左侧的问题与(b)相似。

② 应考虑焊接变形

图 4-36 都是薄壁容器的端盖结构，其中(a)的左右两种焊缝的难易程度差不多，但由于只焊一侧即可达到要求，则以焊内侧为好，因为焊接内侧后端盖板向内鼓，容器将来安放在平的基础易于平稳，而焊外侧时，底向外鼓，安放时不容易放稳。

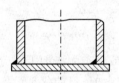 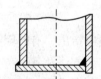

(a)大容器平盖联接形式　　(b)小型容器筒体和端盖联接形式

图 4-36　薄壁常压容器端盖

(b)是小容器的端盖和筒体的联接形式，左面焊后可能造成底部不平，而右面焊后变形不致影响底部与基础的良好接触，外面看不见焊缝也较为美观。

尺寸较大的薄壁结构，为使刚度增加，减小焊接变形，应在其壁上设置必要数量的骨架，它可用角钢等型钢制成。骨架与壁采用间断焊缝联接，若用满焊则焊接工作量大，结构变形也严重，影响结构的使用性能和美观。

③ 应注意尽量减少焊接应力

避免在断面剧烈过渡区设置焊缝，这样既可避免焊接应力和结构本身的应力集中区重合，从而避免增大应力峰值，又可避免因断面相差悬殊而带来刚度差异和温度差异(这两者都会带来热收缩的差异)，从而可以减小焊接应力。如果需要在粗细处连接，应将粗的削成一锥形使焊接处等径或等圆，斜度为 1：5 即可[参考图 4-37(a)]。高压容器的封头和筒身的联接就是这样处理。我们称这一结构为等厚联接。

角接时避免结构上有尖锐相交的部分，不应在此处设置焊缝，应如图 4-37(b)那样有一圆滑过渡区，焊缝设置在过渡区以外。这一特点和上一条类似，上条指对接，这条讲角接。我们称这为圆滑过渡。

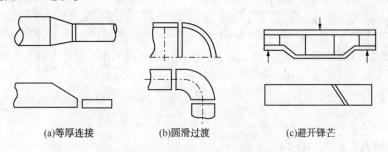

(a)等厚连接　　　(b)圆滑过渡　　　(c)避开锋芒

图 4-37　减小应力的结构设计

焊缝应力分布在结构应力最简单最小的地方，这样即使焊缝有些缺陷也不致给结构的承载能力带来影响。由于焊缝机械性能中塑性和韧性指标较差，横向抗拉强度较差，而抗压和抗剪较好，故在动载应力大，拉伸应力大的地方不要分布焊缝。图 4-37(c)是工字形断面的吊车梁的焊缝分布方式，梁的最大应力在梁的中间，故在中间设有翼板和胶板的拼接焊缝。下翼板是受拉的，故它的拼接焊缝采取斜接，使焊缝的横向受拉避开了梁的最大拉伸力方向。我们称它为避开锋芒。

焊缝彼此要尽可能分散，一般要隔开 200mm 以上，对塑性很好的低碳钢也不得低于 5 倍板厚，且绝对尺寸不应小于 50mm，这样可以防止两条焊缝的叠加，还可减少焊接变形。目前在一些塑性较好的钢板上(如 Q345R)实验了有交叉的十字形焊缝，证明这种交叉焊缝在水压爆破试验中并未带来不良后果(如降低爆破压力，称为起爆源)。对于这一事实可以这样认识，过去从生产中总结出来避免交叉焊缝是在当时的焊接工艺水平下，适应当时的实际情况，现在焊接技术提高了(特别是焊接材料的塑性提高了)，可以冲破这些规定，因为交叉焊缝便于应用自动焊技术。但是，不是任何材料，任何结构，任何施工情况，任何工作条件都不必考虑焊缝分散的原则，仍要持慎重态度。图 4-38 就是分散焊缝和有交叉焊缝的两种球形容器的拼接法。

总之，对于塑性良好的材料、处于静载荷下的结构和非低温下的结构，由于内应力不敏感，故上述条款不一定都要遵守。反之，则必须慎重细致考虑上述减少焊接残余应力的原则，以免造成结构脆性破坏，引起重大事故。

④ 应考虑机加工开坡口的方便

某一大型化工设备底部球形封头引出管的设计，如图 4-39 右侧的结构，因为设备壁厚较大，需开双 X 型坡口，这种结构(接出管平行于设备中心线)，坡口是一椭圆，较难用普通的机械加工办法加工。另外坡口的角度各处也不同，如果在工艺条件允许的前提下，改成向心式结构(如图 4-39 左侧)，则可在端面车床上较容易地完成坡口加工，质量也能保证。

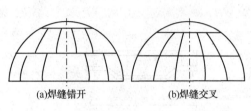

(a)焊缝错开　　　　　　(b)焊缝交叉

图 4-38　球形容器的两种拼接法示意图

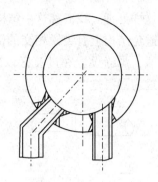

图 4-39　厚壁球形封头接管开孔方案示意图

4.4　焊接工艺设计

4.4.1　焊接方法的选定

随着过程设备日益大型化发展的需要，许多新的焊接技术正在得到不断的采用，但是各焊接方法均有其自身的特点和利弊，必须根据被焊件的形状、材质、接头形式和焊接条件等，经济合理地选择。

（1）按工件形状进行选择

过程设备中，筒体的环缝和纵缝的焊接工作量约占整个焊接工作量的 85% 以上。由于其几何形状为同一形状的旋转壳体，即各条环焊缝、纵焊缝均相同，要保证各条焊缝有稳定的焊缝质量，选择埋弧自动焊是最为恰当的。

埋弧自动焊虽然调节时间较长，但单位时间熔敷效率高，其质量很少受人为因素的影响，容易达到稳定的焊接质量要求。因此，在过程设备制造中，拼板及设备筒体的焊接，一般均采用埋弧自动焊。

（2）按材质进行选择

各种焊接方法采用的焊接电流是不相同的，埋弧自动焊的焊接电流较焊条电弧焊要大3~6 倍，因此线能量较高。一般低碳钢和含碳量很低的普通低合金钢，如 09Mn2、Q345R 等，对于线能量没有严格的限制，可以选择各种焊接方法。

奥氏体不锈钢由于导热系数小，在同样电流下有较大的熔深，尤其是"过热"问题突出，故当选择高线能量的焊接方法时，焊缝及热影响区将产生晶界贫铬和 α 相，前者易引起晶间腐蚀，后者则引起热裂纹。因此，奥氏体不锈钢的焊接一般多采用线能量较小的焊条电弧焊和氩弧焊。

铝的化学活性很强。例如铝在空气中易于氧化，在表面形成一层致密的熔点很高的氧化膜，不仅妨碍焊接和形成焊接夹杂物，而且还吸附大量的气体。钛升温后情况更严重，所以铝和钛都不能用普通的焊接方法进行焊接，必须采用纯度很高的氩弧焊。

（3）按接头形式选择

一般来说接头形式取决于焊接方法，但是在某些条件下，例如现场安装和设备维修等，又必须根据接头形式来选定合适的焊接方法。

① 不开坡口对接接头

不开坡口的对接接头有两种型式，一种是不开坡口的直接焊接，另一种是不开坡口的挑焊根的焊接。由于不开坡口却又要保证焊透的需要，要求焊接应有足够的熔深。对于设备本体应进行两面焊接，且应保证两面焊的熔深部分有一定的重叠区域。不开坡口的挑焊根接头其实质也是一种开坡口的对接接头型式，多用于设备筒体的对接，特别是小直径筒体的对接(例如 $\phi500 \sim \phi800mm$ 筒体环缝的对接)，此时应采用先内部焊条电弧焊，再外部挑焊根的埋弧自动焊的焊接方法。厚度大于 80mm 时，若工厂条件具备时可选择电渣焊。

② V 型坡口接头

该接头适宜于除电渣焊外的各种焊接方法。

③ T 型坡口接头

由于埋弧自动焊焊弧的稳定对中和调节困难，因此该接头一般均采用焊条电弧焊或气体保护焊。

总而言之，目前的基本情况是，钢结构采取焊条电弧焊与埋弧焊结合使用是恰当的，扩大后者的比重以发挥其优点；CO_2 气体保护焊在材料、焊机和工艺成熟时，由于其接头韧性好，生产率高、成本低、较为灵活、可全位操作等优点，可推广应用；氩弧焊在焊有色金属时几乎是目前唯一能保证设备质量的焊接方法，它在焊接钢制设备的一些难度较大的地方，如单面焊双面成形的第一道焊缝等处也是很好的方法。

4.4.2　焊接材料的选择

关于压力容器的制造、焊接，国内外均颁布了相关的标准和规程，中国的标准 NB/T 47015—2011《压力容器焊接规程》中对钢制压力容器焊接的基本要求作了相关的规定。

焊接材料选用应根据母材的化学成分、力学性能、焊接性能结合压力容器的结构特点和使用条件综合考虑选用焊接材料，必要时须通过试验加以确定。焊缝金属的性能应高于或等于相应母材标准规定值的下限或满足图样规定的技术要求。对各类钢的焊缝金属要求如下：

(1) 相同钢号相焊的焊缝金属。

① 碳素钢、碳锰低合金钢的焊缝金属应保证力学性能，且需控制抗拉强度上限。

② 铬钼低合金钢的焊缝金属应保证化学成分和力学性能，且需控制抗拉强度上限。

③ 低温用低合金钢的焊缝金属应保证力学性能，特别应保证夏比(V 形)低温冲击韧性。

④ 高合金钢的焊缝金属应保证力学性能和耐腐蚀性能。

⑤ 不锈钢复合钢板基层的焊缝金属应保证力学性能，且需控制抗拉强度的上限；复层的焊缝金属应保证耐腐蚀性能，当有力学性能要求时还应保证力学性能。复层焊缝与基层焊缝，以及复层焊缝与基层钢板交界处推荐采用过渡层。

(2) 不同钢相焊的焊缝金属

① 不同钢号的碳素钢、低合金钢之间的焊缝金属应保证力学性能。推荐采用与强度级别较低的母材相匹配的焊接材料。

② 碳素钢、低合金钢与奥氏体高合金钢之间的焊缝金属应保证抗裂性能和力学性能。推荐采用铬镍含量较奥氏体高合金钢母材高的焊接材料。

焊接材料必须有产品质量说明书，并符合相应标准的规定，且满足图样的技术要求，进厂时按有关质量保证体系规定验收或复验，合格后方准使用。

4.4.3 焊缝坡口设计

正确地选择焊接坡口形状、尺寸，是一项重要的焊接工艺内容，是保证焊接接头质量的重要工艺措施。设计、选择焊接坡口时主要应考虑以下几个问题：

① 设计或选择不同形式坡口的主要目的是保证焊接接头全焊透。

② 设计或选择坡口首先要考虑的问题是被焊接材料的厚度。对于薄钢板的焊接，可以直接利用钢板端部(此时亦称为I形坡口)进行焊接；对于中、厚板的焊接坡口，应同时考虑施焊的方法。例如，焊条电弧焊和埋弧自动焊的最大一次熔透深度分别为 6~8mm 和 12~14mm，当焊接 14mm 厚的钢板时，若采用埋弧自动焊，则可用 I 形坡口，若采用焊条电弧焊，则可设计成单面或双面坡口。

③ 要注意坡口的加工方法，如 I 形、V 形、X 形等坡口，可以利用气割、等离子切割加工，而 U 形、双 U 形坡口，则需用刨边机加工。

④ 在相同条件下，不同形式的坡口，其焊接变形是不同的。例如，单面坡口比双面坡口变形大；V 形坡口比 U 形坡口变形大等。应尽量注意减少残余焊接变形与应力。

⑤ 焊接坡口的设计或选择要注意施焊时的可焊到性。例如，直径小的容器，不宜设计为双面坡口，而要设计为单面向外的坡口等，同时应注意操作方便。

⑥ 要注意焊接材料的消耗量，应使焊缝的填充金属尽量少。对于同样板厚的焊接接头，坡口形式不同，焊接材料的消耗也不同。例如，单面 V 形坡口比单面 U 形坡口的焊接材料消耗大，成本将要增加。

⑦ 复合钢板的坡口应有利于减少过渡层焊缝金属的稀释率。

4.4.4 焊接工艺参数

焊接工艺参数是指焊接时为保证焊接质量而选定的诸物理量(例如：焊接电流、电弧电压、焊接速度、热输入等)的总称。在焊接工艺过程中所选择的各个焊接参数的综合，一般称为焊接规范。具体焊接工艺参数因焊接方法而异，焊条电弧焊的焊接工艺参数主要包括焊条直径、焊接电流、电弧电压、焊接速度和预热温度等。下面以焊条电弧焊为例说明焊接工艺参数的选择原则。

(1) 焊条直径

一般情况下焊条直径根据被焊工件的厚度来选择，水平焊对接时焊条直径的选择见表4-9。另外还要考虑接头形式、焊接位置、焊接层数等的影响。例如，开坡口多层焊的第一层(打底焊)及非水平位置焊接后选用较小直径的焊条。

表 4-9　平焊对接时焊条直径的选择

焊件厚度/mm	2	3	4~5	6~12	>12
焊条直径/mm	2	3.2	3.2~4	4~5	5~6

对于重要焊接结构通常要作焊接工艺评定(NB/T 47014)，同时考虑焊接线能量的输入确定焊接电流的范围，再参照焊接电流与焊条直径的关系来确定焊条直径(表 4-10)。

表 4-10　焊接电流与焊条直径的关系

焊条直径/mm	1.6	2.0	2.5	3.2	4	5	6
焊接电流/A	25~40	40~65	50~80	100~130	160~210	200~270	260~300

（2）焊接电流

焊接电流是焊条电弧焊的主要工艺参数，焊工在操作过程中需要调节的只有焊接电流，而焊接速度和电弧电压都是由焊工控制的。焊接电流的选择直接影响着焊接质量和劳动生产率。

焊接电流越大，熔深越大，焊条熔化越快，焊接效率也就越高，但是焊接电流太大时，飞溅和烟雾大，焊条尾部易发红，部分涂层要失效或崩落，而且容易产生咬边、焊瘤、烧穿等缺陷，增大焊件变形，还会使接头热影响区晶粒粗大，焊接接头的韧性降低；焊接电流太小，则引弧困难，焊条容易粘连在工件上，电弧不稳定，易产生未焊透、未熔合、气孔和夹渣等缺陷，且生产率低。

因此，选择焊接电流时，应根据焊条类型、焊条直径、焊件厚度、接头形式、焊缝位置及焊接层数来综合考虑。焊接电流一般可根据焊条直径进行初步选择，焊接电流初步选定后，要经过试焊，检查焊缝成形和缺陷，才可确定。对于有力学性能要求的如锅炉、压力容器等重要结构，要经过焊接工艺评定合格以后，才能最后确定焊接电流等工艺参数。

（3）电弧电压

焊接电弧电压的大小（一般约为 20~30V）主要由电弧长度决定。电弧长则电弧电压高，反之，电弧电压低。

电弧过长则不稳定、熔深浅、熔宽增加，易产生咬边等缺陷，同时空气容易侵入，易产生气孔，飞溅严重，浪费焊条、电能，效率低。生产中尽量采用短弧焊接，电弧长度一般为 2~6mm。

（4）焊接速度

焊条电弧焊的焊接速度是指焊接过程中焊条沿焊接方向移动的速度，即单位时间内完成的焊缝长度。焊接速度过快会造成焊缝变窄，严重凸凹不平，容易产生咬边及焊缝波形变尖；焊接速度过慢会使焊缝变宽，余高增加，功效降低。焊接速度还直接决定着热输入量的大小，一般根据钢材的淬硬倾向来选择。通常在保证焊缝熔透的情况下尽量采用较大的焊接速度，可达 60~70cm/min。

（5）焊道层数

厚板的焊接，一般要开坡口并采用多层焊或多层多道焊。多层焊和多层多道焊接头的显微组织较细，热影响区较窄。前一条焊道对后一条焊道起预热作用，而后一条焊道对前一条焊道起热处理作用。因此，接头的延性和韧性都比较好。特别是对于易淬火钢，后焊道对前焊道的回火作用，可改善接头组织和性能。

对于低合金高强钢等钢种，焊缝层数对接头性能有明显影响。焊缝层数少，每层焊缝厚度太大时，由于晶粒粗化，将导致焊接接头的延性和韧性下降。

（6）热输入

熔焊时，由焊接能源输入给单位长度焊缝上的热量称为热输入，用线能量来表示。热输入对低碳钢焊接接头性能的影响不大，因此，对于低碳钢焊条电弧焊一般不规定热输入。对于低合金钢和不锈钢等钢种，热输入太大时，接头性能可能降低；热输入太小时，有的钢种焊接时可能产生裂纹。因此，焊接工艺规定热输入。焊接电流和热输入规定之后，焊条电弧焊的电弧电压和焊接速度就间接地大致确定了。

（7）预热温度

预热是焊接开始前对被焊工件的全部或局部进行适当加热的工艺措施。预热可以减小接头焊后冷却速度，避免产生淬硬组织，减小焊接应力及变形。它是防止产生裂纹的有效措施。对于刚性不大的低碳钢和强度级别较低的低合金高强钢的一般结构，一般不必预热。但对刚性大的或焊接性差的容易产生裂纹的结构，焊前需要预热。

预热温度根据母材的化学成分、焊件的性能、厚度、焊接接头的拘束程度和施焊环境温度以及有关产品的技术标准等条件综合考虑，重要的结构要经过裂纹试验确定不产生裂纹的最低预热温度。预热温度选得越高，防止裂纹产生的效果越好；但超过必需的预热温度，会使熔合区附近的金属晶粒粗化，降低焊接接头质量，劳动条件也将会更加恶化。整体预热通常用各种炉子加热。局部预热一般采用气体火焰加热或红外线加热。预热温度常用表面温度计测量。

（8）焊接冷却时间

在焊接热循环中对焊接接头组织、性能的影响，主要取决于加热速度、加热最高温度、高温（相变以上温度）停留时间和冷却速度四个参数，其中冷却速度是最重要的参数，因为对于一般的低合金钢其大部分相变过程是在 800~500℃ 范围内进行的，因此在 800~500℃ 范围内的冷却速度快慢将直接影响着组织和性能的变化。在实践中为了分析、研究、测定方便，常用在 800~500℃ 的冷却时间 $\tau_{8/5}$ 来代替在这段温度范围内的冷却速度。$\tau_{8/5}$（或 $\tau_{8/3}$，由 800℃ 冷却到 300℃ 的时间）基本上可以反映焊接连续冷却过程，是控制相变的特征参数。

4.4.5 焊后热处理

焊后热处理是装备制造尤其是压力容器制造中非常重要的工序，它是保证装备的质量、提高装备的安全可靠性、延长装备寿命的重要工艺措施。通过焊后热处理可以松弛焊接残余应力、稳定结构形状和尺寸、改善母材、焊接接头和结构件的性能。

焊后热处理是将焊接装备的整体或局部均匀加热至金属材料相变点以下的温度范围内，保持一定的时间，然后均匀冷却的过程。常用钢号焊后热处理推荐规范详见 NB/T 47015《压力容器焊接规程》，主要的工艺参数如下：

（1）加热温度

加热温度是焊后热处理规范中最主要的工艺参数，通常在金属材料的相变温度以下，低于调质钢的回火温度 30~40℃，同时要考虑避开钢材产生再热裂纹的敏感温度。但加热温度也不能太低，要考虑消除焊接残余应力、软化热影响区及扩散氢逸出的效应。

（2）保温时间

保温时间一般以工件厚度来选取，加热区内最高与最低温差不宜大于 65℃。

（3）升温速度

升温速度要考虑焊件温度均匀上升，尤其是厚件和形状复杂构件应注意缓慢升温。升温速度慢使生产周期加长，有时也会影响焊接接头性能。焊件升温至400℃后，加热区升温速度不得超过5000/δ℃/h(δ为厚度，mm)，且不得超过200℃/h，最小可为50℃/h。升温期间，加热区内任意长为5000mm内的温差不得大于120℃。

（4）冷却速度

冷却速度过快会造成焊件过大的内应力，甚至产生裂纹，同时也会影响性能，应加以控制。当焊件温度高于400℃时，加热区降温速度不得超过6500/δ℃/h，且不得超过260℃/h，最小可为50℃/h。

（5）进、出炉温度

进、出炉温度过高则与加热或冷却速度过快产生相似的结果。焊件进炉时，炉内温度不得高于400℃。焊件出炉时，炉温不得高于400℃，出炉后应在静止的空气中冷却。

根据工件的大小具体的热处理方法有炉内热处理和炉外加热处理，炉内热处理包括炉内整体热处理和炉内分段加热处理。炉外加热处理也有整体加热处理和分段或局部加热处理之分。

钢制压力容器是进行焊后热处理的典型过程装备。压力容器用钢板厚度大小、材质的不同，容器接触各种腐蚀性介质，钢板所具备的冷、热加工工艺性能、焊接性的不同等诸多因素，都会在不同程度上造成装备或焊接接头的内部产生残余应力、变形或其他性能变化，为此各国都对压力容器的焊后热处理做出了具体的规定，GB/T 150《压力容器》中也提出了相应的要求。

4.4.6 焊接工艺规程举例

编制焊接工艺规程时，应依据产品图纸、技术条件、国家标准及已评定合格的焊接工艺说明书，经单位质量控制部门同意后，参照有关资料编写焊接工艺规程。焊接工艺规程由焊接工艺人员按统一格式进行编制，并经主管部门审定后，发至生产车间及生产检验部门。焊接工艺规程是产品施焊时必备的工艺文件，生产车间和施焊人员必须严格遵守，不得随意变动。

焊接工艺细则卡简称焊接工艺卡，它是直接发到焊工手中指导焊接生产的工艺文件。对于重要产品，一个焊接接头就有一张卡。焊工必须按工艺卡的要求和步骤进行焊接。其主要内容有：产品名称与材料；焊接方法与设备和焊接材料；焊接接点图；焊接工艺参数；焊接操作技术要点；焊前预热、后热和焊后热处理及焊接检验等。由于工艺细则卡是针对某个具体产品或焊接接点的，故上述内容必须都是具体的，而不能是一般的原则。例如，焊条的牌号、直径和预热温度等均必须填写具体数字，这是与一般的通用焊接工艺规程所不同的。焊接工艺卡是以相关焊接工艺规程和焊接工艺评定为依据拟定的。

表4-11所示为加热箱的接管与筒体的焊接工艺细则卡示例，其管程的设计压力为0.44MPa，壳程设计压力为0.77MPa，管程的设计温度为40℃，壳程设计温度为180℃，壳程的介质为易燃易爆的C4气体，管程为循环水，按照焊接专业标准JB/T 4709、HG/T 20583进行焊接，无损检测标准为JB/T 4730.2，壳程焊缝要求进行100%磁粉探伤。

表 4-11　焊接工艺细则卡示例

焊接层次顺序示意图：

正3　正2　正1　反1

母材 1	00Cr17Ni14Mo2	厚度/mm	8	焊接工艺卡编号	DMH-Ⅷ2-2-3-4/6
母材 2	00Cr17Ni14Mo2Ⅱ	厚度/mm	3.54	图号	SB25-83-1
母材 3		厚度/mm		接头名称	接管与筒体
焊接顺序	正 1，正 2，正 3，反 1			接头型式	角接
坡口型式	V			接头编号	
坡口角度/℃	50°±5°			焊接工艺评定报告编号	D3、D4、D5、D6 2011 HP-12 2010HP-05
钝边/mm	0.5~1.5	焊缝余高/mm		焊工持证项目	SMAW-Ⅱ-6FG-9/18-F3J
组装间隙/mm	2~2.5	备注：			

焊接层次	焊接方法	填充材料 型(牌)号	直径/mm	焊接电流 极性	电流/A	电弧电压/V	焊接速度/(cm/min)	气体流量/(L/min)	线能量/(kJ/min)
正 1	焊条电弧焊	A022	φ3.2	直流反接	90~120	20~22	8~9		12~19.8
正 2、3	焊条电弧焊	A022	φ4.0	直流反接	160~180	20~22	10~12		16~23.8
反 1	焊条电弧焊	A022	φ4.0	直流反接	160~180	20~22	10~12		16~23.8

焊接位置	
预热温度/℃	
层间温度/℃	≤50
焊后热处理	
钨极直径/mm	
喷嘴直径/mm	
气体成分	

复 习 题

4-1 举例说明 GB/T 150《压力容器》中，根据压力容器主要受压部分的焊接接头位置，对焊接接头的分类及其对压力容器制造的实际作用。

4-2 焊接接头的基本形式有几种，在设计制造时应尽量选用哪种形式，为什么？

4-3 为什么焊接接头的"余高"称为"加强高"是错误的？

4-4 焊缝坡口的形式有几种，选择坡口时主要考虑哪些问题？

4-5 以低碳钢为例说明焊接接头在组织、性能上较为薄弱的部位是哪个部位？为什么？

4-6 焊缝中的常见缺陷有哪些？

4-7 焊接变形的原因是什么？焊接变形的基本形式有哪些？

4-8 控制焊接结构变形的措施有哪些？

4-9 焊接残余应力产生的主要原因是什么？

4-10 焊接残余应力的消除方法是什么？

4-11 何谓金属材料的可焊性？

4-12 高碳钢的可焊性如何？

4-13 焊接方法选定的原则是什么？

4-14 焊接材料选择原则是什么？

4-15 焊条电弧焊的主要焊接工艺参数有哪些？

4-16 过程设备焊后热处理的目的是什么？

4-17 编制焊接工艺规程应注意哪些问题？

4-18 焊条电弧焊的弧焊设备有几种，压力容器壳体焊接时选用哪种，为什么？

第5章 典型过程设备制造

过程设备种类繁多，其基本结构都是由筒体、接管、封头和内部构件所组成，制造工艺过程基本相同。主要有净化、矫形、划线、切割、边缘加工、成形、组对焊接、装配、质量检验等工序。但不同类型的过程设备其制造、组装工艺有所不同。且随着装备制造行业的不断发展，过程设备的结构、选材及制造工艺也在不断地改进和出新。本章就几种典型的过程设备——管壳式换热器、塔设备、高压容器的制造做简单介绍。

5.1 管壳式换热器

在许多过程装置中都装备有加热、冷却和冷凝设备，这些设备就称之为换热器。据资料介绍在各种石油化工厂、炼油厂，换热设备约占总装备投资的10%~40%；在炼油厂的各工艺装置中，换热设备台数占工艺设备总台数的25%~70%；质量占工艺设备总质量的25%~50%；检修工作量有时可达总检修量的60%~70%。

表5-1为部分石油化工典型装置中换热器的数量和所占比重，从中可见换热设备的用量。

表5-1　石油化工典型装置中换热器的占有情况

装　　　置	专用设备		换热器		
	总台数	总质量/t	台数	质量/t	占总质量(台数)的份额/%
36×10⁴t/a 乙烯	427	8416	170	1347	16
64×10⁴t/a 乙烯	515	13160	199	3850	29.3
6×10⁴t/a 丁二烯抽提	193	1025	47	344	33.56
10×10⁴t/a 丁二烯抽提	176	1734	40	710.88	41
10×10⁴t/a 高压聚乙烯	341	697	26	106	15.2
25×10⁴t/a 高压聚乙烯	218	1098	51	365	33
14×10⁴t/a 聚丙烯	403	1538	55	180	11.7
30×10⁴t/a 聚丙烯	373	2298.9	44	230	10
14×10⁴t/a 乙二醇	308	2294.57	85	693.61	30.22
250×10⁴t/a 原油常减压蒸馏	226	1953	103	615	31.5
300×10⁴t/a 原油常减压蒸馏	219	3452.8	118	1045.2	30.3
500×10⁴t/a 原油常减压蒸馏	249	4027.04	115	1019.3	25.4
100×10⁴t/a 连续重整	359	5041.98	71	842.27	16.7

注：①专用设备包括中低压容器、换热器、反应器、炉类、化工机器。

②炉类中不包括耐火材料、炉架质量。

102

5.1.1　主要零部件、分类及代号

管壳式热交换器，也叫管壳式换热器，其主要零部件及名称见表 5-2 和图 5-2~图 5-6。

表 5-2　管壳式换热器主要零部件名称

序号	名称	序号	名称	序号	名称
1	管箱平盖	21	吊耳	41	封头管箱(部件)
2	平盖管箱(部件)	22	放气口	42	分层隔板
3	接管法兰	23	凸形封头	43	耳式支座(部件)
4	管箱法兰	24	浮头法兰	44	膨胀节(部件)
5	固定管板	25	浮头垫片	45	中间挡板
6	壳体法兰	26	球冠形封头	46	U 形换热管
7	防冲板	27	浮动管板	47	内导流筒
8	仪表接口	28	浮头盖(部件)	48	纵向隔板
9	补强圈	29	外头盖(部件)	49	填料
10	壳程圆筒	30	排液口	50	填料函
11	折流板	31	钩圈	51	填料压盖
12	旁路挡板	32	接管	52	活动管板裙
13	拉杆	33	活动鞍座(部件)	53	剖分剪切环
14	定距管	34	换热管	54	活套法兰
15	支持板	35	挡管	55	偏心锥段
16	双头螺柱或螺栓	36	管束(部件)	56	堰板
17	螺母	37	固定鞍座(部件)	57	液位计接口
18	外头盖垫片	38	滑道	58	套环
19	外头盖侧法兰	39	管箱垫片	59	壳体(部件)
20	外头盖法兰	40	管箱圆筒	60	管箱侧垫片

国家标准 GB/T 151—2014《热交换器》中规定了管壳式热交换器的主要组合部件的结构型式及代号，见图 5-1。

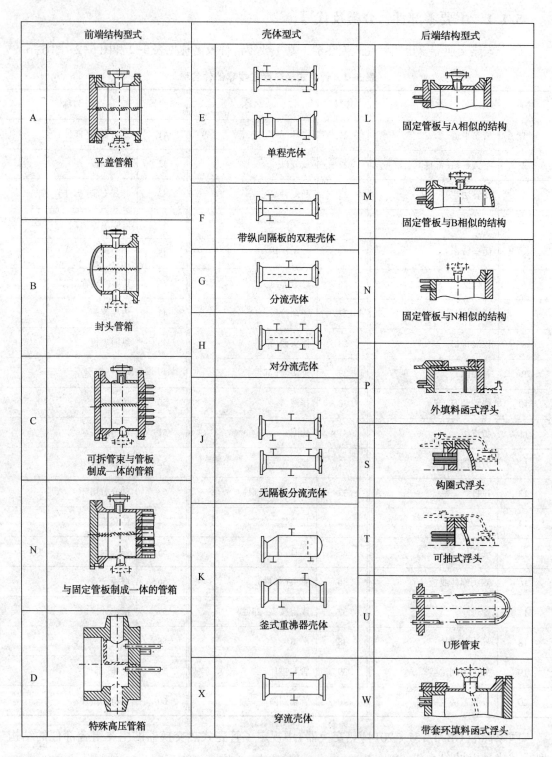

图 5-1　管壳式换热器结构型式及代号

国家标准 GB/T 151—2014《热交换器》中规定了换热器型号的表示方法如下：

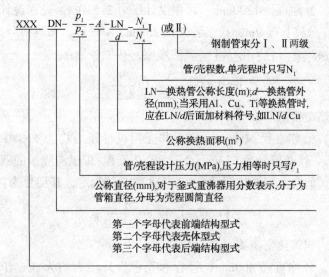

（1）浮头式热交换器

可拆平盖管箱，公称直径 500mm，管程和壳程设计压力均为 1.6MPa，公称换热面积 54m²，公称长度 6m，换热管外径 25mm，4 管程，单壳程的钩圈式浮头热交换器，碳素钢换热管符合 NB/T 47019 的规定，其型号为：

$$AES500-1.6-54-\frac{6}{25}-4I$$

（2）固定管板式热交换器

可拆封头管箱，公称直径 700mm，管程设计压力 2.5MPa 壳程设计压力 1.6MPa，公称换热面积 200m²，公称长度 9m，换热管外径 25mm，4 管程单壳程的固定管板式热交换器。其型号为：

$$BEM700-\frac{2.5}{1.6}-200-\frac{9}{25}-4I$$

（3）U 形管式热交换器

可拆封头管箱，公称直径 500mm，管程设计压力 4.0MPa，壳程设计压力 1.6MPa，公称换热面积 75m²，公称长度 6m，换热管外径 19mm，2 管程，单壳程的 U 形管式热交换器，不锈钢换热管符合 GB13296 的规定，其型号为：

$$BEU500-\frac{4.0}{1.6}-75-\frac{6}{19}-2I$$

（4）釜式重沸器

可拆平盖管箱，管箱内径 600mm，壳程圆筒内径 1200mm，管程设计压力 2.5MPa，壳程设计压力 1.0MPa，公称换热面积 90m²，公称长度 6m，换热管外径 25mm，2 管程，单壳程的可抽式浮头釜式重沸器，碳素钢换热管符合 GB9948 高级的规定，其型号为：

$$AKT\frac{600}{1200}-\frac{2.5}{1.0}-90-\frac{6}{25}-2II$$

（5）浮头式冷凝器

可拆封头管箱，公称直径1200mm，管程设计压力2.5MPa，壳程设计压力1.0MPa，公称换热面积610m²，公称长度9m，换热管外径25mm，4管程，无隔板分流壳体的钩圈式浮头冷凝器，碳素钢换热管符合GB9948高级的规定，其型号为：

$$BJS1200-\frac{2.5}{1.0}-610-\frac{9}{25}-4II$$

（6）填料函式热交换器

可拆平盖管箱，公称直径600mm，管程和壳程设计压力均为1.0MPa，公称换热面积90m²，公称长度6m，换热管外径25mm，2管程，2壳程（带纵向隔板的双程壳体）的外填料函式浮头热交换器，低合金钢换热管符合NB/T 47019的规定，其型号为：

$$AFP600-1.0-90-\frac{6}{25}\frac{2}{2}I$$

（7）固定管板式铜管热交换器

可拆封头管箱，公称直径800mm，管程和壳程设计压力均为0.6MPa，公称换热面积150m²，公称长度6m，换热管外径22mm，4管程，单壳程固定管板式热交换器，高精级H68A铜合金换热管符合GB/T1527的规定，其型号为：

$$BEM800-0.6-150-\frac{6}{22}Cu-4$$

5.1.2　结构特点与应用

换热设备种类繁多、结构各异，工程上以按结构型式、用途和传热方式三种方法分类最多，其中按结构型式分类的管壳式换热器又称为列管式换热器，是最典型的换热设备，在所有换热器中占有主导地位，无论是产值还是产量都超过半数以上。

管壳式换热器的工业生产有悠久的历史，工艺成熟，经验丰富，生产成本低，选材广泛，维修方便，适应性强，处理量大，尤其适于在高温、高压下应用。因此它在与近代出现的各种新型、高效和紧凑式换热器的竞争中仍处于主导地位，同时也是压力容器制造的主要代表。

根据管板的形式、管子的形状可将管壳式换热器分成如下四类：固定管板式（图5-2、图5-5）、浮头式（图5-3）、U形管式（图5-4）、填料函式（图5-6）。

（1）固定管板式换热器

如图5-2所示，为管壳式换热器中最基本的一种。它是由一个圆筒形的承压壳和在壳体内平行装设的许多管（管束）所组成。管束安装在管板上，两块管板又分别被焊接在壳体的两端，故称为固定管板式换热器。换热器两端管箱用螺栓与管板连接。其结构简单，单位传热面积金属用量少，但当冷、热流体温差较大时，由于管束和壳体热膨胀伸长量不同，在管子和管板连接处就会有可能因温差应力而产生裂纹，造成泄漏。这种结构换热器要求冷、热流体温差一般不超过50℃。另外，由于管束与壳体焊死，管子外表面无法用机械方法清洗，因此要求走壳程的流体介质要干净，不易结垢、结焦和沉淀。

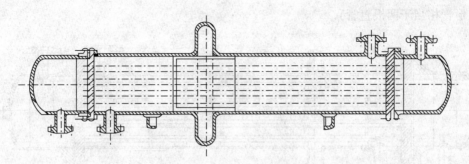

图 5-2　有膨胀节的固定管板式换热器

为了使这种结构能在冷、热流体平均温差较大的场合下使用，设计出了一种具有波形膨胀节的固定管板式换热器也在使用，如图 5-2 所示。但由于膨胀节壁厚不能太大（补偿能力减小），所以壳程使用压力较低，一般不超过 0.6~1MPa。

（2）浮头式换热器

在各种带温度补偿的换热器中，浮头式结构应用最多。其结构特点是，管板一端被固定，另一端为活动的，可以在壳体内自由地滑动，如图 5-3 所示。能自由滑动的管板与头盖组成一体，称为"浮头"。由于浮头可以随着冷、热流体温差的变化自由伸缩，因而就不会产生温差应力，所以可以使用在冷、热流体温差较大的场合。同时，由于浮头直径比外壳内径小，整个管束可以从壳体中拉出，因此管束内外部便于清洗，或更换管子。缺点是结构较复杂，耗材较多，浮头处泄漏不易检查出来。

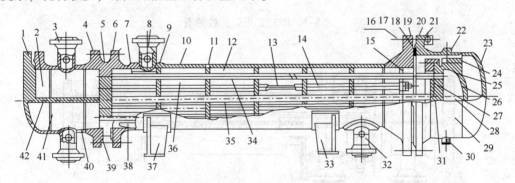

图 5-3　AES、BES 浮头式换热器

（3）U 形管换热器

U 形管换热器即将管子全部弯成 U 形，全部管端只连接在一块管板上，见图 5-5。换热器的管束可以自由膨胀，不会因为管子与壳体间的壁温差而产生温差应力，但要避免管程温度的急剧变化，因为分程隔板两侧的温差太大会在管板中引起局部应力，同时，U 形管的直管部分的膨胀量不同也会使 U 形部分应力过大。

U 形管换热器管束密封连接少、结构简单；外侧管束可以抽出清洗（但管子内壁 U 形弯头处不易清洗）；只有一块管板而无浮头，所以造价低。其缺点是管内清洗不如直管方便；管板上排列的管子较少；管束中心部位存在较大间距，使得流体易走短路，影响传热效果；由于弯管后管壁会减薄，所以直管部分也必须用厚壁管；各排管子弯管曲率不同、管子长度不同，故物料分布不如直管均匀；管束中部的内圈 U 形管不能更换，管子堵后报废率大（堵一根 U 形管相当于两根直管）。

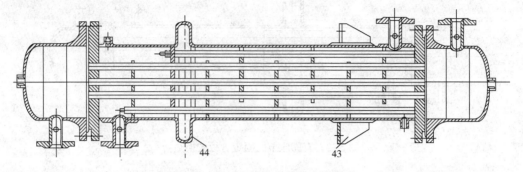

图 5-4 BEM 立式固定管板式换热器

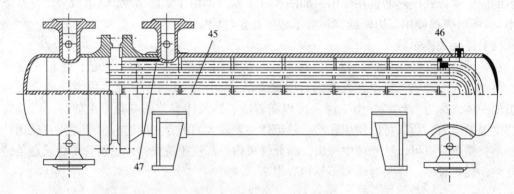

图 5-5 BEU U 形管式换热器

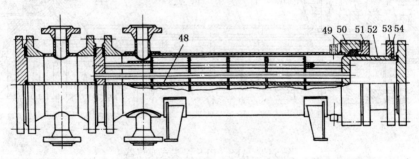

图 5-6 AFP 填料函双壳程换热器

5.1.3 管板与折流板

5.1.3.1 技术要求

管板多数是圆形，上面钻有多孔。由于管板工作时承受管程和壳程的压力差和与管箱法兰的连接力（固定管板），受力情况比较复杂，同时它还要保证与管子连接的严密性，所以对管板及其上的管孔有明确的技术要求。

大直径管板或拼焊的管板表面，除环形的法兰密封面外，其大部面积是不加工的，所以板料可按管板的公称厚度选取。法兰部分的技术要求与一般压力容器设备法兰一样。

管孔内面粗糙度不得高于 $Ra25$，不允许有贯通的纵向和螺旋向刻痕。为了穿管方便，折流板和支持板的孔可以比管孔略大，允许偏差也大一点，但是不能相差太多，以免大量介质从环形间隙中流过。换热器管板钢制管束管板管孔直径允许偏差见表 5-3，折流板、支持板光管管束折流板和支持板管孔直径及允许偏差见表 5-4。铝及铝合金、铜及铜合金、钛及钛合金、镍及镍合金、锆及锆合金的换热管管板、折流板管孔直径允许偏差要符合 GB/T 151—2014《热交换器》规定的数值要求。

表 5-3a　Ⅰ级管束管板管孔直径允许偏差　　　　　　　　　　　　　　　　mm

换热管外径	14	16	19	25	30	32	35	38	45	50	55	57
管孔直径	14.25	16.25	19.25	25.25	30.35	32.40	35.40	38.45	45.50	50.55	55.65	57.65
允许偏差	+0.05 -0.10		+0.10 -0.10			+0.10 -0.15			+0.10 -0.20		+0.15 -0.25	

表 5-3b　Ⅱ级管束管板管孔直径允许偏差　　　　　　　　　　　　　　　　mm

换热管外径	14	16	19	25	30	32	35	38	45	50	55	57
管孔直径	14.30	16.30	19.30	25.30	30.40	32.45	35.45	38.50	45.55	50.60	55.70	57.70
允许偏差	+0.05 -0.10		+0.10 -0.10			+0.10 -0.15			+0.10 -0.20		+0.15 -0.25	

表 5-4a　Ⅰ级管束折流板和支持板管孔尺寸及允许偏差　　　　　　　　　　mm

换热管外径 d、最大无支撑跨距 L_{max}	$d \leqslant 32$ 且 $L_{max} > 900$	$d > 32$ 或 $L_{max} \leqslant 900$
管孔直径	$d+0.40$	$d+0.70$
允许偏差	+0.30 0	

表 5-4b　Ⅱ级管束折流板和支持板管孔尺寸及允许偏差　　　　　　　　　　mm

换热管外径 d、最大无支撑跨距 L_{max}	$d \leqslant 32$ 且 $L_{max} > 900$	$d > 32$ 或 $L_{max} \leqslant 900$
管孔直径	$d+0.50$	$d+0.70$
允许偏差	+0.40 0	

折流板和支持板的最大外径(公称外径+上偏差)应该不影响管束装入筒体，其最小外径(公称直径+下偏差)也不能过小以免壳程流体发生"短路"现象，影响传热效果，具体数值见表 5-5。

表 5-5　折流板和支持板外径及允许偏差　　　　　　　　　　　　　　　　mm

公称直径 DN	<400	400~ <500	500~ <900	900~ <1300	1300~ <1700	1700~ <2100	2100~ <2300	2300~ <2600	>2600 ~3200	>3200 ~4000
名义外径	DN-2.5	DN-3.5	DN-4.5	DN-6	DN-7	DN-8.5	DN-12	DN-14	DN-16	DN-18
允许偏差	0 -0.5		0 -0.8		0 -1.0		0 -1.4	0 -1.6	0 -1.8	0 -2.0

注：1. $DN \leqslant 400$mm 管材作圆筒时，折流板的名义外径为管材实测最小内径减 2mm。

2. 对传热影响不大时，折流板的名义外径的允许偏差可比本表中值大 1 倍。

3. 采用内导流结构时，折流板的名义外径可适当放大。

4. 对于浮头式热交换器，折流板和支持板的名义外径不得小于浮动管板外径。

折流板、支持板外圆表面粗糙度 Ra 值不得大于 $25\mu m$，外圆面两侧的尖角应倒钝。

折流板、支持板上的任何毛刺都应除去。

5.1.3.2 管板划线及下料

管板是起固定管子作用的，其加工工艺随毛坯材料来源的不同而有所不同。

选择厚度要根据图样规定。必要时留出加工余量，对于锻件管板从钢板上把整个管板割下。在特定情况下，允许用两块或三块板拼焊成管板，并经 100% 射线检测合格。

对于用铬钼合金钢、低碳钢和低合金钢制造的管板，板材或锻件的尺寸不足以制造整块管板时，允许用几块板拼成。但是拼接的焊缝不应相交，焊缝边缘到管孔中心的距离不应小于 0.8 倍孔径，拼接管板的焊缝应进行 100% 的射线或超声波探伤，按相关标准执行。除不锈钢外，拼接后管板还应作消除应力的热处理。

用 0Cr18Ni9Ti，1Cr18Ni9Ti，1Cr17Ni13Mo2Ti，1Crl7Nil3Mo3Ti 等钢制造管板时，如满足下述条件，允许焊缝穿过管孔：

① 焊制管板的工作温度不低于$-10℃$；

② 直径 1600mm 以内的管板，拼焊的块数不超过 3 块，1600mm 以上的不超过 4 块，并且焊缝都不相交；

③ 采用能保证焊缝系数等于 1 的方法施焊，焊缝加强高度在胀管（焊管）的一面应修磨到与管板表面齐平；

④ 板料厚度超过 36mm 时，应进行稳定化退火；母材金属与焊接接头的硬度差不应大于 15HB；对于厚度不到 36mm 的管板，如果母材金属与焊缝的硬度差大于 15HB，也需要热处理；

⑤ 图纸上有要求时，焊缝要做晶间腐蚀试验。

对于低碳钢和低合金钢管板，如果满足下列条件，允许在焊缝上钻孔：

① 管板的工作温度不低于$-20℃$；

② 所用的焊接方法能保证焊缝系数等于 1，管板向外的表面上焊缝余高经过修平。

大直径换热器及蒸发设备的管板，由于板材尺寸限制，只能由几块拼成（图 5-7），块数取决于排料方法，要选择最经济的排料方案。下料之后，用自动焊、X 形坡口焊条电弧焊或电渣焊将各块拼焊成整块板坯，然后修平焊缝加强部分并钻孔。

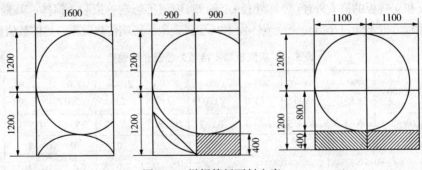

图 5-7　拼焊管板下料方案

为了评定焊缝质量，拼焊缝要仔细进行检查。外观缺陷以目视检查，内部缺陷则要靠 X 射线或超声波检测。焊缝上如有不允许的外观缺陷，无损检测就不必做。

如果检测后发现焊缝存在超过上述等级的缺陷或存在裂缝、未焊透这类不允许存在的缺陷，该条焊缝视为不合格。

在某些情况下，管板焊缝除了 X 射线检查外，还要做晶间腐蚀和机械性能试验。

5.1.3.3 管孔加工

管板是属于典型的群孔结构。单孔质量的好坏决定了管板的整体质量，有时甚至会影响整台热交换器的制造和使用，因此管板孔的加工是非常重要的一道工序。

管板加工的精度，特别是孔间距和管孔直径公差、垂直度、粗糙度都极大地影响换热器的组装和使用性能。随着石油、化工设备、电站设备等过程设备的大型化，换热器的直径也变得越来越大，直径为 4~5m 的管板很常见，有的直径可达 7m 左右。

大型管板的特点是管孔数量多、排布密、孔径小、精度和粗糙度要求高，这就对管板的加工提出了很高的要求。

管板切割后一般用平板机矫平，它的不平度不应大于 2mm/m。外圆、凸台、管板平面和隔板沟槽加工后，就可加工管孔。管孔加工是管板加工的主要工序，管孔的数量多，孔中心距和孔中心线的垂直度要求比较严格，尽管各个厂家的加工工艺略有差别，总体上都是先划线(因画出的线成网格状，称网格线)，打样冲点，用中心钻钻小孔，再正式钻孔。若孔壁粗糙度要求高，还要铰孔，最后倒角。

如使用摇臂钻床，加工过程如下：根据画线或利用钻模先钻出 Φ10mm，深 10mm 的孔；再钻透并扩孔，加工胀接(强度胀)槽，铰孔。由于这种方法工作量大，需多台钻床。对工人技术水平要求高，所以专业生产换热器的工厂都在逐步采用数控多轴钻床加工管孔，工效可提高 4~6 倍以上，孔中心距偏差不大于 0.1mm。

5.1.3.4 折流板和支持板

折流板由轧制板材制造，最常用的是弓形折流板，圆缺高度取 20%~45% 的圆筒内直径。折流板的最小厚度按表 5-6 选取。

表 5-6 折流板和支持板的最小厚度　　　　　　　　　　　　mm

公称直径 DN	换热管无支撑跨距 1					
	≤300	>300~600	>600~900	>900~1200	>1200~1500	>1500
	折流板最小厚度					
<400	3	4	5	8	10	10
>400~700	4	5	6	10	10	12
>700~900	5	6	8	10	12	16
>900~1500	6	8	10	12	16	16
>1500~2000	—	10	12	16	20	20
>2000~2600	—	12	14	18	20	24
>2600~3200	—	14	18	22	24	26
>3200~4000	—	20	24	26	26	28

考虑到装夹和外圆切削加工的方便，弓形折流板下料时，除在直径方向留出一定的加工余量外，要求按整圆下板坯料。

由于折流板上各对应孔都将被同一根管子所穿过，所以要求各折流板的对应孔应有一定的尺寸和位置精度。为此，在钻孔时常常将圆板坯料按 8~10 块组成一叠，其边缘点焊，涂油漆做好标记。然后，各折流板按组叠的顺序，分别将其对应剪切成弓形，以避免孔间相对位置改变而造成较大安装误差。

5.1.4 管箱组焊

管箱制造一般的工艺方法是：

① 法兰一次加工(除密封面和螺栓孔外，全部加工完成)；

② 法兰与封头或管箱短节组对焊接；

③ 焊缝检测；

④ 管法兰与接管组对并焊接；

⑤ 开孔，组焊接管；

⑥ 接管相关焊缝无损检测；

⑦ 划线，组对并焊接隔板；

⑧ 消除应力热处理；

⑨ 加工法兰密封面，钻螺栓孔；

⑩ 隔板端面加工，一般采用刨或铣削，如果采用立车车削，隔板与箱体间要加支撑角钢。

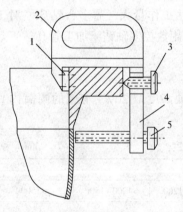

图 5-8 螺旋卡子
1—钳口；2—加强筋；3—顶丝；
4—短杆；5—顶紧螺栓

先用夹具把法兰、筒节和封头组装在一起。图 5-8 是用于换热器法兰与筒节或端盖组焊的螺旋卡子，它的最大特点是利用法兰作为自己的定位基准，从而保证了必要的刚度。螺旋卡子放在刚度很大的法兰上，用顶丝 3 和钳口 1 从两边夹紧，利用顶紧螺栓 5 使焊口对正。短杆 4 应有足够的刚度。加强筋 2 同时起手柄作用，移动和安装螺旋卡子时可以拿着它。卡子可以安在法兰周边上任一点，亦即可以在任一点使焊口对正。顶力可从封头外面施加(图 5-8)，也可从内加。按工件大小不同可以用 2 或 3 个卡子使整个环缝对正。

组对隔板时，先在管板表面上划出基准线再把管箱扣上，把基准线转画到管箱法兰上。然后将管箱从管板上取下，按法兰端面的基准线放置隔板，点焊定位，然后用适当的焊接方法焊好。

5.1.5 管束

管壳式换热器的管束是一个独立的部件，管子先要切成规定的长度，并将端部清理到呈现金属光泽。当长度不够需要拼接时有如下要求：

① 同一根换热管，其对接焊缝不得超过一条(直管)或两条(U 形管)；

② 最短管长不得小于 300mm；

③ 包括至少 50mm 直管段的 U 形管段范围内不得有拼接焊缝；

④ 对口错边量应不超过管子壁厚的 15%，且不大于 0.5mm；直线度偏差以不影响顺利穿管为限；

⑤ 对接后，应按表 5-7 选取钢球直径对焊接接头进行通球检查，以钢球通过为合格；

表 5-7　通球直径

换热管外径 d_w	$d_w \leqslant 25$	$25 < d_w \leqslant 40$	$d_w > 40$
通球直径	$0.75d_i$	$0.8d_i$	$0.85d_i$

⑥ 对接焊接接头应作焊接工艺评定；

⑦ 对接焊接接头应进行射线检测，抽查数量应不少于接头总数的 10%，且不少于一条。如有一条不合格时，应加倍抽查；再出现不合格时，应 100% 检查；

⑧ 对接后的换热管，应逐根做液压试验，试验压力为设计压力的两倍。

U 形管弯制时有如下要求：

① U 形管弯管段的圆度偏差，应不大于名义外径的 10%；

② U 形管不宜热弯，否则应征得用户同意；

③ 当有耐应力腐蚀要求时，冷弯 U 形管的弯管段及至少包括 150mm 的直管段应进行热处理。其中碳钢、低合金钢管作消除应力热处理，奥氏体不锈钢管可按供需双方商定的方法进行热处理。

另外，对于其他装备，如锅炉的管件制造还有管子端面倾斜度、对接后的弯折度、管子弯曲角度偏差、弯曲管子的平面度等要求。

必须防止穿管时管子表面产生纵向划伤，管板和隔板的管孔内表面(特别是边缘上)的毛刺要去掉，管子表面的划痕和工具在管孔表面上留下的痕迹是管子与管板联结处发生泄漏的主要原因。

5.1.5.1　切管

最常用的切管方法有：用切管机床切断；用专用模具在压力机上切管；用带锯或圆盘锯锯断等等。

5.1.5.2　管端表面清理

要使管子和管板的联结牢固而紧密，管端某一长度的表面必须清理到呈现金属光泽，最常用的清理工具是砂布带、钢丝刷、砂轮和钢丝轮。

管端可用砂布手工清理或在砂布打光机上清理。手工清理生产率低，砂布消耗量大。用打光机清理的缺点是砂布不耐用，大大增加了辅助工作量(剪裁、粘贴等)。用钢丝刷清理管端可运用手提式机动工具、专用机床或专用驱动机构，这些工具和设备都比较简单，不需要较高水平的工人操作，但是外表面上有硬皮的管子用这种办法清理达不到要求。

钢丝轮结构如图 5-9 所示，内套筒 1 上装有钢丝刷 3，钢丝呈径向放射形排列，根部焊在一起。在压力机上用专用夹具将侧盖 2 压紧，使钢丝头部紧挨在一起。外表面 A 是钢丝轮的切削部分。钢丝轮生产率高，耐用。使用寿命可达 800h。

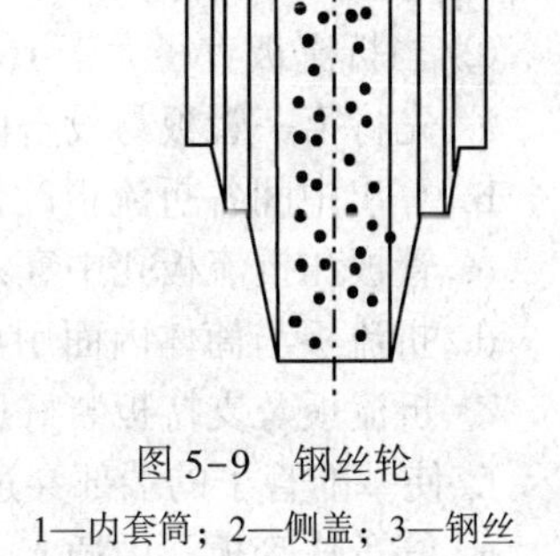

图 5-9　钢丝轮
1—内套筒；2—侧盖；3—钢丝

5.1.5.3 组装

管束由管板、折流板、支持板、定距管、拉杆、换热管等零件组成，它是在专门的工作地点组装的。

固定管板式换热设备的管板与筒体连接处的结构型式如图 5-10 所示。

（1）固定管板式换热器管束的组装方法

① 当折流板直径不超过 1400mm 时，管束在筒体外进行卧式组装。

如图 5-11 所示，装配流程如下：

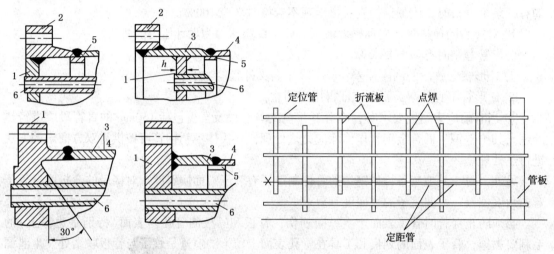

图 5-10　管板与筒体连接处的结构型式
1—管板；2—法兰；3—过渡筒节；
4—筒体；5—垫环；6—管子

图 5-11　管束卧式组装

a. 将第一块管板垂直立稳作为基准零件；

b. 将拉杆拧紧在管板上；

c. 按照装配图将定距管和折流板穿在拉杆上，同时在管板和折流板孔中穿入 4~6 根左右的基准管，拧紧螺母；

d. 套入筒体，将第一块管板与筒体组对好做定位焊；

e. 穿入全部换热管；

f. 装上另外一块管板，将全部管子引入此管板内，校正后再将管板和筒体定位点焊；

g. 焊接管板与筒体连接环焊缝；

h. 进行管端与管板的连接(胀接或焊接或胀焊并用)；

i. 壳程压力试验。

② 当折流板直径大于 1600mm 时，管束一般采用在筒体内组装。

a. 先将第一管板与设备筒体对好后做定位焊；

b. 算出中间各折流板的位置，逐一地把折流板装入筒体；

c. 管板和折流板孔中穿入 10 根左右的基准管，折流板间的距离要符合图纸要求；

d. 折流板与筒体内面用点焊定位；

e. 折流板及支持板装好后，装上第二块管板，进行定位焊；

f. 使基准管子的端部穿过第二块管板孔；

g. 管子从管板孔中插入，并穿过焊在筒体体内的各折流板；

h. 管子穿满后, 用压缩空气吹扫管板孔, 从插入方向把管子推到管板里;

由于孔的不同心和管子的挠曲, 需在管端塞进一个导向锥才能顺利穿管。管子越长, 穿管越困难, 需采用立式穿管。但立式组装管束需要高大的厂房及升降式工作台。

(2) U 型管换热器管束的组装方法

如图 5-12 所示, 装配流程如下:

① 管板 1 放在组装工作台上;

② 把拉杆 2 拧紧在管板上, 按图纸规定依次装上定距管和折流板 3;

③ 拧紧拉杆端部的螺母就能使折流板位置固定;

④ 然后从弯曲半径最小的管子开始顺次穿入 U 形管 4;

⑤ 穿管时使管端伸出管板面 40~50mm;

⑥ 第一排穿完后找平管端, 使它凸出管板不超过 3mm, 电焊(或胀接)固定;

⑦ 再顺次穿第二排、第三排……;

⑧ 将管子与管板连接(焊接或胀接)。

管束组装完后, 进行水压试验, 以检查管子本身和管子与管板连接处的强度、严密性以及焊缝的严密性。

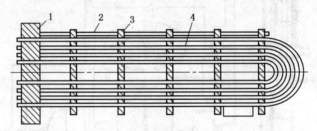

图 5-12　U 形管束组装
1—管板;2—拉杆和定距管;3—支持板;4—管子

(3) 浮头式换热器管束的组装方法

用型钢做一个框架, 上面安设平台, 下面用螺栓固定有轴和轮子, 构成一个管束组装架。这个浮头式换热器制造工艺过程如图 5-13 所示。

① 把固定管板立放在组装架上, 并装卡固定, 拧好拉杆, 按标号依次装上定距管, 折流板, 上紧螺母;

② 为了使管板和折流板上孔中心彼此对中, 应该向管板中分布均匀穿入 20 根左右的管子;

③ 穿管时, 让清理长度较长的一端先进去, 检查折流板位置并用螺母固定在拉杆上;

④ 在折流板一侧从下部开始逐排穿管, 换热管的端部应露出固定管板的端面, 长度为 1.5 倍的管板厚度;

⑤ 把管子穿进管板和折流板孔时, 由于孔的不同心和管子本身的弯曲, 会有些阻碍, 可采用特制的锥形导向头;

⑥ 固定管板用管子穿满后, 把浮动管板装上去, 为了对中心, 先向它周边的孔里均匀穿入 20 根左右的管子;

⑦ 引管时注意管孔要对正, 校正两管板的距离, 使管端伸出管板约 3~5mm;

⑧ 管子构成的骨架组装好后, 再从下面管排起逐排将管子引入浮动管板中, 按图纸要求校正管子伸出管板长度, 采用规定的方法将管子和管板连接起来;

三种形式换热器管束组装后, 装配步骤如下:

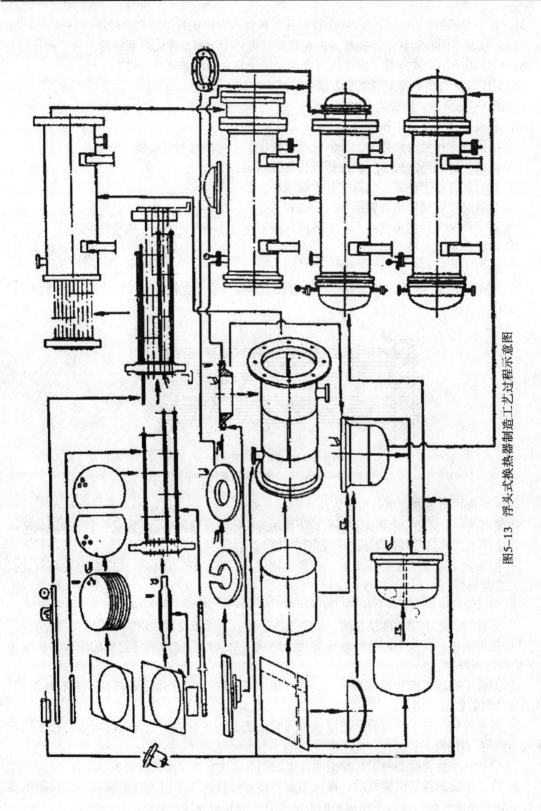

图5-13 浮头式换热器制造工艺过程示意图

⑨ 组焊接管、支座、接管的开孔应在管束装入筒体前进行，必要时可以先焊接在筒体上；

⑩ 壳程水压试验，以检查管子和管板的连接质量、管子本身质量、筒体与管板连接的焊缝质量、筒体的焊缝质量等；

⑪ 装上两端管箱；

⑫ 管程水压试验，检查管板与封头连接处的密封面，封头上的接管、焊缝质量；

⑬ 清洗、油漆。

5.1.6　管和管板的连接

管子和管板的连接要求是：

① 密封性能好，管程介质与壳程介质不能混合；

② 有足够的抗拉脱力，克服温差应力或管程、壳程压差，不使管子和管板的连接拉脱。

根据操作情况及密封要求，管子在管板上的固定方式有三种：

① 胀接，一般有胀管器胀接和爆炸胀接；

② 焊接，多用氩弧焊；

③ 胀焊并用连接[先胀后焊(重胀+密封焊，轻胀+强度焊)，先焊后胀]。

5.1.6.1　胀接

用胀管器在管孔内进行扩管，使管端和管板孔都产生不同程度的胀大。管子处于塑性变形状态，管板却处于弹性变形状态。当胀管器撤出之后，管板的弹性变形恢复，而管子的恢复量则很小，于是就对管子有一个挤压力，如图 5-14 所示，使管子和管板紧密地结合起来，达到了既密封又抗拉脱的目的，这就是胀接。

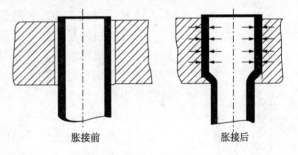

图 5-14　管子胀接原理图

与焊接相比胀接连接时，管子和管板之间的间隙没有了，消除了死区，耐腐蚀性有所提高，但胀接的强度和密封性还是不如焊接；不适用于管程和壳程温差较大的场合。

另外，用胀管法连接时，管板的硬度要高于管子端部的硬度，必要时管子的端部要退火。

胀接时可以采取各种措施增加管子和管板的胀接强度：

① 可以在管板孔中开槽，使胀接时管子金属嵌入槽中。管孔抓住管子从而提高胀接强度，如图 5-15 所示。

② 翻边法，如图 5-16 所示。用翻边胀管器在胀管的同时，将管端滚压成喇叭口形，卡在管板上以增加拉脱力。

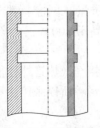

图 5-15　开槽胀接

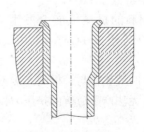

图 5-16　翻边胀接

图 5-17 所示为滚柱胀管器，1 是滚柱、2 是胀套、3 是胀杆。它是通过胀杆的不断转动且不断进给，使滚柱 1 来滚压换热管的管端，使管端胀大，这是一种传统的胀管方法。

滚柱胀管器有前进胀接和后退胀接两种，前者适合于中厚壁直径小于 38mm 管子的胀接，它的胀杆带有一定的锥度(1∶25 和 1∶50 两种)，从而使工作时的轴向分力小于摩擦力，避免滚柱和胀杆间的相对滑动。后者适用于管径大于 38mm 的深度胀管。目前机械胀管器、液压胀管器广泛应用，在换热管壁要求避免应力腐蚀工艺条件时，可以采用橡胶胀管法。

为了保证胀接质量应注意以下几点：

(1) 胀管率应适当

胀管率又称胀度，胀管率：

$$\Delta = (d - d_0)/d_0 \tag{5-1}$$

式中　d_0——管板孔径，mm；

d——胀管后管子外径，mm。

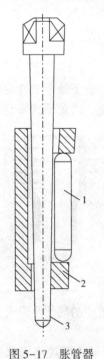

图 5-17　胀管器
1—滚柱；2—胀套；
3—胀杆

不同的材料，不同的壁厚，要求的胀管率不同，一般认为此值以 1%~1.9%为佳。管子直径大、壁薄，取小值；管子直径大、壁厚，取大值，欠胀和过胀都是不允许的。

欠胀：胀管率过小，不能保证必要的连接强度和密封性。

过胀：胀管率过大，管壁减薄严重，加工硬化明显，容易产生裂纹。另外，过胀会使管板产生塑性变形，从而降低了胀接强度，而且不可修复。因此，欠胀和过胀都是不允许的。

胀管的目的是要将管子贴到管板上，管子要经过一段路程才能达到管板，这段路程就是管子外壁到管板孔内壁的距离，这段距离对胀管质量的影响是可想而知的。所以，在设计时不同的管子，要对应不同的管板孔公差。

(2) 硬度差必须存在

管板的硬度应比管子的硬度高 HB20~30，否则管子还没有发生塑变，管板先行塑性变形了，达不到连接的目的，所以管板的机械性能应比管子高，有时管端要退火。

(3) 管子与管板孔的结合面要光洁

胀接施工前，应先检查管板孔与管端的结合表面是否有油渍和杂物存在，只有当表面清洁后才能着手胀接。通常要求管板孔表面与沟槽的粗糙度为 $R_a12.5~R_a6.3$。

另外在零件或部件图上一定要标明不得有纵向贯通划痕。

(4) 胀接温度不得低于-10℃

温度太低了，材料的机械性能会发生变化影响质量。国家标准规定，设计压力小于 4MPa，设计温度小于等于 300℃时可以用胀接，温度高于 300℃，会产生应力松弛，使原有的胀接力消失。

外径小于 14mm 的换热管与管板的连接不宜采用胀接。换热管外径很小时，胀管器中的辊子和胀杆直径都小，无法产生应有的挤压力，使管子变形，所以胀接法具有一定的局限性。

5.1.6.2　焊接

焊接法是将管子直接焊接在管板上如图 5-18 所示。

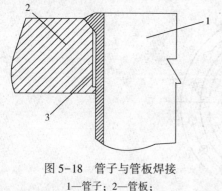

图 5-18　管子与管板焊接
1—管子；2—管板；
3—间隙

优点是：对管板孔的要求不高，管板孔内可以不开槽，所以管板的制造较简单；连接可靠，高温下仍能保持密封性；焊接对管板有一定的加强作用。

缺点是：管子和管板不能紧密的贴合，而存在一个环隙，即死区；在死区内容易产生电化学腐蚀，管子损坏以后，更换困难。

焊接法应用也比较广泛，特别是在工作温度高于300℃时，采用焊接法较为可靠。另外，不锈钢等管子与管板连接时，采用焊接法为好。小直径厚壁管和大直径管子，难于用胀接法时，也采用焊接法。

具体的焊接结构见规范。

焊接方法：焊条电弧焊、氩弧焊。

5.1.6.3　胀焊并用

鉴于胀接和焊接法各有其优缺点，所以目前多用的是胀焊并用。

至于先胀后焊还是先焊后胀，当前虽然还有所争议，但多数倾向于先焊后胀。因为若先胀后焊，则焊接时胀口的严密性将在高温作用下遭到破坏。而且高温高压下的管子，大都管壁较厚，胀接时需用润滑油，油进入接头缝隙，很难洗净，焊接时会使焊缝产生气孔。严重影响焊缝质量。

先焊后胀的主要问题是可能产生裂纹。实践证明，只要胀接过程控制得当，焊后胀接可以避免焊缝产生裂纹。

先胀后焊有优点，金相和疲劳试验都证明，先胀后焊同样能提高焊缝的抗疲劳性能。尤其对小直径管子更是如此。而且由于胀接使管壁紧贴在管板孔壁上，可防止焊缝产生裂纹，这点对可焊性差的材料更为重要。关键问题是这种胀接是否使用润滑油。

5.1.6.4　爆炸连接

爆炸连接是利用炸药爆炸瞬间产生的高能量使管端发生高速变形，与管板孔壁结合的方法。它分为爆炸胀接和爆炸焊接两种。如管板与管端之间的连接是基于弹性塑性变形而产生的机械结合称为爆炸胀接；如两者彼此高速冲击时结合面熔化而形成冶金结合，则属于爆炸焊接。前者使用的炸药能量或者炸药量较小，后者使用的炸药能量大或药量多。这种方法成本低、操作简单，易掌握，劳动量小，但连接强度低，炸药用量不易控制，且较危险。

爆炸胀接不用润滑油，因此用爆炸胀接加密封焊可避免先胀后焊的缺点，发挥其优点。

5.1.7　管壳式换热器总装

5.1.7.1　技术要求

换热器零、部件在组装前应认真检查和清扫，不得留有焊疤、焊条头、焊接飞溅物、浮锈及其他杂物等。吊装管束时，应防止管束变形和损伤换热管。紧固螺栓至少应分三遍进行，每遍的起点应相互错开90°~120°，紧固顺序可按图5-19的规定。换热器组装尺寸的允许偏差见图5-20。

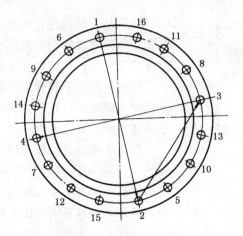

图 5-19　螺栓紧固顺序

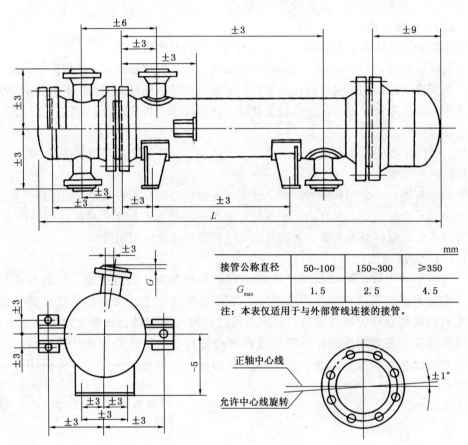

接管公称直径	50~100	150~300	≥350
G_{max}	1.5	2.5	4.5

注：本表仅适用于与外部管线连接的接管。

正轴中心线

允许中心线旋转

图 5-20　换热器组装尺寸的允许偏差

　　管束中的横向折流板用定距管、拉杆和螺母固定。管束不动的固定管板换热器中，只要能确保折流板与管束的垂直度，把它们与拉杆焊住也是可以的。折流板的垂直度公差在直径每 300mm 不得超过 1mm，折流板不许焊在换热管上。

5.1.7.2　浮头换热器总装

　　浮头式换热器结构复杂，它的总装程序与水压试验步骤密切配合。浮头换热器的水压试验一共要进行三次。

第一次是壳程试压,用试压环和浮头专用试压工具进行壳程试压时,先组装管束与壳体,在固定管板端要装一个试压环,用双头螺柱和螺母将这个试压环与壳体的法兰连接,将管板夹住,安装试压法兰前,密封面和螺纹表面都要涂防锈油。接管都用垫片和盲板封上,丝孔接头里都要拧入丝堵并压好垫片。浮头端要用特制的浮头专用试压工具与壳体法兰联接,两端管口全部露在外面以便观察。在试压时,壳体倾斜放置,但中心线倾斜度不超过5°,管间充满水,与试压泵连接,按图纸规定压力试压。试完后降压,在组装地点修补发现的缺陷,然后再重新试压检查。

第二次是管程试压,壳体与管束、管箱、浮头都装好后运到试压地点,试压时,轴向倾斜度不超过5°,用盲板封堵接管,装上通水的螺纹接头,管内充满水,连接试压泵,按需要的压力试压,试压时不得有泄漏和渗漏。

第三次是壳程试压,在外头盖装上后第三次壳程试压。设备水压试验后,用压缩空气吹干。

第一次试压时,为了能观察固定管板上管口连接处有无泄漏,不能装上端盖,只能用试压环7(图5-21)将管板压在筒体法兰5上。浮动管板视其结构型式可分别采用图5-21(a)的密封方法。图5-21(b)适用于填料函式浮头换热器,图5-21(c)适用于外头盖式浮头换热器,试压盖3要按筒体法兰的联接尺寸配制。

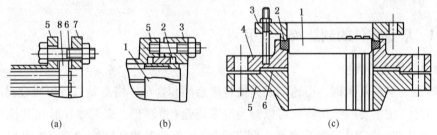

图 5-21　水压试验时的密封结构

1—管板;2—密封圈;3—试压盖;4—试压法兰;5—筒体法兰;6—密封垫;7—试压环;8—管板

5.1.7.3　换热器的重叠预装

重叠式换热器必须进行重叠预装,预装前接管和支座都不焊接,以便预装时调整距离,调好后再焊接。这种换热器每台都应有标志,在安装现场对号组装,如图5-22所示。

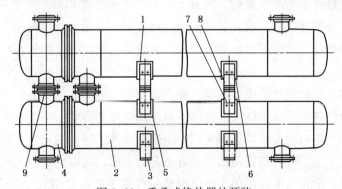

图 5-22　重叠式换热器的预装

1—垫板;2—下筒体;3—支座;4—管箱;5—垫板;6—垫板;7,8—支座;9—接管

石油化工装备制造与安装

5.2 塔设备

塔器是用来进行气相和液相或液相和液相间传质的设备，与一般容器和热交换器结构不同的是其长径比较大，绝大多数为直立设备。

塔器按其内件结构来分，可以分为两大类，即板式塔和填料塔。板式塔是在塔体内安装若干层塔板，以便于两传质相的层级分离。在石油化工设备中，板式塔的塔板主要是泡罩、筛板和浮阀结构。特别是泡罩塔和筛板塔，自 19 世纪中叶开始在工业中应用以来，已有了很大的发展。目前所广泛使用的浮阀塔，就是一种高效率的筛板塔与用途广泛的泡罩塔相结合的新结构。为了支撑固定塔板以及溢流和抽取的需要，在板式塔的内壁上焊装有支持圈、降液板和受液盘等部件。板式塔内各部件相对位置的尺寸及塔板水平度直接影响到塔的分离效果和收率，因此板式塔内件的制造和安装，也是塔器制造的特点之一。

塔内堆积着一定高度填料层的塔器被称为填料塔。在石油化学工业中，填料塔虽然不如板式塔那样使用广泛，但在许多装置上都有应用。填料可分为两大类，一类是颗粒体填料，另一类是规则的网状填料。填料(特别是颗粒体填料)除商购外，也常常是石油化工设备厂的配套生产的产品。

5.2.1 塔盘零件的制造及塔盘组装

5.2.1.1 塔盘分类

制造塔盘的材料有碳钢、不锈钢或其他特殊金属和合金。塔盘是进行传质过程的主要部件，型式多样。按主要的结构特征可以分为泡罩塔盘(带圆形、条形、S 形和其他形状的泡罩)、淋降式塔盘(长方孔的栅孔塔盘、圆孔筛板)、各种形状和结构的浮阀塔盘以及各种结构的定向喷射塔盘(如舌形塔盘)。此外，还有一些其他的结构形式，但在使用上都有一定限制。

泡罩塔盘构造复杂，制造成本较高，板间距比较大。但是，由于它能在较大的气速范围内稳定操作，又能适应多种传质过程的要求，所以仍然被广泛使用。

筛板塔盘构造最简单，成本最低，阻力也小。但是操作范围狭窄，孔径较小时易堵塞，影响了它的使用。由于气流穿过筛孔上升的情况对液层的分布有直接影响，所以相关规范对筛孔的孔径和孔距都规定了较严格的允许偏差。波纹塔盘是改进了的筛板塔盘，操作范围比平的筛板塔盘宽。

浮阀塔盘结构也比较简单，成本低廉，操作范围宽，因而获得日益广泛的应用。从制造工艺的角度看，为使各个浮阀都能灵活升降，对浮阀重量和形状、塔板水平度、开孔直径及整个塔盘的组装和在塔内的安装质量都规定了明确的要求。浮阀的形状可以是圆形或条形。

定向喷射塔盘上由于气流被强迫偏离垂直上升的方向，可以允许较大的空塔速度，而且气液接触比较充分，结构又十分简单，所以也是一种常用的塔盘型式。舌片都是冲压成形。这种塔盘在整个板面内的允许弯曲度通常比另三种塔盘多 1mm。

5.2.1.2　浮阀塔盘

浮阀是浮阀塔的传质元件，按其基本形状可以分为圆盘形和条形两类，其中又以圆盘形浮阀用得最为广泛。

圆盘形浮阀有如图 5-23 所示的几种结构形式，（a）为平顶浮阀，又称之为 F_1 型浮阀；（b）为锥顶形浮阀；（c）为环形浮阀。圆盘形浮阀在其结构上的微小差异，都会影响气液相的接触面积大小、雾沫夹带程度、塔板压降与效率的高低以及操作稳定性等。在上述几种浮阀中，尤以 F_1 型浮阀用得最多。下面就以 F_1 型浮阀为例，介绍浮阀的冲压下料及其加工。

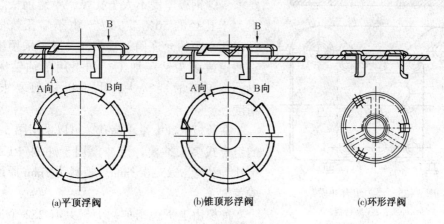

(a)平顶浮阀　　　　(b)锥顶形浮阀　　　　(c)环形浮阀

图 5-23　常用浮阀结构

F_1 型浮阀有轻阀与重阀之分，轻阀为 1.5mm 的薄钢板制成，每个阀重约 25g；重阀为 2mm 的薄钢板制成，每个阀重约 33g。

浮阀的重量直接影响到开启度和压降。轻阀惯性小，振动频率高，特别是当气流速度较低时，其泄漏也较严重一些，因此它多用在处理量较大、且压降很低的情况，如减压系统中。而常见的浮阀塔则多用重阀。

冲制浮阀的钢材大多为 OCr13、1Cr13、1Cr18Ni9Ti 等不锈钢。冲阀前，先将板料按预先设计的套料方案剪成条状，然后在冲压机械上将其冲成阀坯(如图 5-24 所示)，再经过切口、压凸耳及折边等多副模具成形。

当浮阀的生产批量较大时，为提高生产效率，也可以采用组合模具冲制阀坯。图 5-25 所示即为二个阀坯一次冲料的组合模具。这种冲压模具有两个冲头，用螺栓 3 固定在冲头夹持器 2 上。冲压时，先将板料剪成宽度为 144mm 的条料，在该条料上可套料成二排阀坯，故冲制一次便可以得到两个阀坯。

这种组合冲模与单一模具相比，具有下面两个显著的优点：

① 节约原材料 30% 左右，因而提高了材料的利用率。

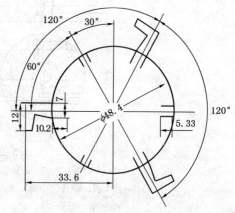

图 5-24　F_1 型浮阀坯

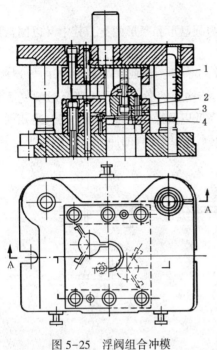

图 5-25 浮阀组合冲模
1—冲头；2—夹持器；
3—螺栓；4—定位器

② 辅助工时少，生产效率高，故制造成本低。与用单一模具冲制阀坯相比，约降低成本24%~30%。

浮阀阀脚的折弯是将其装入塔板升气孔之后，用专用折脚工具进行的。

5.2.1.3 筛板塔盘

筛板塔盘的孔径一般在 $\Phi2\sim28mm$ 之间，孔距为 $3\sim45mm$。塔板厚度都不大，考虑到冲孔的工艺要求，碳钢板厚度不大于孔径，不锈钢板厚度一般不大于孔径的50%至70%。由于筛孔数量多，孔径和孔心距的允许偏差较小，一般多采用组合式多头冲模或多头钻床加工。如果用单轴钻床逐孔钻出，不仅工时耗费大，也难以达到要求的加工精度。

在薄板上冲大量小筛孔。可以采用图5-26所示的组合式多头冲模。该冲模用于冲制 $\Phi1\pm0.05mm$ 筛孔，孔距 $3.25\pm0.3mm$。板料为1mm厚的铝合金或黄铜。

冲模由上下模组成。上模共有252个冲头，各自插入精密三爪护套8的孔中。护套装在冲头板7上的锥孔内，用拉紧螺钉6从上面拉住。拧紧螺钉6，锥孔内壁就迫使护套的三个爪向中间收拢，将冲头卡紧。冲头板7、横梁4和上模板1连成一体，用定位销2使彼此位置对正。下模板12上有阴模11，其数量与冲头相等。上下模板之间还有一块卸料板5，当冲完孔后，冲头上行时，装在横梁和冲头板内的弹簧压住卸料板，使筛板从冲头上退下来。

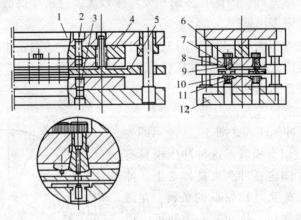

图 5-26 小孔筛板冲模
1—上模板；2、3—定位销；4—横梁；5—卸料板；6—拉紧螺钉；
7—冲头板；8—三爪护套；9—冲头；10—阴模板；11—阴模；12—下模板

5.2.2　塔设备的组装

由于塔器一般均较长(通常为 10~60m 以上),所需筒节为十几节甚至几十节,因此必须从组装、焊接,乃至吊装、运输等诸多方面考虑其制造的合理性和可靠性。例如就其组装而言,几十米长的塔体不可能一次完成,而分段组装又存在累积误差和焊接变形问题,所以从筒体的划分、下料开始,直到压力试验和运输等,都必须作统筹权衡之后,才能制订塔器的制造工艺文件。

5.2.2.1　工艺步骤

塔设备的组装和焊接工艺过程由下列几步组成:

① 组装和焊接各段塔体;

② 塔体组装;

③ 塔体划线;

④ 安装塔板零部件及其他要焊在壳体上的塔内件;

⑤ 组装塔下部封头及立式支座;

⑥ 检查塔内件的焊接情况后将内件与壳体焊接;

⑦ 在塔体上焊上接管、人手孔和凸缘接口;

⑧ 安装塔内的可拆零部件。

如果是在安装现场最后组装,则塔体的组装工作在制造厂只进行一部分,经过检查、修磨后涂漆,做好发运和现场组装的准备。

制造塔设备的工艺过程是根据详尽工艺过程图来进行的,它是指导整个制造过程的基本技术文件之一。

5.2.2.2　塔段组装

大型塔体是分段制造的,然后组装成一体。确定塔体的分段线位置时,应考虑下列因素:

① 根据塔的形状特征,恰当的分段;

② 材质不同的部分应分开制造;

③ 形状和材质一致的塔体,按制造厂的场地面积、起重能力、工艺装备的允许尺寸等,确定分成几段制造,各段长度尽量不要相差太多;

④ 塔的结构特征,分段线应避免选在有内部焊接附件处,否则这些部件只能在塔段对接之后再焊,增加施工难度;

⑤ 如果塔的总长超过运输限度,则有的分段线必须在安装现场最后组焊,这时每段长度都应符合铁路运输的规定;内部可拆的零部件全拆掉后,每段塔体的总重都不得超过制造厂和使用单位的起重吊装能力。

塔体的各筒节都要按技术要求制造,焊接坡口应按图纸要求进行机械加工或修磨。首先按照塔体排板图,在环缝组焊滚轮架上把筒节逐个依次点焊在一起,组对成塔段。进行塔段组对工作之前,先要校验滚轮架各托辊的安装精度,利用激光器可达到 ± 0.5mm 的调准精度。塔段组焊工作与前述筒节组焊容器壳体的工作并无原则差别。但是由于塔在操作时处于直立位置，对于塔体的垂直度、弯曲度有一定的要求。

各塔段按照排板图总装成塔体的工作在专用的滚轮架上进行。这个工作台由许多单独的托辊组成，其中一个主动托辊位于塔的中部。按图纸上的塔体重量算出组装时每个托辊承受的最大负荷，其数值不应超过每个托辊的承载能力。相邻两托辊之间的距离可根据排板图来选定，要使接管、凸缘接口、人手孔及塔体外部零件避开塔体和托辊的接触处。

5.2.2.3 塔体划线

划线是重要的工艺步骤，它对设备内部构件、人手孔、接管、凸缘和其他零部件的组装精度有重大影响。划线方法有几种：用直线测量工具及线锤；用经纬仪和水平仪；用激光器进行光学划线。使用光学划线工艺能提高塔设备制造质量，节省繁重的划线工作量，据统计，平均一台塔节省200工时。

5.2.2.4 外部附件的组装

塔体划完线后，切割出组装人手孔、接管、凸缘接口及其他附件所需的孔。靠近封头与塔体对接焊缝和现场安装对接焊缝的孔，要在这些焊完后再切割，以避免大量金属熔化使塔体局部变形，对组装附件产生不良影响。附件组装后，先从里面焊接。为了减少焊缝金属熔化带来的变形影响到塔体的精度，等塔内焊完塔盘的不可拆零部件之后，再从外面焊完上述附件的焊缝。

有的接管和凸缘接口的焊缝，安上塔内构件后是被盖住的。因此，它们与塔体的焊接和焊缝的质量检查就比较困难，甚至不可能进行。这种情况不能按上述程序处理。必须按图纸要求焊完并在塔内构件焊接前进行必要的焊接接头试验(包括水压试验、气密试验或表面涂刷白粉作煤油渗漏试验)。

5.2.2.5 塔盘支承件的组装

塔盘的支承件和一些塔盘零件(如弓形板)有时是焊在塔上的。弓形板外形应与焊接处的塔体内壁形状一致，如果间隙太大，焊接质量就会受到影响，甚至不可能焊接。为此弓形板的划线可以使用专用靠模装置，同时还可以完成气割工序。

下面介绍塔盘内部构件安装过程。

先在塔内装一根吊装用的工字梁，挂上一个1t的手动葫芦。吊装梁可以用间断焊缝焊在塔体上，梁的两端要装设止动挡板。将浮阀塔盘上要焊在塔体上的零件装入塔中，必须遵循下述程序。

① 将弓形塔板与支承梁和连接板装成一体，送入塔体中，并按整个塔体内面的划线记号摆成一列。送入塔体前，弓形板要划线或按样板修整外形，切掉多余部分。样板事先要拿到弓形板的安装位置上，使它的中心线与塔体中心线重合，按塔体截面的实际形状进行矫正。

② 逐块将弓形板连同支承梁按划的线安装好，使其中心线位置和间隔距离都符合要求。安装后将弓形板点焊在塔体上。

③ 按划的线将弓形板与塔体的联接角板放好，将它与塔体和弓形板点焊住。

④ 将堰板与支承梁联接，按划的线安装好。将堰板点焊在塔体上。

⑤ 将塔体旋转 180°，重新装设吊装梁，安装对面的一列弓形板。弓形板上也先联接上塔盘支承梁和连接板。

⑥ 安装这一列堰板时，堰板也先与塔盘支承梁联接。

⑦ 将塔体转到方便位置，拆除吊装梁，按划线标记安装塔盘支承圈和连接角板，支承圈和支承梁的支承平面应该吻合。

安装双流塔盘的支承件时，最好首先将托架连同连接角板一起安装好。对于双流塔盘，安好中心横梁及受液槽后，再安装第一列半环支承圈。

图 5-27 是一种装备，可使在直径 2200～4000mm 的塔内吊运、划线和修割弓形板的工作机械化。在塔体内铺两条导轨，小车 4 在上面移动。起重量 0.25t 的门式吊车在塔端附近将弓形板放到小车上，推进塔体内。在塔内按弓形板安装位置的塔内壁实际形状划出切割线，然后将小车推回到门式吊车处，门式吊车把弓形板吊到工作台 1 上，用气割器 2 修切弓形板。

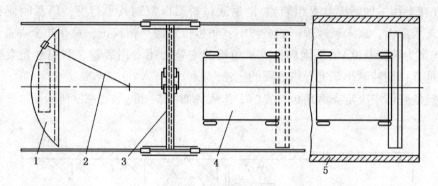

图 5-27　在塔体内切割和安装弓形板的装备
1—平台；2—切割器；3—门式吊车；4—小车；5—塔体

应该仔细检查塔盘支承件组焊到塔体上的质量，必须注意下述要求：

① 内部构件焊到塔体上的纵向焊缝和环向焊缝，与塔体本身的纵焊缝和环焊缝相距不应小于 20mm；

② 塔盘支承件间距的偏差应符合技术条件的规定，下塔盘距塔体端面的高度偏差不应大于 ±3mm，上塔盘则不应大于 ±15mm（利用基准圆周线测量）；

③ 塔盘支承件的支承面对塔体的垂直度应该符合图纸要求；

④ 塔盘零件与塔体间的间隙不应超过相应的焊接接头标准的允许值。

塔盘支承件与塔体的焊接以及支承件之间的焊接，除按图纸规定的焊接要求外，最好按下列程序进行。

① 用反向分段焊法焊弓形板和塔体；

② 焊弓形板支承梁与塔体；

③ 焊连接角板与塔体，焊连接角板与弓形板；

④ 用反向分段焊法焊堰板与塔体；焊堰板支承梁与塔体；

⑤ 用反向分段法焊支承圈和塔体，焊连接角板和支承圈。

在支承件的焊接过程中，要不断清理焊缝。塔内件焊完后，再焊人(手)孔、接管、凸缘接口及其他附件与塔体间的外部焊缝。这些焊接接头的试验和质量检查，应该在安装内部可拆构件之前进行。

5.2.2.6 塔盘整体装入法

塔设备中，塔板平行度的公差要求十分严格，故塔盘支承件也必须尽可能处于同一水平面。如果将一个塔盘的支承件分为若干单件一个一个地焊到塔体内，产生的误差对总的平行度影响很大，工作量也很大。

研究表明，要通过装配过程机械化来提高塔盘安装精度和生产率，基本方法就是在塔外将塔盘组装成完整的部件，并利用光学-机械系统将它们准确安装在塔体内。要做到这一点，最重要的是选择适当的塔体和塔盘圈的直径公差带。若塔体内径和塔盘圈外径之间的间隙太大，则焊接有困难，太小又无法把塔盘送进塔内去。

有一种有效的塔盘支承安装方法，这种方法的技术要点是支承塔盘用的零部件都组装在塔盘圈上(在专用的回转模具上组装)，随后通过矫形以控制其平行度；塔盘圈侧身通过塔内焊好的支承角板，放入经过矫圆的塔体中；角板位置经严格校正，都在几个垂直于装配基准(以激光束为装配基准)的平面内；支承角板的安装采用专用装置，利用激光束装置与塔体中心线垂直；用特制小车进行塔盘圈的运输。

在塔设备壳体中决定支承角板位置的工艺装备如图5-28、图5-29所示。

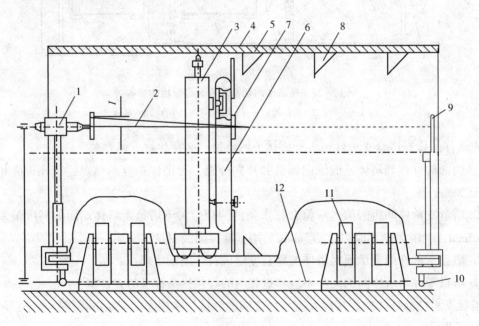

图 5-28 支承角板的组对
1—激光器；2—工艺基准；3—移动式框架；4—调整基准平面；5—塔体；6—调整盘；
7—平面镜；8—支承角板；9—靶；10—水准装置；11—滚轮座；12—安装基准

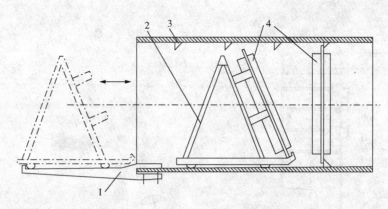

图 5-29　塔盘支承圈在塔体内的安装

1—导轨；2—小车；3—角板；4—塔盘圈

这套工艺装备包括确定工艺基准和安装基准的装置，安装塔盘支承件的装置和送塔圈到塔体中指定位置的小车。工艺基准和安装基准是两条平行线，分别位于设备的同一径向平面上的内外两侧，工艺基准用一条激光束来确定，安装基准则用一对气泡水准器来确定。

塔盘在塔体中的位置取决于支承角板的位置，图 5-30 是组焊角板时确定其位置的装置，包括可移动的框架 3 和调整盘 6，平面镜 7 装在 6 上，其反射面与盘 6 的基准面 4 平行。当镜子 7 的反光线与激光器的投射光线重合时，调整盘 6 的基准面就与投射光线垂直，塔盘支承角板根据盘 6 的基准平面安装。框架下有滚轮，可沿塔体移动，到达内部构件安装位置时就用螺栓固定，框架固定好后，再调整盘 6 的垂直度。

如图 5-31 所示，塔盘圈 4 放在专用小车上送入塔体，并靠紧支承角板，然后焊住。塔盘圈安装误差数值取决于支承板位置精度。这一精度决定于反射光线对投射线（工艺基准）的允许偏差，并随激光器与塔盘距离的增大而减少。

这种方法能在塔体内十分精确地安装塔盘。组焊工作效率比分件组装塔盘的方法提高了 1~1.5 倍。这种方法还可用于要求支承平面与规定轴线严格垂直的各种容器设备内部构件的安装。直径 1200mm 塔盘的支承面对塔体中心线的垂直度偏差可以控制在 2mm 以内。

5.2.2.7　塔体各部尺寸公差

封头安装到塔体上之前，要先安装好塔盘的可拆零件，并装好塔盘。但是，有的塔盘零件妨碍封头与塔体之间的对接焊缝和现场安装对接焊缝的焊接，只好先不安装。与封头相邻的筒节，一般先与封头组对后再与筒体进行组装。封头对接处也要在主轴线上先打冲眼作为标志。封头与塔体组焊后，卸掉矫圆环和支撑环。垫环一般保留下来，以便于在安装现场组焊最后的几道环焊缝，并且一直保留到塔最后进行水压试验前才去掉。

组装完的塔体外形尺寸允许偏差应符合图 5-30、图 5-31 和表 5-8 的要求。

需进行整体热处理的塔器，热处理前应将需要焊在塔壳上的连接件（包括梯子、平台连接件、保温圈、防火层固定件、吊耳等）焊于容器上，热处理后不能在塔壳上继续进行焊接。

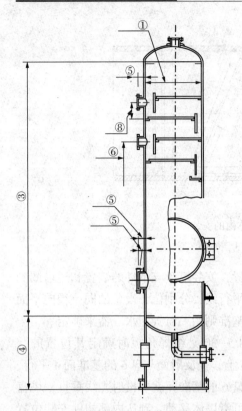

图 5-30 塔器外形尺寸偏差图示 1

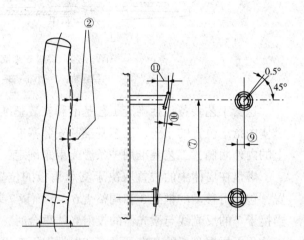

图 5-31 塔器外形尺寸偏差图示 2

表 5-8 塔器外形尺寸允许偏差

序号	检验项目		允许偏差
1	圆度		按 GB/T 150
2	直线度		任意 3000mm 长圆筒段偏差不得大于 3mm 圆筒长度 L 小于等于 15000mm，偏差不大于 $L/1000$，长度 L 大于 15000mm 时，偏差不大于 $(0.5L/1000+8)$
3	上下封头外侧之间的距离		±1.5mm/m，且不大于 50
4	基础环底面至塔器下封头与壳体连接焊缝距离		1000mm 裙座长，偏差不得大于 2.5mm 且最大值为 6mm
5	接管法兰至塔器外壁及法兰倾斜度		±5mm 倾斜度≤0.5°
6	接管或人孔的标高	接管	±6mm
		人孔	±12mm
7	液面计对应接口间的距离		±3mm
8	接管中心线距塔盘面的距离		±3mm
9	液面计对应接口周向偏差		1mm
10	液面计法兰面的倾斜度		0.3mm
11	液面计两接管长度差		5mm

5.3 高压容器的制造

高压容器广泛应用于化工、炼油、制药、食品等过程工业装置中，如加氢裂化反应器、氨合成塔、甲醇合成塔、尿素合成塔、聚乙烯反应器、原子能反应堆壳体等等。高压容器因其设计压力较高，一般其操作压力大都在 10MPa 以上，所以是壁厚较大的重型设备。为了构成所需壁厚，出现了各种高压容器的制造方法和结构形式。总的来说，分为单层和多层两大类。每一类又有多种制造方法和结构形式。由于高压容器的封头制造前面已经涉及，本节重点介绍高压容器筒体的制造问题。当前高压容器筒体制造方法和结构中，以单层卷焊式，整体锻造式，多层包扎式最为常见；多层又包括热套式、扁平钢带倾角错绕式、层板包扎式等。

（1）单层卷焊式高压容器筒体的制造

单层卷焊式高压容器的制造与中低压容器基本相同，即先用厚钢板在大型卷板机上卷制成筒节（必要时需要将板坯加热），经纵焊缝的组焊和环焊缝的坡口加工后，将各个筒节的环焊缝逐个组焊即可成形。

（2）整体锻造式高压容器筒体的制造

整体锻造是厚壁容器最早采用的一种结构形式。其制造过程是，首先在钢坯中穿孔，加热后在孔中穿一芯轴，接着在水压机上锻造成所需要尺寸的筒体，最后再进行内、外壁机械加工。容器的顶、底部可以与筒体一起锻出，也可以采用锻件经机械加工后，以螺纹连接于筒体上。整体锻造式高压容器如图 5-32 所示。

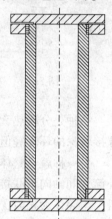

图 5-32 整体锻造式高压容器

整体锻造式筒体的优点是强度高，因为钢锭中有缺陷的部分已经被切除而剩下金属经锻压后组织很紧密；缺点是材料消耗大，大型筒体制造周期长，适于直径和长度都较小的筒体。

（3）多层包扎式高压容器筒体的制造

多层包扎式高压容器是目前我国使用较多的一种结构，这种容器一般选用厚度为 12~25mm 的优质钢板（或者厚度为 8~13mm 的不锈钢板）卷焊内筒。结构有热套式、扁平钢带倾角错绕式、层板包扎式。

5.3.1 单层和多层容器制造的比较

单层制造的高压容器和多层结构工艺上各有特点，相比有如下几个特点：

① 单层容器制造工艺过程简单、生产效率高。多层容器工艺过程较复杂，工序较多，生产周期长。

② 多层容器可以用优质薄钢板制造，强度指标优于厚钢板。单层容器使用钢板相对较厚，轧制困难质量不容易保证，尤其是抗脆裂性能差，且价格昂贵。

③ 从安全性来看多层容器好于单层容器，因为破坏处只局限于一层，不会向单层容器那样立即扩展到全部器壁厚度上去。

④ 多层结构有间隙，径向导热性能不如单层容器。

⑤ 多层容器一般没有深的纵焊缝，但较深的环焊缝难于进行热处理。

⑥ 单层容器受内压时，壁厚方向的应力分布很不均匀。因为有预应力存在，与操作时

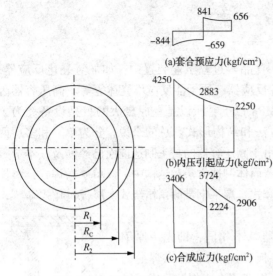

图 5-33　双层热套筒体应力分布

内压引起的应力叠加后多层容器壁的应力分布比单层容器的均匀。例如热套式多层筒体，其应力分布见图 5-33。

5.3.2　热套式高压容器

（1）热套容器的特点

热套式高压容器是按容器所需总壁厚，分成相等或近似相等的 2～5 层圆筒，用 25～50mm 的中厚板分别卷制成筒节，并控制其过盈量在合适范围内，然后将外层筒加热，内层筒迅速套入成为厚壁筒节，热套过程如图 5-34 所示。热套好的筒节经环焊缝坡口加工和组焊以及消除应力热处理等，即成为高压容器的筒体。

热套式高压容器的结构有两种：

一种是分段热套式，如图 5-35（a）所示：即每一段筒节都是套合的，然后焊接。虽然要焊接较深的环焊缝但这是比较成熟的做法。

另一种就是整体热套式，如图 5-35（b）所示：先将内筒全长焊好，然后分段套外筒。外筒之间轴向不联接，那么轴向力全部由内筒承担。这种做法环焊缝就比较浅，容易保证质量，当筒体太长时，套合困难。

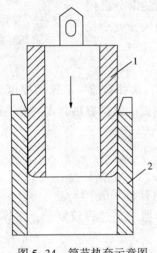

图 5-34　筒节热套示意图
1—内筒；2—外筒

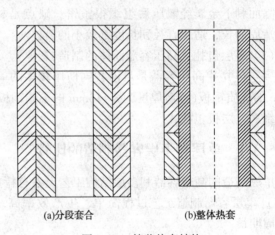

图 5-35　筒节热套结构

热套容器的特点如下：

①采用中厚板比厚板抗裂性好，材质均匀，易获得和保证高的强度。

②热套容器比单层容器安全。筒节纵焊缝没有单层容器深，且每层筒节纵焊缝可以单独进行射线检测，质量易于保证，使用中即使某层破坏也不会扩展到其他层。

③制造上可以充分发挥工厂能力，无需大型设备即可制造很厚的容器。

④ 与层板包扎式相比，钢材利用率高，生产率高，成本低。

⑤ 缺点是仍有深环焊缝的焊接问题存在，导热性不如单层容器等。

（2）热套容器筒体的制造

热套容器的制造关键在每层之间的过盈量。过盈量的大小决定套合预应力。如前所述多层热套式容器的套合应力对筒体受力是有利的，在设计上应充分利用。这就要求套合面经过精密的机械加工使套合应力分布均匀。

理想的设计应该是承载时内筒内壁与其外各层的内壁同时进入屈服，这是等强度设计原则，此时的过盈量是最佳过盈量。从理论上说这个最佳过盈量是可以求出的。但在实际套合过程中，由于存在一定的公差，往往不易达到预期的最佳过盈量。

所以对待过盈量的另一种做法就是通过热处理将套合应力的大部分消除。这样套合面加工的要求就可以降低，过盈量可以较大，甚至可以不经机械加工。

当前生产中，有套合面机械加工和非机械加工两种方法。前者需要大型立式车床，且费时，用于小直径超高压及不进行热处理消除预应力的容器。一般大容器，采用非机械加工的方法，每个套合圆筒上钻有泄放圆孔。

热套容器制造工序如下：

① 钢板的测厚与划线。与一般划线方法相同，要求尺寸准确和留出加工余量，确保设计内径与套合过盈量。例如，按照内径上限计算展开周长时要考虑套合应力产生的影响，焊缝收缩量以及卷圆、矫圆的钢板伸长量等。

② 钢板的矫平。

③ 单层筒节制造，包括卷圆、纵缝组焊、矫圆、检验等。卷圆和矫圆工序主要控制筒节的棱角度、圆度和直线度。

④ 套合。按照内、中、外的顺序套合。套合时注意以下要点：筒节应在自重下自由套入，不得用外力压入，以免变形报废，筒节的焊缝应错开 30°以上，注意加热温度，套合速度等。

⑤ 环缝组焊。均采用 U 形外焊缝，温度较高或过低以及温度、压力经常波动时必须采用止裂焊缝，焊接方法一般采用手工打底后自动焊。

⑥ 检验。除几何尺寸、形状检查外，还需要进行钢板、焊缝的无损检测，力学性能试验，水压试验等。

⑦ 热处理。主要目的是消除焊接应力和套合应力。

图 5-36 是年产 30 万吨合成氨塔壳体的主要制造工艺流程。图中可见该壳体用热套法制造，三层热套式结构。大筒体内径 $\phi3200mm$，由三层 50mm 的钢板热套式制造，小筒体内径 $\phi1100mm$，单层 50mm 钢板，材料均为 18MnMoNb；封头为单层 110mm 的钢板冲压成型。

从上例壳体制造工艺流程上清楚地看出其基本的制造工艺流程大致为：选择材料→复检材料→净化处理→矫形→划线（包括零件的展开计算、留余量、排料）→切割→成形（包括筒节的卷制、封头的加工成形、管子的弯曲等）→组对装配→焊接→热处理→检验（无损检测、耐压试验等）。

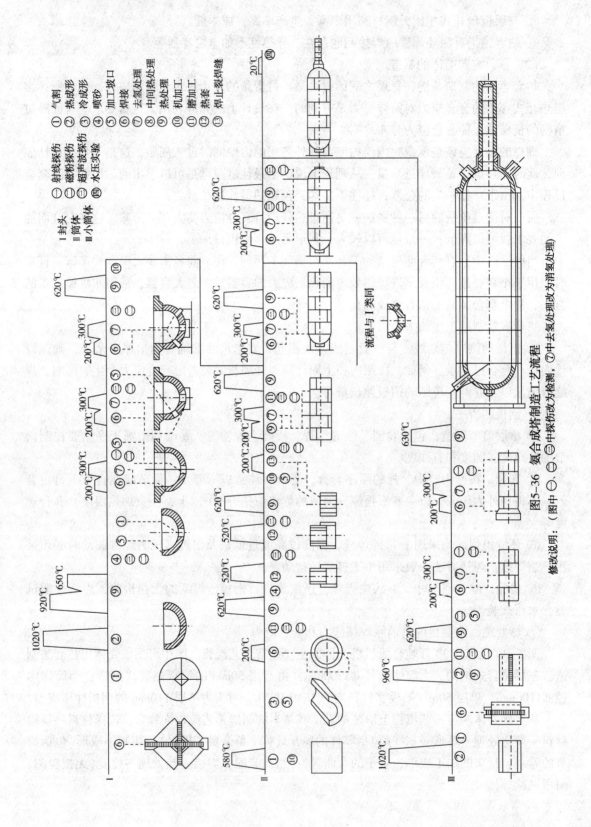

图5-36 氨合成塔制造工艺流程

修改说明：（图中 ㊀、㊁、㊃ 中探伤改为检测，⑦中去氢处理改为消氢处理）

I	封头
II	筒体
III	小筒体

符号	说明	符号	说明
①	气割	①	热成形
②	热成形	②	冷成形
③	冷成形	③	喷砂
④	喷砂	⑤	加工坡口
⑤	加工坡口	⑥	焊接
⑥	焊接	⑦	去氢处理
⑦	去氢处理	⑧	中间热处理
⑧	中间热处理	⑨	热处理
⑨	热处理	⑩	机加工
⑩	机加工	⑪	磨加工
⑪	磨加工	⑫	热套
⑫	热套	⑬	焊止裂焊缝

㊀	射线探伤
㊁	磁粉探伤
㊂	超声波探伤
㊃	水压实验

流程与Ⅰ类同

5.3.3　绕带式高压容器

绕带式高压容器的筒体是在内筒外面以一定的预紧力缠绕数层钢带而制成。

钢带有两种形式：一种是有特殊断面形状的槽型钢带，称为槽型钢带式；另一种是普通的扁平钢带式，称为扁平钢带式。

绕带式的内筒制造工艺与层板包扎高压容器的内筒制造工艺相同。下面重点介绍两种结构的制造。

（1）槽型钢带式筒体

内筒厚度为总厚的 25%，经检测合格后，在其外表面加工出三处螺纹槽，以便与第一层钢带下面的凹槽和凸槽相啮合，型槽呈螺旋形结构。常用的钢带尺寸为 79×8mm，用优质钢板制成，断面形状如图 5-37 所示。这种钢带可以保证钢带与内筒之间的啮合，同时可以使绕带层能够承受一定的轴向力。

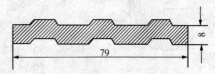

图 5-37　槽型钢带断面形状

钢带的缠绕过程是在专用的机床上进行的。槽型钢带式容器的缠绕装置如图 5-38 所示。钢带在缠绕之前，要用电加热器预热到 800~900℃，并把钢带的一端按所需的角度焊接在内筒端部，拉紧钢带开始缠绕。内筒旋转时，钢带轮立即顺着与容器轴线平行的方向移动，以便将钢带绕紧在内筒上。钢带绕到筒身上后，用槽型压辊（如图 5-39 所示）紧紧压在内筒上，压辊同时也是钢带加热的第二个电极。绕到另一端后切断钢带，将钢带头焊在内筒端部。绕第二层时应与第一层错开 1/3（即一个槽的宽度）缠绕在第一层上，这时第一层绕带外层的型面便与内筒型槽的作用相同。钢带绕上几圈后，用水冷却，由于钢带冷却收缩产生的预紧力使钢带与内筒钢带与下层钢带紧贴在一起。缠绕过程中，内筒要用水或者空气冷却。每层缠绕钢带要足够长，不够长时必须事先接好，不许在筒身中间部位焊接钢带。

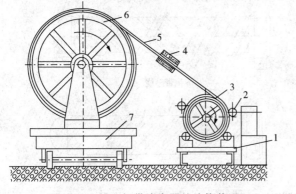

图 5-38　槽型钢带式容器的缠绕装置
1—绕带机床；2—槽型压滚；3—绕带筒体；
4—电加热器；5—槽型钢带；6—钢带轮；
7—移动式车架

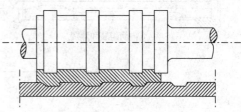

图 5-39　槽型压辊

槽型钢带式容器，其制造工艺大部分为机械化操作，生产效率高。具有易于制造大型容器、不存在深环焊缝的焊接和检验的困难、内压下筒壁应力分布均匀等优点。缺点是内筒上开槽较困难，在筒壁上开孔困难，周向强度有所削弱等。

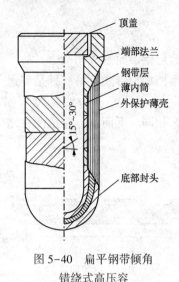

图 5-40 扁平钢带倾角
错绕式高压容

（2）扁平钢带式压力容器

扁平钢带式高压容器全称为"扁平钢带倾角错绕式高压容器"，是 1964 年我国首创的具有长远发展前景的一种高压容器。据不完全统计，在过去 50 多年时间内，国内十余家工厂已生产约 7000 台该型容器。所制造的产品主要有：氨合成塔、甲醇合成塔、氨冷凝塔、铜液吸收塔、油水分离器、水压机蓄能器、氨或甲醇分离器及各种高压气体(空气、氢气、氮气和氢气)贮罐等，其覆盖的设计参数范围如表 5-9 所示。

扁平绕带式压力容器结构见图 5-40，内筒一般是单层的，较薄。上面的端部法兰和下面的底部封头都是锻制的，具有 35°~45° 的斜面，使每层钢带的始末两段与其焊接。钢带厚度约为 4~8mm，宽为 80~120mm，以相对于容器环向 15°~30° 的倾角逐层交错多层多根预应力缠绕。

最外层用一层厚度约为 3~6mm 的优质薄板包扎，可在其上装设在线介质泄漏报警处理与安全状态自动监控装置。

表 5-9 绕带式压力容器可覆盖的设计参数范围

内径	长度	壁厚	倾角	绕带层数	设计压力	开孔直径	长径比
1000mm	22m	156mm	15°~30°	28	31.4MPa	140mm	40

制造工艺见图 5-41：

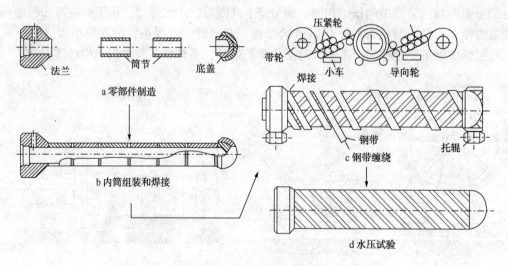

图 5-41 扁平钢带倾角错绕式高压容制造工艺示意图

5.3.4 层板包扎式高压容器

层板包扎式厚壁圆筒是由内筒与层板两部分组成，如图 5-42 所示。内筒通常是由厚度为 12~25mm 的钢板卷焊而成，层板则是由厚度为 6~12mm 的钢板逐层复合在内筒外，我国目前普遍采用的层板厚度为 6mm。

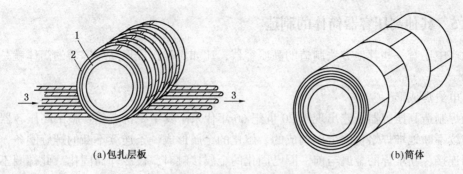

图 5-42　层板包扎式高压容器
1—内筒；2—层板；3—钢绳拉紧

内筒要求严密不漏，并且有抵抗介质腐蚀的能力。层板要贴和在内筒上，并借助焊接收缩力使层板包住内筒。

制造工艺有两种：

一种工艺是一段一段的包扎筒节，外筒的纵焊缝要错开 75°，然后装配时焊接环焊缝，这是该结构筒体制造过程中技术最复杂的工序之一，筒体质量的好坏，往往取决于层板间的贴合程度和环焊缝装配及焊接的质量。

另一种工艺是先将内筒完全完成，然后包扎外筒，同样外筒的纵焊缝要错开 75°。这种工艺就可以避免深的环焊缝。但是下料很麻烦。

具体工艺过程：

内筒制造──→层板弯卷──→层板与内筒结合（拉紧、点焊、焊接纵缝）──→修磨焊缝──→松动面积检查──→钻泄放孔

第五个步骤中要求对内径 D_i 不大于 1000mm 的容器，每一有松动的部位，沿环向长度不得超过 D_i 的 30%，沿轴向长度不超过 600mm；对于内径 D_i 大于 1000mm 的容器，每一有松动的部位，沿环向长度不得超过 300mm，沿轴向长度不得超过 600mm。

每个多层筒节上必须按图样要求钻泄放孔。

层板包扎拉紧装置如图 5-43 所示。

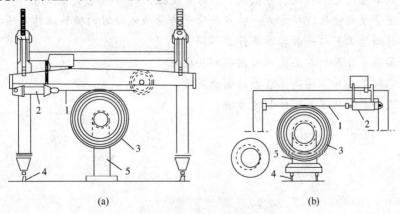

(a)　　　　　　　　　　　　(b)

图 5-43　大型层板包扎拉紧装置
1—钢带；2—液压缸；3—层板；4—导轨；5—翻转台

5.3.5 其他高压容器筒体的制造

在生产中还有一些其他方法制造的高压容器，比如用焊接成形高压容器的筒体就是重要一类。

（1）电渣焊成形

电渣焊制造高压容器工艺出现于 20 世纪 60 年代末。其主要特点是：整个高压容器的筒壁是用连续不断地堆焊熔化的金属构成的。熔化的金属形成一条连续不断的螺旋圈条，相邻两个螺圈连接，新堆焊的金属与前一圈已固化的金属接触时，被冷却而固化。此螺圈不断形成，直到所需的筒体长度为止。在堆焊的同时，螺圈的内外表面不断进行机械加工，以得到所需的内外径尺寸，如图 5-44 所示。

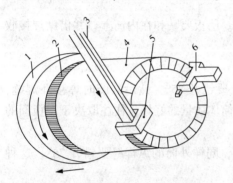

图 5-44 电渣焊成形高压容器
1—转盘；2—基环；3—板电极；
4—熔焊筒体；5—电渣熔模；6—切削装置

电渣焊的优点是：尺寸精确，质量高，材质均匀，无夹渣、分层等缺陷；制造方法简单，整个筒体的制造只需在一台专用的电渣焊机床上进行；自动化程度高，一边堆焊，一边机加工；工时消耗少，造价低，每吨筒节的造价相当于整体锻造式的 50%，厚板卷焊式的 64%，层板包扎式的 82%。

（2）埋弧自动焊成形

造型焊接技术是压力容器制造工艺方面较新的技术。它是采用埋弧自动焊工艺直接制造压力容器筒身及有关零部件。筒身的制造工艺过程为：先按要求选用一个厚度约为 25mm 的筒体或者管子作为芯胎，然后在芯胎外表面用几台埋弧焊机同时进行连续堆焊。如同电渣焊一样，筒体或者管子转动的同时，埋弧机头进行轴向移动，从而使焊道成螺旋形，如此连续往返地进行堆焊，便可达到预期的筒体长度和厚度。

复 习 题

5-1 分别叙述固定管板式、浮头式、U 形管换热器的结构特点及应用。

5-2 简述管子与管板连接方式、特点及管子与管板连接时的操作注意事项。

5-3 塔器制造工艺与一般容器有什么不同？

5-4 多层高压容器较单层高压容器有哪些优点？

5-5 试比较单层和多层高压容器的制造难度。

5-6 简述多层高压容器筒体制造方法。

第6章　设备制造的检验与质量评定

6.1　质量检验的基本要求

6.1.1　质量检验的意义

过程设备是工业生产、科学研究及人民生活中广泛使用的一种特殊设备，往往承受一定的压力。这些设备使用的工况介质也比较复杂，具有易燃、易爆、有毒等特点。在温度、压力及腐蚀介质的综合作用下，容易导致设备失效破坏，造成事故的发生。因此，为确保过程设备的制造质量，保障设备安全运行，在制造过程中，必须加强质量监督与检验。

现代石油化工生产装置是一个有机联系的系统，基于流程工业的特点，为数众多的各种设备往往集中使用，一台设备的事故或泄漏所造成的灾害，往往会殃及一个工厂，甚至造成一个地区人民生命和财产的重大损失。如果一台设备达不到设计使用要求，往往影响到部分或整个石油化工生产的产量或质量。由此可见，石油化工设备的制造质量是十分关键的，需要采取严格的质量检验措施。

概括起来，设备检验主要有以下目的：

① 及时发现材料及各加工工序中产生的缺陷，以便对有害缺陷作出判断，如决定修补、报废或改变后道加工工序等，以减少损失。

② 为制定工艺过程卡提供依据，并评定工艺过程的合理性。例如，在采用新钢种、新焊接材料、新焊接工艺时，先对工艺试验进行检验和评定，避免不正确的工艺用于产品。为制定合理的产品施工工艺和对产品质量鉴定提供依据，以判定其工艺方法能否满足产品的设计要求。

③ 作为产品质量优劣及合格等级评定的依据。

6.1.2　质量检验的内容和方法

石油化工设备以焊接结构为主，因此焊接接头质量的好坏，将直接影响到结构的安全性，焊接接头的检验是进行质量检验的一个重要内容。另外，石油化工设备向着大型化的方向发展，为了降低壁厚，减轻设备重量，需要提高材料的强度级别，以及进行更为合理的设计，更有效地使用材料，一些国家还降低了压力容器规范中的安全系数。这些都对质量检验提出了更高的要求。劳动人事部锅炉压力容器安全技术监察局要求设备制造厂生产的产品必须有"产品质量证明书"，产品质量证明书的内容也相应地对检验内容提出了要求。

容器制造的质量检验是生产中控制产品质量的主要条件之一，是整个生产过程中必不可少的组成部分。设备质量检验贯穿于制造工艺过程的始终，按产品制造工序分，有原材料(包括焊接材料)的检验、工序间的检验和产品综合性检验三部分。其具体检验内容如下：

（1）原材料的检验

石油化工设备原材料要求必须符合有关规定，制造压力容器的材料必须有原始材料质量证明书，并至少应列出钢材的炉批号、实测的化学成分和力学性能、供货状态及热处理状态。对于低温（≤-20℃）容器用材料还应提供夏比"V"形缺口试样的冲击值和脆性转变温度。除上述要求外，对于容器用钢，例如球形容器所需的材料，当厚度大于20mm时，每张钢板都必须进行超声波检验和断口检验等，并将此项要求补充于材料订货合同之中。

若材料已备有质量证明书，但为保证容器制造和使用的安全，根据有关规定，还应对容器的主体材料进行部分或全部项目的复检。例如对第Ⅰ、Ⅱ类容器，当质量证明书对主体材料所提供的项目不全时，应补检验其遗漏项目。对于第Ⅲ类容器，则必须对质量证明书中所有项目，包括化学成分、力学性能及金相组织等进行全面复检。

材料尺寸和几何形状的检验，应符合相应国标或行业标准的规定。

（2）工序间的检验

工序间的检验是多方面的，它包括工艺评定的检验、零部件尺寸和几何形状的检验、焊缝的检验等。检验方法有宏观测量、化学成分分析、力学性能试验和焊缝的无损检测等。

（3）压力试验与气密性试验

压力试验与气密性试验是容器制造的综合性检验项目。它包括水压试验、气压试验和气密性试验。在制造工序的进行中，除少数情况（例如夹套容器的内筒等）是在制造的中间过程进行外，一般均为产品制造的最终程序。

在上述检验内容中，除原材料质量证明书的检验内容外，其他各项检验内容随容器、设备的不同，其检验项目的多少亦不相同。例如工艺评定中的检验，对于已经取得压力容器制造许可证的制造厂来说，通常多在采用新材料、新结构和新工艺时才选用。对于钢材尺寸和几何形状的测定，一般仅在热套容器确定过盈量或对上道工序的制造缺陷进行补偿时才需采用。但无论是属何类压力容器，其焊缝的检验都是必不可少的。本章将主要涉及压力容器制造中所必须进行的试验和检验方法，不包括形状位置及尺寸的检验。

6.1.3 质量检验标准与基本要求

在设备制造中，绝对地无任何缺陷的要求是不可能实现的。例如焊接，因其是一个非常复杂的、快速和局部的冶金过程，故影响焊接质量的因素很多，即使是经验丰富的焊工，在认真执行焊接规范的情况下施焊，也难免会产生这样或那样的焊接缺陷。特别是大型设备，在较为苛刻的条件下现场组焊，焊接的不完善性更是很难避免的。另一方面，对于某一缺陷，可能在某些设计使用条件下是无害的，在另一种设计使用条件下却又是有害的。因此，从不同的角度和要求出发，可以制订出不同的允许缺陷的标准。

在传统的质量保证体系中，焊接质量的评定，转化为对焊缝焊接缺陷的评定。首先，按照现行检测标准，将焊接缺陷定性、定长、分类，再根据焊接缺陷评定标准，评定焊缝是否合格。

容器经检测合格，无疑可以投用。但不一定都无漏检裂纹，特别是在以前，超声波检测仪尚不完善时期常有漏检不合格存在。反之，检测不合格，但不等于不能用，即质量不合格,不等于使用不合格。问题是存在着两种不同性质的缺陷评定标准。前者依据的是质量控制标准,而后者是合于使用标准。两种标准的出发点、原理、方法、对检测的要求以及评定结果,存在很大差别。

设备制造厂采用的标准是质量控制标准,这种标准是从容器制造的质量保证出发的。它把所有焊接缺陷都看成是对容器强度的削弱和安全的隐患。它不考虑具体使用情况的差别,单从制造角度出发,要求把焊接缺陷尽可能降到低限。以生产质量控制为目的而制定的国家级、部级或厂级的缺陷验收标准,都属于质量控制标准,简称 A 级标准。这种标准一般安全性高,但有时因过于保守而使得经济性差。

另外,一种叫合于使用(Fitness for purpose)标准,简称为 C 级标准。在国际上这类标准已有十余年的历史。C 级标准的掌握是相当困难的。在应力分析上,除常规设计应力外,还要求提供焊缝处的局部应力;在缺陷分析上,不仅要求缺陷定性、测长,而且还需要确定缺陷的埋藏深度,以及缺陷高度;对材料,要确定其屈服强度和断裂韧性。此外,还要求缺陷评定人员全面地了解断裂力学的原理和工程方法,具有丰富的实践经验,并取得劳动部门的资格认可。

目前,合于使用的缺陷评定尚缺统一评定标准,因此在我国 C 级标准还处于试用阶段。采用 C 级标准,其安全评定的可靠性每每都需论证。

B 级标准是质用兼顾标准。它兼顾了传统的质量控制标准和近年发展起来的合于使用标准,既考虑了安全上的可靠性,又兼顾了使用上的经济性。

在规范设计中,为了对允许缺陷有一个统一的规定,则把所有的焊接缺陷都看成是削弱容器强度的安全隐患。且并不考虑具体使用的差别,而单从制造和规范化的情况出发,将焊接缺陷尽可能地降低到一个能满足安全要求的最低限度。例如焊缝的质量控制标准应符合 NB/T 47013—2015 承压设备无损检测的规定。目前我国制订的压力容器法规、标准或技术条件较多,除国家质量监督检验检疫总局颁布的 TSG 21《固定式压力容器安全技术监察规程》外,主要标准还有钢铁材料标准和产品制造检验标准,以及其他有关的零部件标准等,已经形成了以强制性标准为核心的压力容器标准体系。

6.2 破坏性试验

破坏性试验是截取某一部分焊接接头金属,加工成规定尺寸和形状的试件进行。试件通常从与产品同时焊接完成的焊接试板上截取。破坏性检验的内容一般有力学性能、金相组织、化学成分分析等,有些材料还要进行耐腐蚀与扩散氢含量的测定。

(1) 力学性能试验

承压壳体焊接接头的力学性能试验按 GB/T 150 附录 E 进行,其内容有:

① 拉力试验用以测定焊接接头的抗拉强度(σ_b)、屈服强度(σ_s)、断面收缩率(ψ)和延伸率(δ),这些指标能说明焊接接头的强度与塑性;

② 弯曲试验以试样弯曲角度的大小及产生裂纹的情况作为评定指标来检验焊接接头的塑性;

③ 冲击试验用来测定焊接接头的韧性指标,要求采用 V 形缺口试样,应根据具体要求

在常温或规定低温下进行试验；

④ 硬度试验焊接接头的硬度分布曲线能反映出接头各区域的性能差别，一般用维氏硬度法测定焊接接头的硬度分布曲线。

（2）金相分析

通过焊接接头的金相分析可了解接头各部位的组织，发现焊缝中的显微缺陷，如夹杂物、裂纹、白点等。金相分析方法可分为宏观分析和微观分析两种。

① 宏观分析直接用肉眼或借助 30 倍以下低倍放大镜观察试样断口，可进行宏观组织分析，也可进行断口分析，还可做硫印检测。

② 微观分析用光学显微镜或电子显微镜，在放大几百倍至几千倍下观察试片的微观组织。它可检验焊接接头各区域的微观组织、偏析、缺陷以及析出相的种类、性质、形态、数量等，以便研究它们的变化与焊接材料、工艺方法和焊接参数等的关系。它主要作为质量分析及试验研究手段，某些情况下也作为质量检验手段。

（3）化学分析

化学分析试样应取自焊缝金属，但要避开焊缝两端。由于不同层次的焊缝金属受母材的稀释作用不同，一般以多层焊或多层堆焊的第三层以上的成分作为焊条熔敷金属的成分。经常分析的元素为碳、锰、硅、硫和磷。对于合金钢、不锈钢焊缝还需分析相应的合金元素。

（4）耐腐蚀性试验

焊接接头的腐蚀破坏有多种形式，如总体腐蚀、晶间腐蚀、点腐蚀、应力腐蚀等。腐蚀试验方法多种多样，主要与材料的种类有关。奥氏体不锈钢焊接接头往往要做晶间腐蚀试验，有时也做应力腐蚀试验。

（5）扩散氢含量的测定

低合金钢焊缝中扩散氢含量的多少，直接关系到焊后是否会产生延迟裂纹。因此，用于低合金钢焊接的焊条应控制熔敷金属中的扩散氢含量。我国普遍采用 45℃甘油法测定熔敷金属中扩散氢的含量。扩散氢含量通常在焊接工艺评定试验中进行测定。

6.3 无损检测

6.3.1 无损检测的要求

压力容器设备的检测要求，主要与材料的种类、板厚大小、试压方式、介质性质和容器类别等有关。GB/T 150《压力容器》标准中规定，对压力容器的焊接接头，经形状及外观检查合格后，再进行无损检测。GB/T 150 和 TSG 21《固定式压力容器安全技术监察规程》中规定，凡符合下列条件之一者，对其 A 类和 B 类焊接接头进行百分之百射线或超声波检测：

① 设计压力大于或等于 1.6MPa 的第Ⅲ类容器；

② 采用气压或气液组合耐压试验的容器；

③ 焊接接头系数取 1.0 的容器；

④ 使用后需要但是无法进行内部检验的容器；

⑤ 盛装毒性为极度或高度危害介质的容器；

⑥ 设计温度低于-40℃的或者焊接接头厚度大于 25mm 的低温容器；

⑦ 奥氏体型不锈钢、碳素钢、Q345R、Q370R 及其配套锻件的焊接接头厚度大于 30mm 者；

⑧ 18MnMoNbR、13MnNiMoR、12MnNiVR 及其配套锻件的焊接接头厚度大于 20mm 者；

⑨ 15CrMoR、14CrlMoR、08Ni3DR、奥氏体-铁素体型不锈钢及其配套锻件的焊接接头厚度大于 16mm 者；

⑩ 铁素体型不锈钢、其他 Cr-Mo 低合金钢制容器；

⑪ 标准抗拉强度下限值 R_m≥540MPa 的低合金钢制容器；

⑫ 图样规定须 100%检测的容器。

除上述百分之百检测外，应对其他情况下的 A 类和 B 类焊接接头进行局部射线或超声波检测。检测方法按设计文件规定。其中，对低温容器检测长度不得少于各焊接接头长度的 50%，对非低温容器检测长度不得少于每条焊接接头长度 20%，且均不得小于 250mm。而且焊缝交叉等特定部位的焊接接头必须检测。

① 6.3.1 中低温容器上的 A、B、C、D、E 类焊接接头，缺陷修磨或补焊处的表面，卡具和拉筋等拆除处的割痕表面；

② 凡属 6.3.1⑨⑩⑪中容器上的 C、D、E 类焊接接头；

③ 异种钢焊接接头、具有再热裂纹倾向或者延迟裂纹倾向的焊接接头；

④ 钢材厚度大于 20mm 的奥氏体型不锈钢、奥氏体-铁素体型不锈钢容器的对接和角接接头；

⑤ 堆焊表面；

⑥ 复合钢板的覆层焊接接头；

⑦ 标准抗拉强度下限值 R_m≥540MPa 的低合金钢及 Cr-Mo 低合金钢容器的缺陷修磨或补焊处的表面，卡具和拉筋等拆除处的割痕表面；

⑧ 要求全部射线或超声检测的容器上的公称直径 DN<250mm 的接管与对接接头、接管与高颈法兰对接接头；

⑨ 要求局部射线或超声体检测的容器中先拼板后成形凸形封头上的所有拼接接头；

⑩ 设计文件要求进行检测的接管角焊缝。

GB/T 150 中，对钢制压力容器的无损检测规定了下面的合格级别。其合格级别，执行 NB/T 47013 相应标准中规定的级别。

（1）凡进行百分之百检测的 A、B 类焊接接头，射线不低于Ⅱ级为合格，超声波Ⅰ级为合格。

（2）凡局部检测的 A、B 类焊接接头，射线不低于Ⅲ级为合格，超声波不低于Ⅱ级为合格。

（3）磁粉和渗透检测均是Ⅰ级为合格。

6.3.2　射线检测

（1）检测原理

射线检测（RT）是利用射线可穿透物质和在物质中有衰减的特性来发现缺陷的一种探伤方法。按检测所使用的射线种类不同，射线检测可分为 X 射线检测，γ 射线检测和高能射线检测三种，这些射线都具有使照相底片感光的能力。

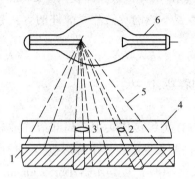

图 6-1　X 射线透照探伤法
1—胶片；2、3—内部缺陷；4—工件；
5—X 射线；6—X 射线管

利用射线检测时，若被检工件内存在缺陷，缺陷与工件材料不同，其对射线的衰减程度不同，且透过厚度不同，透过后的射线强度则不同，如图 6-1 所示。工件愈厚或构成元素的原子序数愈大，射线愈不易透过。反之，对于空气或由低原子序数物质所构成的工件内部缺陷，如焊缝中的夹渣、气孔或裂纹，射线则较易透过。如在工件下面放置 X 射线胶片，则有缺陷处由于透过的射线强度较大而使胶片感光较多，经显影后就能显出黑度较周围更为深的缺陷图像。从中可辨认出焊缝的轮廓、缺陷的形状和大小。

目前工业中应用的主要是 X 射线和 γ 射线检测。γ 射线的波长较 X 射线短，其穿透力强，适用于厚工件的检测，但灵敏度较低，且对人体的危害较大。X 射线检测应用最广，但其穿透力较小，大多检测仪器的检测厚度均在 100mm 以内。由于其显示缺陷的方法不同，每种射线检测都又分有电离法、荧光屏观察法、照相法和工业电视法。

（2）射线检测照相法的工序

对于焊接容器进行 X 射线照相法检测一般程序如下：确定产品的检测比例和检测位置并进行编号→选取软片、增感层和增感方式→确定焦点、焦距和照射方向→放置铅字号码、铅箭头及透度计→选定曝光规范并照射→暗室处理→焊缝质量的评定。

按上述程序，当曝光规范、照射方向和暗室处理等都正确，则射线照出的底片可以正确地反映出焊接接头内各种缺陷，如裂纹、未焊透、气孔和夹渣等。对底片所反映出焊缝缺陷进行评定。评定焊接接头的质量等级时，首先要对底片反映出来的缺陷进行性质、大小、数量及位置的识别，然后根据这些情况与检测标准 NB/T 47013—2015 承压设备无损检测进行比较定级。

（3）技术措施

① 照射方向

照射方向对焊缝中裂纹的显露优劣影响很大。照相时，照射方向和部位是根据缺陷的性质和焊接条件确定的。焊缝的照射方向一般有如下几种：

a. 对于不开坡口的对接焊缝，仅在垂直方向进行照射，如图 6-2(a) 所示。

b. 对于 V 形和 X 形坡口的对接焊缝，若采用薄涂料焊条施焊，因在未焊透处可能只形成一层薄氧化膜，故检测时要从三个方向进行照射，如图 6-2(b) 所示；当采用优质焊条施焊时，因其未焊透会形成一层厚的熔渣，所以检测时只需在焊缝的垂直方向进行照射，即图 6-2(b) 中的 1 所示的方向。

c. 对于焊接接头中的 T 形焊缝，检测时用垂直和与之倾斜 45°角的两个方向照射，如图 6-2(c)所示。至于连接接头中的角焊缝，只需在角平分线方向进行照射，如图 6-2(d)所示。

d. 当胶片暗盒无法放入工件内部时，例如直径较小的筒体，则应采用图 6-3(a)所示的透层照射法。为了避免上层焊缝的投影与所要检查的部分重叠，射线略微偏斜地照射。又如对管径小于 100mm 的筒体，为了将上、下两层焊缝同时摄于一张照片上，这时为避免影像重叠，射线应适当地偏一个角度，同时还应使焦距尽可能地大些，如图 6-3(b)所示。

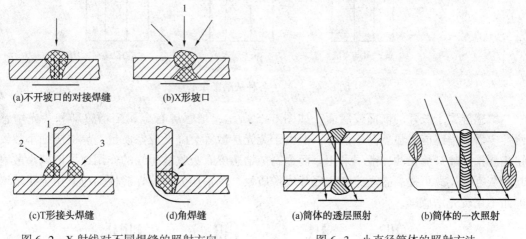

(a)不开坡口的对接焊缝　　(b)X形坡口

(c)T形接头焊缝　　(d)角焊缝　　(a)筒体的透层照射　　(b)筒体的一次照射

图 6-2　X 射线对不同焊缝的照射方向　　　图 6-3　小直径筒体的照射方法

对于不能用垂直照射检验法检测的焊缝，则需将射线倾斜一个角度，其倾斜角的大小一般不应超过 45°。

用 X 射线检测的目的是为了从底片上辨别有无缺陷的存在、分布情况、缺陷性质以及对工件的影响，从而确定焊缝是否合乎质量底限要求，或经修补后能否使用等。

由于底片上的影像是从一个投影方向透照的，因此它反映出的缺陷大小、形状与工件中的实际缺陷不完全一样，所以对缺陷的分析辨认需要有一定的经验。

② 缺陷识别

常见的焊接接头缺陷及特征如下：

a. 气孔　如图 6-4(a)所示，在底片上呈黑色斑点，轮廓比较规则圆滑，一般是圆形或近似圆形和椭圆形。中心黑而边缘浅、分布不一、有密集的、单个的，也有成串的。

b. 夹渣　底片上呈现带有不规则外形的黑色点状和条状，如图 6-4(a)所示。

c. 未焊透　如图 6-4(b)所示，根部未焊透在底片上呈规则的黑色直线条，有的连续，有的间断。坡口部未焊透沿坡口方向透视亦呈直线状黑色线条。

d. 裂纹　如图 6-4(c)所示，在底片上呈黑色细条纹，轮廓分明，两端尖细，中间稍粗，弯曲状。

③ 增感屏

X 射线照相用的两面乳剂软片对波长较长的射线较敏感，对 X 射线的能量吸收很少，当 X 射线管电压为 100kV 时，只能吸收 1% 左右的能量，因此胶片感光慢，需要曝光时间长。为了增加胶片对射线能量的吸收，亦即增加胶片的感光速度，缩短曝光时间，一般可采用增感屏。

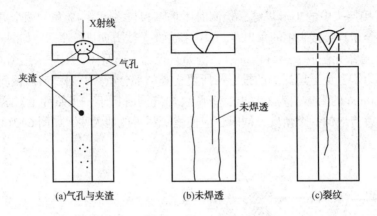

图6-4 底片上各种缺陷影像示意图

增感屏置于胶片的前面或后面，如图6-5所示，增感屏有金属箔增感屏和荧光增感屏两类。后者增感能力显著高于前者，但由于荧光扩散等会降低成像质量，易造成细小裂纹等缺陷漏检，故焊缝检测一般不采用。而金属箔增感屏有吸收散射线的作用，可以减小散射引起的灰雾度，故可提高感光速度和底片成像质量。锅炉压力容器焊缝检测应采用金属箔增感屏而不用荧光增感屏。

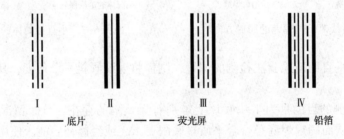

图6-5 增感方式示意图

④ 像质计

像质计又称透度计，是用来定量评价射线底片影像质量的工具，用与被检工件相同材料制成，有金属丝型、槽型和平板孔型三种。中国国家标准规定，锅炉压力容器焊缝检测用线型像质计。线型像质计是一套七根不同直径的金属丝平行排列于两块橡皮板间，如图6-6所示。

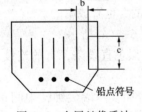

图6-6 金属丝像质计

像质计的应用原理是将其放在射线源一侧被检工件部位（如焊缝）的一端（约被检区长度的1/4处），金属丝与焊缝方向垂直、细丝置于外侧，与被检部位同时曝光，则在底片上应观察到不同直径的影像，若被检工件厚度、检测透照条件相同时，能识别出的金属丝越细，说明灵敏度越高。

（4）焊缝的质量分级

根据NB/T 47013《承压设备无损检测》标准，结合焊接接头中存在缺陷的性质和数量，焊缝质量分为四级，见表6-1，其中Ⅰ级焊缝质量最高，依次下降，Ⅳ级最差。另外，关于钢管环缝等内容的射线透照缺陷等级评定参见NB/T 47013等相关标准。

表 6-1 焊缝的质量分级

焊缝级别	要 求 内 容
Ⅰ级	Ⅰ级焊缝内不得有裂纹、未熔合、未焊透和条状夹渣
Ⅱ级	Ⅱ级焊缝内不得有裂纹、未熔合和未焊透
Ⅲ级	Ⅲ级焊缝内不得有裂纹、未熔合以及双面焊或相当于双面焊的全焊透对接焊缝和加垫板单面焊中的未焊透
Ⅳ级	缺陷超过Ⅲ级者为Ⅳ级

6.3.3 超声波检测

（1）超声检测（UT）原理

超声波也是一种在一定介质中传播的机械振动，它的频率很高，超过了人耳膜所能觉察出来的最高频率（20000Hz），故称为超声波。超声波在介质中传播时，当从一种介质传到另一种介质时，在界面处发生反射与折射。超声波几乎完全不能通过空气与固体的界面，即当超声波由固体传向空气时，在界面上几乎百分之百被反射回来。如金属中有气孔、裂纹、分层等缺陷，因这些缺陷内有空气等存在，所以超声波到达缺陷边缘时就全部反射回来，超声波检测就是根据这个原理实现的。

由于超声波在气体中衰减大，为减少超声波在探头与工件表面间的衰减损失，检测表面要有一定光洁度，并在探头与工件表面之间加耦合剂（如机油、变压器油、水玻璃等），以排除空气，减少能量损失，使超声波顺利通过分界面进入工件内部。

如果探头尺寸一定，超声波的频率越高、波长就越短，声束就越集中，即指向性越好，对检测越有利（灵敏度高），易于发现微小缺陷。常用的超声波频率带为 2.5~5MHz。

（2）超声波探头和检测仪

检验金属使用的超声波频率较高，大都用压电式超声波发生器。由于它具有使电能与机械能互相转换的作用，叫换能器，在超声波检测仪中又叫做探头。图 6-7 所示为探头结构图。根据其结构不同又分为直探头[图 6-7（a）]、斜探头[图 6-7（b）]、表面波探头、可变角度探头和聚焦探头等，最常用的还是前两种。

焊缝检测采用脉冲反射式超声波检测仪，它是由脉冲超声波发生器、接收放大器、指示器和声电换能器（探头）等四大部分组成。除探头（声电能换器）外，其他三部分合装在一个箱内成为一个机体。

根据缺陷的显示方法不同，脉冲反射式超声波探伤仪有 A 型、B 型、C 型和 3D 型四种类型。其中 A 型是目前焊缝检测中最常用的一种。其主要特点是示波屏上纵坐标代表反射波的振幅，可由此显示缺陷的存在与大小；横坐标代表探头的水平位置，可由此对缺陷定位。

A 型检测仪的工作原理如图 6-8 所示。检测时，超声波通过探测表面的耦合剂将超声波传入工件，超声波在工件里传播，遇到缺陷和工件的底面就反射回全探头，由探头将超声波转变成电信号，并传至接收放大电路中，经检波后在示波管荧光屏的扫描线上出现表面反射波（始波）A、缺陷反射波 F 和底面反射波 B。通过始波 A 和缺陷波 F 之间的距离便可决定缺陷离工件表面的位置，同时通过缺陷波 F 的高度亦可决定缺陷的大小。

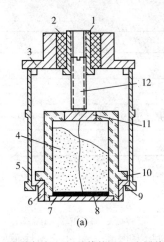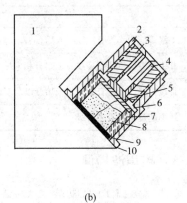

（a）

1—接触座；2—绝缘柱；3—金属盖；
4—吸收块；5—地线；6—接地铜圈；
7—保护膜；8—晶片；9—金属外壳；
10—晶片座；11—接线片；12—导线螺杆；

（b）

1—楔块；2—外壳；3—绝缘柱；
4—接线插；5—接线；6—接线片；
7—探头芯；8—吸收材料；9—晶片；
10—接地铜箔

图 6-7　超声波探头结构示意图

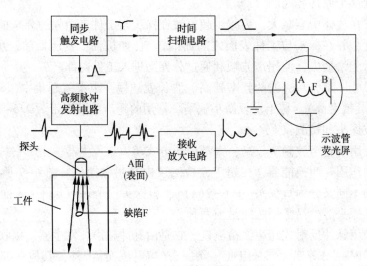

图 6-8　超声波检测原理方框图

（3）检测操作

焊缝通常采用纵波法或横波法进行检测，由于焊缝表面凹凸不平，因此焊缝以横波法居多。平板对接焊缝的检测操作过程为：确定探测频率→选择探头 K 值→选择正确的探测方向→探测灵敏度的校检→确定探头移动范围→缺陷的判别→焊缝质量评定。

纵波法是采用直探头将声束垂直入射工件检测面进行检测的方法，简称垂直法。当直探头在无缺陷工件上移动时，则检测仪的荧光屏上只有始波 A 和底波 B，如图 6-9（a）；若探头移到有缺陷处，且缺陷的反射面比声束小。则荧光屏上出现始波 A、缺陷波 F 和底波 B，如图 6-9（b）；若探头移到大缺陷处（缺陷比声束大），则荧光屏上只出现始波 A 和缺陷波 F，如图 6-9（c）所示。纵波法易于发现与检测面平行或近于平行的缺陷。

横波法是采用斜探头将声束倾斜入射工件检测面进行检测的方法，简称斜射法。当斜探头在无缺陷检测面上移动时，由于声束倾斜入射到底面产生反射后，在工件内以"W"形路径传播，故没有底波出现，荧光屏上只有始波 T，如图 6-10(a)；当工件存在缺陷而缺陷与声束垂直或倾斜角很小时，声束就会被反射回来，在荧光屏上出现始波 T 和缺陷波 F，如图 6-10(b)；当探头在无缺陷面上移动至接近板端时，则声束将被端角反射回来，在示波屏上出现始波 T 和板端反射波 B，如图 6-10(c)。

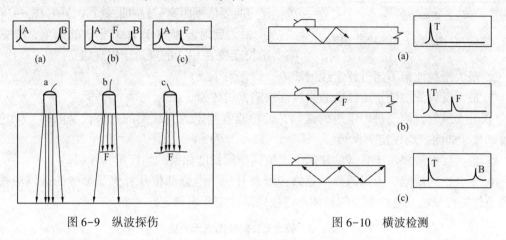

图 6-9　纵波探伤　　　　　　　　图 6-10　横波检测

(4) 缺陷特征

① 气孔　气孔一般是球形，反射面较小，对超声波反射不大，在荧光屏上单独出现一个尖波，波形也比较单纯。当探头绕缺陷转动时，缺陷波高度不变，但探头原地转动时，单个气孔的反射波即迅速消失。而链状气孔则不断出现缺陷波，密集气孔则出现数个此起彼落的缺陷波。单个气孔的波形如图 6-11 所示。

② 裂纹　裂纹的反射面积比气孔大，而且较为曲折，用斜探头探伤时荧光屏上往往出现锯齿较多的尖波，如图 6-12 所示。若探头此时沿缺陷长度方向平行移动，波形中锯齿变化很大，波高也有些变化。当探头平移一段距离后波高才逐渐降低至消失。但当探头绕缺陷转动时，缺陷波迅速消失。

③ 夹渣　夹渣本身形状不规则，表面粗糙，故其波形是由一串高低不同的小波合并的，波根部较宽，如图 6-13 所示。当探头沿缺陷平行移动时，条状夹渣的波会连续出现。转动探头时，波高迅速降低。而块状夹渣在较大的范围内都有缺陷波。且在不同方向探测时，能获得不同形状的缺陷波。

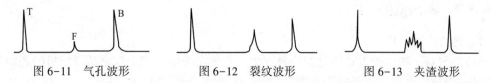

图 6-11　气孔波形　　　　　图 6-12　裂纹波形　　　　　图 6-13　夹渣波形

④ 未焊透　未焊透的波形基本上和裂纹波形相似，不同的是没有裂纹波形那样多锯齿。当未焊透伴随夹渣时，与裂纹区别才较显著，因为这时兼有夹渣的波形。当斜探头沿缺陷平移时，在较大的范围内存在缺陷波。当探头垂直焊缝移动时，缺陷波消失的快慢取决于未焊透的深度。

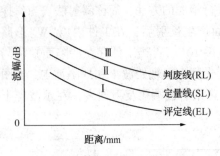

图 6-14 距离-波幅曲线示意图

⑤ 未熔合　未熔合多出现在母材与焊缝的交界处，其波形基本上与未焊透相似，但缺陷范围没有未焊透那样大。

（5）焊缝质量分级

根据 GB/T 11345—2013《焊缝无损检测 超声检测技术、检测等级和评定》焊缝的超声波检测结果分为四级，评定时要依据距离-波幅曲线（DAC）图（图 6-14）。

① 最大反射波幅位于 DAC Ⅱ 区的缺陷，根据缺陷指示长度按表 6-2 的规定予以评级。

② 最大反射波幅不超过评定线的缺陷，均评为 Ⅰ 级。

③ 最大反射波幅位于 Ⅰ 区的非裂纹性缺陷，均评为 Ⅰ 级。

④ 最大反射波幅超过评定线的缺陷，若检验者判定为裂纹类的危害性缺陷时，无论其波幅和尺寸如何，均评定为 Ⅳ 级。

⑤ 最大反射波幅位于 Ⅲ 区的缺陷，无论其指示长度如何，均评定为 Ⅳ 级。

⑥ 不合格的缺陷应予以返修。返修区域修补后，返修部位及补焊受影响的区域应按原检测条件进行复检。复检部位的缺陷亦应按缺陷评定要求评定。

表 6-2　最大允许的缺陷指示长度

检验等级 评定等级 板厚/mm	A 8~50	B 8~300	C 8~300
Ⅰ	$\frac{2}{3}\delta$，但最小为 12	$\delta/3$，但最小 10，最大 30	$\delta/3$，但最小 10，最大 20
Ⅱ	$\frac{3}{4}\delta$，但最小 12	$\frac{2}{3}\delta$，但最小 12，最大 50	$\delta/2$，但最小 10；最大 30
Ⅲ	δ，但最小 20	$\frac{3}{4}\delta$，但最小 16，最大 75	$\frac{2}{3}\delta$，但最小 12；最大 50
Ⅳ	超过Ⅲ级者		

注：a. δ 为坡口加工侧母材板厚，厚度不同时，以较薄侧为准；

　　b. 管座角焊缝 δ 为焊缝截面中心线高度。

6.3.4　表面检测

（1）磁粉检测（MT）

磁粉检测是一种比较古老的无损检测方法。它被广泛地应用于探测铁磁材料的表面和近表面缺陷（裂纹、夹层、夹渣及气孔等）。

① 磁粉检测原理

工件磁化后，磁力线将以均匀的平行直线形式分布。遇有未焊透、夹渣或裂纹等缺陷时，磁力线将会绕过磁导率低的空穴（缺陷），发生磁力线弯曲，部分磁力线还可能泄漏到外面空间里，形成局部漏磁通，如图 6-15 所示。这种漏磁通产生于工件表面缺陷部位，漏磁场处铁粉被吸收而发生集聚。根据铁粉集聚的部位、大小和形状可直接判断缺陷的部位和大小。

缺陷与磁力线垂直时显示得最清楚，而平行时则显示不出来。而且缺陷分布与磁力线平行或位于工件内部深处则无法发现，所以磁粉检测法只能进行表面或近表面的检测。

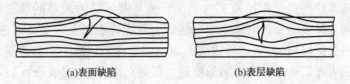

(a)表面缺陷　　　　　　　　(b)表层缺陷

图6-15　磁粉检测原理图

为了检测出处于各种位置的缺陷，应对工件进行多方位的磁化。按磁力线与焊缝的相对位置可分为纵向磁化、横向磁化、环向磁化、平行磁化及复合磁化等。

在磁粉检测中，磁粉的质量会影响检验的灵敏度，一般要求具有大的磁导率和小的矫顽力。磁粉的颗粒要小，以增加其移动性。磁粉的粒度范围一般以 $5\sim60\mu m$ 为好，常用的磁粉粒度在 $5\sim25\mu m$ 之间，并且以长条形最好。其颜色与工件表面颜色区别越大越好。一般使用的是棕黑色的四氧化三铁。磁粉还分干、湿两种。湿磁粉可用变压器油和煤油各50%配成的混合油作液体媒质，使用时在每公斤混合油中加入 $15\sim30g$ 磁粉，并将其搅拌均匀。当对容器的内表面进行磁粉探伤时，应使用荧光磁粉。

为了使磁场具有足够的吸附磁粉的能力，必须根据工作人员的经验选择磁化规范。但在工作中所产生的磁感应强度不但与磁化电流有关，还与工件的磁导率、尺寸、形状和材质有关，所以要选择一个最佳的磁化规范是一件比较困难的事情，为此国内外近几年来发展了磁粉检测的灵敏度试片。使用它可以正确确定工件的磁化电流，衡量磁粉检测灵敏度，判断检测仪器性能的好坏以及检测方法是否正确。

② 检测程序与要求

a. 检测前的准备　调整和校验检测仪的灵敏度，清除被探表面的油污、铁锈、氧化皮等。

b. 磁化　首先应确定磁化电流的种类与方向。一般干法用直流电，湿法用交流电效果较好。应尽可能使磁场方向与缺陷分布方向垂直。在焊缝磁粉检测中，为得到较高的探测灵敏度，通常在被探件上至少进行两个近似相互垂直方面的磁化。

c. 喷撒磁粉或磁悬液　采用干法检验时，应将干粉喷成雾状；湿法检验时，磁悬液应充分搅拌后喷撒。

d. 对磁痕进行观察与评定　用 $2\sim10$ 倍的放大镜观察磁痕。若发现有裂纹、成排气孔或超标的线形或圆形显示，均判为不合格，必须返修或补焊。

e. 退磁　工件经磁粉检测后所留下的剩磁会影响安装在其周围的仪表、罗盘等计量装置的精度，或者吸引铁屑增加磨损。有时工件中的强剩磁场会干扰焊接过程，引起电弧的偏吹，或者影响以后进行磁粉检测。使工件的剩磁回零的过程叫退磁。当工件进行两个以上方向的磁化后，若后道工序不能克服前道工序剩磁影响时，应进行退磁处理。

（2）液体渗透检测(PT)

① 检测原理

液体渗透检测包括荧光检测和着色检测，它们都是利用某些液体的渗透性等物理特性来发现和显示缺陷的。这些方法可用来检查铁磁性和非铁磁性材料表面的缺陷。

荧光法较着色法有较高的检测灵敏度，但着色检测比荧光检测的设备简单，操作方便，在焊接检验中应用较广。特别适用于不能采用磁粉检测的非铁磁性材料的检验，如奥氏体不锈钢和铝及镍基合金等。一般可检测出 $0.5\mu m$ 的微裂纹，最小可检测出 $0.2\mu m$ 的微裂纹。

渗透检测的基本原理是：在被检工件表面涂覆某些渗透力较强的渗透液，在毛细作用下，渗透液渗入到工件表面开口的缺陷中，然后去除工件表面上多余的渗透液（渗透到表面缺陷中的渗透液仍被保留）；再在工件表面上涂一层显像剂，缺陷中的渗透液在毛细作用下重新被吸到工件的表面，从而形成缺陷的痕迹。根据在黑光（荧光渗透液）或白光（着色渗透液）下观察到的缺陷显示痕迹，作出缺陷的评定。

② 检测操作

荧光检测的过程是：将待查工件表面上的油泥等污物清除干净，涂以荧光粉渗透液。由于荧光粉液的渗透力很强，若工件表面有裂纹等缺陷，则粉液将渗入缺陷内。停留 $5\sim10min$ 后，除去表面的荧光液（这样，只有在缺陷内部存留有荧光液），在检测的表面撒上一层氧化镁粉末（或把小型工件埋在氧化镁粉末里），振动几下。这时，在缺陷处的氧化镁被荧光油液浸透，并有一部分渗入缺陷的空腔内，接着把多余的粉末吹掉，最后在暗室中用紫外线灯照射工件，如图 6-16 所示，在紫外线作用下，留在缺陷处的荧光物质发出明亮的荧光。缺陷是裂纹时，它们就会以明亮的曲折线条出现。

着色检测的原理与荧光检测基本相同，具体操作步骤见图 6-17。在净化后的工件表面上，涂刷或喷一层着色液，又称渗透剂，经 $15\sim30min$ 后，渗透液对缺陷边壁逐渐浸润而渗入缺陷内部[图 6-17(a)]；然后，用水（对自乳化水洗型渗透液）或溶剂（对溶剂清洗型渗透液）把工件表面多余的渗透液清洗干净[图 6-17(b)]；接着，用显像液（常用 MgO_2、SiO_2 粉末等显像剂均匀地调配在水或溶剂中配制成）或颗粒微小的白色显像剂（干法）均匀地涂散在工件表面，残留在缺陷内的渗透液由于毛细作用原理被显像剂吸附至工件表面形成放大的红色缺陷显示痕迹[图 6-17(c)]。缺陷在自然光下显示红色，用目视法即可检查判定有无表面缺陷[图 6-17(d)]。

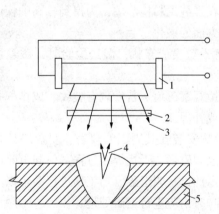

图 6-16 荧光探伤工作原理

1—荧光灯（紫外线灯）；2—滤光片（氧化镍玻璃）；
3—紫外线；4—荧光物质；5—工件

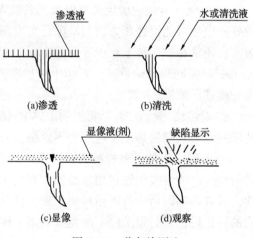

图 6-17 着色检测法
的步骤示意图

6.3.5 其他检测技术

（1）声发射检测

物体内部存在缺陷时，便在物体中造成不连续状态，而使缺陷周围的应变能较高，在外力作用下，缺陷部位所承受的应力高度集中，因而使缺陷部位的能量也进一步集中。当外力达到某一数值时，缺陷部位比无缺陷部位先发生微观屈服或变形，使该部位应力得到松弛，多余的能量释放出来，成为波动能（应力波或声波），即为声发射，再通过声换能器接收，从而检查出发声的地点。

缺陷通常是以脉冲的形式将能量释放出来。释放能量的大小与缺陷的微观结构特点以及外力的大小有关。而单位时间内所发射出来的脉冲数目既与释放的能量大小有关，也与释放能量的微观过程的速率有关。

一般来说，引起声发射的微观结构尺寸越小，或者释放能量的微观过程所进行的速率越快，则所产生的声发射频率越高。因此，测量声发射的能量分布情况及声发射总数或声发射频率，就能判断声发射源（缺陷或潜在缺陷）的微观结构特点及材料的声发射规律。

用电子仪器检测发射出来的声波，加以处理，以探测缺陷发生、发展规律，或寻找缺陷位置的技术称为声发射技术。

声发射检测对象必须是处于动态中的缺陷，如正在产生和扩展中的裂纹等。而对于处于静态的气孔、夹渣和未焊透等缺陷是不能检测的，即它适用于承载条件下的监控和检测。

（2）全息照相检测

在普通照相中，使照相底版感光的，只是光的强度，而光的强度只与振幅的平方成正比，与相位无关。因此，照相底版只记录了物体光波的振幅，而失掉了光的相位变化，即没有记录物体光波的全部信息，故它不能反映物体的全部情况。

全息照相就是在照相时，把物体波的振幅和相位同时记录下来。其方法是，使物体波（物体反射波或物体透射波）同另外一参考波在照相底版上交叠在一起，产生干涉。于是在照相底版上产生干涉条纹，经显影和定影之后，便得到全息照相图，这个过程称为"造图"。这种全息图是干涉条纹，而不是物像。将全息图用参考光束照射，就能使物像重现，这个过程称为"建像"。

全息照相能精确地再现被摄物体的光波，能够查知工件表面层缺陷和内部缺陷的立体情况。使我们对于缺陷的大小、取向和形状得到更清楚的了解，从而能够较有把握地探伤、判伤和对工件作出质量评定。

全息照相检测技术也能检查出不透明物体内部的缺陷。对于不透明的物体来说，光线只能在它的表面上发生反射，因而只能反映物体的表面情况。但是，物体的表面与物体的内部是互相联系的，如物体内部有缺陷，在一定条件下，会通过某种方式而表现为物体表面的异常情况。因而这也是一种无损检验。

例如，首先摄取物体在不受力状态下的全息图，这时物体内部缺陷并不在表面上表现出异常情况。第二步是摄取物体受力状态下的全息图，这时物体由于受力，它的表面发生位移，于是第二个全息图上的干涉条纹与第一个相比就发生了移动。第三步是将两个全息图一同在激光的照射下建像。每一个全息图都显示出物体光波的原来波阵面，由于两个波阵面都保持了它们原来的振幅和相位，所以两个波阵面相遇时将发生干涉，此时除了显示原来的物体全息像外，还产生了较粗大的干涉条纹。条纹间距就表示物体受力变形时表面位移的大小。当物体内部无缺陷时，这种条纹的间距和形状是连续的，与物体的外形轮廓的变化是同步调的。反之，如果工件内部存在缺陷，则由于物体受力时，内部缺陷对应的表面发生的位移与无缺陷部位不同，建像时，在干涉条纹的波纹图上，对应于有缺陷的局部区域，就出现波纹不连续的突然的形状和间距变化，从而判定内部有缺陷存在。图 6-18 所示为激光全息检测聚四氟乙烯铝胶合板局部开脱的全息图。

（3）热中子检测

目前发展较为成熟和实际应用较多的是热中子检测，其他能区的中子检测还处于研究阶段。热中子检测是根据各种物质对热中子吸收能力不同的原理进行的。图 6-19 所示为热中子检测的示意图。它包括中子源、慢化剂、准直器、被透视工件和像探测器等几部分。检测时，中子源发射的快中子，经慢化剂充分慢化后变成热中子，热中子通过准直器限制热中子束的发散角，使之成为束照射并透过被检验的工件，在像探测器上把被透视工件内部情况记录下来。

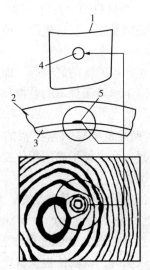

图 6-18　激光全息检测胶合板开脱的全息图
1—聚四氟乙烯铝胶合板；2—聚四氟乙烯；
3—铝；4—缺陷位置；5—缺陷

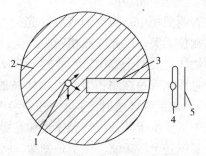

图 6-19　热中子检测示意图
1—中子源；2—慢化剂；3—准直器；
4—工件；5—像探测器

（4）涡流检测

涡流检测也是以电磁感应原理为基础，当钢管（指碳钢、合金钢和不锈钢）通过交流电的绕组时，钢管表面或近表面出现集肤效应，其有缺陷部位的涡流发生变化，导致绕组的阻抗或感应电压产生变化，从而得到关于缺陷的信号。从信号的幅值及相位等可以对缺陷进行判别，能有效地识别钢管内外表面的不连续性缺陷，如裂纹、未焊透、夹渣、气孔、点腐蚀等，对开放性线性缺陷最为敏感。

涡流检测适用于制造过程作为半成品和成品的生产检验。半成品检验有利于改进制造工艺，提高质量。成品检验是加工的最后工序，对产品进行最后筛选。它适用于线、管、棒、球等不复杂形状的产品进行在线或离线检测。它广泛用于压力容器用圆形无缝钢管及焊接钢管质量的复检，国内许多生产厂家用它作为带成材双层管焊缝和带成材不锈钢金属软管的管坏纵焊缝在线检测的手段，效果比较明显，有助于提高焊缝质量。

涡流检测适用于承压无缝钢管环焊缝及焊接管纵焊缝的表面和近表面缺陷检测，适用外径为 6~180mm 的钢管、铜及铜合金管、钛及钛合金管的检测。它是一种快速、便宜、安全、且可以实现全自动化的检验方法。缺点是缺陷的类型、位置和形状不易估计，需辅以其他无损检测方法进行定性和定位。另外，它不能用于绝缘材料的检测。

6.4　压力试验与气密性试验

压力试验与气密性试验是设备整体强度和密封性的试验，即对设备选材、设计和制造工艺等的综合性检验。其检验结果不仅是产品合格和等级划分的关键数据之一，而且是保证设备安全运行的重要依据。压力试验与气密性试验是设备制造厂的最终工序，也是石油化工企业设备购进时的必检项目及检修开车前维修规程的要求。虽然水压试验和气压试验在某种程度上也具有气密性检验的性质，但其主要目的仍然是强度检验，因而习惯上还是把它们称为强度试验。

制造完工的容器应按图样规定进行压力试验（液压试验或气压试验）或增加气密性试验。

压力试验必须用两个量程相同的并经过校正的压力表。压力表的量程在试验压力的 2 倍左右为宜，但不应低于 1.5 倍和高于 4 倍的试验压力。

容器的开孔补强圈应在压力试验以前通入 0.4~0.5MPa 的压缩空气检查焊接接头质量。

6.4.1　液压试验

容器制成后应经压力试验。压力试验的种类、要求和试验压力值应在图样上注明。

压力试验一般采用液压试验。试验液体一般采用水，需要时也可采用不会导致发生危险的其他液体。对于不适合作液压试验的容器，例如容器内不允许有微量残留液体，或由于结构原因不能充满液体的容器，可采用气压试验，作气压试验的容器必须满足有关规定。

外压容器和真空容器以内压进行压力试验。

对于由两个（或两个以上）压力室组成的容器，应在图样上分别注明各个压力室的试验压力，并校核相邻壳壁在试验压力下的稳定性。如果不能满足稳定要求，则应规定在作压力试验时，相邻压力室内必须保持一定压力，以使整个试验过程（包括升压、保压和卸压）中的任一时间内，各压力室的压力差不超过允许压差，图样上应注明这一要求和允许压差值。

（1）试验压力

试验压力是检验设备整体强度的重要参数，试验压力的最低值按下述规定。

① 内压容器

液压试验：
$$p_t = 1.25p \frac{[\sigma]}{[\sigma]^t} \tag{6-1}$$

气压试验：
$$p_t = 1.15p \frac{[\sigma]}{[\sigma]^t} \tag{6-2}$$

式中　p_t——试验压力，MPa；

p——设计压力，MPa；

$[\sigma]$——容器元件材料在试验温度下的许用应力，MPa；

$[\sigma]'$——容器元件材料在设计温度下的许用应力，MPa。

② 外压容器和真空容器

液压试验：$\qquad\qquad\qquad p_t = 1.25p$ (6-3)

气压试验：$\qquad\qquad\qquad p_t = 1.15p$ (6-4)

式中 p_t——试验压力，MPa；

$\quad\ p$——设计压力，MPa。

压力试验前的应按有关规定进行应力校核。

（2）试验液体和试验温度要求

① 试验液体

试验液体一般采用水，且水质必须洁净，需要时也可采用不会导致发生危险的其他液体。试验时液体的温度应低于其闪点或沸点。

奥氏体不锈钢制容器用水进行液压试验后应将水渍清除干净。当无法达到这一要求时，应控制水的氯离子含量不超过 25mg/L。

② 试验温度

a. 碳素钢、Q345R 和正火 15MnVR 钢容器液压试验时，液体温度不得低于 5℃；其他低合金钢容器，液压试验时液体温度不得低于 15℃。如果由于板厚等因素造成材料无延性转变温度升高，则需相应提高试验液体温度；

b. 其他钢种容器液压试验温度按图样规定。

（3）试验方法

① 试验时容器顶部应设排气口，充液时应将容器内的空气排尽。试验过程中，应保持容器观察表面的干燥；

② 试验时压力应缓慢上升，达到规定试验压力后，保压时间一般不少于 30min。然后将压力降至规定试验压力的 80%，并保持足够长的时间以对所有焊接接头和连接部位进行检查。如有渗漏，修补后重新试验；

③ 对于夹套容器，先进行内筒液压试验，合格后再焊夹套，然后进行夹套内的液压试验；

④ 液压试验完毕后，应将液体排尽并用压缩空气将内部吹干。

容器的试压装置如图 6-20 所示。试验时压力应缓慢上升，至规定试验压力的 10%，且不超过 0.05MPa 时，保压 5min，然后对所有焊接接头和连接部位进行初次泄漏检查，如有泄漏，修补后重新试验。初次泄漏检查合格后，再继续缓慢升压至规定试验压力的 50%，其后按每级为规定试验压力的 10%的级差逐级增至规定的试验压力。保压 30min 以上时间，再将压力降至规定试验压力的 80%，并保持足够长的时间后再次进行泄漏检查。如有泄漏，修补后再按上述规定重新试验。

热交换器的水压试验除与容器有相同要求外，还有着不同的试压特点。当壳程压力低于管程压力时，为检查管子与管板连接的密封性，可以提高壳程的试验压力（例如取作 $1.5p$），但必须验算试验压力下壳体的平均一次薄膜应力，要求不超过试验温度下材料屈服强度的 90%（壁厚应扣除附加量 C_1 和 C_3）。

浮头式热交换器的试压分三次进行，每次试压检验的目的各不相同，即：

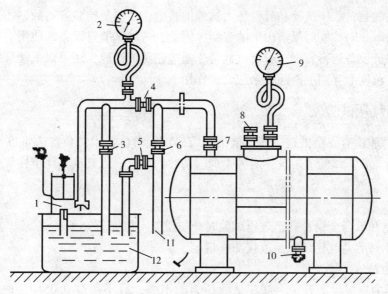

图 6-20　容器试压装置与流程

1—泵；2、9—压力表；3、4、5、6—法门或法兰；7—进水阀口；

8—放空阀口；10—排水阀；11—水管；12—贮水池

① 壳程试压检查管子与管板连接的可靠性及壳体质量。壳程的试压装置如图 6-21 所示。

② 管程试压检查管箱、浮头连接处的密封和强度的可靠性。

③ 安装外管箱后的壳程试压检查外管箱及其他连接处的制造质量。

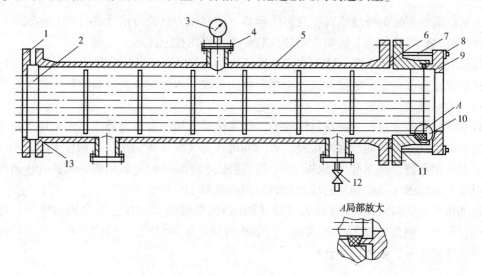

图 6-21　壳程试压

1—夹具法兰；2—固定管板；3—压力表；4—法兰盖；5—壳体；6—密封垫；

7—螺柱；8—螺母；9—压盖法兰圈；10—密封圈；11—浮头套圈；12—进水阀；13—密封垫圈

容器经水压检验后，应先打开放气阀，再打开放水阀放水。放水时，先打开放气阀的目的是防止容器排水而引起的外压失稳破坏。

必须说明的是，水压试验和其他压力试验的目的，主要是检验容器的整体强度和发现设备各种潜在局部缺陷扩展而暴露出来的渗漏。因此，这种试验对设备的使用也是一种预防性的措施，以保证设备运行安全、可靠。此外，通过超负荷试验，还可以平缓某些峰值残余应力，这在一定程度上起到了消除残余应力的作用。

6.4.2　气压试验

① 气压试验应有安全措施。该安全措施需经试验单位技术总负责人批准，并经本单位安全部门检查监督。试验所用气体应为干燥、洁净的空气、氮气或其他惰性气体。

② 试验压力按公式(6-2)的规定。

③ 试验温度

a. 碳素钢和低合金钢容器，气压试验时介质温度不得低于15℃；

b. 其他钢种容器气压试验温度按图样规定。

④ 试验方法

试验时压力应缓慢上升，至规定试验压力的10%，且不超过0.05MPa时，保压5min，然后对所有焊接接头和连接部位进行初次泄漏检查，如有泄漏，修补后重新试验。初次泄漏检查合格后，再继续缓慢升压至规定试验压力的50%，其后按每级为规定试验压力的10%的级差逐级增至规定的试验压力。保压30min以上时间，再将压力降至规定试验压力的80%，并保持足够长的时间后再次进行泄漏检查。如有泄漏，修补后再按上述规定重新试验。

6.4.3　气密性试验

介质的毒性程度为极度或高度危害的容器，应在压力试验合格后进行气密性试验。需做气密性试验时，试验压力、试验介质和检验要求应在图样上注明。

试验时压力应缓慢上升，达到规定试验压力后保压10min，然后降至设计压力，对所有焊接接头和连接部位进行泄漏检查。小型容器亦可浸入水中检查。如有泄漏，修补后重新进行液压试验和气密性试验。

煤油试验实质上也是一种密封性检验。煤油试验常用作常压容器或不便采用其他方法检查密封性的工件或设备的密封性检验，有时亦可作为大型设备的密封性初检手段。如减压塔类的大型薄壁容器，在制造厂条件下难于进行卧式水压试验时，即用煤油试验先作密封性预检，以减少现场水压试验和气密性试验时缺陷的返修工作量。

煤油试验时先将待检面(通常为容器外侧面)的焊缝清理干净，并涂刷白粉浆，待充分干燥后，在另一侧面涂刷2~3次煤油，使表面得到足够的浸润，经0.5h后，在白粉侧的表面上若无油渍出现，则为试验合格。

复　习　题

6-1　为什么要进行设备检验？

6-2　质量检验的内容有哪些？

6-3　什么叫质量控制标准？什么叫合于使用标准？分别适用于什么条件？

6-4　X射线检测的原理是什么？检测灵敏度如何确定量？

6-5　射线透视法能否定出缺陷的深度？

6-6　简述超声波检测的原理及应用特点。

6-7　哪些情况下需要进行表面检测？有哪些表面检测方法？

6-8　渗透检测原理是什么？

6-9　声发射检测的基本原理和特点是什么？

6-10　涡流检测适用于什么条件？

6-11　简述全息照相检测的原理？

6-12　气压试验应采取什么措施？

6-13　水压试验的试验压力如何确定？

6-14　绘制储罐容器水压试验装置简图。

6-15　简述浮头式换热器的水压试验过程。

第7章　设备制造的质量管理

7.1　设备制造质量管理与安全监察

7.1.1　设备制造质量管理的意义

过程设备的制造不仅存在生产技术和工艺问题，还有生产的组织与管理问题。高质量的产品不仅仅依靠先进的技术装备和先进的生产工艺，还取决于科学的、严格的管理和对质量的严密控制。作为技术装备的"硬件"和作为各种管理的规章制度及管理体制的"软件"，两者是生产领域中的两个方面，是相辅相成、相互补充的，两者都是通过"人"去实施和监督。

作为从事过程设备制造的工程技术人员，为了更好地在生产第一线发挥生产组织者和指挥者的作用，更好地履行本岗位的职责，要求不仅熟悉生产技术，还要熟悉生产管理、工作任务、工作程序、工作依据、工作标准和工作见证。在过程设备制造中，还要熟悉质量保证体系和有关的规程、规定、标准和技术条件。做到一切工作依照上述有关法律性质的文件办事，抵制违反这些规定的做法，追究违章者的责任，努力提高企业管理水平。

具体说来就是要保证设备在使用寿命期内其强度安全并达到设计预期目的。要达到这些要求，仅仅从完善设计、制造和检验技术等方面着手是不够的。因为石油化工设备种类繁多、结构各异，大多属于单件小批量生产，即使是最简单的结构，也要经过许多道工序才能完成，最终的质量受到许多主观、客观因素错综复杂的影响。所以要保证设备制造厂的产品质量，除采用相对无缺陷的质量控制（实质是限量缺陷规定）方法外，还必须加强质量管理。

质量管理不仅是提高产品质量的有效途径，而且能尽可能地减少返工和检验工时，节省原材料和能耗，提高企业的经济效益。

7.1.2　质量管理的措施与要求

由于过程设备特别是压力容器，是一种有爆炸危险的承压设备，为保障压力容器和设备的安全，除制造厂按规范、标准对产品进行质量控制外，世界各国均建立有锅炉和压力容器的安全监察机构，统管制定规程、批准设计、制造和使用压力容器，并实行严格的技术监督制度。

目前，我国国家质量监督检验检疫总局设立特种设备安全监察局，各省的质量技术监督局也设有专门的特种设备安全监察机构，负责锅炉和压力容器的立法及安全监察。其主要职能就是管理锅炉、压力容器、压力管道等特种设备的安全监察、监督工作；监督检查特种设备的设计、制造、安装、改造、维修、使用、检验检测和进出口；按规定权限组织调查处理特种设备事故并进行统计分析；监督管理特种设备检验检测机构和检验检测人员、作业人员的资质资格；监督检查高耗能特种设备节能标准的执行情况。因此，设备制造单位在具有与设计和制造产品相适应的条件的基础上，还应接受其资格审查，以保证设备的制造质量。

过程设备制造与生产其他产品一样，离不开人、材料、设备、工艺和环境五个要素，这些要素对设备的制造质量都产生很大影响。根据国务院颁发的《特种设备安全监察暂行条例》和国家质量监督检验检疫总局颁发的《锅炉压力容器制造监督管理办法》的规定，对制造压力容器的单位，实行主管部门和锅炉压力容器安全监察部门分级审批制度，以促进制造厂对上述要素制订具体的质量保证手册，并能切实遵照执行。

锅炉压力容器制造企业必须具备以下条件：

(1) 具有企业法人资格或已取得所在地合法注册；

(2) 具有与制造产品相适应的生产场地、加工设备、技术力量、检测手段等条件；

(3) 建立质量保证体系，并能有效运转；

(4) 保证产品安全性能符合国家安全技术规范的基本要求；

具体条件和要求按照《锅炉压力容器制造许可条件》的规定执行。

7.1.3　压力容器制造质量的监督检查

为保证压力容器的制造质量，除持证的制造单位自行按《压力容器制造质量保证手册》认真执行外，还必须接受制造单位所在地或上级锅炉压力容器安全监察机构的监督，对《锅炉压力容器制造监督管理办法》所列锅炉压力容器产品及其部件的安全性能监检要依据《锅炉压力容器产品安全性能监督检验规则》进行。对实施监检的锅炉压力容器产品，必须逐台进行产品安全性能监督检验。

除气瓶外，压力容器安全性能监督检验的项目和方法包括：

(1) 图样资料审查

① 设计总图上应有压力容器设计单位的设计资格印章，确认资格有效；②压力容器制造和检验标准的有效性；③设计变更(含材料代用)审批手续。

(2) 材料

① 材料质量证明书、材料复验报告审查；②材料标记移植检查；③审查主要受压元件材料的选用和材料代用手续。

(3) 焊接

① 审查焊接工艺评定及记录，确认产品施焊所采用的焊接工艺符合相关标准、规范；②焊接试板数量及制作方法确认；③审查产品焊接试板性能报告，确认试验结果；④检查焊工钢印；⑤审查焊缝返修的审批手续和返修工艺。

(4) 外观和几何尺寸

① 焊接接头表面质量；②检查母材表面的机械损伤、工装卡具损伤痕迹；③检查焊缝的最大内径与最小内径差；当直立容器壳体长度超过 30m 时，检查筒体直线度；检查焊缝布置和封头形状偏差，并记录实际尺寸。对球形容器的球片，主要抽查成型尺寸。

(5) 无损检测

① 检查布片(排版)图和探伤报告，核实探伤比例和位置，对局部探伤产品的返修焊缝，应检查按有关规范、标准要求进行扩探情况。对超声波探伤和表面探伤除检查报告外，监检人员还应不定期到现场对产品进行实地监检；②底片抽查数量不少于设备探伤比例的 30%，且不少于 10 张(少于 10 张的全部检查)，检查部位应包括 T 形焊缝、可疑部位及返修片。

（6）热处理

检查确认热处理记录曲线与热处理工艺的一致性。

（7）耐压试验

耐压试验前，应确认需监检的项目均监检合格，受检企业应完成的各项工作均有见证。耐压试验时，监检人员必须亲临现场，检查试验装置、仪表及准备工作，确认试验结果。

（8）安全附件

安全附件数量、规格、型号及产品合格证应当符合要求。

（9）气密试验

检查气密性试验结果，应当符合有关规定、标准及设计图样的要求。

（10）出厂技术资料审查

① 审查出厂技术资料；②审查铭牌内容应符合有关规定，在铭牌上打监检钢印。

（11）监检资料

经监检合格的产品，监检人员应根据《压力容器产品安全性能监督检验项目表》的要求及时汇总、审核见证资料，并由监检单位出具《锅炉压力容器产品安全性能监督检验证书》，并在产品铭牌上打监检钢印。

7.2 质量保证体系及制度

7.2.1 质量保证体系

质量保证体系是企业实行质量管理的法规，它明确了从事设备制造直接相关的各类人员和机构的职能、所承担的责任和享有的权利。要求各职能部门和全厂职工必须严肃认真地加以贯彻执行，并由全面质量管理办公室负责监督检查。

（1）建立质量保证体系的作用

压力容器的质量所包含的意义不仅指产品适合一定用途，能够满足工艺生产过程对使用性能、安全可靠性、经济合理性和技术先进性各方面的要求，即具有符合要求的产品质量，还应包括企业的经营管理、技术水平、组织等各方面的工作对产品质量标准、提高产品质量的保证程度。因为高质量的产品要依靠人员素质和管理工作来达到。

总结压力容器制造历史发展过程中的经验和教训，为了有效地保证压力容器的产品质量，必须从抓质量指标转移到抓产品的内在质量；从管质量的结果转移到管影响产品质量的因素；从检验把关转移到全面质量控制。要达到上述转变，就必须采取一定的组织措施，建立一套质量保证和监督机构。制订出一套质量管理制度和工作程序，确定一套责任人员并在生产的全过程中去执行这项工作。因此质量保证体系是一项运用系统工程的概念和方法的工作，它围绕提高产品质量的共同目标，把企业各部门、各环节的生产经营活动严密地组织起来，规定他们在质量管理工作中的职责、任务和权限，并建立起计划、组织、指挥、协调、控制、监督、检查等各种功能的机构。在生产的全过程中实现一个环节衔接一个环节，保证质量控制的系统性和追踪性。每一个环节都明确规定它的工作任务、工作程序、工作依据、工作标准和工作见证。这里的工作依据可以是各种质量法规或技术标准的有关规定；工作标准则是各种应该达到的质量指标；工作见证则可以通过各种书面的形式，如各种化验、试验、检测的报告或随工件在各工序间周转的工序流转卡、原材料的质量证明书、合格证、材料代用单等等均可作为质量管理中的工作见证。

归纳起来说，质量保证体系的作用就是用全面质量管理的方法，通过建立质量法规和实施监督检查的途径，达到提高产品质量的目的。

从发达的工业国家和我国已有的经验看，建立质量保证体系对保证和提高产品质量发挥了积极作用。因此，我国有关压力容器的法令或标准中，都列出容器制造单位必须具有健全的质量保证体系，作为审批和允许制造压力容器的条件之一。用法律的形式明确质量保证体系，是企业必不可少的一个组成部分。

（2）质量保证体系包括的主要内容

生产实践证明，健全的、能有效运转并发挥其功能的质量保证体系应包括以下几方面：

① 建立自上而下的各级质量保证机构。

企业的质量保证机构是由企业的行政负责人(厂长或经理)任命，但在质量管理上又独立于对口的行政和业务部门，是在厂长或经理领导下直接对产品的质量行使控制和监督权的机构。这个机构的层次和级别则依据企业的规模，主导产品的复杂性以及人员的技术状况而定。一般说来，在一个具有较大规模的压力容器制造企业，设有主管质量的最高机构，有称为全面质量管理办公室的，也有称为全面质量管理委员会的或其他名称，它直属于企业行政负责人的直接领导，是主管全企业质量工作的最高一级指挥和决策机构。从责任人员来讲，企业的质量管理工作最高负责人称为质量保证工程师。

在各个职能部门和生产车间直至班组都有质量管理组或质量员。在质量保证体系的主要控制系统，包括设计、材料、工艺、焊接、检验等均要配置质量管理的责任人员，各个系统的主要责任人员应该具有助理工程师以上的技术职称；这些人员的行政关系可以隶属于各个职能部门。例如，设计责任工程师隶属于设计科室；检测和理化责任工程师隶属于检验科；材料责任工程师隶属于供应科等等。但开展质量管理工作则直接对企业的质量保证工程师负责，本科室的行政领导人，如科长或主任无权干预或否决。质量负责人员就本职工作所作出的决定，即质量保证体系和职能体系形成双轨制。质量保证体系对职能体系在质量管理上起控制、监督作用。每一个控制系统的责任工程师在质量控制和监督的业务范围内又可以跨越职能部门去执行有关工作。

在中小企业，由于生产规模有限，技术力量也不充足，按我国现有条件，暂时也允许行政职能的人员兼有质量保证人员的作用。例如，负责焊接工艺的技术人员可以同时负责焊接质量的控制与监督工作，当质量与其他问题发生矛盾时，必须坚持"质量第一"的原则。

总之，不论企业的规模和技术水平如何，作为获得压力容器制造许可证的单位，必须从质量管理的体系上有一个自上而下的，有层次的、责任明确的质量保证机构和相应的责任人员。

② 配备各质量保证机构的责任人员并明确各责任人员的职责、任务和权限。

各级质量保证机构是通过各个质量控制系统或环节的各级责任人员来体现的，各级质量保证机构从体系上具有独立的功能，但不一定形成独立的编制，它可以隶属于职能部门，在相关的职能部门内，行使质量管理工作。

完善的质量保证体系应该包括下列责任人员：

质量保证工程师是全企业质量管理的协调、仲裁的总负责人，在其领导下的责任人员有设计责任工程师、工艺责任工程师、焊接责任工程师、材料责任工程师、检验责任工程师、探伤质量控制负责人、理化质量控制负责人，设备科、生产科、供销科质量控制负责人，容器车间、金工车间质量控制负责人、焊接试验室质量控制负责人、标准化质量控制负责人、计量质量控制负责人等等。人员的配置和分工及职称等级则可根据企业的具体情况确定。

各责任人员的职责、任务、权限通过建立岗位责任制的方式予以确定。

③ 建立一套完整、有效、严密、可行的质量管理制度。

各种质量管理制度是质量管理责任人员执行工作的依据，将管理工作纳入质量法的轨道，使质量控制和监督工作有法可依，避免或减少因质量和其他工作发生矛盾而产生的各种纠纷。如果仅仅设置质量保证机构，配置质量保证责任人员，而没有一套完善的制度，则质量控制和监督工作实际无法开展。因此，我国有关压力容器制造的法规和标准都明确规定，具有健全的质量管理制度，作为压力容器制造单位具备的条件之一。主要的质量管理制度有：图纸审核、材料管理、材料检验、工艺管理、焊接管理、焊接试验、冷热加工成形、制造中检验、理化检验、无损检测、热处理、最终检验、计量管理、工装设备管理、标准化管理、档案管理、不良品管理、成品和备品配件管理、用户意见反馈及各类人员考核等方面的制度。

对于每一个具体企业来说，制订上述内容的制度时，其项目和名称可以根据本企业具体情况来划分和确定，但从整体上看应包括上述各项内容、制度中的具体条款，工作程序和工作标准则要考虑本单位的实际情况，既要防止过于烦琐，难以执行，又要防止过于简单，出现失控的可能。

④ 编制一份完善的《质量保证手册》。

为加强管理、保证压力容器制造质量、提高效益和降低成本，应根据《特种设备安全监察条例》《锅炉压力容器制造监督管理办法》《锅炉压力容器制造许可条件》、TSG Z0004—2007《特种设备制造、安装、改造、维修质量保证体系基本要求》等相关标准的有关规定，结合制造厂的实际情况编制《压力容器制造质量保证手册》，完善和健全质量保证体系。《质量保证手册》是企业质量保证体系的文字形式，也是申请压力容器制造许可证必须具备的先决条件。

《质量保证手册》应当描述质量保证体系文件的结构层次和相互关系，并应至少包括以下内容：①术语和缩写；②体系的适用范围；③质量方针和目标；④质量保证体系组织及管理职责；⑤质量保证体系基本要素、质量控制系统、控制环节、控制点的要求。

企业的《质量保证手册》是全体成员在处理质量事务时，具有权威性和法令性的依据。其解释权归质量保证工程师。由于压力容器制造许可证的有效期为 4 年；故《质量保证手册》也应该根据 4 年来的执行情况及企业各方面的变化，在申请换证过程中予以补充修订。

综上所述，衡量一个企业是否建立起质量保证体系就要从企业是否建立起一套质量管理机构，是否配置了各级质量责任人员，是否制订出一套完善的质量管理制度以及是否编制出符合本企业情况的《质量保证手册》等四个方面来考虑。

压力容器制造厂质量保证组织体系如图 7-1 所示。

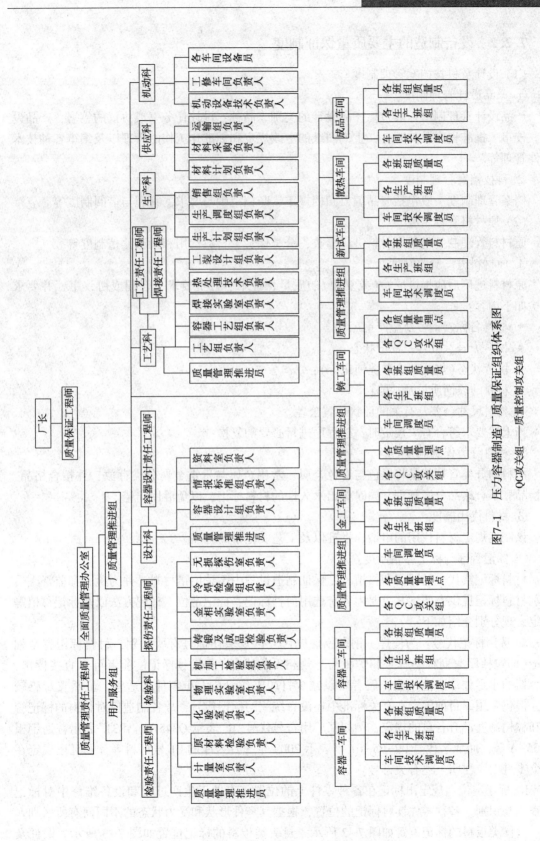

图7-1 压力容器制造厂质量保证组织体系图

QC攻关组——质量控制攻关组

7.2.2 设备制造的主要质量保证制度

(1) 设计及科技档案管理制度

① 产品设计管理制度：

产品设计管理制度一般包括产品设计的类别、品种；设计任务书或协议的签署；产品设计、校审、批准程序及其职责；生产图纸的更改规定和标准化工作的管理以及编审各种技术文件管理等。

② 科技档案管理制度：

档案管理制度一般包括产品编目归档规定、归档范围与要求、管理与借阅制度等。

(2) 原材料管理制度

原材料管理制度包括原材料进厂验收，分类保管、材料代用和标记移植制度等。

① 原材料进厂验收制度：

原材料进厂后应提供原始(或复印)的质量保证书、订货要求、合同或协议书，并要求核检如下内容：

- 材料名称、钢号及生产钢厂；
- 材料炉号、批号及标记状态；
- 供货状态(热处理、酸洗钝化等)；
- 材料的表面质量及缺陷；
- 材料尺寸公差及有关的形状位置公差。

当上述要求符合有关规定时；按程序进行必要的复检。

② 材料分类保管制度：

材料的分类管理就是将黑色与有色金属、常用金属与贵重金属分类存放，并按合格品、待检品和不合格品分区管理，同时作出永久性的材料标记，以免混用出错。

③ 材料代用制度：

该制度规定材料代用的申请、批准以及工艺实施中的程序。

④ 标记管理与标记移植制度：

材料标记或代号的保留和移植，是保证制造过程中不致用错材料，并为检验和监督人员识别材料标记提供方便，其主要内容有选用何种标记、标记定位、标记方法以及标记移植等规定，现分别介绍如下：

a. 选用标记代号：为使焊工钢印、焊缝代号以及探伤标号有所区别，材料标记有全称标记(即包括厂家商标、牌号和炉批号、规格及标准号)和代号标记。前者可以直接读出，但容器的小零件却表达不全；后者可以减少打印工作量，大小零件均适宜，虽然直观感较差，但仍常用。目前国家在有关标准中还没有统一的标记代号，故各制造厂对材料的标记管理和移植制度都有各自的规定，例如某厂用符号代号"R"表示 Q345R，"B31"表示普通钢板 Q235-A 等，而数字代号 09-05-01 则表示 2009 年 5 月入库的 01 号材料等，并且还规定在每个零件上应注明上述有关符号。

b. 标记定位：规定出标记在各种零件上的位置，有助于生产过程和设备维修中对标记的查找与识别。各种零件坯料标记的位置，根据其零件形状和受力状态的不同而有所区别。

筒体类板料的标记位置如图 7-2 所示。封头类板料的标记位置如图 7-3 所示。锻件及法兰板坯的标记位置如图7-4所示。机加工件及螺栓、螺母的标记位置如图7-5所示。

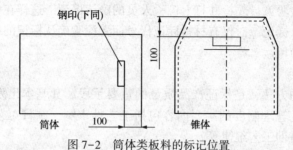

图7-2 筒体类板料的标记位置

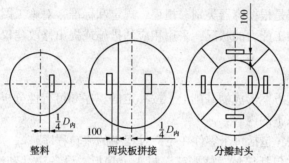

图7-3 封头类板的标记位置

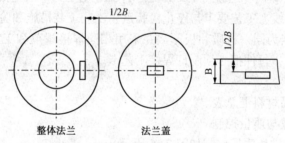

图7-4 锻件及法兰板坯的标记位置

当螺栓、螺母类小型零件打钢印有困难时，可采用硫酸印制标记。对于低温钢或有较大裂纹敏感倾向的钢制容器，由于不允许有钢印刻痕引起应力集中的不良影响，因而可以采用画涂标记来表示。

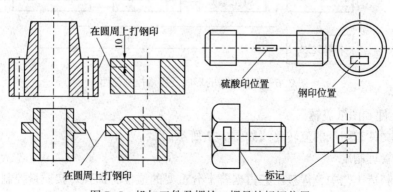

图7-5 机加工件及螺栓、螺母的标记位置

c. 标记移植和确认：要求在钢板切离之前，先将标记移植到被切开而又无标记的那一块钢板上，而且应经检验人员复检并打上检验人员的确认标记。这样在每一个材料标记代号下，都有一个检验确认标记。对仅有材料标记代号而无检验确认标记的材料，标记管理和标记移植制度规定不得使用。

（3）工艺管理制度

工艺即制造产品的方法，是保证产品质量的重要手段。其基本出发点是要求科学、先进、经济和可靠。工艺管理制度的主要内容包括工艺性审图、制订工艺方案、编制工艺文件、设计工艺装备和贯彻工艺纪律等。

① 工艺性审图

工艺性审图的依据是根据容器类别、规程、规定和标准，对施工图进行材料和结构的工艺可行性分析，结合加工能力的状况，采用相应的措施或提出修改建议，以保证产品制造过程的顺利进行。

② 工艺文件的编制

工艺文件是在工艺方案形成的基础上，按一定的程序和可行性分析后制订的。工艺文件按质量保证制度应有以下的内容：

- 零件材料明细表（包括每个零件在生产过程中的流转程序）。
- 受压元件（通常包括筒体、膨胀节、封头、管板、设备法兰和法兰盖、$DN \geqslant 250mm$ 的带颈法兰与接管、主螺栓、透镜等）及关键零件工艺过程卡。工艺过程卡随工件一起流动。其内容包括工艺路线、工艺要求与停止检验点、工艺工装措施和验收标准等。
- 焊接工艺卡。当为同一材质和板厚，并采用相同焊接规范和工艺方法时，可采用相同的焊接工艺卡；反之，每件都必须制订焊接工艺卡。
- 金属切削工艺卡。
- 工装清单及产品材料汇总表。

③ 工艺文件的形成与质量控制

典型工艺文件的形成与质量控制如图 7-6 所示。

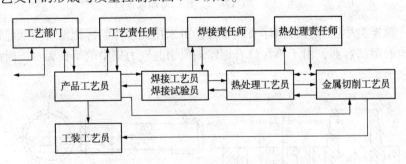

图 7-6　工艺文件的形成及质量控制简图

④ 工艺文件和图纸流转

某厂工艺文件和图纸的流转路线如图 7-7 所示。

（4）焊接管理制度

压力容器制造工艺中，焊接工艺占据着十分重要的地位，加强焊接质量控制是保证压力容器和设备制造质量的关键。焊接管理制度主要包括以下内容：

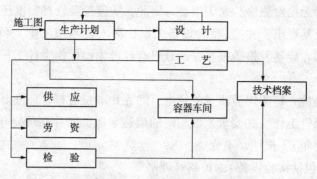

图 7-7　某厂工艺文件和图纸路线图

① 焊接材料的控制

首先必须严格按标准和设计要求对焊接材料进行订货和验收，并订出相应的制度。同时为保证焊缝不出现或少出现焊接缺陷，要求焊接材料的保管应处于良好环境之下，即温度在20℃左右，相对湿度在60%以内。焊接材料的其他保管要求与原材料基本相同。

焊接材料的烘干温度及其领发必须有可靠的保证制度。

② 焊接人员的控制

从事压力容器制造的焊工必须按《特种设备焊接操作人员考核细则》进行培训和考试。经审查合格的焊工，发给《焊工合格证》和焊工钢印代号后，方可从事压力容器的焊接，并在焊缝的某一规定位置打上自己的钢印代号，以便监督检查。

焊接培训和考试范围包括直接进行焊条电弧焊、手工钨极氩弧焊、气焊、气体保护焊和埋弧自动焊等的操作者，而且仅限于从事考试合格项目范围的焊接。

③ 焊接工艺评定

焊接工艺评定的主要目的是考核焊接工艺的正确程度，从工艺上保证压力容器的焊接质量。按有关要求对新材料、新工艺、新结构的焊接，都必须进行焊接工艺评定，且应符合TSG 21《固定式压力容器安全监察规程》和 GB/T 150《压力容器》的规定。

焊接工艺评定的资料和试样的有效性，对制造同材质、同厚度范围和同样焊接结构的其他产品也是适用的。

④ 焊接工艺纪律控制和检验

焊接质量控制、监督与检验分别在焊前、施焊过程和焊后进行。除焊接工艺外，控制和监督还包括钢材牌号、焊材牌号、焊工资格与允焊种类、环境温度、湿度和风速以及施焊的焊工钢印等。

焊接工艺是在工艺评定基础上制订的，正确执行焊接工艺对保证焊接质量有极为重要的作用。因此，焊接工艺纪律控制必须提出施焊过程的记录和监督。

（5）质量检验管理制度

压力容器制造中的质量检验范围较广，它贯穿于制造过程的始终，涉及不同的车间和加工工序。其范围包括计量、理化和无损检测等方面，故如何保证上述检验工作的质量是十分重要的。为此，必须制定压力容器质量检验的管理制度，并要求检验人员具备一定的资格，根据标准、规定和技术条件进行检验。

在各种检验中,无损检测检验尤为重要。因此,质量检验管理制度还应包括无损检测检验操作人员的培训及其要求,并按《特种设备无损检测人员考核细则》考试合格。具有Ⅱ以上资格的无损检测师才能签发检验报告,而且只有经过无损探伤责任工程师确认后方可认为有效。

射线检测底片是检查核实焊缝质量的依据,除底片本身需符合标准要求外,还应做好底片的记录、存档和保管工作。并要求采取相应的措施来保证底片在规定年限内(一般的压力容器底片至少保存七年)不损坏、不变质。

(6) 制造设备(包括检验设备)的控制管理制度

压力容器制造和检测依靠加工设备及检测设备来完成。倘若没有一个完好的、精度符合要求的加工设备及各种检测设备与仪器,是不可能生产出合格产品的。检验报告和试验数据也无法保证其正确性。为此必须制订出一套制度,以控制设备完好度。

设备控制一般包括设备的操作程序、管理和维修以及设备完好度评定、设备计划、检修管理等。

总之,压力容器制造过程中的控制和监督是多方面的,除上述质量管理(包括热处理管理)外,还有生产管理、各类人员岗位责任制及如何为用户服务等。把容器制造中从原材料开始,到对产品及其附件的控制看作为质量控制是不全面的,只有实行质量保证才能达到《固定式压力容器安全技术监察规程》的要求。

所谓质量保证,是指确保加工、制造或安装工程能满足规范要求而必须采取的一切有计划、有系统的行动。就其内容看,它包括质量控制检验和质量管理两个方面。所以质量保证是从企业整体上或体系上出发的一种广义的概念,而质量控制仅侧重于技术性的内容。

7.2.3　质量事故反馈程序

生产过程中的质量事故大都是在质量失控状态下,或虽按质量控制,但由于其他因素而使加工件未达到质量控制的规定标准。例如容器零部件的加工质量若偏离了图纸、加工工艺、技术条件或验收标准的要求,则为通常所说的零部件发生了质量事故。发生质量事故的零件或部件,根据对安全、使用的影响程度,又可分为废品或不良品。一般石油化工设备,除个别零件外,废品是少见的,而常见的质量事故多为不良品,并且在采取相应的对策之后,不良品还有可能提高其质量等级。

确定为废品后的零部件,必须送废品库隔离,并贴上醒目的红色标签加以区别。

压力容器制造涉及的方面极广。不发生质量事故是不可能的。重要的问题是当质量事故发生以后,能及时地进行反馈,以便尽快修改工艺方案或采取其他对策,减少返修工时和能耗,稳定其质量,降低制造费用。为此,对质量事故要求必须按一定的程序进行反馈。

焊接接头的返修应符合 TSG 21《固定式压力容器安全技术监察规程》的要求。焊缝同一部位的返修次数不宜超过 2 次。如超过 2 次,返修前应当经过制造单位技术负责人批准,并且应当将返修的次数、部位、返修情况记入压力容器质量证明文件。表 7-1 为某厂焊缝质量事故的反馈程序及返修规定。

表 7-1　某厂焊缝质量事故反馈程序

返修次数	外观检验无损探伤	容器车间	缺陷分析与对策（参加人员）	焊缝返修工艺	批准权限			返修焊工	技术档案
					焊接工艺员	焊接责任工程师	总工程师		
一	1	2	3（焊接生产组及有关人员）	4	5			6	7
二	1	2	3（容器车间及有关人员）	4		5		6	7
三	1	2	3（总工程师室及有关人员）	4			5	6	7

注：①焊缝返修工艺由焊接工艺员编制；

②当一、二次返修的填充金属热影响区相重叠时，为同一部位的第二次返修，三次返修的概念依次类推。

7.3　资质证书与考试

凡从事压力容器设计审批（含审核、审定人）及 SAD 类压力容器分析设计人员应当按如下规则进行资格考核，并且取得相应级别人员资格证书。

压力容器设计类别、级别按以下划分：

（1）A 类

① A1 级　系指超高压容器、高压容器；

② A2 级　系指第三类低、中压容器；

③ A3 级　系指球形储罐；

④ A4 级　系指非金属压力容器。

（2）C 类

① C1 级　系指铁路罐车；

② C2 级　系指汽车罐车或长管拖车；

③ C3 级　系指罐式集装箱或管束式集装箱。

（3）D 类

① D1 级　系指第一类压力容器；

② D2 级　系指第二类压力容器。

（4）SAD 类　系指压力容器分析设计。

取得 A 类或 C 类压力容器设计资格的设计审批人员，即具备 D 类压力容器设计审批资格；取得 D2 级压力容器设计资格的设计审批人员，即具备 D1 级压力容器设计审批资格。取得 SAD 类压力容器设计审批资格，即取得 SAD 类压力容器设计资格。

7.3.1　申报条件

（1）申报压力容器设计审批人应符合下列条件

① A 类压力容器设计审批人员应符合下列条件：

a. 压力容器相关专业大专以上学历（或者相当学历），从事本专业技术工作，且具有较全面的压力容器专业知识；

b. 熟悉并能指导设计、校核人员正确执行有关法规、安全技术规范、标准，能够解决设计、制造、安装和生产中的技术问题；

c. 能够认真贯彻执行国家的有关技术方面、政策，工作责任心强，具有较全面的压力容器设计专业技术知识，能保证设计质量；

d. 具有审查计算机设计的能力；

e. 具有6年(大专毕业8年)以上的压力容器设计经历，并且具有3年以上的压力容器校核经历；

f. 具有中级以上(含中级)技术职称；

g. 执证有效期至70岁。

② C类压力容器设计审批人应符合下列条件：

a. 从事压力容器设计工作6年以上，并具有3年以上移动式压力容器设计的校核经历；

b. 其他同A类压力容器设计审批人的资格。

③ D类压力容器设计审批人员应符合下列条件：

a. 压力容器相关专业专科学历(或者相当学历)，从事本专业技术工作，且具有较全面的压力容器专业知识；

b. 其他同A类压力容器设计审批人的资格。

④ SAD类压力容器设计审批人应符合下列条件：

a. 从事压力容器设计工作8年以上，并具有不少于3年的分析设计校核工作经历；

b. 具有A类压力容器《设计审批员资格证书》及SAD类《压力容器分析设计资格证书》；

c. 能按考核大纲的要求，熟练掌握并运用弹性力学、板壳理论、塑性力学、有限元方法等基础知识、熟练掌握并运用JB 4732《钢制压力容器——分析设计标准》，具有评定应力分析报告和图纸的能力；熟悉并能指导设计、校核人员正确执行有关法规、安全技术规范、标准，能够解决设计、制造、安装和生产中的技术问题；

d. 其他同A类压力容器设计审批人的资格。

(2) 压力容器高级审批员应符合下列条件

① 具有相关专业大学本科以上学历(或相当学、资历)，从事压力容器设计工作二十年以上，并具有三年以上压力容器设计批准人的经历；

② 能够认真贯彻执行国家的有关方针、政策和法规，工作责任心强，具有较全面的压力容器设计专业技术知识，熟悉国内外行业内的技术动态，对行业的技术进步起到领衔和促进作用，具备对行业内的重要技术事宜进行评审把关的能力；

③ 熟悉并能指导设计人员正确执行有关法规、安全技术规范、标准，具有审查审批人或单位资格的能力；

④ 原则上应为国内各行业著名甲级设计院本专业的副总工程师以上的直接从事技术和标准工作的专家；

⑤ 具有教授级高级工程师以上(含教授级高级工程师)技术职称；

⑥ 持证有效期至75岁。

(3) SAD类压力容器设计人员应符合下列条件：

① 有相关专业大学本科以上学历(或相当学、资历)，从事本专业技术工作，且具有较全面的压力容器专业知识；

② 应按考核大纲的要求，掌握弹性力学、板壳理论、塑性力学、有限元法等基础知识，熟练运用相关计算机软件，能够熟悉并应用 JB 4732《钢制压力容器——分析设计标准》进行设计；

③ 能够认真贯彻执行国家的有关技术方面、政策，工作责任心强，具有较全面的压力容器设计专业技术知识，能保证设计质量；

④ 具有使用计算机进行应力分析计算，并能按照标准对分析结果进行评定的能力；

⑤ 具有 2 年以上的压力容器设计经历，并且具有 A 类压力容器设计业绩；

⑥ 执证有效期至 70 岁。

7.3.2　考核组织程序

压力容器设计审批员的考核工作由质量技术监督部门委托的全国锅炉压力容器标准化技术委员会（以下简称"锅容标委"）组织实施。

压力容器设计人员申请设计审批资格，应该由本人填写《压力容器设计人员资格申请表》，经过其人事管理部门批准后报送考核机构，并同时提交学历（毕业）证书复印件和技术职称证书复印件，经过资格审查合格后，方可参加考核。

"锅容标委"秘书处负责阅卷和成绩汇总，做出"合格"或"不合格"的结论，并在规定的期限公布。经资格考核合格的人员由考核机构颁发加盖印章的人员资格证书。并在锅容标委的网站上进行公告。各类资格考核成绩不合格者，对于已经通过的单科成绩，将保留一年的有效期，可在下一年度内参加一次补考，考核合格后，颁发相应的资格证书。

7.3.3　考核方法及内容

A、C、D 类压力容器设计审批人员的考核分理论考试和图纸答辩两种形式进行；SAD 类压力容器设计审批人员的考核以图纸及分析报告答辩形式进行；SAD 类压力容器设计人员的考核分理论考试和分析报告答辩的形式进行；压力容器高级审批人员的考核工作以委员推荐和资格考查的形式进行。

（1）A、C、D 类压力容器设计审批人员的理论考试包括基础知识和专业综合知识，以开卷的考试方式进行。

① 基础知识包括：与压力容器设计相关的基础理论知识。例如：材料、结构、力学基础、设计计算方法、热处理、腐蚀、焊接、无损检测等；

② 专业综合知识包括：

a. 与压力容器设计有关的法规、安全技术规范、标准、文件；

b. 设计、制造中常见的实际工程问题；

c. 与压力容器设计相关的标准信息；

d. 运用标准综合处理和解决设计问题的能力。

③ A、C、D 类压力容器设计审批人员图纸答辩为本人所申报的类别相应类别的图纸。A、D 类学员现场抽取图纸，C 类人员需提供所申报相应类别及产品类别的图纸，如 C2 级学员应根据其所申报的产品类别分别提供汽车罐车或长管拖车的图纸，C3 级学员应根据其所申报的产品类别分别提供罐式集装箱和管束式集装箱的图纸。答辩内容包括图纸审查及与所申请类别相关的压力容器知识。

（2）SAD 类压力容器设计人员的理论考试包括：

① 基础知识：主要包括弹性力学、板壳理论、塑性力学、有限元方法等。

② 专业知识包括：

a. 理解掌握压力容器分析设计人培训教材所介绍的相关内容；

b. 熟悉掌握并能应用压力容器分析设计相关的法规标准与规范等；

c. 能够正确解决压力容器设计制造中常见的实际工程问题；

d. 熟悉并及时掌握压力容器行业相关的标准信息。

③ SAD 类压力容器设计人员理论成绩考试合格后，于次年的分析设计人考核班上进行答辩。答辩自带自己设计的工程图纸、应力分析报告：

a. 分析报告内容完整，图纸内容符合相关标准的要求；

b. 技术内容应准确无误，基本概念清晰；

c. 能够掌握并熟练应用压力容器分析设计相关的法规标准与规范等；

d. 能够正确解决压力容器设计制造中常见的实际工程问题。

（3）SAD 类压力容器设计审批人员答辩包括图纸、应力分析报告：

① 应力分析报告内容完整，图纸内容符合相关标准的要求；

② 技术内容应准确无误，包括：力学模型正确，边界条件无误，单元选择合理，应力分类及评定依据符合 JB 4732 标准的规定；

③ 熟悉掌握并能应用压力容器分析设计相关的法规标准与规范等；

④ 能够正确解决压力容器设计制造中常见的实际工程问题；

⑤ 熟悉并及时掌握压力容器行业相关的标准信息。

7.3.4 监督管理

压力容器设计审批人员工作守则：

① 热爱本职工作，钻研专业知识，具有与所承担工作相适应的技术水平；

② 熟悉并执行国家有关法规、文件和标准，确保设计工作质量；

③ 工作勤恳、踏实，对审批的图纸质量负责；

④ 实事求是、坚持原则、作风正派。

压力容器设计执证人员发现下列行为时，视情节轻重，分别予以通报批评暂时收回人员资格证书，或报请发证机构注销其人员资格：

① 转让设计人员资格证书；

② 从事超项目资格范围的设计或审批工作；

③ 弄虚作假，在两个以上（含两个）单位注册人员资格；

④ 不负责任，玩忽职守，违法乱纪，造成严重责任事故；

⑤ 被注销资格的人员 3 年内不准参加资格考核。

压力容器设计执证人员的资格证书有效期为 4 年。持证人员应在证书有效期满前两个月向发证机构提出换证申请，并且由本人填写《压力容器设计审批员换证申请表》，经过其人事主管部门批准，在网上申请换证。

压力容器设计执政人员申请换证，应该满足在证书有效期内至少连续三年从事相应压力容器设计工作，并且具有相应级别的设计经历；在证书有效期内应当至少参加 40 学时的由全国锅炉压力容器标准化技术委员会组织的继续教育，换证考核成绩合格者，予以颁发资格证书。证书失效后提出申请或者不具备上述条件者，按新申请证书办理。

　　申请和换证压力容器各级设计资格人员的业绩和经历的情况由本人和出具证明的单位负责，发现虚报和作弊行为的，考核机构将注销人员资格并对单位进行通报批评，情节严重的报主管单位进行处罚。

　　压力容器设计执政人员在证书有效期间内，申请更换单位名称的，按考核机构的要求提交相关资料，予以更换与原证书相同有效期的证书。申请增项的，参加相应项目的考核，考核合格者，予以办理增项，证书有效期与原证书有效期相同。

复 习 题

7-1　压力容器制造为什么要实行审批制度？

7-2　我国哪个部门具体负责锅炉和压力容器的立法及安全监察？

7-3　压力容器制造厂必须具备哪些条件？

7-4　《质量保证手册》的主要内容是什么？

7-5　设备制造的主要质量证制度有哪些？

7-6　压力容器可以分为哪些类别和级别，分别对应的资质证书是什么？

7-7　压力容器资质证书的考核组织机构及程序是什么？

7-8　申报压力容器设计审批员、压力容器高级审批员、SAD 类压力容器设计员分别应符合什么条件才具有申报资格？

第二篇 石油化工装备安装

第8章 安装准备工作

石油化工设备及管道安装是一项复杂的技术工作，安装前，需要做好充分的准备工作，其中包括设备图纸和技术文件必须到位，有关安装的施工验收规范须准备齐全。施工单位必须编制出切实可行的施工方案，大型安装工程还须编制施工组织设计，并经过监理单位和建设单位的审批。需要安装的设备，必须具备出厂合格证、质量检验证明和机器的试运转记录、机器设备的装箱清单。

安装前的准备工作还应包括技术准备、施工机具等的物质准备、人员准备、建立指挥管理系统、建立质量管理体系、配备施工队伍的各工种专业人员等。

8.1 技术准备

8.1.1 施工方案的编制与审批

任何一项工程开工前，必须编制施工方案并经逐级审批，在施工中，无论施工管理人员，还是施工操作人员，都必须严格执行施工方案。施工现场情况有变化，可对施工方案进行适当的修改，经批准后，执行修改后的施工方案。无方案施工，或虽有方案却不按方案施工，都是不允许的。

施工方案的编制内容如下：编制说明；编制依据；工程概况；施工准备；施工程序及施工方法；施工质量要求和质量保证措施；质量检验计划；安全风险分析和安全技术措施；施工机具计划；劳动力计划；施工用材料计划；施工进度网络计划。凡是有监理参与的工程项目，监理工程师都要对施工方案进行审核，审核的要点包括：做好审核前的准备工作，充分收集并分析工程基础资料，掌握审核依据；审核施工方案中具体施工方法的可操作性、合理性；审核质量检验计划、安全技术措施的针对性；施工进度计划能否实现，能否保证合同工期等。安装施工方案举例见附录一。

8.1.2 吊车、抱杆、工卡具选择

在安装工程施工中，吊车、抱杆、工卡具、垫铁都是必不可少的，至于是选择吊车还是选择抱杆进行吊装，要根据施工方案决定，编制施工方案时，要考虑哪种形式更具有实际操作性，下面分别对吊车、抱杆、工卡具、垫铁等予以介绍。

（1）吊车

吊车是汽车式起重机和履带式起重机的俗称。由于吊车使用方便、移动灵活，特别是随着现代制造业的发展，吊车的吊装能力越来越大，有的全液压汽车吊吊装能力已达到600t以上，履带式起重机吊装能力也达到1000t以上，因此大多数安装工程已采用吊车进行吊装作业。

桥式起重机俗称"天车"或者"行车"，是行走在车间内，用以吊运重物的起重机械。

塔式起重机俗称"塔吊"，是在固定的基础上或在轨道上行走，随着建筑物或构筑物的不断增高，塔吊主体也不断加节增高，从而保证吊运物料的需要。

汽车式起重机俗称汽车吊，是将起重机构装在汽车载重底盘上，由起吊、回转、变幅和支撑脚等机构组成，它能迅速地到达施工现场，转移时的行驶速度接近于汽车的行驶速度。

（2）抱杆

抱杆是桅杆式起重机的俗称，它是由起重桅杆、卷扬机、滑轮、起重索具、缆风绳、地锚等组合而成的起重机械，桅杆式起重机和汽车式起重机比较，它具有结构简单、造价低、起重量大等优点，但由于其准备量大、烦琐，吊装拆除也较麻烦，只能用于吊装量集中或汽车式起重机能力不够等特定场合。一般多由行走、起吊灵活的汽车式起重机或履带式起重机所代替。

① 桅杆的制造：金属桅杆应使用低碳镇静钢或合金钢等焊接性能良好的钢种制造。

② 金属桅杆的制造和验收应具备下列技术文件：制造合格证；制造图、使用说明书；材质(包括焊条、铆钉、螺栓)合格证；制造工艺及质量验收技术记录(包括焊工考试合格证)；载荷试验证书。

③ 金属桅杆的制造和安装，应按设计要求和GB 50205—1998《钢结构工程施工质量验收规范》执行。

④ 桅杆使用注意事项：

a. 桅杆的使用应遵守该桅杆性能的有关规定，凡倾斜使用、底排下垫有滚杠或桅杆底部受有较大水平力时，应在底部加封绳，桅杆倾斜角不宜大于10°。

b. 桅杆的组对应按安装说明书进行，其中心线偏差不得大于长度1/1000，且总偏差不得大于20mm。

c. 所有连接螺栓必须紧固，不得有不满扣现象。严禁使用材质不清、制造质量不合格的螺栓。安装螺栓时，应对螺纹部分预先加润滑脂润滑。

d. 拧紧螺栓时，应使用相应的扳手，逐次对称交叉进行。

e. 桅杆应定期进行检修、刷油及润滑，着重检查主肢及连接件有无损伤或变形，节点处的焊缝或铆钉连接板是否完好，以及转动部分的磨损情况，发现缺陷必须消除，并将检查情况及处理结果记入机具档案。

⑤ 桅杆吊装法分类：

a. 单桅杆整体式起重法：利用单桅杆来进行吊装，常用的方法可分为单桅杆整体滑移吊装法、单桅杆整体旋转吊装法和单桅杆整体扳倒吊装法。

单桅杆整体滑移吊装法是首先将单桅杆倾斜一个角度β，将塔类重物顶部靠近桅杆，而塔类重物的底部远离桅杆，将其桅杆顶部的起重滑轮组对准设备基础中心，塔体重物先放置在基础附近的枕木垫或拖运架上，使其重心靠近基础，在设备重心的上方将设备捆扎好，并挂在起重滑轮组的吊钩上，开动卷扬机，将设备逐渐吊起，这种吊装方法要求桅杆的高度比塔体高得多。可用来吊装高度、直径和重量等都不太大的塔类设备。

单桅杆整体旋转法：先把设备底部铰固于基础上，设备的下方垫起，将吊钩挂在系结好的捆扎绳索上，开动卷扬机，使塔绕其底部支点旋转，逐渐竖立起来，在起吊过程中，设备两侧的制动绳应拉紧，并逐渐放长，以防设备左右摇摆，这种吊装方法的优点是桅杆的高度可以低于塔体的高度，此种方法多用于吊装高度较大的塔类设备，缺点是起重机具受力较大。

单桅杆整体扳倒吊装法：设备放置同旋转吊装法，桅杆系结或铰固于设备基础上，然后用滑轮组将桅杆和设备的吊点连接起来，并收紧，桅杆顶端用起重滑轮组连接于牢固的地锚上，并将走绳进入卷扬机，开动卷扬机，利用启动滑动绳将桅杆扳倒，与此同时，塔便由水平位置旋转到垂直位置，在起吊过程中，制动拉索必须拉住，并且随着塔体设备的起吊位置的变化相应地逐渐放长，以防塔体左右摇摆，这种吊装方法所用的桅杆可以比塔体的高度小许多(桅杆高度可为设备高度的 1/4~1/3)，多用来吊装高度特别大的塔类设备和烟囱等。用扳倒法时，塔体、桅杆和卷扬机的布置必须成一条直线。

b. 人字桅杆整体吊装法：人字桅杆架设方便，稳固性好，而且能跨越设备上方，在起重作业中应用十分广泛，适合于吊装那些形体不大、重量很大的设备。

c. 双桅杆整体吊装法：双桅杆整体吊装法是利用两根桅杆来进行整体吊装，其中双桅杆整体滑移吊装法适用于吊装重量、高度和直径都很大的塔类设备。

(3) 吊装用工卡具

常用的吊装用工卡具有麻绳、钢丝绳、吊环、吊钩、卸卡(卡环)、平衡梁、小型起重设备千斤顶、手动链式起重机(倒链)、滑轮和滑轮组、绞磨、卷扬机等。

下面重点介绍几种吊装用工机具。

① 钢丝绳：钢丝绳一般由优质高强度碳素钢丝制成，它质地柔软、强度高，能承受很大的拉力，而且耐磨损。钢丝绳是机械设备起重搬运工作中最常用的索具。

钢丝绳是由若干根细钢丝捻制而成的。钢丝的直径为 $\phi 0.4 \sim 3.0 mm$，钢丝的抗拉强度为 $140 \sim 200 kgf/mm^2$。钢丝绳捻制时，首先将一定根数的细钢丝向左或向右旋，捻制成股，然后再将几股向左或向右围绕一个有机物芯或金属芯捻制成钢丝绳。

• 钢丝绳的标识：

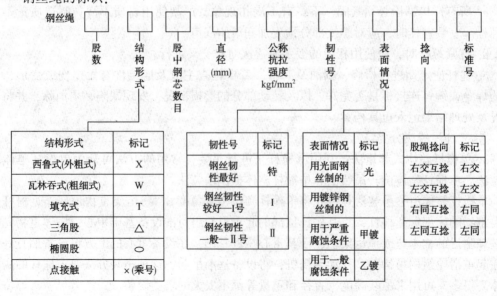

结构形式	标记
西鲁式(外粗式)	X
瓦林吞式(粗细式)	W
填充式	T
三角股	△
椭圆股	○
点接触	×(乘号)

韧性号	标记
钢丝韧性最好	特
钢丝韧性较好—1号	I
钢丝韧性一般—II号	II

表面情况	标记
用光面钢丝制的	光
用镀锌钢丝制的	
用于严重腐蚀条件	甲镀
用于一般腐蚀条件	乙镀

股绳捻向	标记
右交互捻	右交
左交互捻	左交
右同互捻	右同
左同互捻	左同

● 钢丝绳的选择：各种起重机械一般选用的钢丝绳为 6×19、6×37。在机械设备安装中，用得最多的是 D 型钢丝绳和 X-t 型钢丝绳两类，D 型钢丝绳的钢丝之间是点接触，接触应力很高，因而降低了使用寿命，但是制造方便。X-t 型钢丝绳钢丝之间是线接触，这种钢丝绳由不同直径的钢丝捻成，使外层钢丝位于内层钢丝所构成的槽内，故使用寿命较长。这两类钢丝绳目前在安装单位几乎同样广泛在使用。

● 钢丝绳安全系数见表 8-1。

表 8-1　钢丝绳安全系数

钢丝绳的用途	安全系数 K	滑轮和卷筒的最小直径 D
绳索或拖拉绳	3.5	
缆式起重机的承重绳	3.75	
人推绞磨	4.5	$D \geqslant 16d$
用电动卷扬机	5~6	$D \geqslant 18d$
捆物用的千斤绳	10	
升降载人用的升降机	14	$D \geqslant 40d$

注：d 为钢丝绳直径。

● 钢丝绳使用注意事项：

起重施工用的钢丝绳，除某些特殊用途外，均应采用符合国家标准的交捻或混捻的钢丝绳。

放开钢丝绳时，要防止发生扭结现象，为此应将钢丝绳放在转盘上，随着转盘的转动放开钢丝绳。

钢丝绳插接长度一般为绳径的 20~30 倍，较粗的绳应用较大的倍数。

接长的钢丝绳不应用于起重滑车组上，如必须接长时，则应保证下列要求：绳接头的连接，经试验证明确实可靠；绳接头能安全顺利地通过滑轮绳槽。

切断钢丝绳时，为避免绳头松散，应预先用细铁丝扎紧切断处的两端，切断后立即将断口处的钢丝焊在一起。

钢丝绳严禁与电焊导线或其他电线接触，当可能相碰时，应采取防护措施。

钢丝绳不得与工件或构筑物的棱角直接接触。

钢丝绳不得成锐角折曲、扭结，也不得由于受夹、受砸而成扁平状。

钢丝绳在使用过程中应经常检查、修整，如发现磨损、锈蚀、断丝等现象，应降低其受力，折断此钢丝应从根部将其剪去，以免刮伤邻近钢丝，在一个捻距内断丝达到下列数量时，应报废：(6×19+1)者 10 根；(6×37+1)者 20 根；(6×61+1)者 30 根。

为了避免钢丝绳生锈及减少其磨损，应经常保持清洁、干燥、含油，用过的钢丝绳应根据其含油情况决定是否涂脂。

钢丝绳应涂以黏稠的"钢丝绳表面脂"，可将上述油脂加热到 80~100℃对钢丝绳进行浸涂。

钢丝绳在涂脂前，先以竹片刮去油垢，再用汽油或苯擦净绳的表面，涂脂必须在钢丝绳干燥和无锈的情况下进行。

现场暂时不用的钢丝绳或过长的钢丝绳(整根钢丝绳使用的多余部分，例如拖拉绳长出的部分），应盘卷整齐，放在垫物上。

钢丝绳应存放在库房内，露天存放时必须下垫、上盖。

② 卸卡：卸卡又名卡环，在吊装工作中，用于千斤绳与滑轮组的固定或千斤绳与各种设备的连接，因此，卸卡是吊装、起重工作中用得非常广泛的拴连工具。卸卡(卡环)的构造基本上是由两部分组成：弯环和横销，如图 8-1、图 8-2 所示。

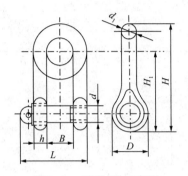

图 8-1　卡环结构示意图

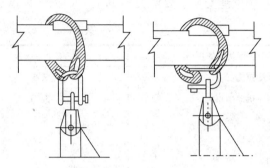

图 8-2　卡环使用示意图

卸卡在使用中都按其允许的荷重选取，一般的卸卡都标明允许的荷重数，选用时不要超过。

● 卸卡使用时的注意事项：卸卡应用优质低碳钢或合金钢锻成，并经热处理，严禁使用铸钢卸卡。

● 卸卡表面应光滑，不得有毛刺、裂纹、尖角、夹层等缺陷，不得利用焊接补强方法修补卸卡的缺陷，在不影响卸卡额定强度的条件下，可以清除其局部缺陷。

● 使用卸卡时，应注意作用力的方向不要歪斜，螺纹应满扣并预先加以润滑。

● 卸卡使用前应进行外观检查，必要时应进行无损探伤，发现有永久变形或裂纹，应立即报废。

③ 平衡梁：平衡梁又名横吊梁，俗称"扁担"，在吊装构件时，为避免钢丝绳对构件的挤压，减少起吊过程中对构件或设备的压力而普遍使用平衡梁。

平衡梁一般由施工单位准备，由施工单位的技术人员根据起吊重物的重量、长度、高度设计出平衡梁图纸。一般平衡梁材质选用无缝钢管或型钢，由吊耳、加强筋板等焊接而成。一般情况下都是针对某种设备、某种构件专用。在某些特殊的场合，为了节约材料和资金，也有将平衡梁制作成可调的，从而保证不同跨距、不同载荷的需要。

④ 手拉葫芦(倒链)：手拉葫芦即手动链式起重机，也叫"斤不落""倒链"，它适用于小型设备和重物的短距离吊装。它结构紧凑、手拉力小、使用稳当。手拉葫芦主要由链轮、手拉链传动机构、起重链及上下吊钩等组成。手拉葫芦使用注意事项如下：

● 手拉葫芦使用前应检查，转动部分必须灵活，链条应完好无损，不得有卡链现象。制动器必须有效，销子要牢固。手拉葫芦的检查和使用应符合规范要求。

● 手拉葫芦在使用时，受力必须合理，保证两钩受力在一条轴线上，严禁多人强拉硬拽。装链时，链条应摆顺。手拉葫芦如需暂停工作时，必须将拉链封好以防打滑。

● 设置手拉葫芦时，应注意周围环境，避免泥沙、水及杂物等进入转动部位。

● 手拉葫芦放松时，链条不得放尽，一般应留三个扣环以上。

- 使用手拉葫芦时，应逐渐拉紧，经检查无问题后，再行起吊。

⑤ 千斤顶：在设备安装工程中，千斤顶是一种常用的顶升工具，它结构轻巧、携带方便、维护容易。由于它能用很小的力把很重的东西顶起来，所以它用途广泛。常见的千斤顶有螺旋式千斤顶、液压式千斤顶。螺旋式千斤顶常用于中小型机械设备的安装，螺旋式千斤顶的常用起重量为 3~50t，起重高度为 250~400mm，可以水平方向操作，能够自锁，价格便宜；缺点是效率较低（$\eta = 0.3 \sim 0.4$），起升速度也较慢。

液压式千斤顶广泛应用于起重作业中，可用来举起和支持很重的物体。液压式千斤顶主要是由起重工作缸、起重柱塞、手动液压泵三部分组成。

千斤顶使用的注意事项：

- 不得超负荷使用。
- 使用前，应检查活塞升降和各部件是否灵活、有无损坏，油液是否干净等。
- 千斤顶应垂直放在重物下面，并应放置在结实的或有硬板的基础上，以免工作时发生沉陷。
- 使用千斤顶时，应随着工件的升降，随时调整保险垫块的高度。
- 多台千斤顶同时工作时，宜采用规格型号一致的千斤顶，且载荷应合理分布，千斤顶的动作应互相协调，以保证升降平稳，无倾斜及局部过载现象。

（4）垫铁：机械设备在安装过程中，为了找平、找正，常在设备与基础之间放置垫铁，通过调整垫铁的厚度，使机械设备找平或达到标高，这种安装机械设备的方法叫作有垫铁安装法。有垫铁安装法，调整方便，精确可靠，是一种常见的安装方法。

① 垫铁的种类：垫铁按材质分有铸造垫铁和钢制垫铁两类。铸造垫铁是由灰铸铁铸造而成，成本低，适合于大批量生产。钢制垫铁是由钢板切割而成，适合于小批量场合，钢制垫铁尽量利用钢板的边角余料制作。

垫铁按其形状分有平垫铁、斜垫铁、开口垫铁、钩头垫铁和可调垫铁等多种。

垫铁组布置的原则为：在地脚螺栓两侧各放置一组，应尽量使垫铁靠近地脚螺栓，当地脚螺栓间距小于 300mm 时，可在各地脚螺栓的同一侧放置一组垫铁。对于带锚板的地脚螺栓两侧的垫铁组，应放置在预留孔的两侧。相邻两垫铁组的间距，可根据机器的重量、底座的结构形式以及负荷分布等具体情况而定，一般为 500mm 左右。

② 单块垫铁的最小面积计算：

单块垫铁的最小面积可按下面公式近似计算：

$$A \geqslant 3 \frac{Q_1 + Q_2}{R} \tag{8-1}$$

$$Q_1 = \frac{G}{n_1}$$

$$Q_2 = \frac{F}{n_2}$$

式中　A——单块垫铁的最小面积（布置于地脚螺栓两侧的每组垫铁的承压面积），cm^2；

　　　3——安全系数；

　　Q_1——由于机器的重量加在该垫铁组上的负荷，kgf；

　　G——机器的重量，kg；

n_1——垫铁组数；

Q_2——由于地脚螺栓拧紧后分布在该垫铁组上的负荷，kgf；

F——一根地脚螺栓拧紧后产生的轴向力，kgf；

n_2——一根地脚螺栓两侧的垫铁组数（一般为2）；

R——基础混凝土或地坪混凝土的单位面积抗压强度，kgf/cm^2。

③ 垫铁表面应平整，无氧化皮、飞边等，斜垫铁的斜面表面粗糙度不得低于 $\overset{25}{\diagup}$，斜度一般为 1/20~1/10，对于重心较高的机器采用 1/20 的斜度为宜。

④ 斜垫铁应配对使用，与平垫铁组成垫铁组时，一般不超过四层，薄垫铁应放在斜垫铁与厚平垫铁之间，垫铁组的高度一般为 30~70mm。

⑤ 垫铁直接放置在基础上，与基础接触应均匀，其接触面积应不小于 50%，平垫铁顶面水平度的允许偏差为 2mm/m，各垫铁组顶面的标高应与机器底面实际安装标高相符。

⑥ 机器找平后，垫铁组应露出底座 10~30mm，地脚螺栓两侧的垫铁组，每块垫铁伸入机器底座底面的长度，均应超过地脚螺栓，且应保证机器的底座受力均匀，若机器底座底面与垫铁接触宽度不够，垫铁组放置的位置应保证底座坐落在垫铁组承压面的中部。

⑦ 配对斜垫铁的搭接长度不小于全长的 3/4，其相互间的偏斜角应不大于 3°。

⑧ 机器用垫铁找平、找正后，用 0.25kg 或 0.5kg 重的手锤敲击检查垫铁组的松紧程度，应无松动现象，用 0.05mm 塞尺检查，垫铁之间及垫铁与底座之间的间隙在垫铁同一断面处从两侧塞入的长度总和，不得超过垫铁长（宽）度的 1/3，检查合格后，应随即用电焊在垫铁组的两侧进行层间点焊固定，垫铁与机器底座之间不得焊接。

设备安装前，除对吊装工机具进行准备外，还要准备安装用工机具，如大锤、撬棍、测量用卡尺、钳工水平尺、框式水平仪、气焊、电焊工具、钢板尺、经纬仪、水准仪以及劳动保护用品等，保证工程顺利开工和正常进行。

8.1.3　安全措施的制定与实施

工程项目在开工前，对安全措施的制定与落实是非常重要的，尤其是石油化工行业，易燃、易爆、有毒有害的因素特别多，抓好安全措施的落实是必不可少的。安全措施的制定要有针对性，要切实结合工程特点的实际情况，具体问题、具体分析，落到实处。

（1）安全管理的一般规定

① 施工单位应设专门的安全技术部门，施工队（处）应设专职安全员，施工班组应设兼职安全员。例如 30 万吨乙烯工程，从施工单位到施工队再到施工班组层层都有安全职责的落实，以使安全体系能健康运行。

② 施工单位必须建立健全安全管理制度（包括安全责任、安全教育、安全措施、安全监督、事故处理等）并认真贯彻执行。例如××厂球罐工程，凡进入球罐工程施工的队伍都有健全的安全管理制度，入厂前进行安全三级教育，各级领导安全责任明确，安全措施层层落实，安全监督、事故处理都落实到位。编制安全风险预测，将可能出现的安全事故都能分析到，采取防控措施，避免事故发生。

③ 凡独立操作的工人，必须有本工种、本岗位的操作合格证和劳动部门要求的安全操作合格证，没有操作合格证的，不得上岗操作。特别是特殊工种，例如电工、起重工、司机、电焊工等更是检查的重点，无证不许上岗。

182

④ 施工单位作业人员在工程施工中必须遵守下列规定：

a. 工作时要思想集中。

b. 按规定穿戴防护用品。例如登高必须系安全带，入场必须穿统一的工作服、戴安全帽，动用无齿锯、角向磨光机必须戴保护眼镜。

c. 机械、工具应有专人管理、保养，经常保持性能完好。

d. 高处作业必须系挂安全带，高挂低用。

e. 班前、班中严禁饮酒。

f. 现场行走必须注意周围环境以及附近的机械、车辆。

g. 禁止烟火的场所，严禁吸烟和用火，进入化工厂区不但严禁吸烟，而且不准携带烟和打火机、火柴等。

（2）施工现场的安全管理

① 施工的总平面布置应符合国家现行的防火、工业卫生等有关安全规定。

② 施工现场及其周围的山冈、陡坡处，应设置安全围栏，影响施工的坑洼、沟等均应填平或铺设与地面平齐的盖板，危险处所夜间应设红灯示警。

③ 临时建筑工程应按经济、实用、易装、易卸、有利生产、方便生活的原则设置，施工现场应设置适当数量的厕所。

④ 施工现场的危险作业区域，大型设备吊装、容器组对、结构预制、射线作业、电气耐压试验、设备、管道脱脂、试压和爆破作业等警戒区，均应设置明显的警告牌，非工作人员不得入内。

⑤ 施工现场的噪声标准应限制在国家现行规定以内，超过者应装设消音设施或采取其他有效措施。

（3）施工道路的安全管理

① 人行道、车行道应坚实平坦，交通频繁的交叉路口必须设置落杆，并设明显的警告牌。

② 机动车辆在厂区内行驶，时速不得大于 15km/h。

③ 载重汽车的弯道半径不宜小于 15m，遇有特殊情况亦不得小于 10m，并应保证有足够的视野。

（4）施工器材安全管理

① 施工器材应按施工总平面布置规定的地点堆放成垛，保证整齐稳固，堆放场地应保持平整。

② 可燃材料（如木材、油料、草袋等）及废料应与建筑物、明火作业区保持一定距离。

③ 各类脚手架、杆、板等的堆放，应符合防腐、防火的要求，钢脚手杆、板在堆放时应垫起防锈，使用前应经检查合格。

（5）安全用火管理

① 凡是用火的地方，必须制定防火措施，并设专人看火，工作完毕，必须将火源彻底熄灭。

② 在高处用火（如电焊、气焊等）的下方及其周围，如有可燃物，应予以清除，或采用不燃物遮盖，并设专人看火。

③ 高温管道、设备上严禁放置可燃物品，在生产装置开工试车前，应将与设备、管道等接触的木脚手杆、板和可燃物拆除。

（6）安全用电管理

① 施工用电线路应采用绝缘良好的橡皮软导线。

② 在架空电力线路的下方，严禁修建屋顶为可燃材料的建、构筑物。架空线路与建、构筑物的垂直和水平距离，应符合现行《电力线路防护规程》的有关规定。

③ 低压架空线路采用绝缘导线时，其架空高度不得小于 2.5m，架空线路穿越主要道路时，线路与路面中心的垂直高度不得小于 6m。施工现场不得架设裸体导线。

④ 在施工现场，露天配电盘及配电开关应有防雨措施，外露带电部分必须采取绝缘防护措施，并应挂上"有电危险"警告牌。

⑤ 电气设备检修时，应先切断电源，并挂上"有人工作，严禁合闸"警告牌，停电作业应履行停、用电手续，停用电源时，应在开关箱上加锁或取下熔断器。

⑥ 施工现场及作业场所，应有足够的照明，主要通道上应装设有路灯。

（7）高处作业安全管理

① 凡在坠落高度基准面 2m 以上（含 2m）位置进行作业，都称为高处作业。

② 高处作业应使用合格的脚手架、吊架、梯子、脚手板、防护围栏、挡脚板和安全带等。作业前，认真检查所用的安全设施是否坚固、牢靠。

③ 距离坠落高度基准面 2m 以上的高处作业必须设置安全网，并应随作业位置升高及时调整，高度超过 15m 时，应在作业位置垂直下方 4m 处或一个楼层架一层安全网，且安全网数不得少于三层。

④ 凡从事高处作业的人员，应事前进行身体检查。

⑤ 在没有安全防护设施的条件下，严禁在屋架、桁架、构件上行走或作业。

⑥ 施工机具安全管理：

a. 施工机械的操作人员应经过培训、考试合格，并持有安全操作合格证。

b. 工作前，操作人员应检查施工机械设备的清洁、紧固、润滑、保护接地等情况，确认合格，方可启动。

c. 运转中的施工机械，严禁进行维修、保养、润滑、紧固、调整等工作。

（8）季节性施工安全管理

① 在雨季前，应修整、疏通永久性和临时性的排水管道与沟渠，整修道路和防洪堤，对于易腐蚀的机具应进行防腐处理。

② 应经常检查脚手架、脚手板的使用状况，如有松动、下沉、腐烂或变形等，应及时加固或更换。

③ 避雷及其他接地装置，在每年雨季前均应进行接地电阻测定。

④ 雨季施工应有防雨措施，雷雨时，严禁吊装设备、管道和攀登金属梯子等，并应停止露天高处作业。

⑤ 在寒冷季节施工，设备、管道在水压试验时，应采取防寒措施，试压后，应将积水放尽，并用压缩空气吹净。

⑥ 车辆在冻滑的路面上行驶时，轮胎上应带防滑链。

⑦ 施工机械、车辆等在寒冷处停放时，应将水箱中未加防冻剂的冷却水放尽。

（9）试压作业的安全管理

① 试压作业应符合设计对试验介质、压力、稳压时间等的要求，且不得采用有危险性的液体或气体。一般选用洁净水、空气或氮气。

② 液压试验的环境温度应在5℃以上。

③ 在试压前及试压过程中，应详细检查被试设备、管道的盲板、法兰盖、压力表的加设情况以及试压中的变形等，具备升压条件时，方可升高压力。

④ 对于大型、重要的设备，高中压及超高压设备、管道，在试压前应编制液压、气压试验方案或安全措施。

⑤ 压力表的选用和安装位置应符合下列规定：

a. 精度不得低于1.5级。

b. 应经校验合格、铅封并有出厂校验证明书，其铭牌压力应为试验压力的1.5~2.5倍。

c. 应垂直安装于被试设备、管道上易观察到的高度。

d. 使用的压力表不得少于两块。

⑥ 在试压过程中，如发现有泄漏现象，不得带压紧固螺栓、补焊或修理。

⑦ 在压力试验过程中，受压设备、管道如有异常响声、压力下降、表面油漆剥落等情况，应立即停止试验，查明原因。

（10）拆除工程作业的安全管理

① 拆除工程在施工前，应对被拆除的建、构筑物进行全面检查，根据资料和破坏情况，详细制订安全可靠的拆除方案。

② 拆除作业应在工程负责人的统一指挥下进行，施工前，技术人员应向作业人员说明拆除程序、操作要求和安全技术措施。

③ 拆除作业应按自上而下、先外后内的顺序进行，严禁数层同时拆除，当拆除某一指定部位时，应防止其他部位倒塌。

④ 进行高处拆除作业时，不得将拆除物自上而下投掷，应采用吊运或溜槽等方式。

⑤ 拆除设备、管道应遵守下列规定：

a. 悬空管道应先用起重工具吊稳再进行拆除。

b. 切割时，作业人员应穿戴好防护用品，并应再次检查设备、管道内是否尚有残存物料。

c. 切割人员应站在指定位置进行作业。

⑥ 气割后的构件应用撬棍撬离，不得用大锤敲击或用吊车硬拉强拽。

在某地旧厂房钢结构大平台的拆除过程中，由于没有按照先上后下的原则拆除，而是平台下、平台上同时进行拆除作业，结果造成平台塌下、压死3人的恶性事故。

（11）焊接作业安全管理

① 作业前应严格检查焊接设备及工器具是否完好无损，施工现场是否符合安全要求。

② 电焊机应放置在防水、防潮及通风良好的棚内，焊接用的软导线在过路或易损伤处应架空或埋地敷设，并严禁与电缆线共同敷设。

③ 严禁在带压、带电和装有易燃、易爆、有毒介质的设备或管道上施焊。

④ 在危险场所（如设备内、高处、井坑、沟槽等）和恶劣环境中进行焊接作业时，应采取有效安全措施并设专人监护。

（12）防腐作业安全管理

① 用于防腐作业的易燃、易爆、有毒材料，应分别存放，不得与其他材料混淆，挥发性的物料应装入密闭容器内。

② 防腐作业人员必须穿戴防护用品，必要时应佩戴防毒面具或面罩。

③ 仓库及作业场所的空气中含有害气体的最高容许浓度应符合表 8-2 的规定。

表 8-2　仓库及作业场所空气中有害气体最高容许浓度

有害物质名称	最高容许浓度/（mg/m²）	有害物质名称	最高容许浓度/（mg/m²）
二甲苯	100	溶质汽油	350
甲苯	100	苯	40
丙酮	400	乙醇	1500
煤油	300		

④ 在设备、容器内进行防腐衬里作业时，应遵守下列规定：

a. 在设备、容器内进行喷砂、防腐衬里等作业时，器外应设专人监护和配合。

b. 作业人员不得穿易产生静电的衣服，不许穿钉子鞋，不许携带火种，其所在地 10m 范围内严禁明火。

c. 作业场地周围应架设围栏和警告牌。

d. 设备、容器周围应接地良好。

e. 应通风良好。

f. 在设备容器内，不得存放汽油、胶水、树脂、二氯乙烷等易燃、易爆和有毒物品。

8.1.4　HSE 管理体系的建立与实施

HSE（H—健康、S—安全、E—环境）管理体系是国际石化工业通用的一种管理模式。它运用系统管理方法，从整体和全过程考虑系统的安全管理工作。在管理内容上从单一的安全管理扩展到安全、环境、健康的一体化管理。在管理方式上，更注重科技进步和资源优化，强调管理的程序化和规范化，HSE 管理已成为石化工业共同执行的准则。

施工单位进入施工现场必须建立 HSE 管理体系，对施工现场的安全、环保、健康实施有效的管理。监理单位也必须具备完善的 HSE 管理体系，在监理规划、监理细则中体现出来并能付诸实施。

（1）风险削减措施的落实

在施工现场，风险、危害都是经常存在的，危害和影响是有可能识别和预防的。任何活动和设施的 HSE 风险都应进行评价，建立削减风险的可行计划和措施，并定期评审有关的管理和控制程序是十分必要的。

① 预防和控制事故的方案、程序和方法。

② 明确控制措施和步骤。

③ 确定控制和削减措施的时间安排。

④ 明确控制措施要达到的效果和预期目标。

⑤ 明确实施效果的检查和验收方法。

（2）风险削减措施的实施

① 作业前，技术人员和安全人员应将环境影响及风险控制与削减措施向所有参与施工的作业人员进行交底。

② 施工作业应在确认的环境影响及风险控制与削减措施全部到位后，方能进行。

③ 安全部门负责检查环境影响及风险控制与削减措施的落实情况。

8.2 物质准备

每一个工程项目开工前，都要进行充分的物质准备，工机具要根据计划提出并进行检修、检验，必要的材料准备进场，吊装用车辆、索具准备进场，必备的工卡具都必须做好充分准备，这样才能保证工程项目的顺利开工。

8.2.1 工机具、材料的采购、验收与保管

（1）工具、机具的准备

施工中所需要的工机具分常用工机具和专用工机具两大类。常用的工具包括钳工、铆工、管工、电工、电焊、气焊、测量工具以及专用工机具等。

为了在施工中提高效率，必须做好工机具的准备工作，不但要把常用工具、常用机具按计划准备齐全，及时运到现场，不影响施工，同时，对专用工具，也要准备好，避免到使用时不具备条件而造成窝工。

（2）材料的采购、验收与保管

施工中所需的材料可分为两大类：一类为主材，这类材料直接用在工程上，如钢板、管材、阀门、法兰、支吊架等；另一类材料是消耗材料，如焊条、氧气、乙炔、洗油、劳动保护用品等。材料的采购、验收与保管必须按照相应的标准或规定执行。

8.2.2 吊装工机具进入现场

工程项目开工前，吊装工机具等物资要陆续进入现场。进入现场的存放地安排要根据经过审批的现场暂设布置进行，不许私自占地盘，乱堆乱放。

8.3 人员准备

根据工程项目对人力资源的需求，要建立项目组织机构，组建和优化项目管理班子，业主要组建一套技术、质量管理、安全管理、合同管理等项目管理的机构；同时，监理单位也要根据合同内容、工程量大小决定成立几个监理项目部，一般情况每个工程标段设立一个监理项目部，施工单位也是根据工程中标的工程量大小来决定或成立几个项目部，一般情况下，一个工号成立一个施工总承包项目部。

8.3.1 指挥系统的确立

（1）业主指挥系统的确立

影响一个工程项目目标的主要因素是人，特别是项目的组织者和指挥系统，因此选定领

导者及领导班子是至关重要的，确定一个合理的组织结构模式也是相当重要的。常用的组织结构模式有职能组织结构、线性组织结构和矩阵组织结构。

（2）确立组织项目管理班子人员

根据工程项目规模，选定组织结构模式后，就要组建项目管理班子。项目管理班子人员可通过外部招聘的方式获得，也可以对项目承担组织内的成员进行重新分配，选择合适的获取人员的政策、方法、技术和工具，以便在适当的时候获得项目所需的高素质的并且能互相合作的人员，有时可以通过招标、签订服务合同等方式，来获得特定的人员，承担项目的一部分或大部分工作。例如，炼油项目，业主方面有总指挥部、分指挥部，首先确定总指挥部领导、主要成员，才能陆续开展工程招投标，选定监理单位、施工单位等工作。同样，各监理单位和施工单位的指挥系统、项目部成员要首先组建，才能陆续开展工作，从而完成整个工程建设。项目领导班子确定之后，最主要的就是要完善质量、技术、安全、进度各指挥管理系统。

（3）HSE 管理系统的建立

HSE 管理人员必须掌握下列知识：

① 施工安全控制的基本要求：

a. 各施工单位必须取得安全行政主管部门颁发的《安全施工许可证》后才可开工。

b. 总承包单位和每一个分包单位都应持有《施工企业安全资格审查认可证》。

c. 各类人员必须具备相应的执业资格才能上岗。

d. 所有新员工必须经过三级安全教育，即进厂、进车间和进班组的安全教育。

e. 特殊工种作业人员必须持有特种作业操作证，并严格按规定定期进行复查。

f. 对查出的安全隐患要做到"五定"，即定整改责任人、定整改措施、定整改完成时间、定整改完成人、定整改验收人。

g. 必须把好安全生产"六关"，即措施关、交底关、教育关、防护关、检查关、改进关。

h. 施工现场安全设施应齐全，并符合国家及地方有关规定。

i. 施工机械（特别是现场安设的起重设备等）必须经安全检查合格后方可使用。

② HSE 管理人员必须掌握危险源的识别与控制。危险源是可能导致人身伤害或疾病或财产损失或工作环境破坏，或这些情况组合的危险因素和有害因素。危险源是安全控制的主要对象，危险源共分两大类，可能发生意外释放能量的载体或危险物质称作第一类危险源，例如石化系统的液化石油气储罐或液化石油气，都属于第一类危险源，易燃、易爆。造成约束、限制能量措施失败或破坏的各种不安全因素称为第二类危险源。在生产、生活中，为了利用能量，人们制造了各种机器设备，让能量按照人们的意图在系统中流动、转换和做功，为人类服务，而这些设备和设施又可以看成是限制约束能量的工具。在正常情况下，生产过程中的能量或危险物质受到约束或限制，不会发生意外释放，即不会发生事故，但是一旦这些约束、限制能量或危险物质的措施受到破坏或失效（故障），则将发生事故。第二类危险源包括人的不安全行为、物的不安全状态和不良环境条件三个方面。例如，登高作业不系安全带、高处作业下抛物体、氧气瓶在阳光下暴晒等都属于第二类危险源。

③ 安全管理人员对危险源控制的策划原则：尽可能完全消除有不可接受风险的危险源，如用安全品取代危险品。

④ 安全管理人员对施工安全技术措施计划的审核和检查：建设工程施工安全技术措施计划的主要内容包括工程概况、控制目标、控制程序、组织机构、职责权限、规章制度、资

源配置、安全措施、检查评价、奖惩制度等。

编制施工安全技术措施计划时，对于某些特殊情况应考虑：

对结构复杂、施工难度大、专业性较强的工程项目，除制订项目总体安全保证计划外，还必须制订单位工程或分部分项工程的安全技术措施。

对高处作业、井下作业等专业性强的作业，电器、压力容器等特殊工种作业，应制订单项安全技术规程，并应对管理人员和操作人员的安全作业资格和身体状况进行合格检查。

制定和完善施工安全操作规程，编制各施工工种，特别是危险性较大工种的安全施工操作要求，作为规范和检查考核员工安全生产行为的依据。

施工安全技术措施包括安全防护设施的设置和安全预防措施，主要有17个方面的内容，如防火、防毒、防爆、防洪、防尘、防雷击、防触电、防坍塌、防物体打击、防机械伤害、防起重设备滑落、防高空坠落、防交通事故、防寒、防疫、防环境污染等。

⑤ 安全管理人员的安全检查：工程项目安全检查是消除隐患、防止事故、改善劳动条件及提高员工安全施工意识的重要手段，是安全控制工作的一项重要内容，通过安全检查可以发现工程中的危险因素，以便有计划地采取措施保证安全施工，施工项目的安全检查应由各级安全负责人组织，定期进行检查。

安全检查的类型可分为日常性检查、专业性检查、季节性检查、节假日前后的检查和不定期的检查。

⑥ 掌握现场文明施工的基本要求：施工现场必须设置明显的标牌，标明工程项目名称、建设单位、设计单位、施工单位、项目经理和施工现场总代表人的姓名、开工日期、竣工日期、施工许可证批准文号等，施工单位负责施工现场标牌的保护工作。

施工现场的管理人员在施工现场应当佩戴证明其身份的证卡。

应当按照施工总平面图设置各项临时设施，现场堆放的大宗材料、成品、半成品和机具设备不得侵占场内道路及安全防护等设施。

施工现场的用电线路、用电设施的安装和使用必须符合安装规范和安全操作规程，并按施工组织设计进行架设，严禁任意拉线接电，施工现场必须设有保证施工安全要求的夜间照明，危险、潮湿场所的照明以及手持照明灯具，必须采用符合安全要求的电压。

施工机械应当按照施工总平面布置规定的位置和线路设置，不得任意侵占场内道路，施工机械进场须经过安全检查，经检查合格的方能使用。

施工现场应当设置各类必要的职工生活设施，并符合卫生、通风、照明等要求，职工的膳食、饮水供应等应当符合卫生要求。

（4）建立技术管理指挥系统

作为一个工程项目，技术管理是其主要的支撑之一。工程项目的进展都离不开诸多技术难题的解决，离不开技术方案的制定、审核，难题攻关的组织和技术管理系统的参与。例如焊接难题的攻关，某炼油装置焦炭塔复合钢板焊接出现裂纹，什么原因？是原材料问题，还是焊接工艺、焊材的问题，还是焊接环境温度的问题？这都要经过研讨、分析、裁定，最后解决问题。

（5）监理单位的进场及准备

大中型工程项目，市政、公用工程项目，政府投资兴建和开发建设的办公楼，社会发展事业项目和住宅工程项目，外资、中外合资、国外贷款、赠款、捐款建设的工程项目都必须有监理单位进行监理，监理单位经过招投标确定，监理单位确定后按规定监理人员人数进行配置，进入现场进行监理规划和细则的编制，同时进行必要的监理交底，向施工单位交代清楚须报验的程序和使用的表格、关键工序质量控制点的编制及下发，和施工单位沟通，确定单位工程划分，讲清楚交工资料按哪个标准验收，保证工程顺利进行。

8.3.2　施工队伍准备

工程项目确定之后，选择施工队伍就是非常关键的事情。例如某石化工程 500 万吨炼油项目就是选择好的施工队伍的成功范例。业主将 500 万吨炼油项目分成十几个标段，有常减压、加氢裂化、连续重整、产品精制、柴油加氢、制氢、芳烃抽提、硫黄回收、延迟焦化、储罐区、公用工程等，通过招标、投标，全国各大石化建筑安装公司十几家进入了该炼油项目现场，聚集了全国建筑安装行业的精兵强将。每个标段进驻一个全国闻名的大型施工企业，这些企业技术力量雄厚、施工机械齐全、大型吊车配备到位、工人队伍素质高，许多在国际上都很有名望和业绩。监理单位也选择了三家全国知名度很高、实力非常雄厚的监理单位。他们强大的技术力量支持，保证了工程质量好、进度快，顺利完成。

储罐安装是这个项目的关键，$10000m^3$ 立式浮顶储罐有 20 台，$50000m^3$ 浮顶储罐有 3 台。虽然储罐现场制造的工作量大，但这家施工单位是化工安装大型企业，有十几台大型自动焊机施焊，技术工人都是技师，保证了储罐保质保量按期完成。

大型设备吊装是这项工程的重中之重，参加施工的大型安装企业拥有 1000t 履带吊、600t 吊车以及专业吊装队伍，使 800t 反应器一次吊装成功，全场几十台塔设备，都高质量地吊装成功。

因此施工队伍选择要注重业绩、专业化。一个标段只能给一家大施工企业，多进入几家大施工企业，既有竞争、又有比较，施工队伍劳动力不会显得紧张。如果施工队伍技术力量不强，对上述几项关键项目没有干过，可以设想，那样的局面将不可收拾，质量、工期也很难保证。

工程质量、工程进度的决定因素是人，是施工队伍的素质，因此，建设单位、监理单位都要尊重他们的劳动，保证工程款的拨付，为解决施工过程中产生的问题和困难创造必要的条件、搞好协调、做好服务、关心施工队伍。

8.4　设备验收

在施工项目管理中，设备验收是一项重要而繁杂的工作，认真地抓好这项工作能为安装工程打下良好的基础。

8.4.1　设备的开箱检验及保管

设备运抵现场，建设单位要提前通知设备制造厂人员按约定的时间到场参与开箱检验。参加开箱检验的人员有业主相关专业的人员，如电气专业、仪表专业、设备专业的人员，监理单位对应的设备、电气、仪表专业人员也要到场。开箱检验由业主负责组织召集，监理人员协助办理，施工单位安排人员开箱和记录。制造单位人员协助清点和交接。

设备验收时要首先检查随机技术文件：出厂合格证；设备说明书；设备特性（包括设计

压力、试验压力、设计温度、工作介质）；设备制造图；设备的热处理状态与禁焊等特殊说明；质量证明书；受压元件材料的化学成分和力学性能；受压零、部件无损探伤合格证；焊接质量检查合格证（包括返修记录）；耐压试验及气密性试验合格证。

设备开箱时，应查明设备的名称、型号、规格，防止开错箱。

设备上的防护物和包装应在施工工序需要时拆除，不得过早拆除，以免设备受损。

设备开箱后，施工单位应会同有关部门人员对设备进行清点检查，检查设备的零件、部件、附件是否齐全，设备有无损坏，清点检查完毕后，填写《设备开箱检查记录单》，设备交由施工单位保管，同时注意以下事项：

设备的清点检查，应该依据设备制造厂提供的设备装箱单。

清点检查时，首先应核实设备名称、型号、规格，必要时核对设备图纸。

清点设备的零件、部件、随机附件、备件、附属材料、工具、设备的出厂合格证和其他技术文件是否齐全。

设备的转动和滑动部件，在未清除防锈油前，不得转动和滑动，由于检查而除去的防锈油料，在检查后应重新涂上。

设备开箱检查只能初步了解设备外观的完整程度，要想知道设备有无内部缺陷、运行中有无问题，必须在设备拆洗、组装、找正找平及试运转后进一步考查。

施工单位在设备开箱检查后，应对设备及其零部件妥善保管，一般不得露天放置，以免损伤设备。

暂时不安装的设备或零部件，应把已检查过的精加工面重新涂油，以免锈蚀。

机器设备零部件不得直接放在地面上，最好放置在木板架上。

设备上的易碎物品、易丢失的小零件、贵重仪表和材料应单独保管，并且编号登账，以免混淆和丢失。

设备的紧固螺栓、螺母加工尺寸应准确，表面光洁，无裂纹、毛刺、凹陷等缺陷。

设备内件的形状尺寸应符合设计图样或技术文件的要求。

在检查中，必须作下列复验才能确定设备的质量时，建设单位可委托施工单位进行复验：各种材质的分析、金相组织检查和硬度试验；母材或焊缝表面的渗透或磁粉探伤；母材或焊缝的射线或超声波探伤；筒体或其他部位的超声波测厚。

设备保管人员应经常检查设备，防止受潮、锈蚀或变形等不良现象，有惰性气体保护的设备应有充气介质的明显标志，经常检查充气压力并做好记录。

8.4.2 进口设备的验收与保管

进口设备的验收必须有商检部门的人员参加。如果商检部门到不了现场，可电话委托业主主管设备的人员代为验收，出现质量问题应用照相、录像等手段，由商检部门同国外制造商进行交涉。时间不要超过合同规定的质量索赔的时间限制。验收及保管的注意事项同设备验收的要求。

8.4.3 非标设备的监制与进场

（1）非标设备的监制

非标设备的监理工作由具有监造资格证的监理公司担任，监理公司根据监造合同派驻监理人员，监理工程师重点对非标设备制造质量进行管理，设备监造的主要任务是：

① 审查设计文件是否完整，设计是否符合规范和有关规定的要求。

② 审查制造厂家生产工艺及其他生产制造技术的准备情况，重点掌握主要零件的生产工艺和检测手段。

③ 监督检查设备所用原材料，外购配套件、标准件的准备情况，审查其材质合格证，监督审查制造厂家对外购、外协件的质量验收工作。

④ 检查设备零件的加工制造过程是否按加工工艺进行，不合格零件是否进行了隔离。

⑤ 直接参与设备主要零部件的检验和测量。

⑥ 设备的组装以及整机性能的测试，应进行实地监督和检查，从而验证设备是否达到图纸要求的水平。

⑦ 对设备的防锈处理、包装过程、运输形式进行审查，检查随机文件和设备附件是否齐全。

（2）在加工制造过程中抓好不合格品的控制

① 在监理工程师的检查监督下，发现设备零部件制造过程中有不合格品，应做好标识、隔离、评价、处置和记录工作，建立不合格品的控制程序。

② 发现和标识不合格品：在设备加工过程中发现不合格品，质检部门收到报告后，应派人进一步检查，进行确认、标识，防止不合格品流入下道工序。

③ 记录、隔离不合格品：对已被确认的不合格品，责任部门应做出记录，内容包括不合格品的名称、数量、责任人员、不合格项等。

④ 评审不合格品：应在控制程序中规定参加不合格品评审的人员及职责，具有评审资格的人员按要求对其性质、处置方法进行评审。

不合格品产生后，应对其进行分析，找出产生的原因，采取有效措施进行纠正。

对不合格品的纠正措施制定并落实后，质检部门要对其进行验证，看其效果如何，对效果明显的要进行归纳、总结、整理，方便以后借鉴。

设备监造过程中，质量控制的改进包括持续改进、纠正措施和预防措施三个方面。

持续改进：质检部门对设备制造的质量必须持续改进，使顾客受益，持续改进是在原来质量的基础上所做的改进。

纠正措施：即找出造成不合格的原因，然后采取对策予以消除，防止不合格品再次出现。

预防措施：包括策划、防错技术、产品召回、实施质量改进计划等。

第9章 泵和压缩机的安装

化工行业设备大体分为动设备和静设备。所谓动设备是指由电动机、蒸汽透平机及其他动力驱动的进行旋转或作直线往复运动的机器。通常在化工生产装置中普遍应用的有：压缩机，包括往复式压缩机、离心式压缩机、螺杆式压缩机、透平压缩机等；风机，包括离心式鼓风机、轴流式鼓风机、罗茨风机等；泵类，包括离心泵、齿轮泵、柱塞泵、螺杆泵、隔膜泵等；搅拌器；离心机；起重机；各种输送机等。

9.1 泵的概述

（1）单级悬臂式离心泵

如图9-1所示为单级悬臂式离心泵。泵壳为垂直部分结构，叶轮上开有平衡孔以减小轴向力，泵轴密封为填料函式密封，泵的吸液管和排液管的法兰侧面开有装压力表的螺栓孔，可把螺栓卸下安装上压力表，便于观察泵的进出口压力，蜗壳的最高点也设置有螺栓孔，供开泵前预灌时排气用。

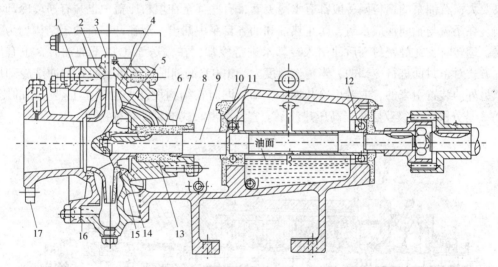

图9-1 单级悬臂式离心泵

1—泵盖；2—泵壳；3—放气孔；4—叶轮；5—螺母；6—填料函壳；7—填料；8—填料压盖；9—轴；10—泵架；11、12—滚珠轴承；13—液封圈；14、16—承磨环；15—平衡孔；17—吸液管法兰

单级悬臂式离心泵主要由泵壳、叶轮、泵架、泵盖、填料函壳、填料、滚动轴承、液封圈、承磨环、吸液管法兰、主轴、排气孔装置、填料压盖、连接螺栓、螺母等组成。

（2）分段式多级离心泵

如图9-2所示为分段式多级离心泵。各级泵壳都是垂直剖分的，泵的各个级间均靠导轮传递能量，泵内有多个叶轮装在同一根轴上串联工作，各级叶轮吸液口都在同一侧，在泵的最后一级与填料函之间装有自动平衡盘，用以平衡轴向力，此类多级离心泵扬程较高。

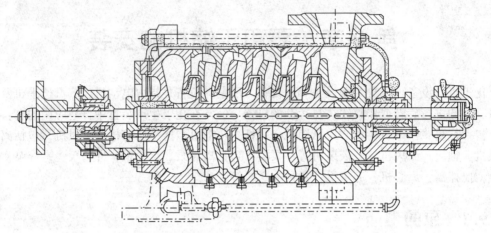

图9-2　分段式多级离心泵

（3）离心式油泵

如图9-3所示，离心式油泵的结构类似于清水泵，但在密封等方面是有区别的，由于它输送的介质是石油类产品，油类易挥发，如果石油等介质泄漏到外面会引起燃烧，所以对油泵的耐汽蚀性能及密封性能要求较高。石油泵第一级叶轮吸液口直径往往比同一流量的清水泵要大，石油泵的填料函一般都有水冷夹套，有些甚至在填料压盖中也开有通以冷却水的环槽，在压盖与轴间形成水封，防止热油和油气自泵中漏出。现在许多石油泵结构均为端面密封，运转时，在静密封环后面引入冷却水进行冷却，在输送50℃以下的油时，也有用自冲洗方式对密封面进行冷却的，当输送温度大于100℃的油时，密封端面处的冲洗冷却用水是从另外的装置引来的，或者用冷却油来冷却，同时在结构设计上也考虑了热应力的影响。图9-3是分段式多级双层泵壳高压热油泵，它具有离心式油泵的各种特点。

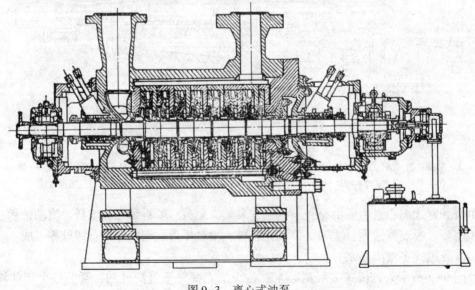

图9-3　离心式油泵

（4）离心式耐腐蚀泵

如图 9-4 所示是一台泵壳用高硅铁合金制成的耐腐蚀泵，用于输送不含悬浮物的酸或碱液。由于硅铁合金较脆，用这种材料铸造的泵壳与泵盖不是用螺栓直接紧固，而是通过铸铁制的夹套法兰，用长螺栓连接铸铁泵架而压紧，泵吸液及排液接管的接头也不像一般泵带螺孔法兰，而是做成锥形的凸缘，泵轴用普通钢制造，伸入泵吸液室的一段为了防腐蚀，加有耐酸、耐碱防护套，叶轮由高硅铁合金铸造而成。

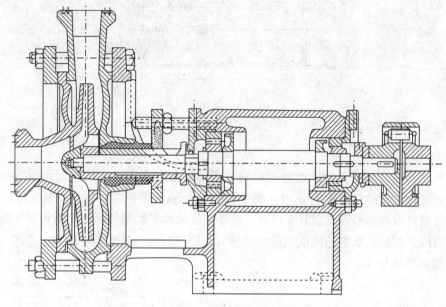

图 9-4　离心式耐腐蚀泵

使用耐腐蚀泵时，由于腐蚀介质在高速流动时对金属的侵蚀加剧，因此耐腐蚀泵一般不宜在高速下运转，耐腐蚀泵也不宜在关闭排液阀或使泵处于小流量的工况下工作，因为这样会使泵内液体发热，使腐蚀速度加快。

（5）屏蔽泵

如图 9-5 所示为屏蔽泵。屏蔽泵是一种被输送的液体及其蒸汽均不外漏的"无填料泵"，其结构特点是泵与电机直联，叶轮直接固定在电机轴上，并置于同一个密封壳内，在泵与电机之间无密封装置，电机转子在被送液中转动，电机定子线圈则用耐腐蚀的非磁性材料制成薄壁圆筒即屏蔽套与液体隔绝，泵与电机的轴承一般是用耐腐蚀的材料（如石墨等）制成。屏蔽泵的关键点是屏蔽电机以及屏蔽电机与泵的结合。由于工业的飞速发展，屏蔽泵的新形式、新结构也在不断涌现。

（6）部分流泵

部分流泵是化工用高速离心泵的一种。如图 9-6 所示是部分流泵，又称切线增压泵。这种泵一般用开式径向直叶片，它的压液室是个圆形的环，在圆周的切线方向，只有一个喉径不大的锥形扩压管作为泵的排液管。泵在工作时，液体介质经吸液管由轴向进入叶片。和离心泵不同，在部分流泵中，环形液压室的液体只有在扩压管处的一部分流出泵外，其余的液体都在环形空间跟着叶轮不断高速旋转，部分流泵也因此得名。

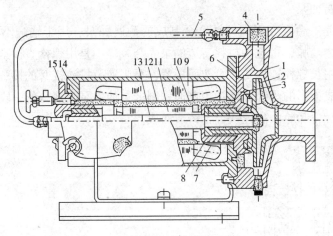

图 9-5　屏蔽泵

1—泵体；2—叶轮；3—前轴承室；4—过滤器；5—循环管路；6、14—垫片；7—轴承；8—轴套；
9—定子；10—定子屏蔽套；11—转子；12—转子屏蔽套；13—轴；15—后轴承室

如图 9-7 所示，部分流泵的性能曲线与普通离心泵有所不同。当流量大到使扩压管喉部处液流速度接近叶轮切线速度 u_2 时，泵的扬程会急剧下降到零，称为切断工况，部分流泵的设计流量是取在切断点流量 0.8 倍处，性能曲线的水平段与切断工况的垂直下降之间有一曲线过渡段，扩压前喉部通流面积设计得越大，则过渡段的曲率半径越大，也即与一般离心泵的性能曲线越相像。

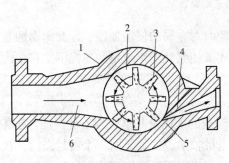

图 9-6　部分流泵作用原理

1—泵体；2—环形空间；3—叶轮；4—锥形
扩压管；5—扩压管喉部；6—吸入管

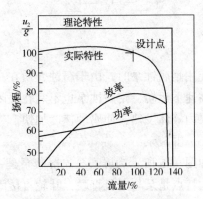

图 9-7　部分流泵的性能曲线

部分流泵是低比转速泵，n_s 为 15~78，效率约为 50%。目前，部分流泵的转速有的高达 24700r/min，单级扬程可达 1760m，它具有体积小、重量轻、维修方便等优点，对泵基础要求不高，可露天使用，常用于甲铵、液氨介质的输送，还适用于输送−130~360℃、运动黏度为 5cm²/s 以下的石油化工液体。

卧式高压筒形泵也是化工用高速离心泵的一种，这是一种多级离心泵，其结构类似于离心式油泵，这种卧式高压筒形泵转速可达 7500~17000r/min，单级扬程可达 1150m，泵的排出压力可达 300kgf/cm² 以上，功率可达数万千瓦。目前该种泵主要用于锅炉给水，有的用于甲铵、液氨的输送。

限制离心泵转速不能过高的一个重要原因，即泵内介质对泵体的汽蚀会随着转速增大而严重，在高速离心泵中，解决这个问题的关键除了使泵有较高的进液压力外，通常在泵的第一级叶轮前加装诱导轮，诱导轮是一个低叶片负荷的轴流式叶轮，其作用是增加进入第一级叶轮液流的能量。

高速离心泵现已在大型合成氨和尿素装置中广泛使用，逐渐代替了往复式柱塞泵，用做甲铵泵、液氨泵及酮液泵。

高速离心泵的轴封，在高压筒形泵中采用浮环密封，在部分流泵中则多数采用机械密封。

高速泵的另一个重要部件是齿轮增速器，它的制造精度、设计精度要求都非常高，因此价格也相当昂贵，随着我国机械制造业的迅猛发展，这种高精度设备已能制造。

9.2 泵的安装

9.2.1 泵类安装注意事项

① 检查泵的安装基础尺寸、位置和标高是否符合工程设计要求。

② 泵的开箱检查：

应按设备技术文件的规定清点泵的零件和部件、不应有缺损、锈蚀等，管口保护物和堵盖应完好无损。

核对泵的主要安装尺寸应与工程设计相符。

核对输送特殊介质的泵的主要零件、密封件以及垫片的品种和规格。

③ 泵在出厂时已装配，调整完善的部分不得拆卸。

④ 驱动机与泵连接时，应以泵的轴线为基准找正，驱动机与泵之间有中间机件连接时，应以中间机件轴线为基准找正。

⑤ 管道的安装除应符合《工业金属管道工程施工规范》的规定外，还应符合下列要求：

管子内部和端部要清洗干净，密封面和螺纹不应有损伤。

吸入管道和输出管道应有各自的支架，泵不得直接承受管道的重量。

互相连接的法兰端面应平行，螺纹管接头轴线应对中，不应借法兰螺栓或管接头强行连接。

管道与泵连接后，应复查泵的找正精度，当发现因管道连接而引起偏差时，应调整管道。

管道与泵连接后，不应在其上进行焊接和气割。当需要焊接和气割时，应拆下管道或采取其他必要的措施，并应防止焊渣进入泵内。

泵的吸入和排出管道的配置应符合设计规定。

⑥ 润滑、密封、冷却和液压等系统的管道应清洁、保持畅通，其受压部分应按设备技术文件的规定进行严密性试验。当无规定时，应按《工业金属管道工程施工规范》执行。

⑦ 泵的试运转应在其各附属系统单独试运转正常后进行。

⑧ 泵应在有介质的情况下试运转，试运转的介质或代用介质均应符合设计的要求。

⑨ 泵的找平工作应符合下列要求：

a. 解体安装的泵，以泵体加工面为基准，泵的纵横向水平度允许偏差为 0.05mm/m。

b. 整体安装的泵，应以进出口法兰面或其他水平加工基准面为基准进行找平，水平度允许偏差：纵向为 0.05mm/m，横向为 0.1mm/m。

⑩ 泵的找正工作应符合下列要求：

主动轴与从动轴以联轴器连接时，两轴的对中偏差及两半联轴器端面间的间隙应符合相应规范的规定。

凸缘联轴器装配及找正时，两个半联轴器端面应紧密接触，两轴心的径向位移应不大于 0.03mm。

弹性套柱销联轴器安装找正时，两轴心径向位移、两轴心倾斜度和端面间隙的允许偏差应符合表 9-1 的规定。

表 9-1　弹性套柱销联轴器装配允许偏差　　　　　　　　　　　　mm

联轴器外形 最大直径 D	两轴心径向位移	两轴心倾斜度	端面间隙
71	0.04		2~4
80			
95			
106			
130		0.2/1000	3~5
160			
190			
224	0.05		
250			4~6
315			
400			
475	0.08		5~7
600	0.10		

弹性柱销联轴器装配时，两轴心径向位移、两轴心倾斜度和端面间隙的允许偏差应符合表 9-2 的规定。

表 9-2　弹性柱销联轴器装配允许偏差　　　　　　　　　　　　mm

联轴器外形 最大直径 D	两轴心径向位移	两轴线倾斜度	端面间隙
90~160	0.05		2~3
195~200			2.5~4
280~320	0.08		3~5
360~410		0.2/1000	4~6
480			5~7
540	0.10		6~8
630			

9.2.2 泵类试运转注意事项

① 泵的地脚螺栓必须紧固，二次灌浆已结束，混凝土强度达到设计要求。

② 和泵连接的管道内部应清洗干净、保持畅通，管道的试压、气密性试验已完成。

③ 各指示仪表应灵敏、准确。

④ 泵的各润滑部位应加入符合技术文件规定的润滑剂。

⑤ 泵的电机绝缘电阻和电机的转动方向已经过核对无误，符合设计要求。

⑥ 泵的轴端填料的松紧程度应适宜，机械密封的安装应正确、无误，高温高压下，填料的减压、降温等设施应符合要求。

⑦ 泵入口必须加过滤网，过滤网有效面积应不小于泵入口截面面积的2倍。

⑧ 输送液体温度高于120℃时，轴承部位应进行冷却。

⑨ 机械密封应进行冷却、冲洗，输送易结晶的液体时，再次启动前，应将密封部位的结晶物清理干净。

⑩ 与泵连接的管道的冷却、传热、保温、保冷、冲洗、过滤、除湿、润滑、液封等系统及工艺管道连接应正确。

⑪ 脱开联轴器，先进行驱动机的试运转，用电机驱动的泵，电机应空运转2h以上。

⑫ 两轴的对中偏差应符合上述规定。

⑬ 两轴的对中找正方法应使用百分表进行测量。安放百分表的找正架必须具有足够的刚度，找正架伸出臂过长时，应加支撑加固。找正架安装也必须牢固，被测量面必须加工光洁。

⑭ 泵启动应按下面要求进行：

a. 往复泵、齿轮泵、螺杆泵等容积式泵启动时，必须先开启进、出口阀门。

b. 离心泵应先开入口阀门、半闭出口阀门后再启动，待泵出口压力稳定后，立即缓慢打开出口阀门，调节流量，在关闭出口阀门的条件下，泵连续运转时间不应过长。

c. 用化工介质进行试运转的泵，其充液、置换、排气等应按技术文件要求进行。

⑮ 泵必须在额定负荷下连续进行单机试运转4h，凡允许以水为介质进行试运转的泵，应用清洁水进行试运转。

⑯ 对于输出石油产品的泵，其泵腔与轴承连通并以工作介质为轴承润滑剂者，应以工作介质进行试运转，不能用水代替。

⑰ 往复泵试运转时，应按下述规定升压：无负荷（出口阀门全开）运转应不少于15min，正常后，在工作压力的1/4、1/2、3/4的条件下分段试运转，各段运转时间均不应少于0.5h，最后在工作压力下应连续运转4h以上，在前一压力级试运转未合格前，不应进行下一个压力级别的试运转。

⑱ 计量泵应进行流量测定，流量可以调节的计量泵，其调节机构必须动作灵敏、准确。可连续调节流量的计量泵，宜分别在指示流量为额定流量的1/4、1/2、3/4和额定流量下测定其实际流量。

⑲ 高温泵如在高温条件下试运转，应注意下列事项：

a. 试运转前，进行泵体预热，泵体表面与有工作介质的进口工艺管线的温差应不大于40℃，泵体预热时，温度应均匀上升，每小时温升不得大于50℃。

b. 检查泵体机座滑动端螺栓处的轴向膨胀间隙。

c. 预热时，每隔 10min 盘车半圈，温度超过 150℃时，每隔 5min 盘车半圈。

d. 开启入口阀门和放空阀门，排出泵内气体，预热到规定温度后，再关好放空阀门。

e. 停车后，应每隔 20～30min 盘车半圈，直至泵体温度降到 50℃。

⑳ 低温泵如在低温介质下试运转，必须注意下列事项：

a. 预冷前打开旁通管路。

b. 按工艺要求对管道和泵内腔进行除湿处理。

c. 进行泵体预冷，冷却到运转温度，冷却速度每小时不得大于 30℃，预冷时，应全部打开放空阀门，预冷到规定温度后，再将放空阀门关闭。

㉑ 脆性材料制造的泵在试运转时，应防止骤冷和骤热，不允许有高于 50℃温差的冷热突变。

㉒ 蒸汽泵的汽缸在试运转前，应该用蒸汽进行暖缸，并及时排净冷凝水，停车后，应放净汽缸内的冷凝水，并按规定做好防冻、保温工作。

㉓ 泵试运转时应符合下列要求：

a. 运转中，滑动轴承及往复运动部件的温升不得超过 35℃，最高温度不得超过 65℃，滚动轴承的温升不得超过 40℃，最高温度不得超过 75℃，填料函或机械密封的温度应符合技术文件的规定。

b. 泵的振动值应符合技术文件的规定，若无规定时，按相应规范要求执行。

c. 电动机温升不得超过铭牌和技术文件的规定。如无规定时，应根据绝缘等级的不同来确定。

d. 泵试运转时，压力和电流应符合设计要求。对于工作介质相对密度小于 1 的离心泵，当用水进行试运转时，应控制电动机的电流，不得超过额定值，且流量不应低于额定值的 20%。

e. 泵试运转时，泵的转子及运动部件不得有异常响声和摩擦现象。往复泵应运行平稳，配气机构应动作灵活、准确。

f. 各润滑点的润滑油温度、密封液和冷却水的温度，不得超过技术文件的规定。

g. 泵的附属设备运行应正常，与泵连接的管道应牢固、无渗漏。

h. 泵内机械密封泄漏量应符合设计要求，对于输送有毒、有害、易燃、易爆、贵重物料和要求介质与空气隔绝的泵，密封处的泄漏量不要大于设计的规定值。

泵类安装施工方案见附录二。

9.2.3　离心泵的安装

（1）泵的清洗和检查应符合下列规定：

① 整体出厂的泵在防锈保证期内，其内部零件不得拆卸，只清洗外表，当超过防锈保证期或有明显缺陷需要拆卸时，其拆卸、清洗和检查应符合设备技术文件的规定，当无规定时，应符合下列要求：拆下叶轮部件，应清洗干净，叶轮应无缺损；冷却水管道应清洗干净并保持畅通。管道泵和共轴泵不宜拆卸。

② 解体出厂的泵的清洗和检查应符合下列要求：仔细检查泵的主要零件、部件和附属设备，中分面和套装零件、部件的端面不得有擦伤和划痕，泵的轴承、主轴表面不得有裂

纹、划伤和其他缺陷。

对泵的零部件清洗后应去除水分，并在表面涂上润滑油，按装配顺序进行摆放。泵壳的垂直中分面不宜拆卸和清洗。

（2）泵的找正应符合下列要求：

① 驱动机轴与泵轴、驱动机轴与变速器轴连接时，两半联轴器的轴向位移、端面间隙、轴线倾斜均应符合设备技术文件的规定。当无规定时，应符合国家现行标准《机械设备安装工程施工及验收通用规范》的规定。

② 驱动机与泵轴以皮带连接时，两轴的平行度、两轮的偏移应符合规范的规定。

③ 汽轮机驱动的泵和输送高温、低温液体的泵（锅炉给水泵、热油泵、低温泵等），在常温状态下找正时，应按设计规定预留其温度变化的补偿值。

（3）高转速泵或大型解体泵安装时，对转子叶轮、轴套、叶轮密封环、平衡盘、轴颈等零部件，应测量其径向和端面跳动值，其允许偏差应符合设备技术文件的规定。

（4）转子部件与壳体部件之间的径向总间隙应符合设备技术文件的规定。

（5）在泵室内叶轮的前轴向、后轴向间隙，节段式多级泵的轴向尺寸均应符合设备技术文件的规定。

（6）多级泵各级平面间原有垫片厚度不得变更。

（7）高温泵平衡盘和平衡套之间的轴向间隙，单壳体节段式泵应为 0.04~0.08mm；双壳体泵应为 0.35~1mm。

（8）推力轴承和止推盘之间的轴向总间隙，单壳体节段式泵应为 0.5~1mm，双壳体泵应为 0.5~0.7mm。

（9）叶轮出口的中心线应与泵壳体流道中心线对准。多级泵在平衡盘与平衡板靠紧的情况下，叶轮出口的宽度应在导叶出口宽度范围内。

（10）滑动轴承轴瓦背面应与轴瓦座紧密贴合，过盈量应在 0.02~0.04mm 范围内，轴颈与轴瓦侧间隙和顶间隙均应符合设备技术文件的规定。

（11）滚动轴承与端盖间的轴向间隙，因介质温度引起的轴向膨胀间隙，向心推力轴承的径向游隙及其预紧力，均应按设备技术文件的要求进行检查和调整，无规定时，按现行国家标准《机械设备安装工程施工及验收通用规范》的规定执行。

（12）组装填料密封径向总间隙应符合设备技术文件的规定。

（13）机械密封、浮动环密封、迷宫密封及其他形式的轴密封件，各部间隙和接触要求均应符合设备技术文件的规定。

（14）轴密封件组装后，盘动转子转动应灵活，转子的轴向窜动量应符合设备技术文件的规定。

（15）双层壳体泵的内壳、外壳组装时，应按设备技术文件的规定执行。双头螺柱拧紧的拉伸量和螺母旋转的角度应符合设计规定。

（16）泵在试运转时：

① 各固定连接部位不得有松动现象。

② 转子及各运动部件运转应正常，不得有异常响声及摩擦现象。

③ 各润滑点的润滑油温度、密封液和冷却水温度不应高于设备技术文件的规定值。

④ 泵的安全保护和电控装置及各部仪表均应处于正常状态。

⑤ 机械密封的泄漏量不应大于 5mL/h。

⑥ 杂质泵和输送有毒、有害、易燃、易爆等介质的泵，各种形式密封的泄漏量应不大于设计的规定值。

⑦ 工作介质相对密度小于 1 的离心泵，用水进行试运转时，应控制电动机的电流，不得超过额定值，且水流量不得小于额定值的 20%。

⑧ 低温泵不得在节流情况下试运转。

9.3 压缩机的安装

随着我国科学技术的迅速发展，压缩机作为产生气体压力能的机器，应用也越来越广泛，压缩机在化工行业以及其他领域都成了必不可少的关键设备，压缩机的安装技术也越来越受到重视。

9.3.1 压缩机的分类

压缩机是动设备中的典型范例，在现代工业生产中，压缩机的应用越来越广泛，特别是化工行业。压缩机按工作原理分有速度型和容积型两类，如图 9-8 所示。

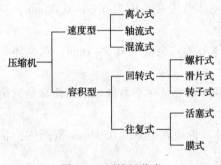

图 9-8　压缩机分类

速度型压缩机中，气体在高速旋转的叶轮的作用下获得巨大的动能，随后，在扩压器中急剧降速，使气体的动能转变为势能（即压力能），从而将气体压缩。

容积型压缩机中，气体在汽缸内经活塞做往复或回转运动，使气体压缩、容积缩小而提高气体压力，活塞式压缩机是容积型压缩机的一种。

（1）多级压缩

如果要用单级压缩机将气体压缩到很高的压力，压缩比必然很大，并且压缩以后的气体温度也会升得很高，所以，一般要将气体压缩到较高的压力都采用多级压缩的办法。多级压缩，就是根据所需的压力，使气体在压缩机的几个汽缸内连续地依次进行压缩，并使气体在进入下一级之前，导入中间冷却器进行等压冷却至吸气温度，再经过油水分离器，除去气体中夹带的液体，然后进入下一级压缩，这样依次经过各级压缩达到所需的压力。在实际生活中，一般情况下的压缩机，例如活塞式压缩机、离心式压缩机等都是多级压缩。如果不采用多级压缩，又要达到很高的压力，就会存在许多问题。

① 气体温度升得过高，会使冷却变得十分困难。

② 气体温度升得过高，会使润滑油失去原有性质或碳化。

③ 压缩比过高，即压缩后的气体压力很高，残留在余隙中的高压气体膨胀时，所在汽缸的容积就会增大。

图 9-9 为多级压缩流程及其 p-V、T-S 图。

多级压缩流程图中形象地表明了气体经过压缩机 Ⅰ 级汽缸压缩后，经过 Ⅰ 级冷却器和油水分离器进入 Ⅱ 级汽缸压缩，再经过 Ⅱ 级冷却器和油水分离器进入 Ⅲ 级汽缸，进行第三次压缩后，进入Ⅲ级冷却器和油水分离器，气体从 p_1 到 p_2，经过 p_a、p_c 阶段，在实际生活中，活塞式压缩机就是经过三级汽缸三级压缩得到设计规定的压力。

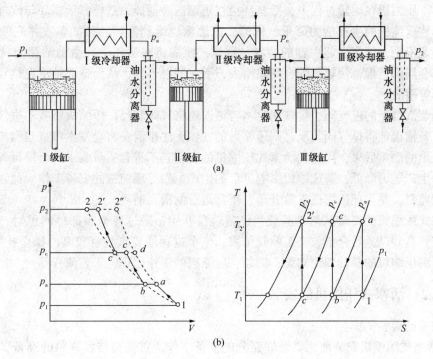

图 9-9　多级压缩流程及其 p-V、T-S 图

（2）活塞式压缩机的结构及特点

活塞式压缩机的基本结构大致可分为：

① 基体部分：包括机身、中体、曲轴、连杆、十字头等。

② 汽缸部分：包括汽缸体、气阀、活塞、活塞环、活塞杆、填料以及安置在汽缸上的排气调节装置。

③ 辅助部分：包括冷却器、缓冲器、液气分离器、滤清器、安全阀、油泵、注油器及各种管路系统。

④ 动力部分：包括电机、蒸汽透平等。

基体部分的作用是传递动力、连接基础、连接电机或其他动力。

汽缸部分的作用是形成压缩容积、防止气体泄漏以及保证多级压缩的连续性。

活塞式压缩机在化工行业是一种常见的通用机械，与其他类型的压缩机相比，有以下三个特点：

a. 压力范围广。活塞式压缩机从低压到超高压都适用，目前工业上使用的最高工作压力已达 350MPa，实验室中使用的压力则更高。

b. 工作效率高。由于工作原理不同，活塞式压缩机比离心式压缩机工作效率高得多。

c. 适应性强。活塞式压缩机的排气量可在较大的范围内选择。

活塞式压缩机的主要缺点有：外形尺寸大；重量较大；需要较大的基础；气流有脉动性；易损零件多。

（3）活塞式压缩机的安装质量

活塞式压缩机的安装要求非常严格，假如汽缸和机座滑道的中线没有调整到与主轴中心线垂直时，压缩机在运转过程中，活塞环会在短期内磨损掉，这样，活塞环与汽缸壁之间就会漏气，使压缩机的生产能力降低，同时，汽缸壁也受到磨损。又如多段并列的立式压缩机，若安装不平，就会引起主轴的倾斜，这样，压缩机在运转中，主轴轴瓦上就会受力不均，轴瓦会局部磨损，使轴承配合间隙增大，引起润滑不良，从而造成轴承发热和轴瓦巴氏合金烧坏等事故。

在安装汽缸上的进气阀、排气阀时，若错误地将气阀装反，压缩机就吸不进气，也就不能工作；若错误地将排气阀装反，则压缩后的气体无法排泄，将会发生汽缸盖螺栓拉断，使汽缸盖飞出的严重后果，因此，活塞式压缩机的安装若不符合质量要求，会使设备过早磨损或损坏，生产能力降低，造成停机影响工厂的生产。做好压缩机的安装工作、加强安装过程中的质量监督，是保证压缩机正常开车、正常运行的重要前提。

活塞式压缩机的安装从基础验收、设备就位开始，经过各个零部件的组对、装配、找平、找正，直到试运转合格、交工验收结束，整个过程除要求具有较高的操作技术技能外，还必须了解压缩机的基础理论知识，例如：压缩机的工作原理、工艺流程等。

9.3.2　活塞式压缩机的安装

安装前的准备工作：

① 活塞式压缩机安装前，要做好充分的准备工作。首先是技术资料的准备，所要安装的压缩机的出厂合格证，质量检验证明书，随机的管材、管件等的合格证书，压力容器质量证明，汽缸、汽缸夹套的水压试验证明，压缩机出厂前的预组装及试运转记录，机组的设备图、安装图、易损件图，产品使用说明书等都要一一齐备，并有详细的装箱清单，安装施工单位必须编制施工方案并经施工技术负责人和监理单位批准。

② 设备的开箱验收也是安装前的一项重要工作。设备开箱验收要在建设单位的组织下，由监理单位协助验收，施工单位应参加并派操作人员拆箱、记录，制造方协助清点，如果是进口设备，商检部门也要派人参加。

设备开箱后要检查其外观有无损坏，同时对装箱清单与实物进行一一核对，确认无误后，施工单位、监理单位、建设单位、制造单位都要在验收记录上签字。

验收过的设备由施工单位保管，暂时不安装的设备放在通风、干燥的地方，避免日晒、雨淋，防锈油暂不去掉，待安装时再清洗。精密件、贵重件要放在库房货架上编号、造册存放，并由专人保管。

③ 基础交接验收。设备基础的交接验收也是设备安装前的一项重要工作。活塞式压缩机由于其负荷大、具有冲击力和振动，所以对基础要求非常严格，基础外观不许有裂纹、蜂窝、空洞、露筋等缺陷。基础验收的尺寸允许偏差按规范要求，不合格不得办理基础交接验收手续。

（1）机身的安装

① 活塞式压缩机机身安装分有垫铁安装和无垫铁安装。当采用有垫铁安装时，应在垫铁安放完毕、地脚螺栓已放入预留孔中、机组中心线核准无误后，将机身安装就位。机身就位前，要进行机身试漏，将机身用枕木垫高 500mm 左右，清除机身上的污垢、铁屑等，并

擦拭干净，在油箱以下外表面及底面涂白垩粉，以便检查机身的渗漏情况，将机身内盛装煤油，高度为润滑油的最高油面位置，经过 8h 后检查，不应有渗漏现象，机身底部为网格结构的，必须预先将网格空洞用水泥砂浆灌满。

② 地脚螺栓的安装应按《化工机器安装工程施工及验收规范》执行。预埋地脚螺栓安装时，宜采用定位板定位，放置在预留孔中的地脚螺栓，待机器初找正后，方可将地脚螺栓进行灌浆。

③ 机身就位调整时，其主轴和中体滑道轴线应与基础中心线相重合，允许偏差为 5mm，标高允许偏差为 ±5mm。

机身正确就位后，用 0.02mm/m 的框式水平仪或同样精度的钳工水平尺进行找平，机身的纵向和横向水平度偏差应不大于 0.05mm/m。机身的纵向水平度应在机身滑道上测量，横向水平度在曲轴轴承座上测量。

④ 机身找正找平时，用 0.25kg 的手锤敲击垫铁，应无松动现象，用 0.05mm 塞尺检查垫铁之间以及垫铁与设备底座间的间隙，在同一断面处从垫铁两侧塞入的长度总和应不超过垫铁长(宽)度的 1/3。

⑤ 卧式压缩机机身与中体的列向和轴向水平度分别在中体滑道和轴承座孔处测量，均以两端数值为准。中间数值供参考，两者水平度偏差均不得大于 0.05mm/m。列向水平度倾向是：在允许偏差内应高向汽缸端。轴向水平度倾向是：M 型压缩机机身高向电动机端；H 型压缩机主轴为整体结构，应高向两机身的内侧轴承座孔；电动机采用双独立轴承的，应高向两机身的外侧轴承座孔。

⑥ 立式压缩机机身找平、找正时，在机身与中体、机身与汽缸、中体与汽缸的接合平面上进行测量。对于多级汽缸、汽缸与机身铸为一体的机组，可在汽缸与汽缸的接合平面上进行测量。机身的纵向、横向水平度偏差均不得大于 0.05mm/m。

⑦ L 型压缩机机身找平、找正时，水平列机身的列向水平度可在机身滑道上测量，水平度倾向应高向汽缸盖一端，而水平列机身的轴向水平度可在机身轴承座孔处测量。水平度倾向应高向电动机端，其水平度允许偏差均不得大于 0.05mm/m。而垂直列机身可在机身与汽缸连接止口处平面或机身滑道上测量，其水平度偏差也不得大于 0.05mm/m。

⑧ 双 L 型压缩机机身找平、找正时，应先找正、找平电动机，以电动机为基准，分别在其两侧安装高、低压机身，机身轴向水平度倾向应高向两机身外侧轴承座孔。

⑨ 双列两机身压缩机，主轴承孔轴线的同轴度偏差不得大于 0.03mm/m，并保持机身轴向水平度数值不变。

⑩ 多列压缩机各列轴线的平行度偏差不得大于 0.1mm/m。

⑪ 在拧紧地脚螺栓时，机身水平度及各横梁与机身配合的松紧程度不许发生变化，螺栓螺纹露出螺母的长度应大于 1.5 倍螺距，拧紧力矩数值按规范中规定的数值执行。

（2）主轴、轴瓦和中体的安装

① 首先要对主轴、轴瓦、中体等零部件进行清洗，用压缩空气吹净油路，保持油路畅通、干净，曲轴上的平衡铁的锁紧装置必须紧固，同时对主轴、轴瓦、中体等进行外观检查，要求无划伤，不得有裂纹、气孔、缩松、夹杂物等缺陷，轴瓦合金层与轴瓦衬背应黏合牢固，在轻击轴瓦衬背时，声音应清脆响亮，不得有哑音，如发现上述缺陷，应予更换。

轴瓦在拧紧螺栓后，轴瓦外圆衬背与轴承座孔的贴合度，应用着色法检查，应符合下列规定：

a. 轴瓦外径小于或等于 200mm 时，不应小于衬背面积的 85%。

b. 轴瓦外径大于 200mm 时，不应小于衬背面积的 70%。

c. 若存在不贴合表面，则应呈分散分布，因其中最大集中面积不应大于衬背面积的 10%，或以 0.02mm 塞尺塞不进为合格。

轴瓦非工作表面应有镀层，镀层应均匀，不得有镀瘤。

当拧紧轴承座螺栓后，轴承座螺栓的伸出长度应符合技术文件的规定，螺栓拧紧力矩应达到规定数值，轴瓦合金层内圆表面不宜刮研，当与轴颈接触不良时，可进行微量修研，必要时，可制作假轴来检验轴瓦的接触情况，并做必要的修研，以达到技术条件规定的接触面积。

② 曲轴安装时，首先要注意吊装的平稳性，防止由于吊装不平衡，在就位时碰坏轴瓦，曲轴就位后要检测其水平度，曲轴的水平度关系到整个压缩机的安装质量，如果曲轴水平度不合格，会使压缩机受力不均，将使曲轴产生弯曲变形，同时会造成轴瓦升温，产生烧瓦的现象，曲轴水平度测量一般在曲轴转动 90° 时测量一次。用精度为 0.02mm/m 的框式水平仪测量，曲轴的水平度允许偏差为 0.1mm/m，主轴颈与曲柄销的平行度测量与曲轴的水平度测量同时进行，即在曲柄销上也放上水平仪，每当曲轴旋转 90° 时，检查曲柄销与主轴颈上水平仪的读数，允许误差应不大于 0.02mm/m。

测量相邻曲柄臂间的距离，将曲柄销置于 0°、90°、180°、270° 四个位置，分别测量相邻曲柄臂间的距离，其偏差不得大于 10^{-4} 活塞行程值。

厚壁轴瓦、滚动轴承的安装、调整应按《化工机器安装工程施工及验收规范》执行。

③ 中体安装时，可用拉钢丝法找正中体滑道轴线的垂直度，钢丝直径与重锤质量的关系应符合规范的规定。同时用百分表测量主轴轴向窜动量，盘动曲轴至前、后位置，并用内径千分尺测量曲柄轴颈两端到钢丝线的距离，应达到规定的要求。

当用激光准直仪对中体找正时，要注意以下几点：

a. 激光发射装置在使用中，光点在 20m 距离内的漂移值不得大于 0.1mm/h，激光光斑应为一正圆形。

b. 激光发射装置和光电接收靶应安放牢固。

c. 激光发射装置在接通稳压电源、点燃激光发射器后，如果光束闪耀，可调大输出电流，稳定后尽量调小，一般以 3~5mA 为最佳。

d. 使用激光发射装置的施工现场周围 2m 以内不得进行电焊和气焊。

e. 应避免振动、气流和气温等对激光光束的影响。

f. 调节安放在主轴承座孔的光电接收靶的中心与主轴承座孔几何轴线重合，而光电接收靶的中心与激光束轴的偏差不得低于《形状和位置公差数值》规定的 9 级公差值。

g. 调节安放在中体滑道内的光电接收靶的中心与滑道轴线重合，而光电接收靶的中心与激光光束轴的同轴度偏差不得低于《形状和位置公差数值》规定的 9 级公差值。

当用测微准直望远镜找正时要注意以下几点：

a. 调节安放在主轴承座孔内专用量具的中心与主轴承座孔的几何轴线重合，安放测微准直望远镜及其他目标的支架找平后，固定望远镜和可调目标座。

b. 机身各轴承座孔轴线与光学视线的同轴度偏差不得低于《形状和位置公差数值》规定的 9 级公差值。

c. 调整安放在中体滑道内的专用量具的中心与中体滑道的几何轴线重合。

d. 调整安放在汽缸工作表面内专用量具的中心与汽缸工作表面几何轴线重合。

e. 在距汽缸前端一定距离处，牢固地安放望远镜支架，找平后固定望远镜，应用测微望远镜分别瞄准中体滑道内及汽缸工作表面内专用量具的中心，而中体滑道几何轴线与汽缸工作表面几何轴线的同轴度偏差不得低于《形状和位置公差数值》规定的 9 级公差值。

f. 在曲柄臂的侧面安放磁力座，槽中放置目标，同时在曲轴端面安置百分表，测量曲轴转动时的窜动量。

g. 用测微准直望远镜瞄准磁力座上的目标，当曲轴颈转动一定角度时，测出目标前、后两点的差值，中体滑道轴线的垂直度偏差应按规范要求的数值执行。目前，用激光准直仪和测微望远镜找同轴度的方法已经越来越被施工单位所重视，但普及率还不高，传统的拉钢丝线法应用还很普遍，随着科技进步，新技术应用会越来越多，激光准直仪和测微望远镜会越来越多地在施工现场得到重视和普及。

（3）汽缸的安装

汽缸安装前，要进行认真清洗，检查汽缸有无划伤和其他缺陷，汽缸内壁镜面不允许有裂纹、斑痕和孔洞存在，用内径千分尺测量汽缸的圆锥度和椭圆度，各级汽缸及汽缸盖水夹套应进行水压试验，如在制造厂已作过水压试验，应有技术资料证明，并且在运输或保管中未发生损伤，这样进入施工现场后，可不做水压试验。

汽缸安装的关键问题是要保证滑道中心与汽缸中心同轴。当前，找同轴度应用最广泛的方法是拉钢丝线法、内径千分尺测量距离，结合电声法（电光法、万能表法）测量，掌握得好，其精确度可达 0.005mm，较为先进的方法是利用激光准直仪找同轴度。

汽缸的找正定心是以机身滑道的中心线为基准的，因此，首先应该通过机身滑道和汽缸的中心线架设一根钢丝线，钢丝线跨挂在两个可上、下、左、右调整的线架上，线架应稳固、可靠，钢丝线应无曲折和打结观象，并在钢丝两端系相应重量的铅制重锤，常用的钢丝直径和铅锤重量见表 9-3。

表 9-3　钢丝直径和铅锤重量的关系

钢丝直径/mm	0.35	0.4	0.45	0.5
每个重锤质量/kg	9.45	12.34	15.62	19.29

首先将钢丝调整成为机身滑道的中心线，调整线架上、下、左、右移动，使钢丝线正好通过滑道后端的几何中心，再以滑道前端的挡油圈（刮油器）法兰内圆为测量点，使钢丝线也通过滑道前端的中心，这样，钢丝线即到达滑道中心线的理论位置。

以钢丝线为基准，找正汽缸的中心，测量时，应分别在汽缸的前端和后端。上、下、左、右设四点，确定汽缸与机身滑道的相对位置，其同轴度允许偏差见表 9-4。

表 9-4　汽缸轴线与中体十字头滑道轴线的同轴度偏差　　　　　　　　　　mm

气缸直径	轴向位移 ≤	轴向倾斜 ≤
<100	0.05	0.02
>100～300	0.07	0.02
>300～500	0.10	0.04
>500～1000	0.15	0.06
>1000	0.20	0.08

用拉钢丝线的方法找正汽缸的中心线，方法简便易行、精度高，使用激光准直仪精度会更高。检查填料座轴线与汽缸轴线的同轴度偏差也按表 9-4 执行。

立式汽缸安装时应注意下列事项：

① 汽缸与机身、汽缸与汽缸、汽缸与中体连接时，应对称均匀地拧紧连接螺栓，其支撑面应接触良好，受力均匀。

② 汽缸水平度的测量，可在汽缸盖与汽缸止口接触平面上进行，当汽缸工作表面直径大于 150mm 时，可在缸套镜面上测量，其水平度偏差应不大于 0.05mm/m。

当用激光准直仪找正各级汽缸轴线与中体滑道轴线的同轴度时，应注意以下事项：

① 调节安放在汽缸镜面内的光电接收靶的中心与汽缸镜面轴线重合。

② 光电接收靶的中心与激光光束轴的偏差不得低于《形状和位置公差数值》规定的 9 级公差值。

（4）二次灌浆

当机身、中体、汽缸及电动机安装结束后，即可进行二次灌浆。二次灌浆前，应对机器的找平、找正的数据进行一次复查，确认无误后，应在 24h 内进行二次灌浆，如果超过 24h，应重新找平、找正。二次灌浆前，要检查垫铁组是否按规定点焊牢固，垫铁位置、数量是否做隐蔽记录，隐蔽报验是否经监理人员审批，与二次灌浆层相接触的基础表面应清理干净、无油垢，并且进行充分的湿润，经检查合格后进行二次灌浆。带锚板的地脚螺栓孔，应先在锚板底部灌入 100～200mm 的水泥砂浆，然后向孔内充干砂到距基础上平面 100～200mm 处再用水泥砂浆封闭，二次灌浆的混凝土应用细石混凝土，其标号要比基础混凝土高一个标号，二次灌浆时中途不允许停顿，机器底部和二次灌浆层相结合的表面必须充满并捣实。

当环境温度低于 5℃ 时，应对二次灌浆层采取保温或防冻措施。

在进行二次灌浆时，应有施工单位的质检人员和监理人员现场检查监督，确保施工质量。

（5）十字头和连杆的安装

机身的二次灌浆达到强度要求后即可进行十字头和连杆的安装。首先安装十字头，使十字头与上下滑板背面的接触面积不少于 50%，清洗十字头体以及连杆的油路，使其干净、畅通，检查并刮研上、下滑板，常用塞尺测量检查滑板与滑道的间隙，避免刮偏。十字头装入滑道后，用角尺及塞尺测量十字头在滑道前、后两端与上、下滑道的垂直度，均应符合技术资料的规定，若无规定时，其间隙值可按 $(0.0007～0.0008)D$（D 为十字头外径）选取。对十字头轴线进行调整。对下滑道受力的十字头，应将其轴线调至高于滑道轴线 0.03mm 的位置；对于上滑道受力的十字头，应将其轴线调至低于滑道轴线，其值为十字头与滑道的间隙值加 0.03mm。

整体十字头在制造厂加工时，已按其轴线向上或向下偏移数值进行加工，因此，在安装时应将轴线向上偏移的十字头安装到下滑道受力侧，反之安装到上滑道受力侧。

立式压缩机十字头和连杆的安装应注意以下事项：

① 十字头承磨面与滑道间的接触面应均匀接触达 50% 以上，刮研时用塞尺测量十字头与滑道的间隙，以免刮错。

② 十字头与滑道的间隙数值应符合机器技术资料的规定。

十字头销轴与十字头销孔的安装应符合下列规定：

① 检查十字头销轴或活塞销轴，外圆表面不得有裂纹、凹痕、擦伤、斑痕、夹杂物等缺陷。

② 十字头销轴或活塞销轴与十字头销孔或活塞销孔的接触面积不应低于 60%。

③ 测量连杆小头轴孔工作表面的圆柱度，其偏差不得低于《形状和位置公差数值》规定的 7 级公差值。

连杆小头轴瓦与十字头销轴应均匀接触，其接触面积应达 70% 以上，其径向间隙应符合技术资料的规定，若无规定时，应按表 9-5 执行。

表 9-5　连杆小头轴瓦与十字头销轴的径向间隙

巴氏合金	铜 合 金
$(0.0004 \sim 0.0006)d$	$(0.0009 \sim 0.0014)d$

注：d 为十字头销轴或活塞轴直径。

（6）刮油器和填料函的安装

刮油器和填料函在安装前要进行认真清洗，并在非工作面上打上标记，以防清洗检查后装错，若装错了会造成密封失效、气路和油路不通，从而会导致气体泄漏或填料发热，甚至烧坏。

填料和刮油器应与活塞杆配研，其接触点总面积应不小于接触面积的 70%，而且要均匀分布。密封圈与填料盒的端面间隙应符合规定要求，各盒的弹簧弹力要均匀，不能装歪斜，安装好后，还应进行磨合，以保证接触均匀。

（7）活塞组件的安装

活塞组件包括活塞、活塞杆及活塞环等，它们在汽缸中作往复运动，起着压缩气体的作用，活塞的结构形式很多，通常有筒形活塞、盘形活塞、级差式活塞、组合活塞、柱塞等。

图 9-10 为筒形活塞，用于无十字头的单作用低压压缩机，活塞环部装有活塞环，筒形活塞的裙部与汽缸壁紧贴，起导向作用。筒形活塞材质一般为铸铝。

图 9-11 为盘形活塞，适用于有十字头的双作用压缩机，汽缸材料为灰铸铁或铸铝。

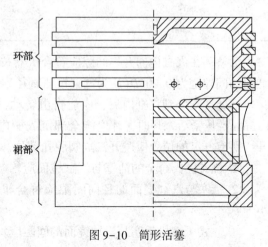

图 9-10　筒形活塞

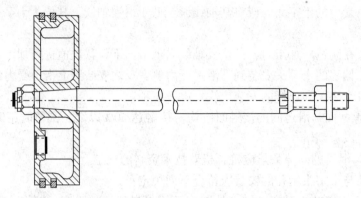

图 9-11　盘形活塞

活塞组件安装前要进行外观检查，活塞外圆表面及活塞环槽的端面不得有缩松、锐边、凹痕和毛刺等缺陷，有合金层支撑的活塞，其合金不得有裂纹、孔眼、脱壳和夹渣等缺陷。

活塞杆不得有裂纹、划痕、碰伤等缺陷。铸造活塞环表面不得有裂痕、气孔、疏松、夹渣等缺陷，环的两端面及外圆表面上不得有划痕。安装前，应对活塞组件进行清洗。

活塞环与汽缸工作表面应贴合严密，当用透光法检查时，其整个圆周漏光不应多于两处，每处漏光弧长对应的中心角不应超过 36°，距开口端不应小于 15°，径向间隙数值不应大于表 9-6 的规定。

表 9-6　活塞环与汽缸工作表面的最大间隙　　　　　　　　　　　　　　　　　　mm

活塞环外径	最大间隙	活塞环外径	最大间隙
≤160	0.03	>400~630	0.07
>160~400	0.05	>630~710	0.08

铸铁活塞环在安装前，应检查其倒角和圆角，见表 9-7。

表 9-7　活塞环的倒角、圆角尺寸　　　　　　　　　　　　　　　　　　　　　　mm

活塞环外径	倒角切边≤	圆角半径≤
≤250	0.5	0.1
>250~500	1.0	0.3
>500	1.5	0.5

活塞环在汽缸内的开口间隙应符合机器技术资料的规定，若无规定时，铸铁活塞环在汽缸内的间隙宜为 $0.005D$（D 为汽缸镜面直径）。

活塞环安装到汽缸内后，应能自由转动，环的径向厚度应比活塞环槽的深度小 0.25~0.5mm。压紧活塞环时，环应能全部沉入槽内。同组活塞环各自开口位置在安装时应能错开，所有开口的位置应避开汽缸阀腔孔部位，安装活塞时应注意下列事项：

①浇有巴氏合金的活塞与汽缸镜面应均匀接触，其接触面积应大于 60%。

②活塞与汽缸镜面的径向间隙应符合机器技术资料的规定，上部间隙应比下部间隙小 5%。

③立式压缩机活塞与汽缸镜面的间隙应均匀分布，其偏差应不大于平均间隙的一半。

活塞装入汽缸后，考虑到活塞在汽缸中往复运动，为了不撞击汽缸顶部和底部，必须用压铅法测量其顶部和底部的间隙。保证汽缸两端都留有必要的止隙(也叫余隙)，卧式压缩机汽缸内前止隙比后止隙稍大，对于立式压缩机，下止隙比上止隙稍大，具体的汽缸止隙数值，设备出厂技术文件中都有规定，安装时，按要求的规定值检查。如果汽缸止隙值不符合规定要求，应认真进行调整。对于用联轴器连接的十字头，可增减活塞杆头部与十字头凹孔内的垫片厚度来调整；对于螺纹连接的十字头，可以利用十字头与活塞杆连接的双螺母来调整改变活塞杆的位置；改变汽缸盖下的垫片厚度也可调整汽缸的止隙。

活塞杆与十字头连接后，应盘动十字头并按下列规定进行检查：

① 测量活塞杆轴线的全跳动，其偏差不得低于《形状和位置公差数值》规定的 9 级公差值。

② 测量活塞杆水平度，其允许偏差应为 0.05mm/m，宜高向汽缸盖端。

③ 用塞尺复测滑板与滑道的间隙，其数值应不变。

(8)气阀的安装

气阀安装是压缩机安装的最后工序之一。常在无负荷试车之后，随着压缩机系统的吹洗逐级进行安装。

首先要清洗检查阀座与阀片并注意以下事项：

① 阀座密封表面应无擦伤、锈蚀等缺陷。

② 阀片应无切痕、擦伤、硬度计压痕、锈蚀等缺陷。

③ 环状阀片平面度允许偏差见表 9-8。

表 9-8　环状阀片平面度允许偏差　　　　　　　　　　　　　　mm

阀片厚度 δ	阀片外径 D			
	≤65	>65~140	>140~200	>200~300
	平面度偏差值			
>1.5	0.04	0.06	0.09	0.12
≤1.5	0.08	0.12	0.18	0.24

气阀应用煤油进行气密性试验，在 5min 内不应有连续的滴状渗漏，且其滴数不得超过表 9-9 的规定。

表 9-9　渗漏滴数　　　　　　　　　　　　　　mm

气阀阀片圈数	1	2	3	4
渗透滴数(5min)	10	28	40	64

在阀片安装过程中，要特别注意进气阀和排气阀不能装反，否则，不但会造成气体分配混乱、降低压缩机生产效率，而且会产生机件损坏事故。在拧紧阀盖螺栓时，要对称反复进行。

(9) 润滑系统的安装

在大中型带十字头的压缩机中，润滑分两个独立的系统，一是汽缸填料部分的压力润滑，由注油器、输油管路及止逆阀等组成；二是运动部件的压力润滑，由油泵、油箱、油过滤器、油冷却器以及输油管路等组成。由这两个润滑系统向活塞环及汽缸、填料与活塞杆、主轴承、连杆大头瓦、连杆小头轴衬、十字头、机身滑道等注入润滑油(或润滑脂)进行润滑。

润滑油的作用是：

① 减少摩擦力，降低压缩机功率消耗。

② 减少滑动部分的磨损，延长零件寿命。

③ 润滑剂有冷却作用，可以带走摩擦热，降低零件的工作温度，保证滑动部分的运转间隙，防止滑动部位产生咬死和烧伤等现象。

④ 用油作润滑剂。还能防止零件生锈，能冲走机械杂质。

润滑系统安装时要注意以下几点：

① 清洗曲轴箱、过滤器、冷却器、阀门及油箱等。

② 管道敷设应整齐、美观，当管道需要焊接时，应采用氩弧焊。

③ 回油管路应有 3/1000 的坡度，管道安装后应先试压，再用机械或化学方法除去管内锈蚀，用水冲洗后再用压缩空气吹干。

④ 管道、阀门均应进行强度试验和严密性试验，并有试压记录，安全阀送指定单位调试合格。

⑤ 注油器按设计要求安装在正确的位置上，应运转正常。

（10）电动机的安装

大型活塞式压缩机常用大型同步电动机拖动。因此，这种大型电机的安装是一项复杂细致的工作，作为压缩机的动力来源，安装质量的好坏将直接影响压缩机的正常运转。大型电机由定子、转子和底座三部分组成，根据运输条件和安装使用条件，定子和转子有时为整体式结构，有时制作成对开式，要根据不同的结构形式，制定不同的施工方案。

底座安装时要合理布置垫铁，除按通常布置原则外，还应在载荷集中处，如轴承座、定子固定在底座的部位布置垫铁组，并尽可能将垫铁布置在底座中带有加强筋板的部位，底座的水平、中心线、标高位置要初步调整好，水平误差应不超过 0.1mm/m，中心线误差应不超过 0.5mm，标高误差应不超过 0.5mm。底座的精确调整要在轴承转子、定子等部件组装后，统一进行最后精找固定。

电动机的混凝土基础也很重要，利用旧的分层的基础很容易产生振动，使压缩机振动超差，因此在利用旧基础时要格外谨慎。

电机与压缩机连接用刚性联轴器时，径向同轴度应不大于 0.03mm，轴向倾斜应不大于 0.05mm，两轴端面间隙按机器技术资料的规定执行。

电动机安装时，电动机轴承座与底座、定子架与底座间均应加绝缘垫片，其螺栓、定位销也应采取绝缘措施。电机的定子与转子间空气间隙偏差应小于平均间隙值的 5%，其上部间隙应比下部间隙小 5%，轴向定位时，应使定子与转子的磁力中心线相互对准。

电动机空气间隙调整后，应将各连接螺栓拧紧，装上风扇叶片，电动机安装完毕后，在定子与底座处应安装定位销，并将励磁机、通风机、风管等安装完毕。

（11）附属设备的安装

压缩机的附属设备包括各级冷却器、缓冲器、油水分离器、水封槽等，这些设备在安装前应进行外观检查和内部清理，根据图纸进一步核对设备地脚孔和基础的地脚螺栓是否一致，发现问题应及时处理。立式设备安装精度允许偏差，其垂直度在 90° 方向测量应不大于 0.1mm/m，卧式设备水平度允差为 1mm/m。

（12）循环油系统的试运行

压缩机在润滑系统试运行前必须达到试运行条件并做好相应的准备工作，压缩机应全部安装完毕并经检查合格，各专业安装记录应填写完毕，水、气各系统工程应已完成并检查合格，全部电气设备均已进行供电运行并检查合格，仪表联锁调试已完成、动作无误，压缩机组单体试运转方案已编制，并经审查批准，机组操作现场应整洁并备有相应的消防器材，水系统管道经过逐级冲洗，干净后方可与设备连接，通水运行时检查系统无泄漏，回水清洁畅通，冷却水压力达到操作指标，汽缸及填料函内部无水渗入，环境温度低于 5℃ 时，应有防冻保温措施，循环油蒸汽加热管应无泄漏，在上述逐项达到要求后，方可进行润滑油系统的试运行。

注入规定的润滑油，并将主轴瓦、机身滑道的油管路临时拆下，用临时管线接到机身曲轴箱，防止油污进入运动机构，抽出过滤器，依次换上 80~120 目的金属过滤网，开始进行油冲洗，连续进行油冲洗 4h 后检查滤网，目测滤网上不得有硬质颗粒，软质污物每平方厘米范围内不得多于 3 个，如检查不合格，继续进行油清洗，直到合格为止，有的油清洗要进行几天甚至十多天，才能达到合格标准，合格后将轴瓦和机身滑道供油管复位，再重新启动油泵系统继续冲洗，并检查各供油点，调整供油量，检查油过滤器的工作状况，经 12h 运行后，过滤器前后压差增值不得超过 0.02MPa，否则应继续清洗直至合格，调试油系统联锁装置，动作应准确可靠，启动盘车器，检查各注油点供油量，油系统试运行合格后，应进行下列工作：排除油箱中全部润滑油；清洗油箱、油泵、滤网和过滤器；注入合格的润滑油。

汽缸和填料函注油系统的试运行：

把注油器清洗干净，并注入机器技术资料规定的压缩机油，拆开汽缸及填料函各供油点油管接头，用手柄盘动注油器，同时检查：

① 注油器应转动灵活。

② 以滴油检视罩来检查各注油点，应正常。

③ 检查各供油管接头处出口油量及油的清洁程度。

④ 注油器试运转 2h，检查其声音、温升、振动，都应处于正常状态，并对各供油点进行供油量的调节试验，应正常。

⑤ 接上各供油点管接头，启动注油器，检查接头的严密性，应无漏油现象。

（13）压缩机无负荷试运转

压缩机无负荷试运转是在无负荷状态下使压缩机的运动部件如曲轴、连杆、十字头、活塞等与轴瓦、滑道、汽缸等达到良好的磨合，同时检查冷却水系统及各辅助系统的工作可靠性。无负荷试运转的准备工作：

① 润滑油循环系统试运转合格，整个循环系统达到了清洁标准，油泵机组工作正常，无噪声和发热现象，油泵安全阀在规定的压力范围内工作，油压自动联锁灵敏。

② 汽缸填料注油系统试车合格。

注油系统各管路及接头处无漏油现象，注油器工作正常，无噪声和发热现象，各注油口处滴出的油清洁无污。

③ 冷却水系统通水试验合格。

冷却水系统通水后，保持水压 4h 以上，检查汽缸、汽缸盖、冷却器及各连接处，应无渗漏现象，水循环系统畅通、无阻塞，水量充足，各阀门动作灵敏。

④ 励磁和通风系统试车合格。

要求励磁机运行平稳，风量充足，风压正常，风管连接处无泄漏，从滑环吹出的空气清洁。

⑤ 电机的单机试车合格。

压缩机在无负荷试车前，应首先进行电动机的单机试运转，这种单独试运转对于大型电动机尤为必要，首先应对电机的安装，如地脚螺栓的紧固情况、安装水平度等进行详细检查，电机的旋转方向必须符合压缩机的要求，不允许反转，耐压试验及干燥等工作都要严格检查，同时用干燥无油的压缩空气吹净电机内部空间，再次用塞尺检查转子与定子的空气间隙，接通电动机的控制测量仪表，对电机至少盘车三圈，检查有无碰撞、摩擦声响，一切正常后才能进行电机单机试运转。

第一次是瞬间启动电机，并立即停车，检查转动方向正确否，再检查各部有无障碍，如果正常，第二次启动电机，运转 5min 后停车检查，第三次启动电机，运转 30min，如果正常，则可连续试运转 1h，停车后，检查主轴承温度，应不超过 60℃，电机温升应不超过 70℃，电压、电流应符合电机铭牌上的规定。

⑥ 压缩机各部的检查应合格。

全面检查各部的紧固情况，包括地脚螺栓，检查二次灌浆后混凝土强度是否达到要求。

复查各部间隙和汽缸与活塞的止隙是否符合要求，并盘车检查转动是否灵活，应无卡涩现象。

检查各部仪表是否安装妥当，联锁装置是否灵敏可靠。

检查安全防护装置是否良好，放置是否恰当，如不恰当，应立即采取措施，以防意外事故的发生。

将需试运转的设备及部件擦拭干净，把附近的一切与试运转无关的物品移走，并打扫干净，以防止地面灰尘被吸入汽缸内。

拆去各级汽缸上的气阀和管道，并装上粗铁丝筛网，装上 10 目的金属过滤网，并予以固定。

启动盘车器，检查各运动部件有无异常现象，停车时活塞应避开前、后死点位置，停车后手柄应转至开车位置。

无负荷试运转前，应完成各项准备工作。首先开动循环油泵，调整油压至设计压力，开动注油器，检查汽缸及填料各点的供油情况；开启循环水系统至设计压力；然后按具体的操作规程开车启动注油器，检查机器各注油点油量；启动电动机风冷系统；瞬间启动电动机，检查转向是否正确，机器各运动部件有无异常现象；再次启动电动机检查机器各部声响、温度及振动等，若发现异常现象，应及时处理，若运转正常，即可进入无负荷试运转，试运转时间应符合下列规定：

① 排气量≤40m³/min 的压缩机，应连续运转 4h。

② 排气量>40m³/min 的压缩机，应连续运转 8h。

无负荷试运转时，应符合下列技术指标并检查下列项目：

a. 运转中应无异常响声。

b. 润滑油系统工作正常。

c. 滑动轴承温度不应超过 60℃。

d. 滚动轴承温度不应超过 70℃。

e. 金属填料函压盖处温度不应超过 60℃。

f. 中体滑道外壁温度不应超过 60℃。

g. 电动机温升、电流、电压不应超过铭牌规定。

h. 电气、仪表设备应工作正常。

i. 试运转中检查出的问题，应及时处理。

无负荷试运转后，应按下列步骤停车：

① 按电气操作规程停止电动机及通风机。

② 主轴停止运转后，应立即进行盘车，之后停止注油器供油。

③ 停止盘车 5min 后，停止循环油泵供油。

④ 关闭上水阀门，排净机组和管道内的积水。

无负荷试运转时，每隔 30min 应做一次试运转记录。

（14）压缩机系统的吹除

压缩机经过无负荷试运转后，应开动压缩机对气体管路及附属设备进行吹洗，吹洗就是利用压缩机各级汽缸压出的空气，吹除本身排气系统的灰尘及污物。一般采用分段吹洗法，先从Ⅰ级开始，逐段连通吹洗，直至末级，具体方法是：先将Ⅰ级汽缸的吸气管用人工清扫干净，也可以在吸气口装上排气阀反吹，然后分别吹除Ⅰ级汽缸的排气口到Ⅱ级汽缸的吸气口之间的管路和设备，确认检查吹除干净后，要正确安装好Ⅰ级汽缸的吸气阀和排气阀，同时松开Ⅱ级汽缸吸气管法兰螺栓，使其与Ⅱ级汽缸错开一定的位置，开车，利用Ⅰ级汽缸压出的气体依次吹洗Ⅰ级排气管路、中间冷却器和Ⅱ级吸气管路，直到排出的压缩空气完全干净为止，再次检查确认清洁度合格，开始吹洗Ⅱ级汽缸的排气管、中间冷却器和Ⅲ级汽缸的吸气管路，其他各级按此法依次吹洗，最后装上末级汽缸的吸、排气阀门，吹洗末级的排气管路、后冷却器和其他设备，直到排出的空气完全清洁为止。吹除压力由 0.15MPa 逐级递增，但各级的吹除压力不得超过操作压力，且最高吹除压力不得超过 3MPa，各级吹除时间不应少于 30min。

空气吹除时，在各排气口用白布做靶板进行检查，5min 内其上无铁锈、尘土、水分及其他杂物为合格。随后检查各级吸、排气阀内腔和汽缸内部，应无脏物，将拆除的仪表和阀门复位。

吹洗时，任何一级吹除的污染空气和脏物，不准带入下一级设备。不进行吹洗的汽缸、设备和管道，必须加盲板挡住，吹洗时，可利用比原管径大 2 倍左右的临时管道(对于原管径在 DN100 以下的各级管道)将吹出的气体通向室外，目的是避免排气的噪声过高。

（15）压缩机的负荷试运转

压缩机负荷试运转前应进行下列工作：

① 检查供水量。

② 启动循环油泵及注油器，检查各处油量，循环油系统压力应达到 0.2MPa 以上。

③ 开启气体管道全部阀门。

④ 启动盘车器检查机器的运转情况，停止盘车时，活塞应不在前、后死点位置上，盘车器手柄应置于开车位置。

⑤ 启动电动机的通风机。

启动压缩机空运转 20min 后，分 3~5 次逐步加压至规定压力，各级汽缸的出口压力应用下列阀门调节控制：

① 各级放空阀门。

② 各级卸载阀门。

每次加负荷时，应缓慢升压，压力稳定后应连续运转 1h 后再升压，在升压过程中，应对机组的运转情况进行全面的检查，每半小时记录一次压力、温度、电流、电压等，其数值均应在规定的范围内，机器应运转平稳、可靠。负荷运转时，应符合下列技术指标，并检查下述项目：

① 检查机器运动部分有无撞击声、杂音和异常振动现象。可借助"探针"探听至轴承、十字头滑道、汽缸以及电机各重要部位。

② 轴承金属填料函及中体滑道处的温度应符合下列要求：

a. 滑动轴承温度宜为 60℃，其最高温度不得超过 65℃。

b. 滚动轴承温度宜为 70℃，其最高温度不得超过 75℃。

c. 金属填料函压盖处温度不得超过 60℃。

d. 中体滑道外壁温度不得超过 60℃。

③ 检查各运动部件的供油量。

④ 检查各级汽缸吸入及排出气体的压力与温度。

⑤ 检查各级填料函及管道系统的密封程度。

⑥ 检查各级汽缸、冷却器的回水温度。

⑦ 检查各级缓冲器及油水分离器的排油、水情况。

⑧ 检查电气、仪表设备是否正常工作。

⑨ 检查附属设备及工艺管道的振动情况，如振动过大，应予以加固或增设管架。

试运转过程中如出现问题应及时处理，当各级汽缸出口压力达到规定数值后，即进入负荷试运转，负荷试运转时间应符合下列规定：

① 排气量 ≤40m³/min 的压缩机，应连续运转 12h。

② 排气量 >40m³/min 的压缩机，应连续运转 24h。

机器运转中，若发生紧急人身、机械事故时，应紧急停车，并立即卸压。负荷试运转时，每隔 30min 应做一次试运转记录。以上各项检查合格后，压缩机负荷试车即为合格。

压缩机负荷试运转结束后，应从末级开始依次缓慢地开启卸载阀门及排油、排水阀门，逐渐降低各级排出压力。卸载后停止电动机的运转，同时启动盘车器盘车。负荷试运转后按下列步骤停机：

① 按电气操作规程停止电动机及通风机。

② 主轴停止运转后，应立即进行盘车，当停止盘车时，应停止注油器供油。

③ 停止盘车 5min 后，应停止循环油泵供油。

关闭供水总阀门，排净机器、设备及管道中的存水。负荷运转停机后，应抽检下列项目：

① 主轴瓦，连杆大、小头轴瓦的磨合程度。

② 吸、排气阀门及汽缸镜面有无机械损伤。

检查后，机器应再进行 4~8h 负荷运转，停机后，应清洗油系统，更换新油。

无油润滑压缩机的试运转，工作介质有脱脂要求的压缩机，如氧压机、氢气压缩机等，所有与工作介质相接触的零部件、附属设备、管道，必须按《脱脂工程施工及验收规范》的规定进行脱脂，脱脂后用无油干燥空气或氮气吹干，并将管路两端作无油封闭。

无油润滑压缩机的试运转，应按机器技术资料规定的程序和介质进行，并要符合下列各项要求：

① 试运转时，冷却液必须充分供应，活塞杆表面温度、各级排气温度、排液温度均应符合机器技术资料的规定。

② 试运转中，活塞杆表面的刮油情况应良好。曲轴箱和十字头的润滑油不得带入填料函和汽缸。

③ 在逐级升压过程中，应待温度达到稳定状态、填料密封良好、没有发现卡涩等现象后，方可将压力逐级升高。

经脱脂后的机组，暂不使用时，应进行充氮保护。

（16）活塞式压缩机试运转中故障的解决

压缩机在试运转过程中，常会发生一些问题和故障，产生这些问题或故障的原因通常是非常复杂的，在实际工作中必须细心观察，通过常年积累的经验来分析判断，以便做出正确的决定，合理地解决问题。

① 汽缸内发生异常声音的原因分析及采取的措施：

a. 气阀有故障；可检查气阀并消除故障。

b. 汽缸余隙容积太小；可适当加大余隙容积。

c. 润滑油太多或气体含水多，产生水击现象；可适当减少润滑油量、提高油水分离器效率或在汽缸下部加排泄阀。

d. 可能有异物溶入汽缸内；拆开检查，并予以消除。

e. 汽缸套松动或断裂；检查并采取措施予以更换。

f. 活塞杆螺母松动或活塞螺母松动；拆开检查，按要求紧固好，损坏的要更换。

g. 填料破损；更换填料。

② 运动部件发出异常响声的原因分析及采取的措施：

a. 连杆螺栓、轴承盖螺栓、十字头螺母松动或断裂；停车紧固对已损坏的零件予以更换。

b. 主轴承，连杆大、小头瓦，十字头滑道等间隙过大；停车检查，调整间隙到规定值，已损坏的零件应更换。

c. 各轴瓦与轴承座接触不良，间隙过大、超差；停车检查、拆开轴瓦查找原因，确定是轴瓦间隙问题，重新刮研，达到配合精度，接触面积达到规定要求。

d. 曲轴和联轴器配合松动；停车检查，重新找联轴器同轴度，紧固连接螺栓，是过盈配合的要重新安装，达到规定的精度要求。

③ 汽缸发热：

a. 冷却水太少或冷却水中断；检查冷却水供应情况，加大冷却水总阀供应量，如果水管路某处有堵塞，应立即予以解决。疏通管路、更换管线都要在停车后进行。

b. 汽缸润滑油太少或润滑油中断；检查汽缸润滑油油压是否正常、油量是否足够，如果油压、油量有问题，进一步查找油泵、油管路等，解决故障。

c. 由于脏物带进汽缸，使汽缸镜面划伤；应及时停车检查，取出污物，视划伤情况确定是更换汽缸还是修复。

④ 轴承或十字头滑道发热：

a. 配合间隙过小；停车，调整间隙到规定值。

b. 轴和轴承接触不均匀；停车检查，看接触面积是否符合要求，若接触面积达不到规定值，应重新刮研轴瓦，保证轴和轴承接触均匀。

c. 润滑油油压太低或断油；检查油泵、油路是否正常，应使油路畅通、油压达到机器技术资料的规定值。

d. 润滑油太脏；查找原因是清洗不合格还是润滑油问题，彻底清理油箱、油池、油管路，重新更换新润滑油，检查过滤器，必要时更换。

⑤ 油泵的油压不够或没有压力的原因分析及采取的措施：

a. 吸油管不严密，管内有空气；将吸油管内空气排出，吸油管连接处拧紧、密封，保证吸油管正常工作。

b. 油泵泵壳的填料不严密、漏油；检查油泵填料，必要时更换新填料，确保不泄漏、正常运转。

c. 吸油阀有故障或吸油管堵塞；拆开检查，消除吸油阀故障，必要时更换新的吸油阀，疏通吸油管，必要时更换新的吸油管。

d. 油箱内润滑油太少；向油箱内添加润滑油到规定高度。

e. 滤油器太脏；将滤油器拆下、清洗，必要时更换新滤网。

⑥ 填料漏气的原因分析及采取的措施：

a. 油气太脏，或由于断油，把活塞杆拉毛；更换润滑油，消除污物，修复活塞杆，划伤严重的活塞杆应更换。

b. 回气管不通；检修回气管进行疏通，必要时更换。

c. 填料装配不良；重新装配填料，达到规定要求。

⑦ 汽缸部分发生不正常振动的原因分析及采取的措施：

a. 支撑不对；调整汽缸支撑间隙，应达到规定值。

b. 填料和活塞环磨损；更换填料、活塞环。

c. 配管振动；加固配管，消除振动。

d. 垫片松动；调整垫片，达到规定要求。

e. 汽缸内有异物掉入；清除异物，彻底检查，应恢复正常。

⑧ 机体部分发生不正常振动的原因分析及采取的措施：

a. 各轴承及十字头滑道间隙过大；调整各部分间隙，达到规定值。

b. 汽缸振动；消除振动。

c. 各部件接合不良；彻底检查，使各部件的连接达到规定值。

d. 地脚螺栓松动；重新紧固地脚螺栓，并找平、找正。

e. 基础混凝土造成机身振动；检查基础混凝土是否是原设计基础，有无利用旧基础栽丝连接现象，必要时，重新浇注混凝土基础。

⑨ 管道发生不正常振动的原因分析及采取的措施：

a. 管卡太松或发生断裂；重新紧固管卡，必要时更换新的管卡，应考虑管卡的热膨胀。

b. 支撑刚度不够；加固支撑，必要时增加支撑数量。

c. 气流脉动引起共振；用预留孔改变其共振面。

d. 配管架子振动大；加固配管架子，必要时增加配管架子数量。

⑩ 排气量达不到设计要求的原因分析及采取的措施：

a. 气阀泄漏，特别是低压级气阀的泄漏；检查低压级气阀，并采取相应措施。

b. 填料漏气；检查填料的密封情况，采取相应措施。

c. 第一级汽缸余隙容积过大；调整汽缸余隙。

d. 第一级汽缸的设计余隙容积小于实际结构的最小余隙容积；若设计错误，应修改设计，或采取措施调整余隙。

⑪ 功率消耗超过设计规定的原因分析及采取的措施：

a. 气阀阻力太大；检查气阀弹簧力是否合适，气阀通道面积是否足够大。

b. 吸气压力过低；检查管道和冷却器，如阻力太大，应采取相应措施。

c. 压缩级之间的内泄漏；应检查吸、排气压力是否正常，各级气体排出温度是否增高，并采取相应措施。

⑫ 级间压力超过正常压力的原因分析及采取的措施：

a. 后一级的吸、排气阀不好；检查吸、排气阀，必要时更换损坏的气阀。

b. 第一级吸入压力过高；检查并予以消除。

c. 前一级冷却器冷却能力不足；对冷却器进行检查。

d. 活塞环泄漏引起排出量不足；更换活塞环。

e. 后一级间的管路阻抗增大；检查管路，使之畅通。

f. 本级吸、排气阀不好或装反；检查吸、排气阀，必要时予以更换。

⑬ 级间压力低于正常压力的原因分析及采取的措施：

a. 第一级吸、排气阀不良引起排气不足及第一级活塞环泄漏过大；检查气阀，更换损坏件，检查活塞环。

b. 前一级排出后或后一级吸入前的机外泄漏；检查泄漏处，并予以消除。

c. 吸入管道阻力太大；检查管道，使之畅通。

⑭ 排气温度超过正常温度的原因分析及采取的措施：

a. 排气阀泄漏；检查排气阀，更换损坏件。

b. 吸入温度超过规定值；检查工艺流程，移开吸入口附近的高温设备。

c. 汽缸或冷却器冷却效果不良；增加冷却器水量，使冷却器畅通。

(17) 活塞式压缩机安装工程需要施工单位形成的方案

① 压缩机安装施工方案。

② 压缩机及附属设备吊装施工方案。

③ 压缩机工艺管道安装施工方案。

④ 压缩机管道防腐保温施工方案。

⑤ 压缩机安装脚手架搭设施工方案。

⑥ 压缩机试车施工方案。

⑦ 压缩机工艺管道焊接施工方案。

加氢裂化往复压缩机安装施工方案见附录三。

第 10 章 静设备安装

石油化工行业的静设备主要包括塔类设备、换热器、反应器、工业管式炉、干式气柜、储罐等。本章重点介绍换热设备、反应器、储罐、塔类设备等的安装。

10.1 换热设备安装

10.1.1 换热器简介

换热设备即换热器，在化工行业应用比较普遍，在化工生产中，可用作加热器、冷却器、冷凝器、蒸发器和再沸器。由于生产的不同需求，可把换热器制造成各种形式，根据冷、热流体介质间热量交换的方式可分为三类：即间壁式、混合式和蓄热式，这三类换热器中，又以间壁式换热器最为普遍，而间壁式换热器又分为夹套式、蛇管式、套管式、管壳式等多种形式，其中管壳式应用最广。

管壳式换热器的主要优点是：单位体积所具有的传热面积大且传热效果好，结构简单，制造材料也较为广泛，适应性强，在高温、高压和大型装置中被广泛采用。

管壳式换热器的结构主要有壳体、管束、管板、封头等。管束安装在壳体内，两端固定在管板上，管板分别焊接在壳体内，顶盖和壳体上装有流体进、出口接管和法兰。进行换热时，一种流体由顶盖的进口管进入，通过平行管束的管内，从另一端顶盖出口接管流出，称为管程。另一种流体则由壳体的接管进入，在壳体与管束间的空隙处流过，而由另一接管流出，称为壳程。管束的表面积即为传热面积，图 10-1 是固定管板式换热器。固定管板式换热器适用于壳程介质比较清洁，例如水介质等，管程的介质易于清洗、温差不大，或壳程压力不高的场合。

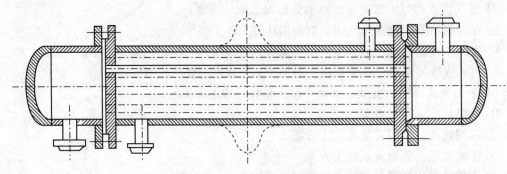

图 10-1　固定管板式换热器

浮头式换热器是列管式换热器的一种，如图 10-2 所示。浮头式换热器应用较为普遍，但其结构较为复杂，造价较高。浮头式换热器常用于管程、壳程温差较大和介质易结垢的场合，例如乙烯的急冷油换热等场合。

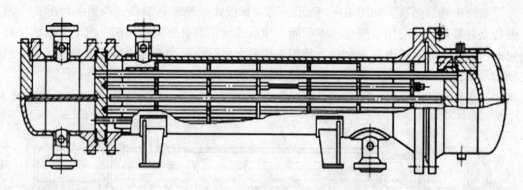

图 10-2　浮头式换热器

U 形管式换热器：结构简单，管束可以自由伸缩，不会产生管子、壳体间的温差应力，如图 10-3 所示。U 形管式换热器适用于管、壳壁温差较大的场合，适用于高温、高压的情况，由于管子需一定的弯曲半径，管板利用率相对较差。

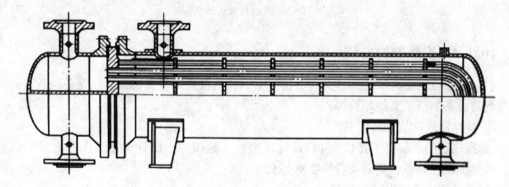

图 10-3　U 形管式换热器

填函式换热器：管束可以自由伸缩，不会产生管、壳间的温差应力，结构较浮头式简单，如图 10-4 所示。这种换热器加工制造方便，造价较浮头式要低，检修、清洗都容易，使用温度受填料性能限制，不宜处理易挥发、易燃、易爆、有毒及贵重介质，生产中为便于清洗壳程才采用这种换热器。

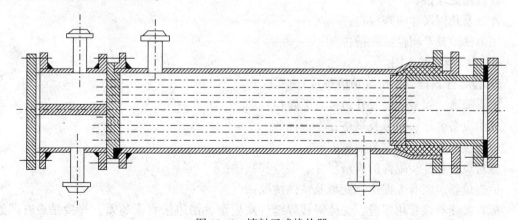

图 10-4　填料函式换热器

滑动管板式换热器：如图 10-5 所示，滑动管板式换热器是填函式的另一种形式，填函式的特点它都具备，适用范围也基本相同。填函式换热器有外漏的可能，滑动管板式换热器还可能内漏，且有时难以发现，故严禁用于两种介质混合后会造成事故或损失的场合。但因它结构简单，管程最多只有两程，所以是直管可拆式结构中成本最低的一种。

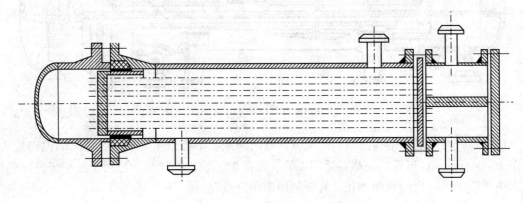

图 10-5　滑动管板式换热器

10.1.2　换热器的安装

（1）换热设备安装准备工作：一般情况下，换热设备都是整机到货，设备验收时首先要检查到货设备的技术文件和资料：

① 换热器的产品合格证书。

② 换热器的产品技术特性(包括设计压力、试验压力、设计温度、工作介质、试验介质、换热面积、重量、类别及特殊要求等)。

③ 产品质量证明书。内容包括：

主要受压元件材质的化学成分、力学性能及标准规定的复验项目的复验值，无损检测的检查报告；

管道的通球记录；

奥氏体不锈钢设备的晶间腐蚀试验报告；

设备热处理报告；

外观及几何尺寸检查报告；

压力试验及严密性试验报告。

④ 设备制造竣工图。

⑤ 设备开箱检验，按装箱清单进行验收：

清点箱数、箱号，以及外包装有无破损；

核对设备名称、型号及规格；

检查接管规格、方位及数量；

核对设备备件、附件的规格尺寸、型号和数量；

检查设备表面有无损伤、变形及锈蚀情况；

检查换热器接管角焊缝、壳体对接焊缝外观质量，锚边量有无超差，焊接是否有凹陷，角焊缝是否有焊肉高度不够等现象。

⑥ 设备的保管：换热器及其配件、附件和技术文件等验收后，应清点登记、妥善保管。换热器设备应放置在地势较高、易排水及道路畅通的地方。

若在露天场所放置，应遮盖彩条布，防止日晒雨淋，所有管、门应封闭。

不锈钢换热设备的壳体、管束及板片等不得与碳钢设备及碳钢材料接触、混放、以免渗碳锈蚀。

采用氮气或其他惰性气体密封的换热设备，应保持气封的压力；脱脂后的设备，应防止油脂等有机物污染。

板式换热器安装前，板片或零部件的保护材料不得拆除。防止对设备产生不必要的损坏。

（2）设备基础交接：

① 基础的外形尺寸、坐标位置及预埋件应符合设计文件要求。

② 基础的允许偏差应符合规范的规定：

a. 坐标纵横中心线允许偏差±20mm。

b. 基础顶面标高允差 20mm。

c. 基础外形尺寸允许偏差±20mm。

d. 平面平行度 5mm/m，最大不许超过 10mm/m。

e. 侧面垂直度 5mm/m，最大不许超过 10mm/m。

f. 预埋地脚螺栓，顶端标高允差 10mm，中心距允差±2mm。

g. 地脚螺栓预留孔，中心线允差±10mm，深度允差 20mm，孔壁垂直度允差 10mm。

③ 预埋地脚螺栓应无损坏、无锈蚀，螺母与螺栓配合无晃动，内外螺纹表面光滑，配合流畅，无卡涩现象。

④ 换热器滑动端预埋板应符合规范要求：

a. 预埋板上表面的标高、纵横中心线及外形尺寸应符合设计要求。

b. 预埋板表面应光滑平整，不得有挂渣和油污，水平度偏差不得大于 2mm/m。

c. 基础抹面不应高出预埋板的上表面。

（3）换热器安装的一般规定：

① 换热器安装前，应对基础进行处理，需灌浆的混凝土基础表面应铲成麻面，被油污染的混凝土基础表面应清理干净，灌浆前要用水湿润。

② 换热器安装前，应做好下列工作：

设备上的油污、泥土等杂物应清除干净。

设备上所有开孔的保护塞或盖，在安装前不得拆除。

按照设计图样核对设备的管口方位、中心线和重心位置等。

核对换热器的地脚螺栓孔、基础预埋地脚螺栓或预留地脚螺栓孔的位置、尺寸。

换热器垫铁的布置应符合下列要求：

a. 放置垫铁处的混凝土基础表面应铲平，其尺寸应比垫铁每边大 50mm。

b. 垫铁与基础接合面应均匀接触，接触面积应不小于 50%，垫铁上平面的水平度偏差为 2mm/m。

c. 每根地脚螺栓的两侧应各设一组垫铁，其相邻间距不应大于 500mm，每组垫铁块数不应超过 4 块。

d. 有加强筋的设备底座，其垫铁组应布置在加强筋的下方。

预留孔地脚螺栓的安装应注意下列事项：

a. 地脚螺栓垂直度的偏差不得超过螺栓长度的 0.5%。

b. 螺栓与孔壁的间距不得小于 20mm，与孔底的间距不得小于 20mm。

c. 螺栓光杆部分上的油脂、铁锈等应清除干净，螺纹部分应在清除铁锈后涂上油脂。

d. 螺母与垫圈、螺栓与设备底座面之间应接触良好。

e. 螺栓紧固后，螺栓的螺纹端部宜露出螺母上表面 2~3 个螺距。

不锈钢制换热器在搬运、吊装等作业时，所使用的钢丝绳要加胶皮护套或用吊装带吊装，其他碳钢器具不得和不锈钢接触，以免渗碳锈蚀。

铝制和不锈钢换热器在吊装过程中，要避免撞击、擦伤设备。

（4）换热器设备的找平、找正：换热器的安装，应按基础的安装基准线与设备上对应的基准点进行找平和找正。

换热器找平、找正的测定基准点应符合下列规定：

① 测定设备支架（支座的底面标高应以基础的标高基准线为基准）。

② 测定设备的中心线位置及管口方位，应以基础平面坐标及中心线为基准。

③ 测定立式换热器的垂直度，应以设备表面 0°、90°、180°或 270°的母线为基准，例如乙烯裂解炉上的板式换热器都是立式的，它的找垂直度应按上述要求，从四个方位找侧母线的垂直度。

④ 测定卧式换热器的水平度，应以设备两侧的中心线为基准，例如某化工厂的卧式换热器安装就是以 U 形管水准仪法测定它的两侧中心线来找水平度。

⑤ 设备找平，应采用垫铁或其他调整件，严禁采用改变地脚螺栓紧固程度的方法找平设备。

⑥ 换热器安装允许的偏差应符合规范规定。

（5）换热器滑动支座安装：

滑动支座安装应符合下列要求：

① 滑动支座上的开孔位置、形状及尺寸应符合设计要求。

② 地脚螺栓与相应的长圆孔两端的间距应符合设计图样或技术文件的要求，不符合要求时，允许扩孔修理。

③ 换热器设备安装合格后，应及时紧固地脚螺栓。

④ 换热器安装合格后，应将工艺配管完成。并应松动滑动端支座螺母，使其与支座面间留有 1~3mm 的间隙，然后再安装一个锁紧螺母。

换热器安装施工方案举例见附录四。

10.2 反应器安装

10.2.1 反应器简介

反应器在化工行业是必不可少的设备，合成氨工业中的核心设备氨合成塔就是典型的氨合成反应器，反应器类大体有氧化反应器、流化床反应器、水合反应器、合成反应器等多种形式。

如图 10-6 所示，此反应器是一个具有多块多孔分布板的鼓泡塔，空气或氧气从许多段进入塔内，每段都设有冷却盘管，原料液体从底部进入，氧化液从上部溢流出来，这种形式的反应器可以分段控制冷却水量以及通氧或通空气的量，在分布板间，基本上是全返混，分布板两侧返混较少。

反应器的种类还有外加热管式反应器，主要针对那些吸热反应的反应器，通过外部加热的方式来实现反应，这种外加热方式可以将这种反应器放入特制的控温炉中加热，炉身由碳钢制成外壳，内衬耐火砖及保温层，反应器中设置隔板，以增强传热效率。

图 10-7 是一个设置有多块泡罩板的鼓泡塔。每块板上有一定数量具有泡罩的分布器，并有溢流管，每段也设置有冷却盘管，空气从底部通入，原料液体从塔的上部沿溢流管流向每块塔板，在塔板上与空气充分接触，这种形式的反应器不仅能有效地阻止每段间液体的返混，且可分段控制温度，但操作控制较困难，且因各段有气相空间存在，在安全上还存在一定问题。

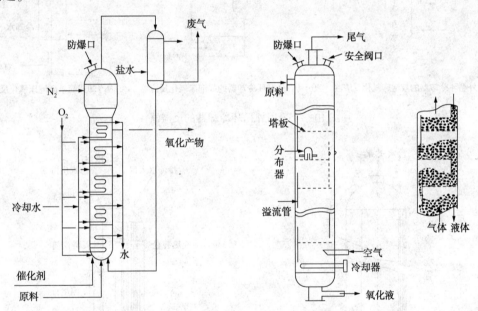

图 10-6　内冷却式分段鼓泡床反应器　　　图 10-7　具有泡罩板的内冷却式鼓泡床反应器

图 10-8(a)、(b) 是采用外循环冷却器使反应液进行循环冷却的两种反应器形式，这种反应器循环量的大小决定于反应温度的控制和反应放热量的大小。图 10-8(c) 为一个简单的鼓泡床反应器，氧化气从底部鼓泡通入，原料自下面送入，氧化液自底部排出，基本上是全返混型的，这种形式的反应器适用于有水层分出的氧化反应。反应器的安全装置一般是用防爆膜或安全阀。

图 10-9 所示的反应器，就是将合成气和催化剂分别自底部进入反应器，物料丙烯由三根不同高度的进料管同时进料，这样可使丙烯入口处浓度降低，反应不致太激烈，便于控制温度，也可将丙烯和合成气预先混合好后，从三根不同高度的管子进入反应器。

图 10-10 所示为另一种反应器，原料丙烯合成气和催化剂经喷嘴一起进入反应器。反应器中还装有脉冲管和导流筒，前者是为了使反应液能在反应器中充分混合，同时也可以加强热的对流，起到一个小型泵的作用。导流筒的作用是使反应介质在反应器中以很快的速度

进行内循环，以提高传热效率，使反应温度分布均匀。

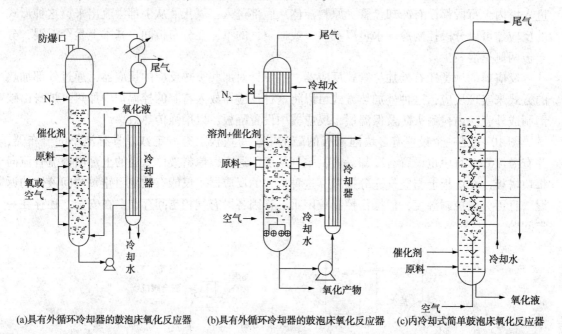

(a)具有外循环冷却器的鼓泡床氧化反应器　(b)具有外循环冷却器的鼓泡床氧化反应器　(c)内冷却式简单鼓泡床氧化反应器

图 10-8　采用外循环冷却器的反应器

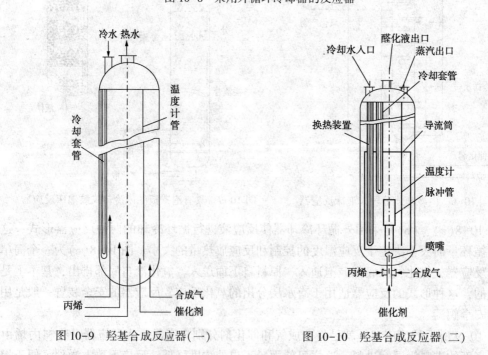

图 10-9　羟基合成反应器(一)　　　　　图 10-10　羟基合成反应器(二)

10.2.2　反应器零部件验收

反应器有的是整体组装好、现场整机安装好，然后进行工艺配管；有的是制造厂散件发货，现场组对制作安装。对于散件到货现场组装的要求有：

（1）组装前各零部件，必须有出厂合格证。

（2）质量证明书必须齐全，并包括以下内容：

① 主要受压元件材料"质量证明书"的原件或复印件。

② 主要材料的复验结果。

③ 钢板超声波探伤结果。

④ 焊接试板试验报告。

⑤ 焊缝外观检查报告。

⑥ 焊缝无损检测报告。

⑦ 焊缝返修记录和超过两次返修的批准文件。

⑧ 说明焊缝编号及焊工代号的文件。

⑨ 改变受压元件材料、结构、强度时的证明文件。

（3）要有详细的排板图。

（4）装箱清单及零部件编号说明资料。

（5）零部件的热处理记录。

（6）零部件主要几何尺寸检验记录。

10.2.3　反应器壳体上开孔

① 反应器壳体上应尽量避免开孔，若必须开孔时，被开孔处补强圈覆盖处及覆盖处 100mm 范围内的焊缝和被支座覆盖的焊缝均应经 100% 超声波探伤或射线探伤检查合格，并且要将该处焊缝磨平。

② 开孔补强圈过大或影响开孔接管的焊接时，补强圈允许分成 2~4 块，且每块补强圈上应不少于一个信号孔，信号孔不得堵塞。

③ 开孔补强圈若与壳体变截面交界处的焊道相碰时，可以割除部分补强圈，保留部分的补强圈的宽度应不小于设计宽度的 2/3。

④ 法兰面应垂直于接管或设备的主轴中心线，螺栓孔应跨中。

10.2.4　反应器的焊接及检验

① 反应器壳体的焊接应根据焊接工艺评定。

② 焊接应由考试合格的焊工承焊。

③ 焊接环境出现下列情况之一，若无防护措施，禁止焊接：

a. 风速大于或等于 10m/s。

b. 相对湿度大于 90%。

c. 下雨、下雪天气。

④ 当焊件温度低于 0℃时，应在焊缝两侧 100mm 范围内进行预热，预热后才能施焊。

⑤ 焊缝内外表面的焊接质量应符合下列要求：

a. 焊缝及热影响区表面不得有裂纹、气孔、夹渣、弧坑等缺陷。

b. 焊缝的咬边深度不应大于 0.5mm，咬边连续长度不应大于 100mm。

c. 焊缝表面因消除缺陷经打磨处理后的厚度应不小于母材厚度，母材机械损伤经打磨处理后的凹陷深度应不大于母材厚度的 5% 且不得大于 2mm。

d. 凡经打磨的焊缝边缘应圆滑过渡。

e. 焊缝两侧的熔渣、飞溅，应清除干净。

⑥ 焊缝探伤检验应符合下列要求：反应器壳体的对接焊缝应按图样要求，进行100%超声波或射线探伤检验，选择超声波探伤时，还应对其进行复验，复验长度为超声波探伤长度的20%，复验部位应包括全部丁字焊缝，合格标准按图样要求。

⑦ 开孔补强圈应通入0.4~0.6MPa的压缩空气检查焊缝质量，不带补强圈的开孔焊缝应进行煤油试漏检查。

10.2.5　反应器安装注意事项

基础验收：

① 反应器应在基础混凝土强度达到80%以上时才能进行安装。

② 安装前对基础表面应清扫干净，放置垫铁的地方要铲平，地脚螺栓孔要清理干净。

③ 反应器基础上应明显划出标高基准线和十字中心线，同时检查地脚螺栓孔的中心位置，允许偏差±10mm。

④ 预埋地脚螺栓中心允许偏差±2mm。

10.2.6　反应器壳体组装

① 反应器筒体组装时，壁板端面应在同一平面上，其端面不平度及错口不得大于2mm。

② 筒体组装后，在内外壁上标出四条相隔90°的纵向母线，筒体纵焊缝的对口错边量 b 不得大于0.1S，且不得大于3mm，如图10-11所示。

③ 筒体环焊缝的对口错边量（图10-12）应符合下列规定：

两板厚度相等时，不得大于0.1S+1mm，且不得大于4mm。

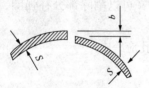
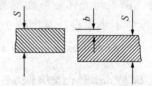

图10-11　筒体纵焊缝对
口错边量示意图
S—筒体壁板厚度

图10-12　筒体环焊缝等
厚度钢板对口错边量示意图
S—反应器壳体板厚度；b—错边量

反应器壳体两板厚度不等时，两板厚度差大于薄板厚度的30%或超过5mm时，应按图10-13的要求削薄厚板边缘，当两板厚度差小于上述数值时，b 应以薄板厚度为基准确定。

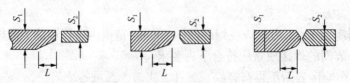

图10-13　筒体环焊缝不等厚度钢板对口错边量示意图
L—削薄长度；S_1—厚板厚度；S_2—薄板厚度

10.3 储罐的建造

石油化工行业，储罐是普遍应用的设备之一，储罐分立式储罐、卧式储罐、球形储罐等。

大型储罐一般是用焊接的方法，将数块钢板组合起来，按图纸要求，制成储罐的成品，一般在施工现场组装制造，储罐罐体的施工工艺分为正装法和倒装法。

10.3.1 正装法

在施工现场，储罐罐底基础施工结束、底板铺设焊接完成后，罐体壁板由下而上进行一带板、一带板的安装焊接方法，称为正装法。正装法的工艺又分为充水浮船正装法、满堂红脚手架正装法和挂架正装法。

10.3.2 倒装法

在罐底施工完成后，罐体壁板由上而下安装、焊接，即制作最上部一带板后就制安罐顶，然后采用某种方法顶起，再制作下一带板，再顶起，最后完成最下面一带板的制造，从而保证壁板的安装焊接都在低处作业，减少高空作业及搭设脚手架的麻烦。倒装法又分为小浮船倒装法、电动顶升倒装法、气顶倒装法、电动葫芦和手动葫芦多点吊装倒装法、中心桩倒装法等。正装法和倒装法的工艺各有利弊。采用大型吊车或电动、手动、充水、充气等工艺手段要根据设备、现场条件、施工队伍技术素质来决定。

10.3.3 立式圆筒形钢制焊接储罐的建造

（1）材料验收：

建造储罐选用的材料和附件，应具有质量合格证明书，并符合相应国家现行标准规定。钢板和附件上应有清晰的产品标识，在材料验收时，一定要在钢板上核对实际标识，应与证明材料内容相符。

（2）焊接材料(焊条、焊丝、焊剂及保护气体)应具有质量合格证明书并符合下列要求：

① 焊条应符合现行国家标准 GB/T 5117—2012 非合金钢及细晶粒钢焊条、GB/T 5118—2012 热强钢焊条、GB/T 983—2012 不锈钢焊条的规定。药芯焊丝应符合现行国家标准 GB/T 10045、GB/T 17853 的规定。埋弧焊使用的焊丝应符合现行国家标准 GB/T 14957《熔化焊用钢丝》、GB/T 8110 的规定。

② 焊剂应符合现行国家标准 GB/T 5293、GB/T 12470 的规定。

③ 保护用氩气应符合现行国家标准 GB/T 4842—2017《氩》的规定。

（3）所用钢板应逐张进行外观检查，其质量应符合现行国家标准的规定。

（4）储罐用钢板应逐张进行检查，无锈蚀、裂纹、重皮、夹层等缺陷，其质量应符合现行国家标准的规定。钢板表面局部减薄量、划痕深度与钢板实际负偏差之和不应大于相应钢板标准允许负偏差。材料验收是保证储罐制作质量的第一关，有许多例子就是由于材料验收把关不严出现问题，造成焊接性不好、储罐成形不好，成为储罐的致命质量问题，最后只能将罐报废。为避免储罐出现严重质量问题，监理单位、建设单位、施工单位都要高度重视储罐材料验收。

（5）储罐预制：

① 开工前要准备检验用样板，这些样板本身要经检验合格方可使用。

a. 当曲率半径小于或等于12.5m时，弧形样板的弧长不应小于1.5m；储罐的曲率半径大于12.5m时，弧形样板的弦长不应小于2m。

b. 直线样板的长度不应小于1m。

c. 测量焊缝角变形的弧形样板，其弦长不应小于1m。可将弧形样板和直线样板做成一个样板，一侧是弧形、一侧是直线形，一个样板两种用途。

② 储罐的预制方法不应损伤母材、降低母材性能，比如有的施工单位用气割下料，气割得又不规矩，造成切割边缘成了曲线，同时又造成钢板翘曲变形，这都会影响母材性能，造成母材损耗太多，建议板材下料时，用剪板机进行下料，既不产生热变形，又剪切整齐，减少板材消耗。

③ 钢板切割及焊缝坡口加工应符合下列规定：

a. 碳素钢板及低合金钢板宜采用机械加工：剪板机下料，坡口机加工坡口，或者采用自动、半自动火焰切割加工下料及开坡口。不锈钢板应采用机械加工或等离子切割加工，绝不能用气割加工或下料。

b. 当工作环境温度低于下列温度时，钢材不得采用剪切加工：

普通碳素钢：-16℃；低合金钢：-12℃。

冬季施工时，特别要注意温度、环境不要违反上述规定。

④ 钢板坡口加工应平整，不得有夹渣、分层、裂纹等缺陷，火焰切割和等离子切割坡口所产生的表面硬化层应去除。用角向磨光机打磨去掉硬化层。

⑤ 标准屈服强度大于390MPa的钢板，经火焰切割的坡口，应对坡口表面进行磁粉探伤或渗透检测。

⑥ 焊接接头的坡口形式和尺寸，当图样无要求时，应按现行国家标准GB/T 985.1《气焊、焊条电弧焊、气体保护焊和高能束焊的推荐坡口》的规定。纵缝气体保护焊及环缝埋弧焊的焊接接头形式宜符合下列要求：

纵缝气体保护焊的对接接头，厚度小于或等于24mm的壁板宜采用单面坡口，厚度大于24mm的壁板宜采用双面坡口。

⑦ 普通碳钢工作环境温度低于-16℃或低合金钢工作环境温度低于-12℃时，不得进行冷矫正和冷弯曲。

⑧ 构件在保管、运输及现场堆放时，应防止变形、损伤和锈蚀，应在干燥、通风的地方存放，下面垫道木。

⑨ 不锈钢储罐的预制还要注意以下事项：

a. 由于不锈钢与碳钢接触易产生渗碳现象，造成锈蚀和晶间腐蚀，因此要求不锈钢板不应与碳素钢接触，比如在运输不锈钢板的铁制排子上面铺一层厚的橡胶板，把不锈钢板与碳钢排子隔离开，在库房或现场存放地，应清理周围杂物，不要将碳钢管、钢筋、撬棍等放到不锈钢板上，或与不锈钢接触，因为这都容易产生渗碳。

b. 不锈钢板上，预制时不应用样冲打眼，宜采用易擦洗的颜料作标记。

c. 不锈钢板及不锈钢构件，在吊装时宜采用吊装带，如用钢丝绳索具，应加胶皮护套，运输胎具上宜采取防护措施，保证与碳钢隔离。

d. 不锈钢板及构件不得采用铁锤敲击，如果使用铁锤敲击，中间必须加垫板，或在铁锤头两端焊一层不锈钢材料，主要就是避免碳钢和不锈钢接触。不锈钢板及构件表面不应有划痕、撞伤、电弧擦伤、腐蚀等现象，应保持表面光滑。

e. 不锈钢的构件，不能采用热煨的方法成形。

⑩ 储罐的所有预制构件完成后，应有明显的编号，应用油漆或其他方法做出清晰的标识。

（6）固定顶储罐的安装工艺过程：

① 基础验收合格。

② 钢材、焊材进场报验合格。

③ 进行底板预制及安装，焊接完成后进行真空试验。

④ 进行壁板预制和安装，根据施工方案确定采取正装法或倒装法。

⑤ 预制储罐拱架、顶板后，进行安装，如采用倒装法，则在安装最上一带板后即进行罐顶板安装。

⑥ 焊缝无损检测。

⑦ 试漏检查、强度试验和气密性试验。

⑧ 除锈、涂漆防腐或作保温。

⑨ 安装附件(如梯子、平台等)。

（7）真空试漏法：

即负压检漏法，先将焊缝表面清理干净，刷肥皂水，将真空箱扣在焊缝上，真空箱与底板接触处由密封条密封，或用揉好的面或腻子密封，确保接口处不漏气，用真空泵作动力(按设计要求的真空度，一般为 53kPa)进行检漏，通过真空箱上的透明有机玻璃板，观察焊缝表面是否有气泡产生，如有气泡产生，则做好标记，补焊后再次试漏，直至合格。储罐底板焊缝必须经 100% 的试漏检查，每段焊缝都不许漏掉，全部检查合格，底板的真空试验才算完成，这项工作量很大，费时、费力，监理单位和建设单位都要对施工质量进行严格的监督，施工单位的质检人员更要高度重视。底板的真空试验是一项很重要的过程控制，这项工作如有马虎，将会给后续工作带来隐患。

（8）拱顶储罐的正装法：

按容积大小，可分为两种正装法：

① 小型拱顶储罐，因直径小，如直径在 8~10m，一般在地面平台上组装，焊成整带后进行吊装即可，由下而上，一整带板地往上安装焊接，最后将罐顶吊装上去进行组对焊接。

② 大型拱顶储罐，直径较大，一般在十几米以上，如整带吊装容易变形，安装壁板时，应采用分块吊装，一张板、一张板地组装上去，再进行组对焊接。

（9）浮顶储罐特点：浮顶储罐的罐体结构，除罐的顶盖与拱顶罐不同外，其余与拱顶罐的结构大体相同，浮顶罐的罐顶有双层盘式浮顶和带有环形浮船的单层式浮顶两种。安装时全部采用正装法，壁板全部采用自动焊机焊接。

（10）壁板预制：

① 固定顶储罐壁板预制前应绘制排板图。

② 壁板的下料加工应符合下述要求：

储罐壁板尺寸允许偏差见表 10-1。

表 10-1　储罐壁板尺寸允许偏差　　　　　　　　mm

序号	测量部位		板长 AB(CD)≥10m	板长 AB(CD)<10m
1	宽度 AC、BD、EF		±1.5	±1.0
2	长度 AB、CD		±2.0	±1.5
3	对角线 |AD−BC|		≤3.0	≤2.0
4	直线度	AC	≤1.0	≤1.0
		BD		
		AB	≤2.0	≤2.0
		CD		

③ 储罐壁板在卷板机上滚制后，应立置于平台上，用样板进行检查，垂直方向上用直线样板检查，其间隙不应大于 2mm；水平方向上用弧形样板检查，其间隙不应大于 4mm。

④ 凡属下列情况，附件与罐壁板焊后应进行整体消除应力热处理：

a. 标准屈服强度大于 390MPa，且板厚大于 12mm 的罐壁上有补强板的开口接管。

b. 标准屈服强度小于或等于 390MPa，且板厚大于 32mm 的罐壁上有公称直径大于或等于 300mm 的开口接管。

c. 齐平型清扫孔：焊接高强钢时，常发生热影响区硬化现象，从而导致钢材的塑性降低，尤其是人孔、清扫孔、开口接管等附件的焊缝处，往往产生较高的残余应力，对储罐的安全使用不利，因此，增加焊后整体热处理工序，施工单位质检员和监理单位人员都要特别注意在上述情况下的整体热处理要求。

（11）底板预制：

底板预制前应绘制排板图，并应符合下述规定：

① 罐底的排板直径，宜按设计直径放大 0.1%~0.15%。

② 底板铺设前，应在基础上划出十字中心线，按排板图先铺设中心条板，由中心条板向两侧顺序铺设诸条板及边板，铺设时应按预制时给出的中心线和搭接线找正，可用定位焊接临时固定，如图 10-14 所示。

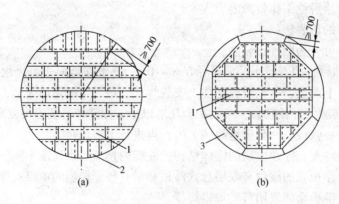

图 10-14　罐底排版形式

1—中幅板；2，3—边缘板

③ 弓形边缘板沿罐底半径方向的最小尺寸,不应小于700mm;非弓形边缘板最小直边尺寸,不应小于700mm。

④ 中幅板的宽度不应小于1000mm,长度不应小于2000mm,与弓形边缘板连接的不规则中幅板最小直边尺寸,不应小于700mm。在实际铺设过程中,上述规定是质量检查的重点之一。

(12) 浮顶和内浮顶预制:

① 应先绘制排板图,船舱边缘板、底板和顶板的预制都应用直线样板进行检测,其平面间隙不应大于4mm。

② 船舱内外边缘板用弧形样板检查,间隙不应大于10mm。

(13) 固定顶顶板预制:

① 固定顶顶板预制前,应绘制排板图,顶板任意相邻焊缝的间距,不应小于200mm,单块顶板本身的拼接,宜采用对接。

② 加强肋加工成形后,用弧形样板检查,其间隙不应大于2mm。

③ 每块顶板应在胎具上与加强肋拼装成形,焊接时应防止变形。

④ 顶板成形后脱胎,用弧形样板检查,其间隙不应大于10mm。

(14) 构件预制:

① 抗风圈、加强圈、包边角钢等弧形构件加工成形后,应用弧形样板检查,其间隙不应大于2mm,放在平台上检查,其翘曲变形不应超过构件长度的0.1%,且不应大于6mm。

② 热爆成形的构件,不应有过烧现象。

③ 预制浮顶支柱时,宜预留调整量。

(15) 储罐组装:

① 储罐组装前,应做好充分准备,应将构件的坡口和搭接部位的铁锈、水分及污物清理干净。拆除组装工卡具时,不得伤及母材,钢材表面的焊疤应打磨平滑,如果母材表面有损伤,可进行修补后磨平。罐壁、罐底及附件不得打焊工钢印号,并防止划痕和撞伤。组装用工卡具应该采用不锈钢材质,碳素钢工卡具不应与不锈钢罐接触及焊接,如需要接触和焊接,应在卡具上焊上不锈钢隔离垫板。

在组装焊接过程中,应防止电弧擦伤等现象。储罐组装过程中应采取防护措施,例如拉挂抗风绳等,防止大风等自然条件造成储罐在组装过程中被破坏。

② 基础检查及验收,储罐安装前,必须有基础施工记录和验收资料,并应按规定对基础进行复查,合格后方可安装。

③ 罐底组装:

a. 罐底采用带垫板的对接接头时,垫板应与对接的两块底板贴紧,并点焊固定,其缝隙不应大于1mm,罐底板对接接头间隙,当图样无特殊要求时,可参照表10-2的规定。

表10-2 罐底对接接头间隙   mm

焊接方法		钢板厚度δ	间隙
焊条电弧焊	不开坡口	δ≤6	5±1
	开坡口	δ>6	7±1

续表

焊接方法		钢板厚度 δ	间隙
埋弧自动焊	不开坡口	$\delta \leqslant 6$	3±1
		$6 < \delta \leqslant 10$	4±1
	开坡口	$10 < \delta \leqslant 16$	2±1
		$\delta > 16$	3±1
焊条电弧焊打底 埋弧自动焊填充	开坡口	$10 < \delta \leqslant 21$	8±2
气体保护焊	不开坡口	$\delta \leqslant 6$	3±1
		$6 < \delta \leqslant 10$	4±1
气体保护焊打底 埋弧焊填充	开坡口	$10 < \delta \leqslant 21$	4±1

b. 中幅板采用搭接接头时，其搭接宽度允许偏差±5mm，搭接间隙不应大于1mm。

罐底垫板有的施工队往往忽视，有的贴得不紧，有的点焊不好，这都会造成底板焊接时出现问题。事情虽小，也需要认真处理，否则会造成质量隐患。

c. 中幅板与弓形边缘板之间采用搭接接头时，中幅板应搭在弓形边缘板的上面，搭接宽度可适当放大。

d. 搭接接头三层钢板重叠部分，应将上层底板切角，切角长度应为搭接长度的2倍，其宽度应为搭接长度的2/3。

有的施工队伍对上层底板切角不看图纸，一律按45°角切下，这是严重的习惯性违章作业、违反施工规范的要求是绝对不允许的。中幅板、边缘板搭接形式如图10-15所示。

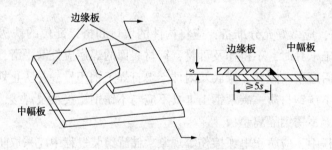

图10-15 罐底中幅板与边缘板搭接形式

④ 罐壁组装。罐壁板预制完毕后，在运输过程中容易产生变形，因此在组装时要进行复验，合格后，方可组装。

⑤ 固定顶组装。固定顶安装前，检查包边角钢的半径偏差，要达到图样和规范的要求。罐顶支撑柱的垂直度允许偏差，不应大于柱高的0.1%，且不应大于10mm。顶板应按画好的等分线对称组装，顶板搭接宽度允许偏差为±5mm。

⑥ 浮顶组装。大型浮顶罐的浮顶组装在底板完成后进行，一般情况下，先架好临时支架，在临时支架上进行浮顶的组对焊接，浮顶板的搭接宽度允许偏差应为±5mm，外边缘板与底圈罐壁间隙允许偏差为±15mm。

⑦ 附件安装：

a. 罐体的开孔接管，应符合下列要求：

开孔接管的中心位置偏差，不应大于 10mm；接管外伸长度的允许偏差，应为±5mm。

开孔补强板的曲率、应与罐体曲率一致。

开孔接管法兰的密封面不应有焊瘤和划痕，法兰的密封面应与接管的轴线垂直，法兰的螺栓孔应跨中安装。

b. 储罐试水过程中，应调整浮顶支柱的高度。

c. 浮顶排水管预制完毕后，应做动态试验，试验高度以储罐最高液位为准，动态试验时，检查其是否漏水，盘卷是否顺畅，各连接处有否泄漏现象。

d. 密封装置在运输和安装过程中应注意保护，不得损伤橡胶制品，安装时，应注意防火。

e. 刮蜡板应紧贴罐壁，局部的最大间隙不应超过 5mm。

f. 转动浮梯中心线的水平投影，应与轨道中心线重合，允许偏差不应大于 10mm。转动浮梯是浮顶储罐的主要部件，应能随着浮顶的升降而自由升降，转动灵活，踏步板需能始终保持水平，因此安装时，要特别注意水平投影与轨道中心线重合，只有这样，才能保证浮梯的正常运转。

（16）储罐的焊接：

① 焊接工艺评定应符合国家现行标准 JB 4708《钢制压力容器焊接工艺评定》的规定，同时焊接工艺评定还应包括 T 形角焊缝试件的制备、T 形接头角焊缝的检验评定等。储罐施工前，建设单位、监理单位要检查这一评定。

② 焊工考核：焊工应按现行国家标准 GB 50236《现场设备、工业管道焊接工程施工规范》《锅炉压力容器压力管道焊工考试与管理规则》中的有关焊工考试的规定进行考试，合格上岗。

③ 储罐焊接前的准备：

a. 储罐焊接前，应根据焊接工艺评定报告，制定焊接施工技术措施或编制焊接工艺指导书。

b. 焊接设备应满足焊接工艺和焊接材料的要求。

c. 焊接材料的管理应符合国家现行标准 JB/T 3223《焊接材料质量管理规程》的要求，焊条使用前要进行烘干，烘干后的低氢型焊条，应保存在 100~150℃ 的恒温箱中，随用随取，低氢型焊条，在现场使用时，应备有性能良好的保温筒，超过允许使用时间后，应重新烘干。焊条烘干及使用的要求见表 10-3。

表 10-3 焊剂、焊条烘干使用要求

种类		烘干温度/℃	恒温时间/h	允许使用时间/h	重复烘干次数
非低氢型焊条(纤维素型除外)		100~150	0.5~1	8	≤3
低氢型焊条		350~400	1~2	4	≤2
焊剂	熔炼型	150~300	1~2	4	
	烧结型	200~400			

d. 气体保护焊所使用的二氧化碳气体纯度，不应低于 99.5%，水分含量不应超过 0.005%（质量分数）。使用前，宜将气瓶倒置 24h，并将水放尽。

④ 储罐的焊接施工：

a. 储罐的定位焊及工卡具的焊接，必须由合格焊工担任。施工单位质检员和监理单位专业工程师应对定位焊进行专项检查，这是工程质量过程控制的关键环节，不可忽视和放松。

b. 储罐焊接前，应检查组装质量，清除坡口面及坡口两侧 20mm 范围内的铁锈、水分和污物，并应进行充分干燥。监理单位的焊接监理工程师要在焊前严格检查坡口的清理、烘干工作。

c. 焊工在焊接中开始一端采用后退起弧法，必要时可采用引弧板，严禁在母材焊缝外引弧，焊工有时是习惯性违章，要坚决予以纠正。焊工焊接时在终端应将弧坑填满，多层焊的层间接头应错开。

d. 储罐板厚大于或等于 6mm 的搭接角焊缝，应至少焊两遍，因为只有这样才能保证根部焊道熔合良好，焊脚尺寸和焊缝厚度可得到有效保证。

e. 当采用碳弧气刨时，清根后应修整刨槽，磨除渗碳层，当母材标准屈服强度大于390MPa 时，还应作渗透检测。

f. 焊工要严格按照焊接工艺要求施焊。

⑤ 储罐焊接顺序：

选择合适的焊接方法和焊接顺序，可以减少焊件受热。减少焊接变形的施焊顺序，方式很多，基本原则是使焊接热量比较均匀地加上去，或者使焊接变形能相互抵消，或者用前道焊缝来提高结构刚性，以限制后焊焊缝的变形等，如施焊焊工对称分布，采取对称焊每道焊缝施焊时，焊工采用逆向分段焊，每段焊缝采用重叠退焊法可以减少焊接变形。

(17) 储罐的检查与验收：

① 焊缝的外观检查：

a. 储罐的焊缝都应该进行外观检查，焊道上的熔渣要彻底清除，焊道两侧的焊接飞溅要打磨清理干净。

b. 焊缝的表面质量应符合下列规定：

● 焊缝表面及热影响区不得有裂纹、气孔、夹渣、弧坑和未焊满等缺陷。

● 对接焊缝的咬边深度不得大于 0.5mm，咬边的连续长度不应大于 100mm，焊缝两侧咬边的总长度不得超过该焊缝长度的 10%，标准屈服强度大于 390MPa 或厚度大于 25mm 的低合金钢的底圈壁板纵缝如有咬边，均应打磨圆滑。

● 储罐罐壁纵向对接焊缝不得低于母材表面，罐壁环向对接焊缝和罐底板对接焊缝低于母材表面的凹陷深度不得大于 0.5mm，凹陷的连续长度不得大于 100mm，凹陷的总长度不得大于该焊缝长度的 10%。

罐壁纵焊缝比环焊缝要求严格，在施工检查时也是如此，纵焊缝绝对不允许有低于母材的凹陷，如果有，应及时补焊后磨平。

对接焊缝余高要求如表 10-4 所示。

表 10-4　储罐对接焊缝余高　　　　　　　　　　　　　　　　mm

板厚 δ	管壁焊缝余高≤		罐底焊缝的余高
	纵向	环向	
δ≤12	1.5	2	≤2.0
12<δ≤25	2.5	3	≤3.0
δ>25	3	3.5	—

- 对接接头的错边量应符合图纸和规范的要求。

② 储罐焊缝无损检测及严密性试验：

a. 从事焊缝无损检测的人员，必须具有技术质量监督机构颁发的与其工作相适应的资格证书。

无损检测机构及人员需向监理单位报验，检查合格后，才允许进场进行无损检测作业。

b. 标准屈服强度大于 390MPa 的钢板，焊接完毕后，至少经过 24h，方可进行无损检测。

c. 储罐罐底的焊缝，应进行下列检查：

- 罐底所有焊缝应进行 100% 真空试漏，用真空箱法进行严密性试验，试验负压值不得低于 53kPa，无渗漏为合格。

- 标准屈服强度大于 390MPa 的边缘板的对接焊缝，在根部焊道焊接完毕后，应进行渗透试验，在最后一层焊缝焊接完毕后，应再次进行渗透检测或磁粉检测。

- 厚度大于或等于 10mm 的罐底边缘板，每条对接焊缝的外端 300mm，应进行射线检测。厚度小于 10mm 的罐底边缘板，每个焊工施焊的焊缝，应按上述方法至少抽查一条进行无损检测。

- 底板三层钢板重叠部分的搭接接头焊缝和对接罐底板的 T 形焊缝的根部焊道焊完后，在沿三个方向各 200mm 范围内，应进行渗透检测，全部焊完后，应进行渗透检测或磁粉检测。底板三层重叠部分和对接接头的 T 形焊缝部分都是焊接应力集中的部位，施工中应全部按规范要求进行着色渗透检查或磁粉检测，监理单位应派人监督。

d. 储罐壁板焊缝，应进行下列检查：

- 对于储罐罐壁板对接焊缝，按照规范采用射线检测。确定射线检测位置时，由施工单位质检员或焊接技术负责人划定，监理人员负责监督。

- 环向对接焊缝的射线检测要求：

每种板厚(以较薄的板厚为准)在最初焊接的 3m 焊缝的任意部位 300mm 进行射线检测，以后对于每种板厚，在每 60m 焊缝及其尾数内的任意部位取 300mm 进行射线检测，上述检查均不考虑焊工人数。

③ 储罐罐体几何形状和尺寸检查：

a. 储罐罐壁组装及焊接完成以后，要进行整体几何形状尺寸的检查：

- 罐壁高度允许偏差，不应大于设计高度的 0.5%。

- 罐壁垂直度的允许偏差，不应大于罐壁高度的 0.4%，且不得大于 50mm。

- 储罐罐壁焊缝角变形和罐壁的局部凹凸变形，应符合规范的规定和设计图纸的要求，应用样板检查，超差的地方，施工单位应进行整改。

- 底圈壁板内表面半径的准许偏差，应在底圈壁板 1m 高处测量，这就需要特制一个 1m 高的支架并带中心定位点，罐壁四周 90°方向四等分划上 1m 高的记号，用钢卷尺测量，四个方向的半径值，在公差范围之内为合格。

- 罐壁上及罐底、灌顶的工卡具焊迹要清除干净，焊疤应打磨平滑。

b. 储罐罐底焊接完成后，要检查其变形量，其局部凹凸变形的深度，不应大于变形长度的 2%，且不大于 50mm，对于单面倾斜的罐底不应大于 40mm。

c. 浮顶局部凹凸变形应符合下列规定：

- 船舱顶板的局部凹凸变形，应用直线样板检查，不得大于 15mm。
- 单盘板的局部凹凸变形，应不明显影响外观，不影响浮顶上面排水。

d. 固定顶的局部凹凸变形，应采用样板检查，间隙不得大于 15mm。

④ 储罐的充水试验：

a. 储罐建造完毕后，经过业主、监理单位认可、要进行充水试验，并应检查下列内容：

- 充水验证罐底的严密性，检查有无渗漏现象。
- 检查罐壁强度，有无变形，检查严密性，有无渗漏现象。
- 检查固定顶的强度、稳定性和严密性。
- 检查浮顶罐的浮顶及具有内浮顶储罐的内浮顶的升降试验及严密性。
- 检查浮顶排水管的严密性。
- 对罐基础进行沉降观测。

b. 储罐的充水试验，应符合下列规定：

- 充水试验前，所有附件及其他与罐体焊接的构件，应全部完工，并检验合格。
- 充水试验前，所有与严密性试验有关的焊缝，均不得涂刷油漆。
- 一般情况下，充水试验应采用洁净淡水，对于不锈钢罐，水中氯离子含量不得超过 25mg/L，试验水温不得低于 5℃。
- 充水试验中，应进行基础沉降观测，如基础发生设计不允许的沉降，应停止充水，待处理后，方可继续进行试验。
- 充水和放水过程中，应打开透光孔，且不得让基础浸水。

对于储罐的基础沉降观测，凡属新建罐区，每台罐充水前均应进行一次观测。第一次充水到 1/2。进行沉降观测，并应与充水前观测到的数据进行对照，计算出实际的不均匀沉降量，当未超出允许范围，可继续充水到罐高的 3/4 进行观测，当仍未超过允许范围，可继续充水到最高操作水位，分别在充水后、保持 48h 后进行两次观测，当沉降量无明显变化，在允许正常范围内，即可放水，或转移到其他罐内，或将水放入排水沟内，不许排放到罐基础附近。当沉降量有明显变化时，则应保持最高水位，进行每天的定期观测，直至沉降稳定，在正常范围。如果超出规定值，应采取有效措施进行处理。

c. 罐底的严密性，应以罐底无渗漏为合格，如果发现渗漏，应将水放净，对罐底进行真空法试漏，找出渗漏部位，进行补焊，再重新试验。

d. 罐壁的强度及严密性试验，充水到设计最高液位并保持 48h 后，罐壁无渗漏、无异常变形为合格，发现渗漏时应放水，使液面比渗漏处低 300mm 左右，进行补焊，之后继续充水试验。设计最高液位为储罐高限位液位报警孔位置的液面高度或设计规定的最高液位高度。

e. 固定顶的强度及严密性试验，罐内充水到水位为最高设计液位下 1m 时，将罐顶人孔或其他管口封闭，缓慢充水升压，当升到试验压力时，罐顶无异常变形、焊缝无渗漏为合格，试验时，应设专人监视，监理单位人员应到场监督见证，施工单位有质检人员或技术人员在场指导试压，严防超压，试验终止立即打开人孔，使储罐内部与大气相通，恢复到常压。引起温度剧烈变化的天气，不宜做固定顶的强度、严密性和稳定性试验。

f. 固定顶的稳定性试验，应充水到设计最高液位，封闭人孔和其他管口，用 U 形管压力计进行测量，用放水的方法进行测量试验负压，试压时，应缓慢降压，达到试验负压时，罐顶无异常变形为合格。如罐顶在试验负压下，产生局部弹性凹陷，恢复常压后，又恢复正常状态，局部凹陷消失，罐顶稳定性仍为合格，试验后，应立即缓慢降压，立即打开人孔，使储罐内部与大气相通，恢复到常压状态。

g. 带有浮顶的浮顶罐，做浮顶的升降试验时，要升降平稳，导向机构、密封装置及自动通气阀支柱等应无卡涩现象，浮顶上的扶梯能随着浮顶的升降而转动自如，灵活可靠，无卡死现象，浮顶及其附件与罐体上的其他附件无干扰，浮顶与液面接触部分无渗漏为合格。

h. 带有内浮顶的储罐，对内浮顶也要做升降试验，无卡涩、无干涉、浮顶与液面接触部分无渗漏为合格。

i. 基础的沉降观测，应符合下列规定：

- 在罐壁下部圆周每隔 10m 左右，设一个观测点，点数宜为 4 的整数倍，且不得少于 4 点。
- 充水试验时，应按设计文件的要求对基础进行沉降观测。

⑤ 工程验收：

a. 储罐竣工后，建设单位、监理单位应按设计文件和规范的要求，对工程质量进行全面检查和验收。

b. 施工单位提交的竣工资料，应包括下列内容：

- 储罐交工验收证明书；
- 竣工图及排板图；
- 设计修改文件；
- 材料和附件出厂质量证明书或检验报告；
- 隐蔽工程检查记录；
- 焊缝射线检测报告；
- 焊缝超声波检测报告；
- 焊缝磁粉探伤检测报告；
- 焊缝渗透检测报告；
- 储罐罐体几何尺寸检查记录；
- 强度及严密性试验报告；
- 焊缝返修记录；
- 储罐基础检查验收记录；
- 基础沉降观测记录。

立式圆筒形储罐建造施工方案见附录五。

10.4　塔设备安装

塔器设备是石油、化工中常见的设备，塔器设备一般是指由钢板制成的，直立圆柱形的静置容器，它与一般的直立圆柱形储罐不同，它的高度要超过直径几倍甚至几十倍，塔器设备在石油化工以及国防等各工业部门都有着广泛地应用。一般情况下，利用气体从塔底部进入上升，液体从塔顶部进入喷洒而下，在气液上下对流的过程中实现物料的吸收、洗涤、提取、分离和冷却等目的，或者在塔体内分层装有催化剂，使物料经过催化层后加快物料的反应速度，还可通过在塔内加温加压或降温降压，使之得到不同产品或实现某些化学反应，总之塔的用途是多种多样的。

塔器设备根据不同的用途，构造各异，但总的说来，塔设备根据结构形式，可分为板式塔和填料塔两大类，见图10-16和图10-17。

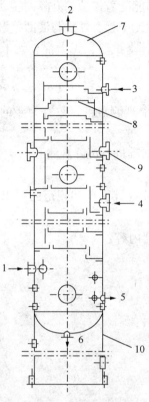 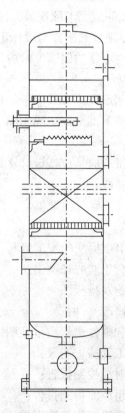

图 10-16 板式塔总体结构示意图　　　图 10-17 填料塔总体
1—蒸汽进入口；2—蒸汽出口；3—液体进口；　　　结构示意图
4—料液进口；5—产品出口；6—釜液出口；
7—封头；8—塔盘；9—人孔；10—裙座

板式塔：一种逐级接触的气液传质设备。以塔板为基本构件，气体自塔底以鼓泡或喷射的形式穿过塔板上的液层，使气-液相密切接触而进行传质传热，两相的浓度呈阶梯式变化。板式塔主要类型有泡罩塔、筛板塔、浮阀塔以及舌片塔。

填料塔：属于微分接触型的气液传质设备。塔内以填料为气液接触和传质的基本元件。液体在填料表面呈膜状自上而下流动，气体呈连续相自下而上与液体做逆流流动，并进行气液两相间的传质与传热。两相的浓度或温度沿塔高呈连续变化。典型填料塔主要部件有：塔体、填料及支承、液体分布器及再分布器、除沫器等。

10.4.1　塔体安装

（1）塔的基础检查验收：

① 塔安装前，塔基础要进行交接检查验收，土建施工单位要提交塔基础的质量合格证明书、测量记录，基础上应明显地画出标高基准线、纵横中心线、相应的建筑物上的坐标轴

线以及沉降观测的水准点。

② 基础的外观不得有裂纹、蜂窝、空洞以及露筋等缺陷,基础各部尺寸及位置偏差不许超过表 10-5 的规定。

表 10-5　塔基础的允许偏差　　　　　　　mm

项　次	偏差名称	允许偏差
1	基础坐标位置(纵横轴线)	±20
2	基础各不同平面的标高	+0 −20
3	基础上平面外形尺寸	±20 0
	凸台上平面外形尺寸	−20 +20
	凹穴尺寸	−0
4	基础上平面的水平度 每米 全长	5 10
5	竖向偏差 每米 全高	5 20
6	预埋地脚螺栓 标高(顶端) 中心距(在根部和顶部两处测量)	+20 −0 ±2
7	预埋地脚螺栓孔 中心位置 深度 孔壁铅垂度	±10 +20 0 10
8	预埋活动地脚螺栓锚板 标高 中心位置 水平度(带槽锚板) 水平度(带螺纹孔锚板)	+20 −0 ±5 5 2

基础混凝土强度应达到设计要求,周围土方应回填、夯实、整平,地脚螺栓的螺纹部分应无损坏及锈蚀。

③ 塔安装前,对基础表面需灌浆处要铲出麻面,放置垫铁处应铲平,基础表面应无油

垢，无疏松层，预留地脚螺栓孔内要清理干净。

（2）设备进场检验：

塔的进场检查、验收应符合下列规定：

① 制造厂交付安装的塔及其附件，必须符合设计要求，并附有出厂合格证书和安装说明书等技术文件。

② 检查与清点应在有关人员的参加下，（例如建设单位、监理单位、施工单位、制造单位的相关人员），对照装箱单及图样，按下列项目进行，并填写检验、清点记录。

a. 塔体编号、箱数和包装情况。

b. 塔的名称、类别、型号和规格。

c. 塔的外形尺寸及管口方位。

d. 缺件、损坏、变形及锈蚀情况。

③ 塔应运送到现场的适当地点，并要将放置的方向有利于吊装，避免二次搬运，塔的下面垫以道木，管孔人孔等应封闭好，避免灰尘、脏物等进入。

（3）塔体安装前的准备工作：

① 塔在安装前，要根据设计图纸或技术文件要求，画好安装基准线以及确定方位的定位基准标记，记号要画在明显处，吊装时能注意到其方位的准确性，对相互间有关联或衔接的设备，还应按关联和衔接的要求确定共同的基准。

② 安装前，应对塔体、附件以及地脚螺栓进行检查，要求不得有损坏，不得有锈蚀，要检查塔的纵向中心线在90°方向都必须有，并且清晰正确，并在上、中、下三点有明显标记，在保温情况下也要留好这个找垂直的标记，否则，塔安装找垂直度要出现难题，要检查塔的方位标记、重心标记及吊挂点，对不能满足安装要求的，应予以补充。

③ 要核对塔底座环上的地脚螺栓孔距离尺寸，应与基础地脚螺栓位置相一致。

④ 有内件装配要求的塔，在安装前要检查内壁的基准周线，基准圆周线应与塔轴线相垂直，再以基准圆周线为准，逐层检查塔盘支撑圈的水平度和距离。

（4）塔安装前应根据批准的施工方案进行。吊装方案一般都采用整体吊装方案，即在不妨碍吊装情况下，将平台、梯子、附塔管线、涂漆、绝热层、塔上电气、仪表等工程在地面施工完成，然后随塔一起起吊。这样能节省空中作业工作量，提高工作效率和提高质量，但必须把找垂直度用的上、中、下三点90°方向即相当于6个点在保温时留出，塔安装完毕，垂直度验收合格后，再将这6个点位处进行保温。

吊装方案选择的好坏，直接关系到吊装工作的合理性和经济性，因此，方案的选择确定要根据实际情况，尽可能采用即先进又切实可行的方案，制订的吊装方案必须经过建设单位和监理单位的审批，审批后方可实施。

（5）焊接在塔体上的结构平台支撑件、配管支架、绝热工程支撑件等构件，其焊接工作，应在压力试验之前完成，塔的防腐、衬里及绝热工程，应在压力试验合格后进行。

（6）要求冷紧或热紧的低温或高温塔，在试运行时，宜按下列规定进行热紧或冷紧。热、冷紧温度及次数见表10-6。

表 10-6　热、冷紧温度及次数　　　　　　　　　　　　　℃

操作温度	一次冷、热紧温度	二次热、冷紧温度
250~350	操作温度	
>350	350	操作温度
>-40~-20	操作温度	

（7）未经设计批准，不得在塔上焊接吊耳，临时支撑件等附加物，附加物的焊接工作应符合相应规范的规定。不得以管口代替吊耳进行吊装，大型塔器的吊装，必须有吊耳，否则要补充设计和制造。

（8）安装时，所使用的测量及检查用仪器与量具的精度均需符合国家计量部门的规定的精度，并应按期检验合格。

（9）塔的找正与找平应按基础上的安装基准线对应塔上的基准测点进行调整和测量，调整和测量的基准确定如下：

① 塔支撑（裙座）等的底面标高应以基础上的标高基准线为基准。

② 塔的中心线位置应以基础上的中心划线为基准。

③ 塔的方位应以基础上距离最近的中心划线为基准。

④ 塔的垂直线（铅垂度）应以塔的上下封头切线部位的中心线为基准。

⑤ 塔体找正的补充测点宜在下列部位选择：

a. 主法兰口。

b. 塔体铅垂的轮廓面。

c. 在绝热的塔体上同一水平面互成 90° 的两个方位上，引出上、中、下三个测点件，各测点件必须通过塔中心轴线，且有测量标记。

⑥ 塔的找正找平应符合下列规定：

a. 底座下部的垫铁位置必须和底座立筋相对，垫铁组数要和底座上的筋数相等。

b. 底座中心线允许偏差为 ±3mm，标高允许偏差为 ±5mm 。

c. 底座上法兰须水平，上法兰水平度允许偏差为 0.1mm/m。

d. 其他各圈的安装应检查管口及人孔的方位，并严格控制塔圈的水平和中心的倾斜，其水平度允许偏差为 0.3mm/m，倾斜度允许偏差为 0.5mm/m。

e. 塔体铅垂度允许偏差为塔高的 1/1000，但不超过 30mm。

10.4.2　塔体安装允许偏差及二次灌浆

表 10-7 为塔体安装允许偏差。

表 10-7　塔体安装允许偏差　　　　　　　　　　　　　mm

检查项目	允许偏差	
	一般塔	与机器衔接的塔
中心线位置	D≤2000±5	±3
	D>2000±10	±3
标高	±5	相对标高±3

续表

检查项目	允许偏差	
	一般塔	与机器衔接的塔
铅垂线	H/1000 且不超过 30	H/1000 且不超过 30
方位	沿底座圆周测量	沿底座圆周测量
	D≤2000 10	5
	D>2000 15	

（1）塔的基础预留孔地脚螺栓埋设应符合下述要求：

① 地脚螺栓的铅垂度允许偏差不得大于螺栓长度的 5/1000。

② 地脚螺栓与孔壁的距离不得小于 20mm。

③ 地脚螺栓与孔底的距离不得小于 80mm。

④ 地脚螺栓上油脂和污垢应清除干净，但螺纹外露部分应涂油脂并加以保护。

⑤ 螺母与垫圈、垫圈与塔底座环间的接触应良好。

⑥ 螺母端螺栓螺纹部分应露出两个螺距。

（2）地脚螺栓上一般应配有一个螺母、一个垫圈，高度超过 20m 的塔，考虑到风载荷等因素的影响，宜增加一个锁紧螺母，地脚螺栓应对称紧固，受力均匀。

地脚螺栓与预留孔的关系见图 10-18。

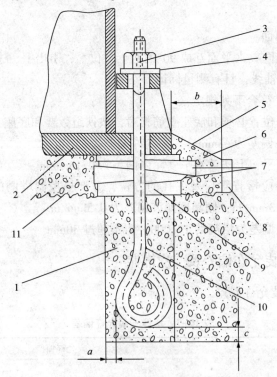

图 10-18　地脚螺栓垫铁和灌浆示意图

1—塔的基础；2—塔底环座；3—螺母；4—垫圈；5—灌浆层斜面；
6—灌浆层；7—成对斜垫铁；8—外模板；9—平垫铁；10—地脚螺栓；11—基础麻面

（3）垫铁的选用应符合下列规定：

① 非直接承受负荷的平垫铁与斜垫铁，可参照规范给出的垫铁选用表选取。

② 直接承受负荷的垫铁，经下面的公式计算面积后再参照规范附表选取。

$$A \geqslant \frac{100(G_1+G_2)}{nR} \tag{10-1}$$

$$G_2 = \frac{\pi d_0^2}{4[\sigma]n'} \tag{10-2}$$

式中　A——一组垫铁的面积，mm^2；

　　　G_1——设备及附件的重量，kgf；

　　　G_2——全部地脚螺栓紧固后，作用在垫铁上的总压力，kgf；

　　　d_0——地脚螺栓根径，cm；

　　　$[\sigma]$——地脚螺栓材料的许用应力，kgf/cm^2；

　　　n'——地脚螺栓的数量；

　　　n——垫铁组的数量；

　　　R——基础混凝土的抗压强度（可采用混凝土设计标号），kgf/cm^2；

③ 直接承受负荷的垫铁组，其位置和数量应尽量靠近地脚螺栓。

④ 相邻两垫铁组间距，视塔底座的刚性程度确定，一般为 500mm 左右，通常以地脚螺栓数量确定。

⑤ 有加强筋的塔底座，垫铁应垫在加强筋下面。

⑥ 斜垫铁应成对使用，搭接长度应不小于全长的 3/4，偏斜角应不超过 3°，斜垫铁下面应有平垫铁。

⑦ 垫铁组一般为 4 块，塔的垂直度等调整完成后，将各块垫铁互相点焊牢固，铸造垫铁不可点焊。

⑧ 每一组垫铁均应放置整齐平稳，接触良好，垫铁表面的油污应清除干净，塔体找平、找正后，各组垫铁均应被压紧，可用 0.25k 手锤逐组敲击听声检查，应坚实无松动。

⑨ 中小型塔的垫铁组高度一般为 30~60mm，大型塔的垫铁组高度一般为 50~100mm。

⑩ 塔体调整好后，垫铁应露出塔底座环外缘 10~20mm，垫铁组伸入底座的长度应超过地脚螺栓孔，且应保证裙座受力均匀。

⑪ 安装在金属结构上的塔找正后，其垫铁组应与金属结构焊接牢固。

（4）塔基础的二次灌浆：

① 塔经过初步找正与找平后，方可进行地脚螺栓预留孔的灌浆工作，地脚螺栓预留孔必须灌满至基础毛面高度，不得分次浇灌，预留孔灌浆后，混凝土强度达到设计强度的 75% 以上时，方能进行塔的最终找正、找平及紧固地脚螺栓的工作，如因风载影响使塔重不能稳定其位置时，须加稳定措施，设备精度经检查合格，在隐蔽工程记录完备情况下，监理单位对隐蔽工程检查合格，方可进行二次灌浆层的灌浆工作。

灌浆前，用水清洗基础表面，积水应吹净，环境温度低于 0℃ 时，应有防冻措施。

② 灌浆前，宜安设外模板，外模板至塔底座环外缘的距离 b 应不小于 60mm，同一台塔，应一次灌完。不得分次浇灌，底座环外缘的灌浆层应平整美观，上表面应略有向外的坡度，高度应略低于底座环边缘的上表面。

③ 二次灌浆，一般宜选用细石混凝土，其标号应比基础混凝土高一个等级。在混凝土养护期间，环境温度应不得低于5℃，否则要采取防冻措施。

10.4.3 塔的压力试验

塔的压力试验包括耐压试验和气密性试验，耐压试验用以验证塔无宏观变形及泄漏等各种异常现象，耐压试验的同时，应在设计压力下对塔进行严密性检测，以验证塔无微量渗透。

（1）压力试验前，须对下列资料进行审查：

① 塔的出厂合格证明书。

② 塔附件及内件合格证明书。

③ 设计修改和现场修补记录。

④ 对现场组装的塔还应审查。

a. 材质合格证。

b. 塔组对记录及隐蔽记录。

c. 塔的焊接工艺记录。

d. 无损检测检验报告。

e. 热处理记录。

（2）试压前必须编制试压方案，编制试压方案时，要考虑塔的支撑件、密封件、紧固件的强度及试验介质来源和排水方法等。

（3）塔在压力试验前，应进行外部检查，要检查几何形状、焊缝、连接件及衬垫等是否符合要求，管件及附属装置是否齐全，操作是否灵活、正确，螺栓等紧固件是否已紧固完毕，试验前，还应进行内部检查，要检查内部是否清洁，有无异物，但有封闭记录确认无问题时，可不揭开检查，不需试压的部件可用盲板隔离。

（4）压力试验应在无损探伤、热处理后，涂漆、绝热、塔内件安装之前进行，在压力试验前，还应以压缩空气检查开孔补强圈焊缝质量。

（5）对在制造厂已作过耐压试验，且有试验合格证的塔安装前可不作耐压试验，但在投产前应在设计压力下用气体或液体检测其严密性。

（6）进行压力试验时，各部位的紧固螺栓必须装配齐全，试验时应装设两块压力表，压力表应装设在塔的最高处与最低处，且避免安设在加压装置出口管路附近，试验压力以装设在塔最高处的压力表读数为准，压力表须经校验，中压塔其精度应不低于1.5级，对其他塔类其精度应不低于2.5级，量程为最大被测压力的1.5～2倍，试验前应对安全防护措施、试验准备工作进行全面检查，压力试验过程中，如果发现有异常响声，压力下降，油漆剥落或加压装置发生故障等不正常现象时，应立即停止试验，并查明原因。

压力试验完成后，应拆除试压的辅助部件，排净试验介质，并填写"压力试验记录"。

（7）塔的水压试验应符合下列规定：

① 塔卧置进行水压试验时，在充水前必须把塔垫平放稳，支撑应牢固可靠，支撑间距应适当，以防变形，并应考虑充满水后土壤的耐压强度，在塔最高处设排气口放空，必须保证塔内能充满水。

② 水压试验应在环境温度5℃以上进行，否则应有防冻措施，对塔设备钢材有冷脆倾向

者，应根据其冷脆温度确定试验介质的最低温度，以防脆裂。

③ 任何非危险性的液体，在低于其沸点温度下都能用水压试验，当采用石油蒸馏产品进行水压实验时，试验温度必须低于油品的闪点。

④ 水压试验时，塔外壁应是干燥的，对低压大型塔，试验时应防止因温度骤变或塔体泄漏引起塔内产生负压的情况发生。

⑤ 奥氏体不锈钢制的塔用水进行试验时，应采取措施防止氯离子腐蚀，否则应限制水中氯离子含量不超过 25×10^{-6}。

⑥ 塔充满水后，待塔壁温度与试验水温大致相同时，缓慢升压到规定实验压力，保压 10min，然后将压力降到设计压力至少保持 30min，对所有焊缝和连接部位进行检查，无可见的异常变形、无渗漏、不降压为合格。

⑦ 水压试验后，应及时将水排净，排水时，不得将水排至基础附近，排水后，可用压缩空气或其他惰性气体将塔内表面吹干。

（8）塔的气压试验应符合下列规定：

① 气压试验时所用气体为干燥、洁净的空气，氮气或其他惰性气体。

② 气压试验时，压力应缓慢上升至规定试验压力的 10%，保持 10min，然后对所有焊缝和连接部位进行初次泄漏检查，合格后，继续缓慢升压到规定试验压力的 50%，其后按每级为规定试验压力的 10% 的级差，逐级升压到规定的试验压力，保持 10min，然后将压力降到设计压力，至少保持 30min，对所有焊缝和连接部位进行检查，无可见的异常变形、无泄漏、不降压为合格。

③ 需要对塔基础进行沉降观测的，在压力试验同时，在充水前、充水时、充满水后、放水时，应按预先标定的测点进行基础沉降观测，观测同时，详细记录基础下降情况，并填写"沉降观测记录"。

（9）塔的气密性试验：

① 气密性试验前，塔上的安全装置、阀类、压力计、液面计等附件及全部内件均应装配齐全，并经检查合格。

② 气密性试验所用气体应为干燥、洁净的空气、氮气或其他惰性气体，对要求脱脂的塔，应用无油气体，气体温度不得低于 5℃。

③ 气密性试验时，缓慢升压至设计压力，至少保持 30min，同时以喷涂发泡剂（肥皂水）等方法检查所有焊缝和连接部位有无微量气体泄漏，无泄漏、不降压为合格。

④ 煤油渗透试验是施工检查的一种辅助手段，试验时，将焊缝能够检查的一面清理干净，除以白垩粉浆，晾干后，在焊缝另一面涂以煤油，使表面得到足够的浸润，经 1h 后，白垩粉上没有油渍为合格。

（10）塔的保温：

有设计要求进行保温的塔，在整体热处理之后，试压结束之后进行保温工作，保温前要进行保温方案的编制，经过各级审查批准后执行。

塔安装制造施工方案见附录六。

第11章　化工管道安装

管道是由管道组成件(包括管子、管件、法兰、垫片、紧固件、阀门、膨胀接头、疏水器、过滤器等)和管道支撑件(包括安装件、支架、附着件)组成,用以输送、分配、混合、分离、排放、计量、控制或制止流体流动的装配总成。

化工管道安装包括输送各类介质的物料管道和辅助管道的安装,例如:热力管道、气体管道、制冷管道、压力管道、输油管道、给排水管道、非金属管道的安装。

11.1　管道安装一般工艺

管道安装的一般程序是:管子及管件材料入场检验→管线预制→阀门试压→管线安装、焊接→无损检测→管道的检查、试压→管道的吹扫、清洗→管道的防腐绝热→管道的交工验收。

11.1.1　管道组成件和管道支撑件的入场检验

(1) 凡是进入施工现场的管道组成件和管道支撑件都必须在施工单位自检合格基础上向监理单位报验,监理人员检验合格后方准入场使用。

① 管子、阀门、法兰、垫片等都必须具有制造单位的质量合格证明。

② 管子、阀门、法兰、垫片等必须在材质、规格、型号、数量、质量等方面都符合设计文件的要求,并符合现行国家标准的规定。外观检查合格,才能验收。

③ 合金钢管及其组成件要进行光谱分析,确认材质成分合格才能进场使用。

④ 阀门的检验,凡是输送剧毒、有毒、可燃流体管道的阀门需要逐个进行壳体强度试验和严密性试验,输送设计压力大于1MPa或设计压力小于1MPa且设计温度小于-29℃或大于186℃的非可燃流体、无毒流体管道的阀门,也要逐个进行强度试验和严密性试验。不在这些范围的阀门可从每批阀门中抽查10%,且不得少于1个,进行强度试验和严密性试验,当不合格时,应加倍抽查,仍不合格时,该批阀门不得使用。

(2) 试验时,阀门的壳体试验压力不得小于公称压力的1.5倍,试验时间不得少于5min,以壳体填料无渗漏为合格,密封试验时,宜以公称压力进行,以阀瓣密封面不漏为合格。

(3) 试验合格的阀门,应及时排尽内部积水,并吹干。

(4) 公称压力小于1MPa,且公称直径大于或等于600mm的闸阀,可不单独进行壳体强度试验和闸板密封试验,壳体压力试验宜在系统试压时,按管道系统的试验压力进行试验。闸板的密封试验可采用色印等方法进行检验,接合面上的色印应连续。

(5) 管道组成件及管道支撑件验收合格后,应妥善保管;材质为不锈钢的,在储存期间,不得与碳钢接触;暂时不安装的管子,应封闭管口,以防灰尘异物进入管内。

11.1.2 管线预制

（1）管子切割：管子切断前，应移植原有标记，低温钢管及钛合金管严禁使用钢印作标记。

碳素钢管，合金钢管宜采用机械方法切割，当采用氧-乙炔火焰切割时，必须保证尺寸符合设计要求，并且表面平整。

不锈钢管、有色金属管应采用机械或等离子方法切割，不锈钢管及钛合金管需用砂轮切割或修磨时，应使用专用砂轮片。

镀锌钢管宜用钢锯或机械加工方法进行切割。

管子切口表面应平整，无裂纹、重皮、毛刺、凸凹缩口、熔渣、氧化物、铁屑等。

切口端面倾斜偏差不应大于管子外径的 1%，且不得超过 3mm。

（2）管道预制宜按单线图进行，按单线图规定的数量、规格、材质选配管道组成件，并应按单线图标明管道系统号和按预制顺序标明各组成件的顺序号。

自由管段和封闭管段的选择应符合实际，封闭管段应按现场实测后的安装长度加工。

自由管段和封闭管段的加工尺寸允许偏差应符合表 11-1 的规定。

表 11-1　自由管段和封闭管段加工尺寸允许偏差　　　　　　　mm

序号	项目		允许偏差	
			自由管段	封闭管段
1	长度		±10	±0.5
2	法兰面与管子中心垂直度	$DN<100$	0.5	0.5
		$100≤DN≤300$	10	1.0
		$DN>300$	20	2.0
3	法兰螺栓孔对称水平度		±1.6	±1.6

预制完毕后的管段，应将内部清理干净，并应及时封闭管口。

11.1.3 钢制管道安装

（1）管道安装时，应检查法兰密封面及密封垫片，不得有影响密封性能的划痕、斑点等缺陷，预制的管道应按管道的系统号和顺序号进行安装，垫片的拼接应采用斜口搭接或迷宫式拼接，不得平口对接，以免影响密封效果。

（2）软垫片的周边应整齐，垫片尺寸与法兰密封面相符其允许偏差应符合表 11-2 的规定。

表 11-2　软垫片尺寸允许偏差　　　　　　　mm

	平面型		凹凸型		榫槽型	
	内径	外径	内径	外径	内径	外径
<125	+2.5	-2.0	+2.0	-1.5	+1.0	-1.0
≥125	+3.5	-3.5	+3.0	-3.0	+1.5	-1.5

（3）软钢、铜、铝等金属垫片，当出厂前未进行退火处理的，安装前应进行退火处理，否则密封效果会由于其硬度高未退火而达不到理想效果。

（4）法兰连接要与管道同心，并要保证螺栓能自由穿入，法兰螺栓在安装时，要保证对称跨中穿螺栓和紧螺栓，法兰两个密封面要保持平行。其偏差不大于法兰外径的 1.5‰，且最大不得大于 2mm，不得用强制紧固螺栓的方法来消除法兰的歪斜，因为那样会产生不必要的应力，对密封效果不利，对安装效果也不利。

（5）当工作温度低于 200℃ 的管道，其螺纹接头密封材料宜选用聚四氟乙烯等，拧紧螺纹时，不要将聚四氟乙烯带挤入管内，会影响物料流通，严重的会阻塞管路。法兰连接应使用同一规格螺栓，方向都应安装一致。

（6）螺栓紧固时应与法兰紧贴，不得有楔缝，需加垫圈时，每个螺栓不应超过一个。

（7）管道安装遇到下列情况之一时，螺栓、螺母应涂以二硫化钼油脂、石墨机油或石墨粉。

① 材质为不锈钢或合金钢的螺栓、螺母。

② 管道设计温度高于 100℃ 或低于 0℃ 时。

③ 露天装置。

④ 处于大气腐蚀环境或输送腐蚀介质的环境。

（8）当处于高温或低温管道的螺栓，在试运行时应按下列规定进行热态紧固或冷态紧固。管道热态紧固、冷态紧固温度应符合表 11-3 的规定。

表 11-3　管道热态紧固、冷态紧固温度　　　　　　　　　　　　℃

管道工作温度	一次热、冷紧温度	二次热、冷紧温度
250~350	工作温度	—
-20~-70	工作温度	—
>350	350	工作温度
<-70	-70	工作温度

热态紧固或冷态紧固应在保持工作温度 2h 后进行。在紧固管道螺栓时，管道最大内压应根据设计压力确定，当设计压力小于或等于 6MPa 时，热态紧固最大内压应为 0.3MPa，当设计压力大于 6MPa 时，热态紧固最大内压应为 0.5MPa，冷态紧固应卸压进行。

紧固时，要适度，并应有安全技术措施，保证操作人员的安全，严格遵守操作规程，用力矩扳手紧固，逐渐进行。

（9）管道安装：在管子对口时，应在距接口中心 200mm 处测量平直度，当管子公称直径小于 100mm 时，允许偏差为 1mm，当管子公称直径大于或等于 100mm 时允许偏差为 2mm，但全长允许偏差均不得大于 10mm。

（10）管道连接时，不得用强力对口，用偏垫或加多层垫来消除接口端面的空隙、偏斜、错口或不同心等都是不允许的。

（11）合金钢管在进行局部弯度矫正时，加热温度应控制在临界温度以下。

（12）在合金钢管道上，不应焊接临时支撑物。

（13）管道安装时，管道上的仪表取源部件的开孔和焊接应在管道安装前进行。

（14）穿墙及过楼板的管道，应加套管，对管道进行保护，管道的焊缝不应置于套管内，穿墙套管的长度不得小于墙厚，穿楼板套管应高出楼板面 50mm 左右。

（15）穿越屋面的管道应有防水肩和防水帽，管道与套管之间的空隙应用不燃材料填塞。

（16）当管道安装工作有间断时，应及时封闭敞开的管口。

（17）在安装不锈钢管道时，不得用铁质工具敲击，应用垫板（不锈钢垫板），隔离后敲击，或者在大锤的头部堆焊一层不锈钢材质方可使用，目的是用铁锤敲击时，使不锈钢工件、管线不渗碳。

使用不锈钢管道的非金属垫片时，其氯离子含量不得超过 50×10^{-6}。

不锈钢管道与支架之间应垫入不锈钢板，或垫入氯离子含量不超过 50×10^{-6} 的非金属垫片，目的也是防止渗碳或对不锈钢的侵蚀。

（18）合金钢管道系统安装完毕后，应检验材质标记，发现无标记时，必须查验钢号，严防用错料，给生产带来危害。

（19）埋地钢管的防腐层应在安装前完成，焊缝部位未经试压合格不得防腐覆盖，待管道压力试验合格后，方可对焊缝补刷油漆，管道在运输和安装过程中应防止损坏防腐层，尽量用吊装带吊装，如果用钢丝绳吊装，要在钢丝绳索具上，套上橡胶套管。

埋地钢管的防腐层在设计中有特殊要求的，要保证其厚度和电火花测试的要求，要用电火花测漏仪测试，监理人员要在现场监督检查。

（20）管道安装的允许偏差详见表 11-4、表 11-5 的规定。

表 11-4　管道安装的允许偏差　　　　　　　　　　　　　　　mm

项　目			允许偏差
坐标	埋地		60
标高	架空及地沟	室外	±20
		室内	±15
	埋地		±25
水平管道平直度	$DN \leq 100$		2L‰最大 50
	$DN > 100$		3L‰最大 80

注：L 为管子的有效长度；DN 为管子的公称直径。

表 11-5　管道安装铅垂度、间距允许偏差　　　　　　　　　　mm

项　目	允许偏差	项　目	允许偏差
立管垂直度	5L‰，最大 30	交叉管外壁或绝热层间距	20
成排管道间距	15		

（21）连接机器的管道的安装注意事项如下：

① 连接机器的管道，例如压缩机的进口管道和出口管道，它们的固定焊口都应远离机器。

② 对不允许承受附加外力的机器，管道与机器连接前，要在自由状态下检验法兰的平行度和同轴度，其允许偏差见表 11-6。

表 11-6　法兰平行度、同轴度允许偏差　　　　　　　　　　　mm

机器转速/(r/min)	平行度≤	同轴度≤
3000~6000	0.15	0.50
>6000	0.10	0.20

③ 管道系统与机器最终连接时，应在联轴器上架设百分表监视机器位移，当转速大于 6000r/min 时，其位移值应小于 0.02mm，当转速小于或等于 6000r/min 时，其位移值应小于 0.05mm。

④ 管道安装合格后，不得承受设计以外的附加载荷。

⑤ 管道经试压、吹扫合格后，应对该管道与机器的接口进行复位检验，其偏差值不超过上表规定值，例如对压缩机、蒸汽透平等进出口管道在安装对口时就要打表监视，一直到安装完成，最后还要用百分表复检管道和设备有否位移。

11.1.4　管道的焊接

管道焊接应按现行国家标准 GB 50236—2011《现场设备、工业管道焊接工程施工规范》的有关规定执行。

（1）焊缝位置应符合下述规定：

① 在管道的直管段上两焊口的距离不能太近，当管子的公称直径大于或等于 150mm 时，两焊口之间距离不应小于 150mm，当管子公称直径小于 150mm 时，两焊口之间的距离不应小于管子的外径。

② 对于弯管状态，焊缝距离弯管的起弯点不得小于 100mm，且不得小于管子外径尺寸。

③ 对于钢卷管，卷管的纵向焊缝应位于易于检修的位置，不应将纵焊缝置于底部。

④ 对于管子的环焊缝应距支、吊架净距不应小于 50mm，对于需要热处理的焊缝距支、吊架的距离不得小于焊缝宽度的 5 倍，且不得小于 100 mm 。

⑤ 在管道上有开孔时，不应在管道焊缝及其边缘上开孔。

⑥ 管道坡口加工宜采用机械方法，也可采用等离子弧氧-乙炔火焰方法加工，坡口加工后，应除去坡口表面的氧化皮、熔渣及影响接头质量的表面层，并应将凹凸不平处打磨平整，管道组成件组对时，对坡口及其内外表面进行的清理应符合表 11-7 的规定，清理合格后及时进行焊接。

表 11-7　焊接坡口及其内外表面的清理要求

管道材质	清理范围/mm≥	清理物	清理方法
碳素钢	10	油污、漆、锈、毛刺等污物	手工或机械
不锈钢			
合金钢			
铝及铝合金	50	油污、氧化膜等	有机溶剂，除尽油污，化学或机械法除尽氧化膜
铜及铜合金	20		
钛	50		

（2）管道对接焊口的组对应做到内壁齐平，内壁错边量应符合表 11-8 的规定。

（3）当管壁厚度不相等的管子组对时，当内壁错边量超过规定或外壁错过量大于 3mm 时，应进行修整。

（4）在焊接和热处理过程中，应将焊件垫置牢固。

当对螺纹接头采用密封焊时，外露螺纹应全部密封。

表 11-8　管道组对内壁错边量

管道材质		内壁错边量
钢		不宜超过壁厚的 10%，且不大于 2mm
铝及铝合金	壁厚≤5mm	不大于 0.5mm
	壁厚>5mm	不宜超过壁厚的 10%，且不大于 2mm
铜及铜合金		不宜超过壁厚的 10%，且不大于 1mm

（5）对于管内清洁度要求较高，而且焊接后不容易清理的管道，其焊缝应采用氩弧焊打底施焊；对于各种机器机组的循环油、控制油、密封油管道，当采用承插焊的形式时，承口与插口的轴向不应留有间隙，以免存留污物，不易清理；需预拉伸或预压缩的管道焊口，组对时所使用的工具应待整个焊口焊接及热处理完毕，并经焊接检验合格后方可拆除。

11.1.5　不锈钢管道的安装

不锈钢管的种类，根据含合金元素不同而异，在不锈钢中，铬是最有效的合金元素，铬的含量必须高于 11.7% 时，钢的耐腐蚀性能才能得到保证。在实际应用中，不锈钢的平均含铬量为 13% 的称为铬不锈钢。铬不锈钢只能抵抗大气及弱酸的腐蚀，为了使钢材能抵抗无机酸、有机酸、碱、盐类的化学腐蚀，在钢材中除了添加铬以外，还需添加相当数量的镍及其他元素，这种铬镍不锈钢的全相组织多数为纯奥氏体。所以通称为奥氏体不锈钢，我国目前生产的不锈钢管，多数是用奥氏体不锈钢制成的，为了节约较昂贵的镍金属，又产生了用锰、氮代替镍的新型铬、锰、氮系列不锈钢。现在，已具有 Cr18Mn8Ni5N、Cr18Mn10Ni5Mo2N 等节约镍等的不锈钢管。

典型的奥氏体不锈钢有 18-8、18-12、25-12、25-20Mo 等类型（前一组数字表示平均含铬量、后一组数字表示平均含镍量），18-8 型不锈钢的应用范围较广，18-8 型奥氏体不锈钢（常简写为 18-8 钢），它的韧性、塑性都较好，焊前不需预热，焊后也不需要热处理，工艺可焊性好，如果焊接时处理不当也有可能会产生热裂纹，18-8 钢属于专用耐腐蚀钢，焊接中的突出问题是有可能出现晶间腐蚀和应力腐蚀，使焊缝耐蚀性能降低，从而影响使用。

晶间腐蚀是由于晶粒边界耐腐蚀能力迅速降低，而产生的一种腐蚀现象，它的显著特点是：在腐蚀介质作用下，晶粒内部虽仅呈微弱腐蚀，工件表面看不出什么明显的损坏，但晶界却迅速地被溶解，并且不断深入，完全破坏了晶粒之间的联系，最终导致结构早期被破坏，性能显著下降，晶间腐蚀是 18-8 钢一种危险性很大的破坏形式。

晶间腐蚀产生的原因主要是由于晶界出现"贫铬区"造成，对 18-8 而言，碳在奥氏体中的溶解度随温度的降低而降低。18-8 钢中碳含量约为 0.08%，而室温时的溶解度只有 0.02%，在常温下，碳是以饱和状态固熔于奥氏体中，并且由于扩散速度慢而不析出，但当在焊接时，由于焊接的热作用，18-8钢中饱和状态的碳元素就会在晶粒边界首先析出，并与铬相结合形成碳化铬，例如$Cr_{23}C_6$等，碳化铬中的铬的浓度很高，而碳在奥氏体中的扩散速度比铬的扩散速度要高得多，铬元素来不及补充晶界由于形成碳化铬而损失的铬，结果是晶界的铬含量就随碳化铬的不断产生析出而不断降低。当铬元素含量降低到钝化所需要的最低浓度12%时，即称为贫铬。此时电极电位急剧降低，失去抗腐蚀能力。如果此时，焊缝接触腐蚀介质，就会与周围金属形成微电池腐蚀，虽腐蚀仅发生在晶粒表面，但却迅速深入内部，形成晶间腐蚀，从而会带来腐蚀的严重后果。

（1）不锈钢管的加工工艺

焊接前管子的加工：

不锈钢管的切割：18-8型不锈钢具有较高的韧性和耐磨性，并且在切割处容易产生冷硬倾向，所以不锈钢管的切割下料与碳素钢管的切割下料方法有所不同，18-8型不锈钢不能用氧—乙炔焰切割下料，因为不锈钢在切割过程中会形成一种难熔的氧化铬，其熔点要高于管材的熔点，因此不能用氧—乙炔焰切割下料。不锈钢管道的切割下料只能采用手工锯割，弓锯床锯割，或用砂轮切割机切割下料，或用机床切割下料、等离子切割等方法下料。

管子的焊接坡口加工应采用管子切割机、手把砂轮机修磨加工，坡口的形式应根据选用的焊接方法以及焊接规范来进行。

由于奥氏体不锈钢切削加工性能差，因此开坡口也和切断一样，切削速度不宜太快，一般只能控制在碳素钢切割速度的40%~60%。

管子的开孔一般采用钻孔等机械加工。

（2）不锈钢管的焊接

不锈钢管道的焊接常采用手工氩弧焊或自动氩弧焊、埋弧自动焊、焊条电弧焊等方法。

不锈钢管焊口的组对方法基本与碳钢管道的组对方法相同，为了保护不锈钢管道不被渗碳，焊工、管工等使用的锤子、刷子等宜用不锈钢制造，砂轮片为不锈钢专用砂轮片，也可将碳素钢锤头堆焊一层不锈钢，保证使用时碳素钢锤头与不锈钢的隔离。

奥氏体不锈钢管道上不允许打钢印，因此焊工焊缝代号只能用记号笔等涂色标记。

不锈钢管道焊接完成后，焊缝及邻近区域要进行酸洗、钝化处理。

11.1.6 阀门的安装

（1）常用的阀门结构：

常用的阀门有闸阀、截止阀、球阀、蝶阀、止回阀、隔膜阀、安全阀、疏水阀等。

① 闸阀：

闸阀的启闭体是闸板，并由此而得名，它是指启闭体(闸板)由阀杆带动，沿阀座密封面作升降运动的阀门，可接通或截断流体的通道，闸阀的流动阻力小、启闭省力，广泛用于各种介质管道的启闭。当闸阀部分开启，在闸板的背面会产生涡流，容易引起闸板的振动和侵蚀，而对阀座的密封面造成损坏，修理困难，因此，闸阀一般不作为节流用。

② 截止阀：

截止阀是属于向下闭合式阀门，启闭件(阀瓣)由阀杆带动，沿阀座(密封面)轴线作升降运动来启闭阀门。截止阀的阀瓣为盘形阀瓣，可在一定范围内用以调节流量和压力，截止阀内的介质沿阀座自下而上流动，阻力较大，由于截止阀是单向流动，只能沿介质流动的方向安装，此项安装时要特别注意，一定要使截止阀上箭头方向和管道内介质流动的方向一致。

③ 球阀：

球阀主要是由阀体、球体、密封圈、阀杆及驱动装置组成，阀瓣为一中间有通孔的球体，球体在阀杆的作用下，能围绕自己的轴心线作 90°旋转以达到启闭的目的，有快速启闭的特点。球阀一般用于需要快速启闭或要求阻力较小的场合，可用于水、油品等介质，也可用于浆液和黏性液体的管道，其主要缺点是不能做精细调节流量之用。由于密封性好，且不易擦伤，所以球阀已获得日益广泛的应用。

④ 蝶阀：

蝶阀的结构主要是由阀体、圆盘、阀杆及驱动装置组成，采用圆盘式启闭件，圆盘状阀瓣固定于阀杆上，旋转手柄通过齿轮带动阀杆，由阀杆带动阀瓣达到启闭的目的，阀杆旋转 90°即可完成启闭作用，操作简便，因而在许多场合蝶阀取代了截止阀和自控系统的调节阀，蝶阀特别适合大流量调节的场合。

蝶阀的优点是结构简单，维修方便，当阀门渗漏时，只需更换橡胶密封圈即可。

其缺点是不能用来精确调节流量，橡胶密封圈容易老化，失去弹性。

蝶阀一般适用于工作压力较小，介质为空气的管路上。

⑤ 止回阀：

止回阀又称单向阀或止逆阀，止回阀的结构由阀座、阀盘、阀体、阀盖、导向套筒等组成，止回阀用于需要防止流体逆向流动的场合，介质顺流时开启，逆流时关闭，止回阀按结构分为升降止回阀和旋启式止回阀两种，由于止回阀是防止管道内介质倒流而设置的。所以必须沿介质流动的方向安装，安装时，注意止回阀的箭头与管内介质流动的方向一致。

⑥ 隔膜阀：

隔膜阀由阀体、衬胶层、橡胶隔膜、阀盘、阀杆、套筒螺母等组成，隔膜阀是启闭件（隔膜）由阀杆带动，沿阀杆轴线作升降运动，并将动作机构与介质隔离的阀门，隔膜阀利用弹性体隔膜阻挡流体通过其阀杆不与介质直接接触，所以阀杆不用填料箱，隔膜阀主要用于毒性或腐蚀性介质管道上。

橡皮隔膜阀比填料函密封更为可靠，隔膜阀的流体阻力很小，可用于输送含悬浮物的物料管路，在化工行业，隔膜阀的应用很广泛。

⑦ 安全阀：

安全阀是由阀体、阀座、阀盖、保险铅封、套筒螺钉、安全护罩、下弹簧座、上弹簧座、弹簧、导向套等组成。

安全阀是一种根据介质压力而自动启闭的阀门，当操作压力超过规定值时，能自动开启排放介质，以降低压力保证管路系统安全，当压力恢复正常后，自动关闭阀门，而保证管路系统的正常工作压力，维持生产的正常运行。

安全阀主要设置在受内压的设备和管路上（例如：压缩机、压缩空气管道、蒸汽管道和其他受压力气体管路等），为了安全起见，一般在重要的地方都装置两个安全阀，安全阀在安装前要在指定的安全阀调试中心进行调试和铅封，并且给出权威的调试报告，作为交工资料进行存档，否则不准安装。

⑧ 疏水阀：

疏水阀是由阀体、阀盖、出水座、阀芯、杠杆、自动放气孔、钟形浮子等组成。

疏水阀的功能是能自动地间歇地排除蒸汽管道、加热器、散热器等蒸汽设备系统中的冷凝水，同时又能防止蒸汽泄出，故又称为凝液排除器，目前常用的疏水阀有钟形浮子式、热动力式和脉冲式疏水阀三种。

（2）由于阀门的种类、型号、规格繁多，使用何种阀门要根据阀门的用途，介质的特性，最大工作压力，最高工作温度以及介质的流量来选择。

安装前，应认真核查阀门的型号、规格等是否符合设计的要求，认真检查阀杆、阀盘是否灵活可靠，有无歪斜和卡住等现象，阀盘关闭应严密，按规范规定对阀门作一定比例的强度试验和严密性试验，不合格的阀门不得安装。

当阀门与管道连接是以法兰或螺纹方式连接时，阀门安装时，应在关闭状态下进行，以免密封面被破坏。

当阀门与管的连接是以焊接的方式连接时，阀门不得关闭，焊缝底层采用氢弧焊，目的是保证管内的清洁。

水平管道上的阀门，其阀杆最好垂直向上或向左右偏45°方向，水平安装也可以，但不能向下，垂直管道上的阀门，必须顺着操作巡回线的方向安装，有条件时，阀门尽可能集中，以便于操作。

（3）阀门搬运时，不允许随手抛掷，以免损坏，吊装时绳索应拴在阀体上或拴在阀体与阀盖之间的连接法兰处，切勿拴在手轮上或阀杆上，以免损坏阀杆与手轮。有的施工人员图方便用绳索将几个阀门从手轮处一穿就进行吊装，结果有的将手轮拉坏，有的将阀门掉到地上损坏，给工程造成不必要的损失，这样的教训都应该吸取，不应再重复发生。但有的工地上，还有类似现象出现，技术人员在交底时要反复强调，管理人员在施工中要严格管理，施工人员要严格遵守。

并排水平管道上的阀门，应将阀门安装位置错开，这样能缩小管道间距，并排垂直管道上的阀门中心线标高应一致，而且应保证手轮之间的距离不应小于100mm。

（4）下列情况安装的阀门应设置阀门支架：衬里、喷涂及非金属材质的阀门由于本身重量大、强度低，尽可能集中布置，并应制作支架；管道上安装的重型阀门要设置支架；高压阀门大部分是两只串联，开启时启动力大，必须设置支架；机泵、换热器、塔和容器上管接口不应承受阀门的重量，因此，阀门公称直径大于80mm的阀门都应有支架，以免对机器设备产生不必要的应力。

11.1.7　管道支、吊架安装

化工行业管道的支、吊架形式很多，支架是对管道起承托、导向和固定作用的，它是管道安装中重要的内容之一。

按管道支、吊架的材料分，主要有钢支架、混凝土支架，就支架的力学特性分，主要有刚性支架、柔性支架和半铰接支架。

按管支架的形状分，有悬臂支架、三角支架、吊架、弯管支架、弹簧支架、独柱支架、龙门支架，根据管道排列的层次又可分为单层或多层支架。

按管支架的用途分，又可分为活动支架、固定支架。目前，支架都已标准化、系列化，使用时可参照国家标准图集，选择型号按设计提出的标准号选用制作。

支、吊架的选择：

正确地选择支、吊架，合理地设置支、吊架，是保证管道安全、经济运行的重要一环，选择时，要遵守下列基本原则：

① 当管道无垂直位移或垂直位移很小时，可设活动支架或吊架，活动支架的形式应根据该管道对摩擦阻力的要求不同来选择。

② 当管道不允许有任何位移时，应设固定支架，固定支架要安装在牢固的厂房结构或专设的结构上。

③ 对于水平管道上只允许管道沿管子轴向位移时，应装设导向支架。

④ 当管道有垂直位移时，应装设弹簧吊架，如不便装设弹簧吊架，亦可采用弹簧管托，若管道即有垂直位移又有水平位移时，则应采用滚珠弹簧管托。

11.1.8　管道的检验及试压

对于管道的检验应由施工单位的质检人员自检，并由监理单位的专业监理工程师进行监督检查，建设单位的质量检查人员监督检查和最后的工程质量验收。

(1) 管道的外观检查：

外观检查包括对各种管道组成件的检查，例如阀门、法兰、垫片、螺栓、螺母，以及管道支撑件的检查，例如支架、吊架、管托等，检查是否安装正确，有无漏项，要依据图纸，认真检查。

外观检查包括对焊缝的外观检查，焊接结束应立即除去焊渣、氧化皮、飞溅，将焊缝表面清理干净，进行外观检查。

(2) 焊缝的表面无损检验：

焊缝表面应按设计文件的要求，进行磁粉探伤或着色探伤。

有热裂纹倾向的焊缝应在热处理后进行检验。

当发现焊缝表面有缺陷时，应及时消除，消除后应重新进行检验，直至合格。

(3) 射线无损检测和超声波检测：

管道焊缝的内部质量，应按设计文件的规定进行射线探伤检验或超声波检验，射线探伤检验和超声波检验的方法和质量分级标准应符合现行国家标准《现场设备、工业管道焊接工程施工规范》的规定。

管道焊缝的射线探伤检验或超声波检验应及时进行，在焊后尽快安排射线探伤，并且应对每一焊工所焊焊缝按规定的比例进行抽查，检验位置由建设单位、施工单位、监理单位的质检人员共同确定。

下列管道焊缝应进行 100% 射线探伤检验，焊缝质量不得低于 II 级。

① 输送剧毒流体的管道。

② 输送设计压力大于等于 10MPa 或设计压力大于等于 4MPa 且设计温度大于等于 400℃的可燃流体、有毒流体的管道。

③ 输送设计压力大于等于 10MPa 且设计温度大于等于 400℃ 的非可燃流体、无毒流体的管道。

④ 设计温度小于 -29℃ 的低温管道。

⑤ 设计文件要求进行 100% 射线探伤的其他管道。

输送设计压力小于等于 1MPa 且设计温度小于 400℃ 的非可燃流体管道、无毒流体管道的焊缝，可不进行射线探伤检验。

其他管道应进行抽样射线探伤检验，抽检比例不得低于 5%，其质量不得低于 II 级，抽检比例和质量等级应符合设计文件的要求，如设计文件无规定时，按相关规范的要求执行。

管道焊缝的检验可由超声波检验代替射线探伤，但必须经由建设单位的同意，其检查数量应与射线探伤检验的数量相同。

当检验发现焊缝缺陷超出设计文件规定时，必须进行返修，焊缝返修后，按原方法进行检验。

当抽样检验未发现需要返修的焊缝缺陷时，则该次抽样所代表的一批焊缝应认为全部合格，当抽样检验发现需要返修的焊缝缺陷时，除返修该焊缝外，还应采用原规定方法按下列要求进一步检验。

① 每出现一道不合格焊缝应再检验两道该焊工所焊的同一批焊缝。

② 当这两道焊缝均合格时，应认为检验所代表的这一批焊缝合格。

③ 当这两道焊缝又出现不合格时，每道不合格焊缝应再检验两道该焊工的同一批焊缝。

当再次检验的焊缝均合格时，可认为检验所代表的这一批焊缝合格。

当再次检验又出现不合格时，应对该焊工所焊的同一批焊缝全部进行检验。

对要求热处理的焊缝，热处理后应测量焊缝及热影响区的硬度值，其硬度值应符合设计文件的规定，当设计文件无明确规定时，碳素钢不宜大于母材硬度的 120%，合金钢不宜大于母材硬度的 125%，检验数量不应少于热处理焊口总数的 10%。

需要热处理的管道焊缝应填写热处理报告。

(4) 管道的压力试验：

管道安装完毕，热处理和无损检验合格后，应进行管道的压力试验，压力试验前，要对焊缝进行严格的外观检查，无损检测合格，并有书面的检验合格报告，否则不许进行压力试验。

① 压力试验应以液体为试验介质，当管道的设计压力小于或等于 0.6MPa 时，也可采用气体为试验介质，但应采取有效的安全措施，对于脆性材料，严禁使用气体进行压力试验。

② 当现场条件不允许使用液体或气体进行压力试验时，经建设单位同意，可同时采用下列方法代替。

a. 所有焊缝(包括附着件上的焊缝)用液体渗透法或磁粉法进行检验。

b. 对接焊缝用 100% 射线探伤进行检验。

③ 当进行压力试验时，应划定禁区，无关人员不得进入。

④ 压力试验完毕，不得在管道上进行修补。

⑤ 建设单位、监理单位应参加压力试验并进行监督和见证，压力试验合格后，应和施工单位一起填写管道系统压力试验记录。

压力试验前应具备下列条件：

① 试验范围内的管道安装工程除涂漆外，已按设计图纸全部完成，安装质量已检查合格并达到规定要求。

② 管道上的膨胀节已设置了临时约束装置，调节阀等自控阀已用短管代替。

③ 管道上的所有焊缝均未涂刷油漆和未进行绝热施工。

④ 试验用压力表已经校验，并在周检期内，其精度不得低于 1.5 级，表的满刻度值应为被测最大压力的 1.5~2 倍，压力表不得少于 2 块。

⑤ 符合压力试验要求的液体或气体已经备齐。

⑥ 按试验的要求，管道已经加固。

⑦ 对输送剧毒流体的管道及设计压力大于等于 10MPa 的管道，在压力试验前，下列资料已经监理单位和建设单位审查合格。

a. 管道组成件的质量证明书。

b. 管道组成件的检验或试验记录。

c. 管子加工记录。

d. 焊接检验及热处理记录。

e. 设计修改及材料代用文件。

待试管道与无关系统已用盲板或采取其他措施隔开。

待试管道上的安全阀、爆破片及仪表元件等已经拆下，或加以隔离。

管道试压方案已经过批准，并进行了技术交底。

液压试验应遵守下列规定：

① 液压试验应使用洁净水，当对奥氏体不锈钢管道或对连接有奥氏体不锈钢管道或设备的管道进行试验时，水中氯离子含量不得超过 25×10^{-6}，当采用可燃液体介质进行试验时，其闪点不得低于 50℃。

② 试验前，注入液体时应排尽空气。

③ 试验时，环境温度不宜低于 5℃，当环境温度低于 5℃时，应采取防冻措施。

④ 试验时，应测量试验温度，严禁材料试验温度接近脆性转变温度。

⑤ 承受内压的地上铜管道及有色金属管道试验压力应为设计压力的 1.5 倍。埋地钢管道的试验压力应为设计压力的 1.5 倍，且不得低于 0.4 MPa。

⑥ 当管道与设备作为一个系统进行试验，管道的试验压力等于或小于设备的试验压力时，应按管道的试验压力进行试验，当管道试验压力大于设备的试验压力时，且设备的试验压力不低于管道设计压力的 1.15 倍，经建设单位同意，可按设备的试验压力进行试验。

⑦ 当管道的设计温度高于试验温度时，试验压力应按下式计算：

$$p_s = 1.5p[\sigma]_1/[\sigma]_2$$

式中　p_s——试验压力（表压），MPa；

　　　p——设计压力，MPa；

　　$[\sigma]_1$——试验温度下，管材的许用应力，MPa；

　　$[\upsilon]_2$——设计温度下，管材的许用应力，MPa。

当 $[\sigma]_1/[\sigma]_2 > 6.5$ 时，取 6.5。

当 p_s 在试验温度下，产生超过屈服强度的应力时，应将试验压力 p_s 降至不超过屈服强度时的最大压力。

⑧ 承受内压的埋地铸铁管道的试验压力，当设计压力小于或等于 0.5MPa 时，应为设计压力的 2 倍，当设计压力大于 0.5 MPa 时，应为设计压力加 0.5MPa。

⑨ 对位差较大的管道，应将试验介质的静压计入试验压力中，液体管道的试验压力应以最高点的压力为准，但最低点的压力不得超过管道组成件的承受力(例如阀门、法兰等的承受力)。

⑩ 对承受外压的管道，其试验压力应为设计内、外压力之差的 1.5 倍，且不得低于 0.2MPa。

⑪ 夹套管内管的试验压力应按内部或外部设计压力的高者确定，夹套管外管的试验压力按规定执行。

⑫ 液压试验应缓慢升压，待达到试验压力后，稳压 10min，再将压力降至设计压力，停压 30min，以压力不降，无渗漏为合格。

⑬ 试验结束后，应及时拆除盲板、膨胀节限位设施，排尽积液，排液时，应防止形成负压，并不得随地排放。

当试验过程中发现泄漏时，不得带压处理，消除缺陷后，重新试压。

(5) 气压试验应按下列要求进行：

① 承受内压钢管及有色金属管的试验压力应为设计压力的 1.15 倍，真空管道的试验压力应为 0.2MPa，当管道的设计压力大于 0.6MPa 时，必须有设计文件规定或经建设单位同意，方可用气体进行压力试验。

② 试验时，严禁使试验温度接近金属的脆性转变温度，在试压方案中，对试压管道的材质的脆性温度要有清晰的了解，并有明确的规定，以免造成管材的破坏或产生危险。

③ 试验前，必须用空气进行预试验，试验压力宜为 0.2 MPa。

④ 进行气压试验时，应逐步缓慢增加压力，当压力升至试验压力的 50%时，如未发现异常现象或泄漏，继续按试验压力的 10%逐级升压，每级稳压 3min，直至试验压力，稳压 10min，再将压力降至设计压力，停压时间要根据查漏工作需要而定，以发泡剂检验不泄漏为合格。

⑤ 输送剧毒流体、有毒流体、可燃流体的管道，必须进行泄漏性试验，泄漏性试验应按下列规定进行。

a. 泄漏性试验应在压力试验合格后进行，试验介质宜为空气。

b. 泄漏性试验压力应为设计压力。

c. 泄漏性试验可结合试车工作，一起进行，也可单独进行。

d. 泄漏性试验应重点检验阀门填料函、法兰或螺栓连接处，放空阀、排气阀、排水阀等处，以发泡剂检验不泄漏为合格。

e. 经气压试验合格，且在试验后，未经拆卸过的管道可不再进行泄漏性试验，但试车时的系统气密试验还要照常进行。

f. 真空系统在压力试验合格后，还应按设计文件规定进行 24h 的真空度试验，增压率不应大于 5%。

g. 当设计文件规定以卤素、氮气、氨气或其他方法进行泄漏性试验时，应按相应的技术文件规定进行。

11.1.9 管道的吹扫和清洗

管道在压力试验合格后，建设单位应负责组织管道的吹扫和清洗工作，并应在吹洗前编制吹洗方案。

吹洗方法应根据对管道的使用要求、工作介质及管道内表面的脏污程度确定，公称直径大于或等于 600mm 的液体或气体管道，宜采用人工清理，因为管径太大，压缩空气就没有那么大的压力了，根本吹不动大管径内的污物，只能靠人工清理。

公称直径小于 600mm 的液体管道宜采用水冲洗，公称直径小于 600mm 的气体管道宜采用空气吹扫，蒸汽管道应以蒸汽吹扫，非热力管道不得用蒸汽吹扫。乙烯装置管道例如 30 万吨乙烯装置气体管道的吹扫，就是采用先试压后吹扫的方法，500 万吨炼油项目的蒸汽管道就是用蒸汽进行吹扫，噪声有些大，但效果确实很好。

吹洗的顺序应按主管、支管、疏排管的顺序依次进行，不允许吹洗的设备及管道要与吹洗系统隔离，对有特殊要求的管道，要按设计文件的要求采用相应的吹洗方法。

管道吹洗前，要做好充分的准备工作，不应安装孔板、法兰连接的调节阀，重要阀门、节流阀、安全阀仪表等要拆下，加短管进行吹扫，对于焊接的上述阀门和仪表，应采取加旁路或卸掉阀头及阀座加保护套等保护措施，以后才能进行吹扫。

吹洗前，要检查检验管道支、吊架的牢固程度，必要时应予以加固。对吹洗出的污物，不得进入已合格的管道。

清洗排放的脏液，不得污染环境，严禁随地排放。

蒸汽吹扫时，管道上及其附近不得放置易燃物。

管道吹洗合格并复位后，不得再进行影响管道内部清洗的其他作业。

管道复位时，应由施工单位会同建设单位、监理单位共同检查，合格后，填写管道系统吹扫及清洗记录和隐蔽工程记录。

水冲洗：

冲洗管道要用洁净水，冲洗奥氏体不锈钢管道时，水中氯离子含量不得超过 25×10^{-6}。

冲洗时，应该采用最大流量，流速不得低于 1.5m/s，排放水应引入可靠的排水井或排水沟中，排放管的截面积不得小于被冲洗管截面积的 60%，排水时，不得形成负压。

管道的排水支管应全部冲洗。

水冲洗应连续进行，以排出口的水色和透明度与入口水目测一致为合格。

当管道经水冲洗合格后，暂不运行时，应将水排净，并应及时吹干，以免产生锈蚀。

空气吹扫：

空气吹扫应利用生产装置的大型压缩机，将压缩空气压缩到装置流程中的大型容器内储气，压力要及时观察，不许超压，进行间断吹扫，吹扫的压力不得超过容器的设计压力，也不许超过管道的设计压力，流速不宜小于 20m/s。

吹扫总油管道时，例如氧气管道、氢气管道等，要用的压缩气体中不得含油，例如可用氮气，也可用不含油的空气等。

空气吹扫过程中，当目测排气无烟尘后，这时将自制好贴白布的靶板或涂白漆的靶板进行打靶测试，5min 内靶板上应无铁锈、尘土、水分及其他杂物，这时应视为合格，氨合成的管道等都是经过严格检查，经过监理单位和建设单位的确认，确无任何杂质，才达到打靶合格的。

蒸汽吹扫：

蒸汽吹扫前的准备工作已完成，达到合格状态，具备吹扫条件。

蒸汽吹扫的安全设施已准备完毕，例如蒸汽出口不要对着人行道，并且要在 2m 以上，必要时要安装消音器。

蒸汽管道应以大流量蒸汽进行吹扫，流速不应低于 30m/s。

蒸汽吹扫前，应先行暖管，及时排水，并应检查管道的热位移。

蒸汽吹扫应按加热—冷却—再加热的顺序，循环进行，吹扫时，宜采取每次吹扫一根、轮流吹扫的方法。

通往汽轮机或设计文件有规定的管道时，经蒸汽吹扫后，要进行打靶试验，当设计无规定时，要符合表 11-9 的要求。

表 11-9　管道吹扫质量标准

项目	质量标准	项目	质量标准
靶片上痕迹大小	$\Phi 0.6$	粒数	1 个/cm^2
痕深	<0.5mm	时间	15min(两次皆合格)

注：靶片宜采用厚度 5mm、宽度不小于排汽管道内径的 8%、长度略大于管道内径的铝板制成。

化学清洗：

需要化学清洗的管道，其范围和质量要求应符合设计的要求。

管道进行化学清洗时，必须与无关的设备隔离。

化学清洗液的配方必须经过鉴定，并曾在生产装置中使用过，经实践证明是有效和可靠的。

化学清洗时，操作人员应着专用防护服装，并应根据不同清洗液对人体的危害佩戴护目镜、防毒面具等防护用具。

化学清洗合格的管道，当不能及时投入运行时，应进行封闭或充氮保护。

化学清洗后的废液处理和排放应符合环境保护的规定。

油清洗：

润滑、密封及控制油管道，应在机械及管道酸洗合格后，系统试运转前进行油清洗，不锈钢管道，宜用蒸汽吹净后进行油清洗。

油清洗应以油循环的方式进行，循环过程中每 8h 应在 40~70℃ 的范围内反复升降油温 2~3 次，并应及时清洗或更换滤网，只要具有润滑油站的管路，都应该进行油清洗，油清洗的时间一般都很长，有的几天有的甚至十几天，直到达到合格标准为止。压缩机、高压油泵等的润滑油站的油循环管路，都必须进行油清洗，油清洗的检验标准见表 11-10。

表 11-10　油清洗合格标准

机械转速/(r/min)	滤网规格/目	合格标准
≥6000	200	目测滤网，无硬颗粒及黏稠物，每平方厘米范围内，
<6000	100	软杂物不多于 3 个

油清洗应采用适合于被清洗机械的合格油，清洗合格的管道，应采取有效的保护措施，试运转前应采用具有合格证的工作用油。

11.1.10 管道的防腐涂漆

管道防腐涂漆的目的是保护管道不受大气、水分的腐蚀，尤其是沿海地区，空气中的盐分对金属管道腐蚀更为严重，因此防腐工程是安装工程中一个很重要的部分，必须引起高度重视，如果防腐涂漆做得不好，管道很快就会锈蚀，就会影响正常生产，严重的会使工程报废，后果非常严重。因此，建设单位、监理单位在工程实施阶段对施工防腐队伍的专业性要有严格的要求，从而保证防腐涂漆的质量。

防腐涂漆一般是在管道试压合格后进行，涂漆的种类、形式、层数、颜色应符合设计的要求，一般应为防锈漆打底、调和漆盖面，涂料应有制造厂家的出厂合格证和质量证明书。

确认合格的，经过进场报验、批准的方可使用。

涂漆前应清除管道表面的铁锈、焊渣、毛刺、油脂、泥砂、水分等污物，涂漆施工宜在15～30℃的环境温度下进行，并应有相应的防火、防冻、防雨措施。

涂层质量应符合下列要求：

① 涂层应均匀，颜色应一致。

② 漆膜应附着牢固，无剥落、皱皮、气泡、针孔等缺陷。

③ 涂层应完整，无损坏，无流淌。

④ 涂层厚度应符合设计要求。

⑤ 涂刷色环时，应间距一致、均匀、整洁。

涂刷油漆的方法有如下几种：比如刷涂、滚涂、喷涂、浸涂等。

对管道表面进行清理：

① 机械法清理，用角向磨光机上的砂轮片清理去除锈迹。

② 人工除锈，用砂布、锉刀等进行去除锈迹，效率较低。

③ 喷砂处理：效率高，但对环境有污染，需有一定的防污染措施。

④ 化学清洗即酸洗法处理，酸洗配方很重要，严防清洗不净和烧坏金属管道。

涂刷油漆有人工涂刷和机械涂刷两种，涂层均在两层或两层以上，在涂漆时，必须等前一层干透以后，再涂下一层，每层的厚度一定要均匀。

埋地管道的绝缘防腐：

由于地下管道会受到地下水和各种盐类、酸和碱的腐蚀，以及化学腐蚀，所以要做特殊的防腐处理，因此地下管道的防腐强度要求比较高，要保证其完整性，并且要有一定的绝缘性能。

地下管道防腐材料常采用石油沥青、矿物填料及各种防水卷材(塑料布、石油沥青防水毡、玻璃布和牛皮纸等)来制作，这些材料的防腐效能高，取材容易造价也较低廉。

管道的绝热施工：

管道绝热的目的在于减少管内介质与外界的热传导，从而达到节能、防冻以及满足生产工艺要求等，管道的绝热按其用途可分为保温、保冷、加热保护三种类型。

凡必须使管内流体的散热减到最小或控制在一定温度的管道都应保温，如蒸汽管、热水管以及化工生产中的一些工艺管道，例如乙烯裂解炉外的物料管道都应该进行保温，要覆盖保温层。

凡必须使管道内流体的吸热减到最小或不允许管道表面裸露，都应该进行保冷，例如：

制冷工艺管道，常用的方法是覆盖保冷层。

为防止管道内所输送的介质由于温度降低后而发生凝固、冷凝、结晶、分离或形成水合物等现象，管道都应给予加热并保护，以补充介质的热损失，如重油输送管道，以及某些化工工艺管道，常采用的方法是蒸汽伴管，再加保温层覆盖、蒸汽夹套或电热等，外面再加保温层覆盖。

绝热材料的要求：

要求绝热保温材料热导率低，一般热导率不大于 0.12kcal/（h·m·℃），特殊情况下应小于 0.2kcal/(h·m·℃)。

耐热或耐冷的性能，应适合流体温度的要求。

容重要小，一般要低于 6000kg/m³。

耐振动，具有一定的机械强度。

吸水性能低，可燃物与水分的含量极小。

化学稳定性好，对金属无腐蚀作用，例如：对奥氏体不锈钢管道，应使用不含有氯化物的绝热材料，对铝及其铝合金管道，应使用不带碱性的绝热材料。

使用寿命长，施工方便，采用涂抹式保温时，要求绝热材料与管道有一定的黏结力。

造价低廉，取材方便，因地制宜。

11.2 常用法兰的安装

11.2.1 法兰的分类

法兰的种类很多，按用途可分为管法兰和容器法兰；按形状可分为圆形、方形、椭圆形及特殊形状的法兰；按压力可分为中、低压法兰和高压法兰；按其与管子或容器的连接方式可分为平焊法兰、套焊法兰、对焊法兰、活套法兰、螺纹法兰以及法兰盖即盲法兰等基本类型。

按密封面的形式分有以下五种形式。

① 平面型密封面法兰，常在光滑的平面上车制 2~3 条环形沟槽，称为防漏沟或水线。

② 凹凸型密封面法兰，密封面是由一个凸面和一个凹面组成。

③ 锥形密封面法兰，密封面由两个锥形面组成。

④ 榫槽密封面法兰，密封面是由一个榫面和一个槽面组成。

⑤ 梯形槽密封面法兰，密封面是由两个梯形槽组成。

11.2.2 法兰的应用场合

（1）平焊法兰：

平焊法兰有平面平焊法兰、榫槽面平焊法兰、凹凸面平焊法兰，平焊法兰是管道工程中最常用的一种法兰，适用于公称压力不大于 2.5MPa 的碳素钢及不锈钢管道的连接。

平焊法兰的优点是制造简单、成本低，但与对焊法兰相对比，焊接工作量大，焊条耗用多，经不起高温高压的考验，对于反复弯曲和温度波动更不适用。使用何种法兰，取决于输送介质的压力、工作温度及介质的性质。

（2）对焊法兰：

又称为高颈法兰，主要有平面对焊法兰、榫槽面对焊法兰和凸凹面对焊法兰三种，由于法兰高颈的存在，提高了法兰的刚度，同时由于法兰颈的根部厚度比管壁要厚，所以抗弯曲能力大大增强，另外，法兰与管子的连接采用对焊连接的焊缝，比平焊法兰的角焊缝强度要好，所以，对焊法兰适用于压力温度较高、管径较大的场合。

（3）活套法兰：

活套法兰的特点是法兰与管道不直接连成一体，而是把法兰盘套在管子的外面，不需焊接，所以不会对管壁产生附加应力，法兰盘可以用与管子不同的材料制造，可以适用于不锈钢、铜、铝等管道上，活套法兰可分为焊环活套法兰和翻边活套法兰两种，焊环活套法兰用于不锈钢管道的连接，衬环采用与管子相同的材料制造，焊接在管子的端头，以此来代替昂贵的不锈钢法兰。

翻边活套法兰又叫卷边松套法兰，由于翻边表面不容易进行机械加工，故其密封性能不高，仅适用于 0.6MPa 以下的各种管道连接，大多数用于有色金属管道。

（4）螺纹法兰：

螺纹法兰与管壁通过螺纹进行连接，因此法兰对管壁产生的附加应力小，安装方便，螺纹法兰有铸铁螺纹法兰，中低压管道用螺纹法兰等几种，一般用于水煤气管道。

（5）法兰盖：

法兰盖也称盲法兰，法兰盖的作用是封闭管道或隔断管路，常用的有平面法兰盖和高压法兰盖。

11.2.3　法兰的安装

法兰安装时要认真核对图纸，压力等级、规格、材质都要符合设计的规定。

法兰用螺栓，要使用同一种规格，安装方向要一致，法兰片与管子的组对要保证垂直度的要求，不得歪斜。法兰与管子的承插焊，焊肉高度要达到设计要求的高度，对接焊缝要按设计规定开好坡口，要按设计要求的比例进行无损检测。

法兰安装的平行度允许偏差，以及法兰的同轴度允许偏差用厚薄规、卡尺、直尺检测，检查时，管道与设备的连接法兰，应在自由状态下检查，不要对设备有任何的应力。

11.3　压力管道安装

11.3.1　压力管道的分类

压力管道按用途划分，可分为工业管道、公用管道和长输管道。

压力管道一般是指在生产、生活中使用的可能引起燃爆或中毒等危险性较大的管道。

具有以下情况之一的是压力管道：

① 输送 GBZ/T 230—2010《职业性接触毒物危害程度分级》中规定的毒性程度为极度危害介质的管道。

② 输送 GB 50160—2008《石油化工企业设计防火标准》及 GB 50016—2014《建筑设计防火规范》中规定的火灾危险性为甲、乙类介质的管道。

③ 最高工作压力大于或等于 0.1MPa，输送介质为气体、液化气体的管道。

④ 最高工作压力大于或等于 0.1MPa，输送介质为可燃、易爆、有毒、有腐蚀性的，或最高工作温度高于等于标准沸点的液体的管道，都应是压力管道的范畴。

⑤ 最高工作压力大于 1.6MPa 的水介质的管道。按照《石油化工有毒、可燃介质钢制管道工程施工及验收规范》中对管道分级的划分，见表 11-11。

表 11-11　管道分级

管道级别	适用范围
SHA	①毒性程度为极度危害介质管道； ②毒性程度为高度危害介质丙烯腈、光气、二氧化碳和氟化氢介质管道； ③设计压力大于或等于 10.0MPa，输送有毒、可燃介质管道。
SHB	①毒性程度危害为极度危害介质的苯管道； ②毒性程度为高度危害介质管道； ③甲类、乙类可燃气体和甲 A 类液化烃、甲 B 类、乙 A 类可燃液体介质管道。
SHC	①毒性程度为中度、轻度危害介质管道； ②乙 B 类、丙类可燃液体介质管道。
SHD	设计温度低于-29℃的低温管道。

11.3.2　压力管道的安装

（1）压力管道组成件检验：

有毒、可燃介质管道工程使用的管道组成件包括管子、阀门、管件、法兰、补偿器、安全保护装置等必须具有质量证明文件，无质量证明文件的产品不得使用，产品在使用前，进行进场报验，施工单位、监理单位应对质量证明文件进行审查，并与实物核对，若到货的管道组成件实物标识不清，或与质量证明文件不符，或对产品质量文件中的特性数据或检验结果有异议，供货方应按相应标准做验证性检验或追溯到产品制造单位，异议未解决前，该批产品不得使用。

管道组成件在使用前应进行外观检查，其表面质量应符合相应产品标准的规定，不合格者不得使用。

合金钢管道组成件主体的关键合金成分，应按设计文件或规范要求的比例，进行光谱分析，并作好标识严格管理。

凡按规定作抽样检查或检验的样品中，若有一件不合格，必须按原规定数加倍抽检，若仍有不合格，则该批管道组成件不得使用，并应作好标识和隔离工作。

对于不锈钢管道组成件不得与非合金钢、低合金钢及碳钢材料接触，以免渗碳。

① 管子检验：

输送有毒、可燃介质的管子，使用前应按设计文件要求核对管子的规格、数量和标识，中、低合金钢管道应按相关要求逐根进行合金成分复查。

管子的质量证明文件应包括以下内容：

a. 产品标准号。

b. 钢的牌号。

c. 炉罐号、批号、交货状态、重量和件数。

d. 品种名称、规格及质量等级。

e. 产品标准和订货合同中规定的各项检验结果。

f. 制造厂检验印记。

如果到货的管子，其钢号、炉罐号、批号、交货状态与质量证明文件不符，该批管子不得使用。在实际施工中这种不符合的情况确实存在，施工单位、监理单位、建设单位都要严格把住这一关，质量文件和实物不符绝对不能使用。

输送毒性程度为极度危害和高度危害介质的管子，在质量证明文件中应有超声波检测结果，否则应按相关规定，逐根进行检验。

钢管的表面质量应符合下列规定：

a. 钢管内、外表面不得有裂纹、折叠、发纹、离层、结疤等缺陷。

b. 钢管表面的锈蚀、凹陷、划痕及其他机械损伤的深度，不应超过相应产品标准允许的壁厚负偏差。

c. 钢管端部螺纹、坡口的加工精度及粗糙度应达到设计文件的要求或制造标准的要求。

d. 要有符合产品标准规定的标识。

在 SHA 级管道中，设计压力等于或大于 10MPa 的管子外表面应按下列方法逐根进行无损检测，检测方法和缺陷评定应符合 NB/T 47013 的规定，检验结果以 I 级为合格。

a. 外径大于 12mm 的导磁性钢管，应采用磁粉检测。

b. 非导磁性钢管应采用渗透检测。

SHA 级管道中，设计压力小于 10MPa 的输送极度危害介质的管子，每批应抽 5% 且不少于一根，进行外表面的无损检测，检验结果以 II 级为合格。

管子经磁粉检测或渗透检测发现的表面缺陷允许修磨。修磨后，管子的实际壁厚不得小于管子公称壁厚的 90%，且不得小于设计文件要求的最小壁厚。

② 阀门检验：

阀门安装前，应按设计文件中的"阀门规格书"的要求，对阀门的阀体、密封面及有特殊要求的垫片、填料的材质进行抽检，每批至少抽查一件，合金钢阀门的阀体应逐件进行光谱分析，若不符合要求，该批阀门不得使用。

阀门的外观质量应符合产品标准的要求，不得有裂纹、氧化皮、粘砂、疏松等影响强度的缺陷。

阀门在安装前，应逐个对阀门进行液体压力试验，试验压力为公称压力的 1.5 倍，停压 5min，无泄漏为合格。具有上密封结构的阀门，应逐个对上密封进行试验，试验压力为公称压力的 1.1 倍，试验时应关闭上密封面，并松开填料压盖，停压 4min，无渗漏为合格。阀门的液体压力试验和上密封试验应以洁净水为介质，不锈钢阀门液体压力试验时，水中的氯离子含量不得超过 100mg/L，试验合格后，应立即将水渍清除干净。阀门的阀座密封面应逐个进行密封性试验。

安全阀应按设计文件的规定对开启压力进行调试，调试由指定的权威部门进行，调试时，压力应稳定、平稳，启闭试验不少于 3 次，调试合格后，及时进行铅封。

③ 其他管道组成件检验：

对其他管道组成件，如法兰、弯头、三通、垫片等，对其产品质量证明文件，应进行逐项核对，下列项目应符合产品标准的要求。

a. 化学成分及力学性能。

b. 合金钢锻件的金相分析结果。

c. 热处理结果及焊缝无损检测报告。

管件的外表面应有制造厂代号、规格、材料牌号和批号等标识，并与质量证明文件相符，否则不得使用。

管件表面不得有裂纹，外观要光滑、无氧化皮，表面的其他缺陷不得超过产品标准规定的允许深度，坡口、螺纹加工精度应符合产品标准的要求，焊接管件的焊缝应外观成形良好，且与母材圆滑过渡，不允许有裂纹、未熔合、未焊透、咬边等缺陷。

SHA 级的管件按相关规范的要求，要进行无损检测。

螺栓、螺母的螺纹应完整，管道用的合金钢螺栓、螺母，应逐件进行快速光谱分析，每批应抽两件进行硬度检验，若有不合格，要按相关规定处理。

其他合金钢管道组成件进场后要进行光谱分析，每批应抽检 5%，且不少于一件，若有不合格，应按相关规定处理，关于光谱分析的费用，一般由建设单位委托第三方进行光谱分析抽查，费用单独核算。

密封垫片应按产品标准进行抽样验收，每批不得少于一件，缠绕垫片不得有松散、翘曲现象，其表面不得有影响密封性能的伤痕、空隙、凹凸不平及锈斑等缺陷，金属垫片、石棉橡胶板垫片的边缘应切割整齐，表面应平整光滑，不得有气泡、分层、褶皱、划痕等缺陷。

法兰密封面不得有径向划痕，以免影响密封效果。

(2) 压力管道预制及安装：

① 压力管道预制：

管道预制加工应按单线图进行，弯管最小弯曲半径按表 11-12 的要求。

表 11-12　压力管道最小弯曲半径

管道设计压力/MPa	弯管制作方式	最小弯曲半径
<10	热弯	$3.5D_0$
	冷弯	$4.0D_0$
≥10	冷、热弯	$5.0D_0$

注：D_0 为管子外径。

弯管制作后，弯管处的最小壁厚不得小于管子公称壁厚的 90%，且不得小于设计文件规定的最小壁厚，弯管处的最大外径与最小外径之差应符合下列规定：

a. SHA 级管道应小于弯制前管子外径的 5%。

b. SHB、SHC 级管道应小于弯制前管子外径的 8%。

钢管热弯或冷弯后的热处理应符合下列规定：

a. 钢管的热弯温度与弯后热处理应按表 11-13 的规定进行。

表 11-13　钢管热弯温度及热处理

钢种和钢号	壁厚/mm	弯曲半径	热处理要求
10、20	36	任意	600~650℃退火
	19~36	5D	
	19	任意	—
12CrMo 15CrMo	20	任意	680~700℃退火
	13~20	3.5D	
	13	任意	—
12Cr1MoV	20	任意	720~760℃退火
	13~20	3.5D	
	13	任意	—
0Cr18Ni9 Cr18Ni12Mo2Ti Cr25Ni20	任意	任意	1050~1100℃固溶处理

b. 公称直径大于 100mm 或壁厚大于 13mm 的铁素体合金钢管弯制后，应进行消除应力的热处理。

钢管冷弯后的热处理按表 11-14 的规定进行。

表 11-14　钢管冷弯后热处理

钢种和钢号	壁厚/mm	弯曲半径	热处理要求
10、20	≥36	任意	600~650℃退火
	19~36	≤5D_0	
	<19	任意	—
12CrMo 15CrMo	>20	任意	680~700℃退火
	13~20	≤3.5D_0	
	<13	任意	—
12Cr1MoV	20	任意	720~760℃退火
	13~20	≤3.5D_0	
	<13	任意	—
0Cr18Ni9 Cr18Ni12Mo2Ti Cr25Ni20	任意	任意	按设计文件要求

c. 有应力腐蚀的冷弯弯管，应作消除应力的热处理。

SHA 级管道弯制后，应进行磁粉检测或渗透检测，若有缺陷，应予以修磨，修磨后的壁厚不得小于管子公称壁厚的 90%，且不得小于设计文件规定的最小壁厚。

SHA 级管道弯管加工，检测合格后，应填写 SHA 级管道加工记录。

夹套管预制时，夹套管的主管必须使用无缝钢管，当主管上有环焊缝时，该焊缝应经 100%射线检测，经试压合格后方可进行隐蔽作业，套管与主管间的间隙应均匀，并按设计文件要求焊接支撑块。

② 压力管道安装：

管道安装前，应逐件清除管道组成件内部的砂土、铁屑、熔渣及其他杂物，设计文件中有特殊要求的管道，应按设计文件的要求进行处理。

管道上的开孔应在管段安装前完成，当在已安装的管道上开孔时，管内因切割而产生的异物应清除干净。

管道安装时，应检查法兰密封面及垫片，不得有影响密封性能的划痕、锈斑等缺陷存在。

压力管道安装前，法兰环槽密封面与金属环垫片应做接触线检查，当金属环垫在密封面上转动45°后，检查接触线不得有间断现象。

有拧紧力矩要求的螺栓，应严格按设计文件规定的力矩拧紧，测力扳手应预先经过校验，允许偏差为±5%，带有测力螺母的螺栓，必须拧紧到螺母脱落。

流量孔板上、下游直管的长度应符合设计文件的要求，且在此范围内的焊缝内表面应与管道内表面平齐。

温度计套管及其他插入件的安装方向与探入长度应符合 SH/T 3521 的规定。

连接法兰的螺栓应能在螺栓孔中顺利通过，法兰密封面间的平行偏差及间距应符合表11-15 的规定要求。

表 11-15　法兰密封面间的平行偏差及间距

管道级别	平行偏差 ≤		间距
	$DN \leq 300$	$DN > 300$	
SHA	0.4	0.7	垫片厚+1.5
SHB、SHC	0.6	1.0	垫片厚+2.0

注：DN 为管子的公称直径。

与转动机器连接的管道，宜从机器侧开始安装，并应先安装管支架，管道和阀门的重量和附加力矩不得作用在机器上，管道的水平度或垂直度偏差应小于 1mm/m，特殊要求的除外，气体压缩机入口管道因水平偏差造成的坡度，应坡向分液罐一侧，防止冷凝液进入汽缸。

与机器连接的管道及其支、吊架安装完毕后，应卸下接管上的法兰螺栓，在自由状态下，所有螺栓能在螺栓孔中顺利通过，法兰密封间的平行偏差、径向偏差及间距，应符合表11-16 的规定要求。

表 11-16　法兰密封面平行偏差，径向偏差及间距　　　　　　mm

机器旋转速度/(r/min)	平行偏差 ≤	径向偏差 ≤	间距
<3000	0.40	0.80	垫片厚+1.5
3000~6000	0.15	0.50	垫片厚+1.0
>6000	0.10	0.20	垫片厚+1.0

机器试车前，应对管道与机器的连接法兰进行最终连接检查，检查时，在联轴器上架设百分表监视位移，然后松开和拧紧法兰连接螺栓进行观测，其位移应符合下列规定：

a. 当机器转速大于 6000r/min 时，位移值应小于 0.02mm。

b. 当转速小于或等于 6000r/min 时，位移值应小于 0.05mm。

对于压力管道系统试运行时，高温或低温管道的连接螺栓，应按表 11-17 中的规定进行热态紧固或冷态紧固。

表 11-17　螺栓热态紧固、冷态紧固作业温度　　　　　　　℃

工作温度	一次热紧、冷紧温度	二次热紧、冷紧温度
250~350	工作温度	—
>350	350	工作温度
−70~−29	工作温度	—
<−70	−70	工作温度

热态紧固或冷态紧固应在紧固作业温度保持 2h 后进行。

在紧固管道连接螺栓时，管道的最大内压力应符合下列规定：

a. 当设计压力小于 6MPa 时，热态紧固的最大内压力应小于 0.3MPa。

b. 当设计压力大于 6MPa 时，热态紧固的最大内压力应小于 0.5MPa。

c. 冷态紧固应在卸压后进行。热态紧固时严格按规定操作，防止发生意外，因为热态紧固，属于带压操作，内部压力不降至规定的范围内，不要随便进行热紧，螺栓紧固应有保障操作人员的安全技术措施。

（3）压力管道的静电接地安装：

有静电接地要求的管道，各段之间应导电良好，当每对法兰或螺纹接头间电阻值大于 0.035 时，应有导线跨接。

管道系统静电接地引线，宜采用焊接形式，对地电阻值及接地位置应符合设计文件的要求。

用做静电接地的材料或零件，安装前不得刷油，导电接触面必须除锈并连接可靠。

有静电接地要求的不锈钢管道，导线跨接或接地引线应采用不锈钢板过渡，不得与不锈钢管直接连接。

管道的静电接地安装完毕，测试合格后，应及时填写管道静电接地测试记录，作为交工资料应与工程进展同步。

管道安装时，应同时进行支、吊架的固定和调整工作，支、吊架位置应正确，安装应牢固，管子和支撑面接触应良好。

无热位移的管道的吊架，其吊杆应垂直安装，有热位移的管道的管道吊架，其吊点应在位移相反方向，按位移值的 1/2 偏位安装，例如热力管道的吊架安装时就必须进行上述的方法的实施。

固定支架和限位支架应严格按图施工，固定支架应在补偿装置预拉伸或预压缩前固定完毕。

导向支架或滑动支架的滑动面应洁净平整，不得有歪斜、卡涩等现象，隔热层不得妨碍其位移。

弹簧支、吊架的弹簧安装高度，应按设计文件规定进行调整，弹簧支架的限位板，要在试车前予以拆除，保证弹簧支架正常工作。

焊接支、吊架时，焊缝都要焊到位，不得有漏焊、裂纹、高度和长度不够等缺陷，支架与管道焊接时，管子表面不得有咬边现象。

管道安装时，一般不宜使用临时支、吊架，如果在特殊允许的情况下使用临时支、吊架时，也不得将其焊在管道上，尤其是不锈钢管道，不得用碳钢支架支撑，如果用碳钢支架支撑时，一定要加石棉垫片，以免产生渗碳，造成不锈钢管道锈蚀。在管道安装完毕后，应及时更换成正式支、吊架。

管道安装完毕后，应按设计文件逐个核对，确认支、吊架的形式和位置，如有遗漏及时补上，在乙烯装置施工后期，专门对管道支、吊架进行了大核查，这是开车前必需的关键性工作环节，只有支、吊架完整齐备，安全牢固，才能确保开车的顺利进行。

压力管道上的"∩"形补偿器安装，应按设计文件规定进行预拉伸或预压缩，允许偏差为预伸缩量的 10%，且不大于 10mm，"∩"形补偿器水平安装时，平行臂应与管道坡度相同，垂直臂应呈水平状态。

波形补偿器安装应按下列要求进行。

a. 按设计文件规定进行预拉伸或预压缩，受力要均匀。

b. 波形补偿器内套有焊缝一端，在水平管道上应位于介质流入端，在垂直管道上应置于上部。

c. 波形补偿器应与管道保持同轴，不得偏斜，否则容易卡死，损坏补偿器。

d. 波形补偿器预拉伸或预压缩合格后，应设临时约束装置，将其固定，待管道负荷运行前，拆除临时约束装置。

管道补偿器安装调试合格后，应做好安装记录作为交工资料存档。

压力管道上其他补偿器的安装也很多，例如波形补偿器等，主要注意事项是安装方向和介质流向相同，一般都标示安装方向，安装要保证和管道同轴。

（4）压力管道的焊接：

压力管道由于它的易燃、易爆、有毒和压力高等特点，它的管道焊接必然要求要严格，焊接质量好了，才能保证管道运行的安全性，焊接的质量是由焊工的技能和设备的性能、焊接技术工艺规律、规章制度等多方面因素构成的。

施焊前，应根据焊接工艺评定报告编制焊接作业指导书，没有焊接工艺评定的，要专门进行焊接工艺评定。焊工应按焊接作业指导书施焊。

焊条等焊接材料应具有产品质量证明文件，并且要实物与证书上的批号相符，外观检查时，焊条的药皮不得受潮、脱落和有明显裂纹，焊丝在使用前应清除表面油污、锈蚀等。

焊条要按照说明书或作业指导书的要求烘烤，并在使用过程中保持干燥。

出厂期超过一年的焊条，应进行焊条的焊接工艺性能试验，合格后方可使用。

焊接环境温度低于下列要求时，应采取提高焊接温度的措施，否则不能施焊。

a. 非合金钢焊接，不低于 -20℃。

b. 低合金钢焊接，不低于 -10℃。

c. 奥氏体不锈钢焊接，不低于 -5℃。

d. 其他合金钢焊接，不低于 0℃。

管道的施焊环境若出现下列情况之一，而未采取防护措施时，应停止焊接作业：

a. 焊条电弧焊接时，风速等于或大于 8m/s。

b. 气体保护焊接时，风速等于或大于 2m/s。

c. 相对湿度大于 90%。

d. 下雨或下雪天气。

钨极氩弧焊宜用铈钨棒，使用氩气的纯度应在 99.95%以上。

管道焊接不得使用氧—乙炔焰焊接。

① 压力管道的焊前准备与接头组对：

管道焊缝的设置，要便于焊接，热处理及检验，并应符合下列要求：

a. 除采用无直管段的定型弯头外，管道焊缝的中心与弯管起弯点的距离不应小于管子外径，且不小于 100mm。

b. 焊缝与支、吊架边缘的净距离不应小于 50mm，需要热处理的焊缝距支、吊架边缘的净距离应大于焊缝宽度的 5 倍，且不小于 100mm。

c. 管道两相邻焊缝中心的间距，应控制在下列范围内：

直管段两环缝间距不小于 100mm，且不小于管子外径。

除定型管件外，其他任意两焊缝间的距离不小于 50mm。

在焊接接头及其边缘上不宜开孔，否则被开孔周围一倍孔径范围内的焊接接头，应 100%进行射线检测。

管道上被补强圈或支座垫覆盖的焊接接头，应进行 100%射线检测，合格后方可进行覆盖。

管子坡口加工方法：SHA 级管道的管子，应采用机械方法加工，SHB、SHC 级管道的管子，宜用机械方法加工，当采用氧—乙炔焰或等离子切割时，切割后，必须用砂轮磨光机磨去影响焊接质量的表面层。

壁厚相同的管道组成件组对时，应使内壁平齐，其错边量规定如下：SHA 级管道为壁厚的 10%，且不得大于 0.5mm；SHB、SHC 级管道为壁厚的 10%，且不得大于 1mm。

壁厚不同的管道组成件组对时，当 SHA 级管道的内壁差 0.5mm 或外壁差 2mm，SHB、SHC 级管道的内壁差 1.0mm 或外壁差 2mm 时，都应在厚壁一侧的管道组成件进行过渡加工，加工的具体要求参见图纸或相关规定。

焊接接头的坡口渗透检测：对于材料淬硬倾向较大的管道坡口应进行 100%渗透检测。

设计温度低于-29℃的非奥氏体不锈钢管道坡口要进行抽检 5%的渗透检测。

焊接接头组对前，应用手工或机械方法清理其内外表面，在其坡口两侧 20mm 范围内，不得有油漆、毛刺、锈斑、氧化皮及其他对焊接过程有害的物质，对于压力管道，焊接前的接头两侧清理尤为重要，否则会严重影响焊接质量。

焊接接头组对前，应确认坡口加工形式、尺寸，其表面不得有裂纹、夹层等缺陷。

不锈钢管采用电弧焊时，焊接接头组对前，应在坡口两侧各 100mm 范围内涂白垩粉或其他防粘污剂。

在压力管道组对施工过程中，不得强力组对，对于要求进行冷拉伸或冷压缩的补偿器组对除外。

对于定位焊应与正式焊接的焊接工艺相同，定位焊的焊缝长度宜为 10~15mm，厚度为 2~4mm，且不超过壁厚的 2/3，定位焊的焊缝不得有裂纹及其他缺陷。

在合金钢管上焊接组对卡具时，卡具的材质应与管材相同，否则应用焊接该钢管的焊条在卡具上堆焊过渡层。

焊接在管道上的组对卡具不得用敲击或掰扭的方法拆除，当采用氧—乙炔焰切割合金钢管道上的焊接卡具时，应在离管道表面 3mm 处切割，然后用砂轮进行修磨，有淬硬倾向的材料，修磨后，尚应作磁粉检测或渗透检测，确认无微裂纹为合格。

② 焊接工艺要求：

焊接时，不得在焊件表面引弧或试验电流，设计温度低于 -29℃ 的管道、不锈钢及淬硬倾向较大的合金钢管道，焊件表面不得有电弧擦伤等缺陷。

内部清洁度要求较高的管道、机器入口管道以及设计文件规定的其他管道的单面焊焊缝，应采用氢弧焊打底，保证管内清洁度。

在焊接中应确保起弧和收弧的质量，收弧时，应将弧坑填满，多层焊的层间接头应相互错开。

除焊接工艺有特殊要求外，每条焊缝应一次连续焊完，如因故障被迫中断，应采取防裂措施，再焊时应进行检查，确认无裂纹后方可继续施焊。

管道冷拉伸或冷压缩的焊接接头组对时所使用的工、卡具，应待该焊接接头的焊接及热处理工作完毕后方可拆除。

公称直径等于或大于 500mm 的管道，宜采用单面焊接双面成形的焊接工艺或在焊缝内侧根部进行封底焊，公称直径小于 500mm 的 SHA 级管道的焊缝底层应采用氢弧焊，保证管道内部的清洁。

奥氏体不锈钢管道焊接时，应按下列要求进行：

a. 单面焊焊缝宜用手工钨极氢弧焊，焊接焊缝底层，即氢弧打底，并且在管内要充氢气保护。

b. 在保证焊透及熔合良好的条件下，应选用小的焊接工艺参数，采用短电弧、多层焊、多道焊接工艺，层间温度应按焊接作业指导书予以控制。

c. 有耐腐蚀性要求的双面焊焊缝，与介质接触一侧应最后施焊。奥氏体不锈钢焊接接头，焊后应按设计文件规定进行酸洗与钝化处理，焊接完毕后，应及时将焊缝表面的熔渣及附近的飞溅物清理干净。

③ 压力管道的焊前预热与热处理：

表 11-18 规定了压力管道的焊前预热要求，中断焊接后，需要继续焊接时，应重新预热。

当环境温度低于 0℃ 时，除奥氏体不锈钢外，无预热要求的钢种，在始焊处 100mm 范围内，应预热到 15℃ 以上。

表 11-18　压力管道组成件焊前预热要求

钢种或钢号	壁厚/mm	预热温度/℃
10. 20	≥36	100~200
16Mn、12GrMo	≥15	150~200
15GrMo	≥12	150~200
12Gr1MoV	≥6	200~300
1Gr5Mo	任意	250~350
2. 25Ni、3. 5Ni	任意	100~150

预热应在坡口两侧均匀进行，内外热透，并防止局部过热，加热区以外 100mm 范围应予以保温。

预热范围应为坡口中心两侧各不小于壁厚的 3 倍，有淬硬倾向或易产生延迟裂纹的材料，在其两侧各不小于壁厚的 5 倍，且不小于 100mm 的范围进行预热。

预热方法采用火焰加热或用电热板加热。施工单位要对预热加强自检，要确实达到预热温度再施焊，监理单位的焊接工程师要经常到现场用测温枪进行抽查，使施工人员养成良好的执行工艺纪律的习惯，保证预热温度是保证焊接质量的前提条件。

管道焊接接头的热处理，应在焊后及时进行，常用的钢材焊接接头的热处理温度见表 11-19。

表 11-19　常用钢材焊接接头热处理温度

钢种或钢号	壁厚/mm	热处理温度/℃
10、20	≥30	600~650
16Mn	≥19	600~650
12GrMo	≥19	650~700
15GrMo，12Gr1MoV	≥13	700~750
1GrMo	任意	750~780
2.25Ni、5Ni	≥19	600~630

注：1. 有应力腐蚀的管道焊接接头，应按设计文件要求进行焊后消除应力的热处理。

2. 非合金钢管道，焊接接头的壁厚为 19~29mm 时，焊后应保温缓冷。

易产生延迟裂纹的焊接接头，焊接时应严格保持层间温度，焊后应立即均匀加热至 300~350℃保温缓冷，并及时进行热处理。

热处理的加热范围为焊缝两侧各不少于焊缝宽度的 3 倍，且不少于 25mm，加热区以外 100mm 范围内应予以保温，且管道端口应封闭。

热处理的加热速度、恒温时间及冷却速度应符合下列要求：

a. 加热升温至 300℃后，加热速度不大于 220℃/h。

b. 恒温时间应按下列规定计算，且总恒温时间均不得少于 30min，在恒温期间，各测点的温度均应在热处理温度规定的范围内，其差值不得大于 50℃。

非合金钢为每毫米壁厚 2~2.5min。

合金钢为每毫米壁厚 3min。

焊后需要消除应力热处理的管段，可采用整体热处理的方法，但该管段上不得带有焊接阀门。

已经进行焊后热处理的管道上，应避免直接焊接非受压件，如果不能避免，若同时满足下列条件，焊后可不再进行热处理：

a. 管道为非合金钢或碳锰钢材料。

b. 角焊缝的计算厚度不大于 10mm。

c. 按评定合格的焊接工艺施焊。

d. 角焊缝进行 100%表面无损检测。

终焊后热处理合格的部位，不得再从事焊接作业，否则应重新进行热处理。

④ 压力管道质量检验：

压力管道焊接前，对焊接接头表面进行相应的处理并经检验合格，方可施焊。

焊缝外观检查，要求焊缝外观成形良好，宽度以每边盖过坡口边缘 2mm 为宜，角焊缝的焊脚高度应符合图纸要求，外形应平缓过渡。

对于焊接接头表面质量应符合下列要求：

a. 不得有裂纹、未熔合、气孔、夹渣、飞溅等存在。

b. 设计温度低于 -29℃ 的管道、不锈钢和淬硬倾向较大的合金钢管道焊缝表面，不得有咬边现象，其他材质管道焊缝咬边深度不应大于 0.5mm，连续咬边长度不应大于 100mm，且焊缝两侧咬边总长不大于该焊缝全长的 10%。

c. 焊缝表面不得低于管道表面，焊缝余高应符合下列要求：

100% 射线检测焊接接头时，其 $\Delta h \leqslant 1+0.1b_1$，且不大于 2mm。

其余焊接接头，$\Delta h \leqslant 1+0.2b$，且不大于 3mm。

式中：b_1 焊接接头组对后坡口的最大宽度；

Δh 焊缝余高。

表 11-20 焊接接头射线检测百分率及合格等级

管道级别	输送介质	设计压力 p（表压）/MPa	设计温度 t/℃	检测百分率/%	合格等级
SHA	毒性程度为极度，毒性程度为高度危害介质的丙烯腈、光气、二硫化碳、氰化氢等	任意	任意	100	Ⅱ
	有毒、可燃介质	$p \geqslant 10.0$	任意	100	Ⅱ
SHB	有毒、可燃介质	$4.0 \leqslant p < 10.0$	$t \geqslant 400$	100	Ⅱ
	毒性程度为极度危害介质的苯，毒性程度为高度危害介质和甲 A 类液化烃	$p < 10.0$	$-29 \leqslant t < 400$	20	Ⅱ
		$p < 4.0$	$t \geqslant 400$	20	Ⅱ
	甲类、乙类可燃气体和甲 B 类、乙 A 类可燃液体	$p < 10.0$	$-29 \leqslant t < 400$	10	Ⅱ
		$p < 4.0$	$t \geqslant 400$	10	Ⅱ
SHC	毒性程度为中度	$4.0 \leqslant p < 10.0$	$t \geqslant 400$	100	Ⅱ
		$p < 10.0$	$-29 \leqslant t < 400$	5	Ⅲ
		$p < 4.0$	$t \geqslant 400$	5	Ⅲ

管道焊接接头的无损检测应按 NB/T 47013 进行焊缝缺陷等级评定，并符合下列要求：

射线检测时，射线透照质量等级不得低于 AB 级，焊接接头经射线检测后的合格等级应符合表 11-20 的规定。

不合格焊缝同一部位的返修次数，非合金钢管道不得超过三次，其余钢种管道不得超过两次。

焊接接头热处理后，首先应确认热处理自动记录曲线，然后在焊缝及热影响区各取一点测定硬度值，抽检数不得少于 20%，且不少于一处。

热处理后焊缝的硬度值，不宜超过母材标准布氏硬度值加 100HB，且应符合下列规定：

a. 合金总含量小于 3%，不大于 270HB。

b. 合金总含量 3%~10%，不大于 300HB。

c. 合金总含量大于 10%，不大于 350HB。

热处理自动记录曲线异常，且被查部件的硬度值超过规定范围时，应按班次加倍复检，并查明原因，对不合格焊接接头重新进行热处理。

无损检测和硬度测定完成后，应填写相应的检测报告与检测记录。

进行无损检测的管道，应在单线图上标明焊缝编号、焊工代号、焊接位置、无损检测方法、返修焊缝位置、扩探焊缝位置等可追溯性标识。

进行焊接接头热处理的管道，还应在单线图上标明热处理及硬度试验的焊缝编号。

（5）压力管道系统试验：

① 管道系统压力试验，在管道安装完毕、热处理和无损检测合格后进行。

压力管道系统进行压力试验前，应由建设单位、监理单位、施工单位和有关部门，按设计文件要求，对下列资料进行审查：

a. 管道组成件、焊材的制造厂质量证明文件。

b. 管道组成件、焊材的校验性检查或试验记录。

c. SHA 级管道弯管加工记录、管端的螺纹和密封面加工记录。

d. 管道系统隐蔽工程记录。

e. 符合标准要求的单线圈。

f. 无损检测报告，此项往往滞后、不全，必须报告全部到位，否则不准试压。

g. 焊接接头热处理记录及硬度试验报告。

h. 静电接地测试记录。

i. 设计变更及材料代用文件。

压力管道系统试压前，应由施工单位、建设单位、监理单位、有关部门联合检查，除对上述资料检查确认，还要对现场检查，确认下列条件已符合要求：

a. 管道系统全部按设计文件安装完毕。

b. 管道支、吊架的形式、材质、安装位置正确，数量齐全，紧固程度、焊接质量合格。

c. 焊接及热处理工作已全部完成。

d. 合金钢管道的材质标识明显清楚。

e. 焊缝及其他需进行检查的部位不应隐蔽。

f. 试压用的临时加固措施符合要求，标志明显，记录完整。

g. 试压用的检测仪表的量程、精度等级、检定期符合要求。

h. 有经批准的试压方案，并已进行技术交底。

管道系统的压力试验应以液体进行，液压试验确有困难时，可用气压试验代替，但应符合下列条件，并经施工单位技术总负责人批准，并具有相应的技术措施，监理单位审查同意方可进行。

a. 公称直径小于或等于 300mm，试验压力小于或等于 1.6MPa 的管道系统。

b. 公称直径大于 300mm，试验压力等于或小于 0.6MPa 的管道系统。

c. 脆性材料管道组成件未经液压试验合格，不得参加管道系统气压试验。

d. 不符合上述 a、b 两条的管道系统，必须用气压试验代替的，其所有焊接接头均应经无损检测合格。

压力试验的压力应符合下列规定：

a. 真空管道为 0.2MPa。

b. 液体压力试验的压力为设计压力的 1.5 倍。

c. 气体压力试验的压力为设计压力的 1.15 倍。

管道压力试验时,试验温度、应力值应符合下列规定:

a. 当设计温度高于试验温度时,管道的试验压力应按下式核算。

$$p_1 = K p_0 \frac{[\sigma]_1}{[\sigma]_2}$$

式中　K——系数,液体压力试验取 1.5,气体压力试验取 1.15;

　　p_1——试验压力,MPa;

　　p_0——设计压力,MPa;

　　$[\sigma]_1$——试验温度下材料的许用应力,MPa;

　　$[\sigma]_2$——设计温度下材料的许用应力,MPa。

b. 液体压力试验时的应力值,不得超过试验温度材料屈服点的 90%。

c. 气体压力试验时的应力值,不得超过试验温度下材料屈服点的 80%。

液体压力试验应用洁净水进行,当生产工艺有要求时,可用其他液体,奥氏体不锈钢管道用水试验时,水中的氯离子含量不得超过 25mg/L。

液体压力试验时液体的温度,当设计文件未规定时,应按下列要求执行:

a. 非合金钢和低合金钢的管道系统,液体温度不得低于 5℃。

b. 合金钢的管道系统,液体温度不得低于 15℃,且应高于相应金属材料的脆性转变温度。

因试验压力不同或其他原因,不能参与管道系统试压的设备、仪表、安全阀、爆破片等应加置盲板隔离开,并且要拴挂明显标识。

液体压力试验时,必须排净系统内的空气,升压应分级缓慢,达到试验压力后停压 10min,然后降压设计压力,停压 30min,不降压、无泄漏和无变形为合格。

气体压力试验时,必须用空气或其他无毒、不可燃气体为介质进行预试验,预试验压力应根据气体压力试验的大小,在 0.1~0.5MPa 的范围内选取。

气体压力试验时,试验温度必须高于金属材料的脆性转变温度。

气体压力试验时,应逐步缓慢增加压力,当压力升至试验压力的 50% 时,稳压 3min,未发现异常或泄漏,继续按试验压力的 10% 逐级升压,每级稳压 3min,直至试验压力,稳压 10min,再将压力降至设计压力,涂刷中性发泡剂对试压系统进行仔细巡回检查,无泄漏为合格。

如果在试压过程中发现有泄漏,不得带压修理;缺陷消除后,再重新试验。

管道系统试压合格后,应缓慢降压,试验介质宜在室外合适地点排净,排放时,应考虑反冲力作用及安全环保要求。

管道系统试压完毕,应及时拆除所用的临时盲板,核对盲板加置记录,并填写管道系统试压记录。

② 压力管道系统的吹扫:

管道系统压力试验合格后,应进行吹扫,吹扫可采用人工清扫、水冲洗、空气吹扫等方法,公称直径大于 600mm 的管道,宜用人工清扫,公称直径小于 600mm 的管道,宜用洁净水或空气进行冲洗或吹扫。

管道系统吹扫前，应编制吹扫方案，经审查批准后向参与吹扫的人员进行技术交底。

管道系统吹扫前应符合下列要求：

a. 不应安装孔板法兰连接的调节阀、节流阀、安全阀、仪表件等，并对已焊在管道上的阀门和仪表采取相应的保护措施。

b. 不参与系统吹扫的设备及管道系统，应与吹扫系统隔离。

c. 管道支架、吊架要牢固，必要时应予以加固。

冲洗奥氏体不锈钢管道系统时，水中氯离子含量不得超过 25mg/L。

吹扫管道的压力不得超过容器和管道系统的设计压力。

管道系统水冲洗时，宜以最大流量进行冲洗，流速不得小于 1.5m/s。

水冲洗后的管道系统，检查者可目测排出口的水色和透明度，应以出、入口的水色和透明度一致为合格。

管道系统空气吹扫时，宜利用生产装置的大型压缩机，并用大型储罐储存压缩空气，进行间断吹扫，吹扫时，应以最大流量进行，空气流速不得小于 20m/s。

管道系统在空气或蒸汽吹扫过程中，应在排出口用白布或涂白色油漆的靶板来进行检查，在 5min 内，靶板上无铁锈及其他杂物为合格。

吹扫的顺序应按主管、支管、疏排管依次进行，吹出的脏物不得进入已清理合格的设备或管道系统，也不得随地排放污染环境，应排放到指定地点。

经吹扫合格的管道系统，应及时恢复原状，并填写管道系统吹扫记录，作为交工资料存档。

气体泄漏性试验及真空度试验：

管道系统的气体泄漏性试验，应按设计文件规定进行，试验压力为设计压力。

气体泄漏性试验应符合下列规定：

a. 泄漏性试验应在压力试验合格后进行，试验介质宜采用空气。

b. 泄漏性试验可结合装置试车同时进行。

c. 泄漏性试验的检查重点应是阀门填料函、法兰或螺纹连接处、放空阀、排气阀、排水阀等。

d. 经气压试验合格，且在试验后未经拆卸的管道，可不进行气体泄漏性试验。

管道安装施工方案见附录七。

第12章 试车与交工验收

每台设备安装完毕后，都要进行试运转，单机试车合格，整个系统还要进行联动试车，最后进行投料试车，基本符合设计要求，进行工程验收移交生产单位，正常投用。

12.1 设备的试压与校正

12.1.1 设备的试压及试漏

无论是静设备，还是动设备，都有设备试压试漏的内容。设备的试压试漏主要有煤油渗透试验、氨渗透试验、液体渗透试验、水压试验、气压试验、密封性试验等。

（1）煤油渗透试验

煤油渗透试验是密封性试验的一种，主要目的是检查设备或焊缝有无穿透的孔洞、缝隙或裂纹，试验时，将焊缝较容易检查的一面清理干净，涂以白粉浆，晾干后，在焊缝的另一面涂以煤油，使表面得到足够的浸湿，由于煤油的黏度和表面张力很小，其渗透性很强，能透过很细微的缝隙，所以，如果金属内有穿透的裂纹时，煤油就会渗透过去，将白粉浸湿而变色，根据白粉层是否变色，变色处的形状和大小，便可判断出焊缝是否有缺陷以及缺陷的性质、数量和位置，一般情况下，按表12-1规定的时间进行检查。

表 12-1 煤油渗透试验的时间

钢板厚度/mm	试验时间/min	
	铅垂面内的焊缝或煤油由下往上渗透的水平方向焊缝	煤油由上而下渗透的水平面内的焊缝
<4	30	20
4~10	35	25
>10	40	30

焊缝涂上煤油后，经过上表中规定的时间，涂刷白粉层一侧，无任何浸润、潮湿、变色的现象，即没有缺陷，认为合格。

煤油渗透试验常用于储罐、气柜等，例如对立式储罐的壁板与底板焊接的角焊缝，常用煤油渗透的方法进行检验，在罐壁的内侧与底板的角焊缝处涂刷白粉浆需晾干，或直接撒一层干白粉，在储罐外侧罐壁与底板的角焊缝处涂刷煤油，保证有足够的浸湿，30min后，到罐内检查，角焊缝处有否浸湿、变色现象，如果发现有浸湿现象，立即清理白粉，找出缺陷处，进行处理，补焊后，再进行一次渗透试验，合格为止，如果无浸湿，变色现象，即认为合格。

（2）氨渗透试验

对于储罐的罐底、气柜的底板等，有一面无法涂煤油或白粉浆的设备，可采用氨气渗透进行试漏，它也是密封性试验的一种，即在焊缝上面粘贴用酒精水溶液[酚酞∶酒精∶水 = 1∶10∶(100~500)]或 5%硝酸亚汞水溶液浸渍过的纸条，纸条的宽度比焊缝的宽度宽 20mm，然后在板上钻一小孔，板四周用湿泥堵严，将氨气或含氨的压缩空气通入板下，保持 5min，如果有渗漏，纸条上就会出现红色(用酚酞时)或黑色斑点(用硝酸亚汞时)，用酚酞时，应注意把焊缝上的熔渣除净，因为酚酞遇到碱性物质就会变成红色，会造成假象。

氨气渗透试漏除了用于检查焊缝，还可以用于检查介质为氨气的设备和管道系统，例如，对于制冷设备虽然经过空气试压，真空试验，同时还要在正式注入制冷剂之前，进行充液氨渗漏试验，因为制冷剂的渗透性较强，氨渗透试漏对于制冷设备及管道也是必需的一道试验。具体按相关规程执行。

(3) 液体渗透试验

当焊缝的气孔夹渣的缺陷在其内部，而不是穿透时，煤油渗透、氨渗透试验都无法检查时，可以用液体渗透试验来检查，液体渗透有着色渗透和荧光渗透两种，首先将焊缝金属表面清理干净，充分干燥，然后涂刷或喷涂渗透液，使用有色渗透液时，经过一定时间的渗透(至少 3min 预渗透液来确定)，除去遗留在表面上的渗透液，涂上显影剂，待其干燥 30min 便可进行检查，如果呈现深红色，就说明焊缝中有缺陷，如果仍为白色，说明焊缝内部无缺陷、合格。

使用荧光渗透液时，需要在暗室中用紫外线照射，使其发出荧光，来判断焊缝中的缺陷。

着色渗透试验在罐底板、壁板上检查焊缝质量经常使用。

(4) 水压试验

水压试验是设备和管道安装完毕后，必须进行的试验，用水压试验来检验其强度是否合格，也可以用水压试验来检查其严密性。

首先在设备或管道内灌满水，要安装两块压力表，一块在高处，一块在低处，压力表必须是检验合格的，然后用试压泵继续向内注水，产生一定的压力，用水的压强对设备或管道进行强度试验。

水压试验时，加压应缓慢，设备顶部空气需放净。

水压试验完毕后，打开顶部放气阀，以免产生负压，再打开排水阀门，把水放入指定地点，不许浸泡基础，水压试验后，将水排净。

(5) 气压试验

气压试验对于动设备、静设备、金属管道的压力检测都有应用。由于气体膨胀灵敏，危险性大，作气压试验时要格外小心，气压试验就是用气体(一般是用压缩空气)，作为介质对设备或管道进行试验，气压试验时，安全措施必须落实到位。

气压试验代替水压试验是在下述情况使用。

① 设备的设计结构不便于充满液体试验时。

② 设备的支撑和结构不能承受充满液体后的负荷时。

③ 设备内部放水后，不容易干燥，而生产使用时又不允许有剩余水分时。

气压试验时，应缓慢升压，当达到规定的试验压力的一半时，压力应以每级 10%左右的试验压力，逐级增加至试验压力，然后降至工作压力，保持足够长的时间，以便进行检查，用涂刷肥皂水在焊缝处进行查漏。

（6）密封性试验

密封性试验是一个单独的试验项目，水压试验和气压试验即可试验强度，也可试验密封性，只是试验的压力值不同，试验密封性时，工作介质是液体的设备，试验介质一般用水，工作介质为气体时，试验介质在一般情况下应用空气或惰性气体，密封性试验在允许的情况下，尽量与强度试验并在一道工序内进行，先进行强度试验，然后再进行密封实验。如果试验介质不同，就必须分别进行。装置的系统密封试验就必须单独进行。

用气体作密封性试验时，检验方法一般是检查气体在每小时（至少观察 1h）内的泄漏量或泄漏率是否符合规定，由于设备的容积可视为不变的，所以气体的泄漏量或泄漏率可以用压力表量度，同时计入由于温度变化而引起的气压变化值，当气温无变化时：

$$\Delta p = p_1 - p_2$$

$$\Delta = \frac{p_1 - p_2}{p_1} \times 100\%$$

式中　Δp——泄漏压力降；

　　　Δ——泄漏率；

　　　p_1——记录起点时的试验介质的绝对压力，MPa；

　　　p_2——记录终点时的试验介质的绝对压力，MPa。

当气温发生变化时，则必须将压力换算成温度未变时的压力，根据在容器的容积不变时气体压力与温度成正比的定律：

$$\Delta p = p_1 - \frac{T_1}{T_2} p_2$$

$$\Delta = \left(1 - \frac{T_1}{p_1} \frac{T_2}{p_2}\right) \times 100\%$$

式中　T_1——记录起点试验介质的绝对温度，K；

　　　T_2——记录终点试验介质的绝对温度，K。

泄漏率 Δ 的数值在设计允许的范围内即为合格，如果超出设计允许范围，要认真检查找出泄漏处，并进行补焊修复。

气压密封性试验的计算是否正确，关键在于温度测量是否正确，要注意以下几点：

① 打入设备内的气体，往往与设备本身及其内部原有的空气温度相差较大，要等一段时间，待设备内气体温度稳定后再进行测量，作为记录起点温度。

② 温度计宜在设备内不同部位多放几支，计算时取其平均值，例如干式气柜气密性试验时，在柜内活塞上放置四支温度计，均布在砖墙的周围上，计算时取四个温度计的平均值。

12.1.2　设备的校正与调试

设备经过试压之后，对各种参数要进行验证、考核校正与调试，以期能达到设计要求的数值（标准）。

例如离心式压缩机，在用户管网特性发生变化时，为了保证用户提出的工况需要，就要对压缩机装置进行相应的调整，改变压缩机装置对管网的供给特性曲线，常见的调试调节方法有：

（1）变转速调节

采用变转速调节方法，可以使压缩机在工况变动时，效率的变化不大，并且机器的机构不要求具有可变动部件，这种变转速调节方法具有运行经济性高，构造简单的优点，但在采用变转速调节时，压缩机的工作区域受机器最大转速和喘振区的限制。

（2）转动叶片的调节

转动叶片的调节，包括进口导流器、叶片扩压器及工作叶片可转动的调节，采用转动叶片调节大大地扩大了压缩机的工作范围，并且在运行经济上可以与变转速调节相接近，而它的喘振区域要比变转速调节时小，也就是说在流量小的时候，用这种调节方法可以比变转速调节时得到更高的能量头。

（3）进气节流

采用进气节流调节时，在压缩机进气端的管路上装一只节流阀门，节流阀的位置得到一条压缩机的特性曲线，从运转经济性方面来看，它比变转速调节和叶片转动调节要低，采用这种方法进行调节，可以不需要变速，也不需要转动压缩机叶片的情况下，满足工况变动的要求，从机器整个装置的成本和构造上是有利的，在吸气调节时，比上述两种方法都具有较小的喘振区，即在小流量时具有高的能量头，因此，在一般电动机拖动的压缩机中应用的较为广泛。

（4）排气端节流调节

排气端节流调节实际上只是相当于改变管网的特性曲线，而对压缩机供给特性曲线没有影响，出气节流所带来的损失将使整个装置的效率大大降低，因此，这种方法是不太经济的，而且喘振区界限仍未改变，这种调节方法，一般情况下很少采用。

（5）放气调节

离心式压缩机所用的放气调节，多为排气管旁通管路调节，如果系统要求输气量在较大范围内变动，而压力变动较小，且需要气量小于机器本身喘振时的流量时，用变转速或进气节流调节显然是不合适的，这时，为了满足工况要求，可采用压缩机的排气端开启旁路阀，使多余一部分气体排至大气或回到吸气管的方法来进行调节。采用这种方法，可以使用户对应于旁路阀全闭时的某一最大流量，得到流量为零时为止。

在这个范围内的任何一个流量，采用旁路气流调节的唯一好处就是，它的调节区域比任何其他调节方法都来得大。这种方法只是用来防止喘振时采用。

12.2 单机试车

驱动装置、机械或机组，在安装后必须进行单机试车。

12.2.1 单机试车的条件

（1）所有试车所涉及的范围内的工程已按设计文件的内容和有关规范的要求全部完成，并应提供下列资料和文件。

① 各种机器、设备、零部件、阀门、开关等机、电、仪产品合格证书。

② 施工记录和检验合格文件。

③ 隐蔽工程施工记录。

④ 管道系统资料。

⑤ 蒸汽管道、工艺管道吹扫或清洗合格资料。

⑥ 压缩机各压力段间的管道耐压试验和清洗合格资料。

⑦ 机器润滑油、密封油、控制油系统清洗合格资料。

⑧ 管道系统耐压试验合格资料。

⑨ 规定开盖检查的机器的检验合格资料。

⑩ 换热器泄漏量和严密性试验合格资料。

⑪ 安全阀调试合格资料。

⑫ 与单机试车相关的电气、仪表调校合格资料。

(2) 试车要编写试车方案，并经批准才能进行单机试车。

(3) 试车操作人员经过学习培训，考试合格，熟悉试车方案和操作方法，并能正确操作。

(4) 试车所需燃料、动力、仪表、空气、冷却水、脱盐水等检验合格并能确保供应。

(5) 调试仪表、工具，记录表格齐备，保修人员就位。

12.2.2 单机试车规定

所谓单机试车就是在现场安装的驱动装置要进行空负荷试运转，或单台机器、机组以水、空气等为介质进行负荷试车，用以检验其除受介质影响外的机器、设备的机械性能和制造、安装质量。单机试车前首先要满足预试车的规定要求：

① 划定试车区，无关人员不得进入。

② 设置盲板，使试车系统与其他系统安全隔离。

③ 单机试车必须包括保护性联锁和报警装置等自控系统的检验。

④ 必须按照机械设备使用说明书、试车方案和操作法进行指挥和操作，严禁多头指挥、多头领导、违章操作，防止事故发生。

⑤ 要指定专人进行测试，认真做好记录。

⑥ 单机试车合格后，由参与试车的单位在规定的表格上共同确认签署意见。

12.3 联动试车

所谓联动试车就是对规定范围内的机器、设备、管道、电气、自动控制系统等装置，在各自达到试车标准后，以水、空气等为介质所进行的模拟试运行，以检验其除受介质影响外的全部性能和制造、安装质量。

12.3.1 联动试车的一般规定

联动试车一般由建设单位组织进行，施工单位配合，建设单位必须在工程建设开始时就要成立生产准备机构负责各项生产准备工作，以满足试车和生产需要，保证工程建设与生产的衔接。

施工单位除必须熟悉设计文件，机械设备(装置)，仪表系统、电气系统等说明书，施工及验收规范外，还必须熟悉生产流程，以保证工程质量和进度，满足试车的要求。

施工单位的安装进度必须按照建设单位统筹计划规定的控制点按期完成，建设单位也要根据实际情况适时地进行调整，工程质量必须符合有关规范和标准的规定。

设计单位的代表必须熟悉机械性能和施工及验收规范等规定，设计文件必须满足施工及预试车的需要。施工单位在施工过程中，必须按照设计说明书、工艺流程图和施工图的要求，预留好吹扫、清洗、置换等工作的接口，为预试车创造条件。

试车工作必须严格执行试车总体方案规定的程序，前一段不合格不得进行下一段的试车工作。例如炼油装置的试车，就要一个标段、一个标段地往下试车，首先是常减压标段，接着是加氢裂化标段，连续重整标段，再者是延迟焦化，最后全部工艺系统进行联动试车。

12.3.2 联动试车前的预试车

(1) 管道系统已按设计文件规定的内容和施工及验收规范规定的标准完成了全部安装工作，并提供了下列技术资料和文件：

① 各种产品合格证或复验报告。

② 生产装置的各类阀门试验合格记录。

③ 附有单线图的管道系统安装资料或管道系统安装资料，其中包括：管道、管件、管道附件、垫片、支架等的规格、材质，施焊接头位置、焊工代号、无损检测及热处理合格记录。

(2) 管道系统的耐压试验和内部处理要符合下列规定：

① 严格按设计文件的要求和批准的耐压试验方案执行。

② 按压力等级分段进行耐压试验，当和设备一同试压时，以设备的试验压力为准。

③ 确保与其他系统安全隔离。

④ 当与仅能承受压差的设备相连时，必须采取可靠措施，确保在升压和卸压过程中其最大压差不得超过规定范围。

⑤ 耐压试验用水的水质、水温必须符合有关施工及验收规范的规定。

(3) 循环水系统的预膜处理要求如下：

① 严格按批准的方案和水质稳定药剂配方的规定进行预膜处理。

② 预膜处理前必须进行人工清理或水冲洗，合格后，冲洗水方可进入设备，冲洗水不得任意排放。

③ 预膜处理后的管道系统应保持连续运行，停运或排放不得超过规定时限。

④ 预膜及预膜后投入运行的循环水系统应及时投用旁路水质试验装置。

12.3.3 联动试车的要求

(1) 联动试车必须具备下列条件，并经全面检查确认合格后，方可开始联动试车。

① 试车范围内的工程已按设计文件规定的内容和施工及验收规范的标准全部完成。

② 试车范围内的机器，除必须留待化工投料试车阶段进行试车的以外，单机试车已经全部合格。

③ 试车范围内的设备和管道系统的内部处理及耐压试验、严密性试验已经全部合格。

④ 试车范围内的电气系统和仪表装置的检测系统、自动控制系统、联锁及报警系统等都已符合相应规范的规定。

⑤ 试车方案和操作法上级的有关领导已经批准。

⑥ 工厂装置的正常管理机构已经建立，各级岗位责任制已经执行。

⑦ 试车领导组织及各级试车组织已经建立，参加试车的人员已经考试合格。

⑧ 试车所需燃料、水、电、气等可以确保稳定供应，各种物资和测试仪表，工、机具都准备齐备。

⑨ 试车现场有妨碍安全的杂物均已清理干净。

（2）联动试车应符合下列规定：

① 要按照试车方案及操作法精心指挥和操作。

② 试车人员必须按建制上岗，服从统一指挥。

③ 不受工艺条件影响的仪表、保护性联锁、报警皆应参与试车，并应逐步投用自动控制系统。

④ 联动试车前，应制定试车区，无关人员不得进入。

⑤ 联动试车应按试车方案的规定认真做好记录。

（3）联动试车应达到下列标准：

① 在规定的期限内，试车系统应前后衔接，稳定运行。

② 参加试车的人员应掌握开车、停车、事故处理和调整工艺条件的技术操作及处理能力。

③ 试车合格后，参加试车的有关部门应按规范要求签字确认。

④ 联动试车完成并经消除缺陷后，由建设单位负责向上级主管部门申请化工投料试车。

在联动试车结束后，工程验收时，应由施工单位将实际施工中发生过设计变更的地方标注在竣工图上，隐蔽工程记录在工程验收时一并上交使用单位。

联动试车后，办理工程交接证书的签字交接，化工投料报告和方案经上级批准，工厂的生产经营管理机构已建立，责任制度已明确，上岗人员已进行岗前培训和安全教育，即可着手化工投料试车工作。

附录一 氢气压缩机安装施工方案

1. 编制说明

本方案为××厂苯乙烯车间氢气压缩机安装施工方案，由于土建工程尚未结束，基础附近的地下工程尚未完成，设备就位前应严格进行基础交接工作，由于工期要求紧，在施工准备、技术准备等方面都要抓紧时间，施工中严格遵照本方案执行。

2. 编制依据

2.1 《压缩机、风机、泵安装工程施工及验收规范》GB 50275—2010

2.2 《机械设备安装工程施工及验收通用规范》GB 50231—2009

2.3 《现场设备、工业管道焊接工程施工规范》GB 50236—2011

2.4 《石油化工建设工程施工安全技术标准》GB 50484—2019

2.5 《石油化工工程起重施工规范》SH/T 3536—2011

2.6 氢气压缩机布置图

2.7 管路部件图

3. 工程概况

3.1 本台压缩机是对××厂苯乙烯车间产生的副产品氢气进行回收，此次安装的压缩机共计两台，一台工作，一台备用。

3.2 氢气压缩机的主体位于新建厂房内，汽缸中心标高 EL+5.7m。

3.3 氢气压缩机的型号为：4M12-107/0.1-17-1

形式为：四列三级对称平衡型

容积流量：6000m³/h（标准状态）

吸气压力：0.11MPa（G）

行程：320mm

转速：333.3r/min

轴功率：800kW

主机/辅机质量：33264kg/9836kg

主机外形尺寸：7215mm×2110mm×1890mm

电动机型号：TAKW630-290-18

形式：增安型同步电机

转速：333.3r/min

质量：19000kg

功率：900kW

电压：6000V

4. 施工前技术准备

4.1 机器安装前应具备下列技术资料

4.1.1 机组出厂合格证

4.1.2 质量检验书

① 机身、中体、汽缸、主轴、连杆、活塞杆等主要部件的时效或调质处理证明书。

② 机身试漏合格证明书。

③ 汽缸本体和汽缸夹套水压试验合格证明书。

④ 高压缸体、主轴、连杆和活塞杆等部件无损探伤合格证明书。

⑤ 氢气缓冲罐，一、二、三级分离罐作为压力容器的产品质量证明书。

⑥ 随机管材、阀门、管件和紧固件等的材质合格证书及阀门试压合格证书。

⑦ 压缩机出厂前预组装及试运转记录。

4.1.3 机组的设备图、安装图、易损件图及产品安装操作、维护使用说明书等。

4.1.4 机组的装箱清单。

4.2 施工机具准备：按方案提出的计划表进行准备。

4.3 人员准备：根据工程量提出劳动力计划，组织配备精兵强将，从而保证工程的质量和进度。

4.4 机器验收

机器开箱验收应在建设单位代表、施工单位代表、监理人员的参加下进行。并按图纸、技术资料及装箱清单等对机器进行外观检查，核对机器及其零部件的名称、型号、规格、数量是否与图纸资料相符，机器验收后由施工单位保存，应将暂不安装的零部件放入库房内保存，库房内应保持干燥、通风，注意防潮，避免腐蚀。

4.5 机器基础的中间交接

4.5.1 土建施工单位将基础提交给安装施工单位时，必须提交基础质量合格证书。

4.5.2 安装施工单位按有关提交的基础施工图及机器技术资料，对机器基础尺寸及位置进行复测检查，其允许偏差应符合附表1-1规定：

附表1-1 允许偏差

序 号	项目名称			允许偏差/mm
1	坐标位置(纵、横轴线)			±20
2	不同平面的标高			+0 −20
3	平面外形尺寸			+20
4	平面水平度	每米		5
		全长		10
5	预埋地脚螺栓孔	深度		+20~0
		中心距		±10
		垂直度		10

4.5.3 对基础应进行外观检查，不得有裂纹、蜂窝、空洞、露筋等缺陷。

4.5.4 基础复测合格后，应由土建施工单位向安装施工单位办理中间交接手续。

4.6 运输及消防通道畅通。

4.7 安装前，对施工人员进行技术交底，针对本项目的工程质量、职业安全卫生、环境保护、工程进度目标、机组工艺流程、机器结构、设计图纸、说明书、规程规范、标准和安装技术要求等进行详细的学习和指导，使全体施工人员对机组结构与安装要求有较深入的了解，能熟练地掌握施工方法和步骤，为保证机组的施工质量和进度做好充分准备。

5. 质量要求和保证质量措施

5.1 质量要求

① 单位工程交验合格率100%。

② 安装单位工程优良率92%以上。

③ 安装分部、分项工程合格率100%。

④ 安装分部、分项工程优良率90%，且主要分部、分项工程全部优良。

⑤ 工程材料正确使用率100%。

⑥ 焊缝无损检测一次合格率≥98%。

⑦ 设备试车一次合格率100%。

⑧ 特殊工种持证上岗率100%。

⑨ 管道封口率100%。

⑩ 设备及管道内部清洁度100%。

5.2 保证质量的措施

5.2.1 建立完善的质量保证体系，并使之正常运行，质量保证体系如附图1-1所示：

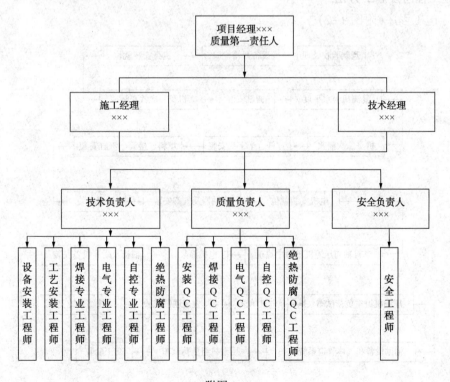

附图1-1

5.2.2 压缩机安装质量控制点见附表 1-2：

附表 1-2 压缩机安装质量控制点

序　号	质量控制点	控制级别
1	设备开箱检验	AR
2	基础检查验收	BR
3	安装检查	BR
4	垫铁安装隐蔽检查	AR
5	联轴器对中检查	BR
6	油系统冲洗检查	BR
7	试运转前系统确认	AR
8	试运转检查	AR
9	往复式压缩机单机试车	AR

注：A-建设单位、监理单位、施工单位三方的质量负责人共同检查确认。

B-监理单位、施工单位的质量检查人员共同检查确认。

R-提交检查记录(监理文件、交工技术文件)。

6. 施工程序及施工方法

6.1 施工程序(附图 1-2)

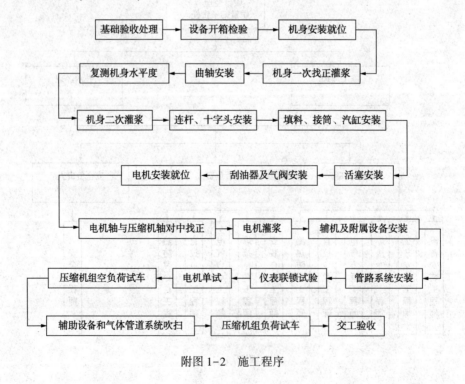

附图 1-2 施工程序

6.2 施工方法

6.2.1 机器安装前应对基础进行处理，基础表面应铲出麻面，麻点深度不宜小于10mm，麻点分布以每平方分米内有 3~5 点为宜，表面不得有疏松层，且不得有油污。

6.2.2 将机器底座、冷却器、缓冲器分别用垫铁找正，找正时，设备纵横中心线与基础中心线重合，允许偏差为 5mm，标高允许偏差为 ±5mm。

6.2.3 在压缩机中分面处或汽缸面处测机身水平度，其纵横水平度偏差均不得大于0.05mm/m。

6.2.4 主机的安装

6.2.4.1 机身、中体的安装

每个地脚螺栓两侧，应摆放两组垫铁，每组垫铁不应超过四层，不允许用小于 1 mm 厚的垫铁，机身底面与垫铁及垫铁之间接触面积不小于 60%，两组垫铁高度 50~70mm，应检查各组垫铁的水平情况，保证其水平度小于 0.3/ 1000mm，机身、中体在基础就位后，用水平仪通过主轴孔找机身横向水平，过中体滑道找机身纵向水平，横向水平以 1# 轴承为基础，纵向水平以滑道后端为基础，其水平度偏差不大于 0.05/1000，当纵向水平偏差过大时，允许刮修中体与机身接合的法兰面找正。

6.2.4.2 曲轴的安装

机身轴承孔下瓦装好后，机身横梁拆下，做好安装曲轴的准备，曲轴彻底清洗干净，水平吊装，平稳地装入机身轴承中，借助轴承盖螺栓和压铁压紧下瓦，检查各轴瓦的接触情况，轴瓦下面接触面为 120° 时是最佳状态，最小不小于 90°。轴瓦精度高，一般不允许刮研，若接触不良时，可以通过调换轴瓦来达到目的。

在曲轴的五个轴承中，允许有一个轴承下方有不大于 0.05mm 的间隙存在。

6.2.4.3 汽缸的安装

以中体滑道轴心线为基准，找正各级汽缸的中心线，同轴度见附表 1-3：

附表 1-3 汽缸安装同轴度

一级气缸	二级气缸	三级气缸
0.15mm	0.15mm	0.10mm

各级汽缸的倾斜方向应与中体滑道倾斜方向一致，若出现方向不一致时，可通过刮研接触面调整，严禁用加偏垫、螺栓拧紧不均等方法处理。可用拉钢丝线法或激光找正法或其他方法进行找同轴。

6.2.4.4 连杆与十字头的安装

连杆与十字头在安装前要认真进行清洗，特别是十字头油孔、十字头销油孔锥面、连杆体油孔和小头衬套油孔等处必须清洗干净。安装连杆时，注意连杆螺母头上的字头标记对正，这是出厂时的拧紧状态，以便穿过开口销，安装过程中，注意不要破坏中体滑道工作面。

十字头装进中体滑道时，应注意到Ⅰ级左列和Ⅲ级列的十字头，工作时作用于下滑道，而Ⅰ级右列和Ⅱ级列则作用于上滑道，因此，调整十字头与中体滑道间隙时，应使Ⅰ级右列和Ⅱ级列十字头间隙处于下限值。

6.2.4.5 活塞的安装

认真清洗活塞体和活塞杆、清除毛刺，将活塞装入各级汽缸且与十字头连接，紧固十字头的连接螺母，且将止动垫圈翻边、放松。选择或调整十字头调节垫厚度，保证各级活塞在两端行程终点，其活塞顶面的余隙保证按技术要求。

活塞在各级汽缸周围间隙均匀，无卡紧、咬死现象。用压铅法检查活塞与汽缸的止点间隙，保证技术要求。各部主要间隙值详见技术交底。

6.3 二次灌浆

6.3.1 复测机器找正找平数值，应在24h内进行二次灌浆，否则应重新找正找平。

6.3.2 二次灌浆前，应将各垫铁组点焊牢固，并做好隐蔽工程记录。

6.3.3 二次灌浆层相接触的基础表面，应清除干净，无油污，同时进行充分的湿润。

6.3.4 二次灌浆用料，当用碎石混凝土时，其标号应比基础混凝土标号高一级。

6.3.5 二次灌浆时，必须连续进行浇灌，机器底部与二次灌浆层相结合的表面，必须充满并捣实。

6.4 压缩机的清洗

6.4.1 压缩机出厂时经过防锈油封，安装前应该进行清洗，主要是汽缸、活塞、活塞环、支撑环及气阀、填料等部位，清洗时应用四氯化碳或其他非油质性清洗剂。

6.4.2 清洗后安装时，要对一、二级活塞与汽缸圆周的径向间隙进行复测，并用压铅法测出一、二级活塞上、下止点的间隙。

6.5 附属管线的安装

6.5.1 根据压缩机装配图，连接压缩机与缓冲罐、冷却器之间的管线，氢气介质的管道所用的管子、配件及所有与氢气接触的材料，都必须在安装前进行严格的脱脂处理。

6.5.2 按照压缩机的配管图，安装压缩机汽缸体、冷却器的冷却水管线。

6.5.3 要求管线内部清洁无锈，管件、阀门各处密封严密，不得有泄漏。

6.5.4 管道连接时，不允许有强制现象，以免影响压缩机各部分的配合精度。

6.6 压缩机的试运转

6.6.1 试车前的准备工作

6.6.1.1 清洗机器内部，检查合格后，加入规定牌号的润滑油，检查油位指示器所示油位高度是否符合要求，同时用人工方法向机身十字头滑道的摩擦面上注入足够的油量，避免初开车时因缺油润滑而烧损。

6.6.1.2 检查各连接件的结合与紧固情况，有松动之处应及时紧固。

6.6.1.3 检查水管路流通情况，打开总进水管的截止阀，并检查各分支水管流动情况是否畅通无阻。

6.6.1.4 校正压力表，检查气压表和油压表安装情况是否正常。

6.6.1.5 观察和判断运动机构是否灵活，用手扳动飞轮，使压缩机空运转两三转，如有卡滞或碰撞现象，应查出原因，予以消除。

6.6.2 压缩机空运转

6.6.2.1 压缩机的空运转是在卸去各级气阀的情况下进行的。

6.6.2.2 压缩机空运转时，先瞬时点动数次，观察压缩机运转情况，检查旋转方向是否正确，若正常，则合上开关运转，并检查下列事项是否符合要求：

① 油压表指示的油压不低于 0.15MPa。

② 压缩机运转时响声正常，不应有撞击声和杂音。

③ 冷却水畅通无阻。

6.6.2.3 连续空车运转 5min 后停车，检查并记录下列情况：

① 曲轴轴承、连杆轴承和十字头滑道的温度。

② 活塞杆与填料及刮油环之间的摩擦情况。

③ 检查或观察机身内润滑油是否沿活塞杆经刮油环窜进填料箱及汽缸内。

④ 活塞杆表面有无划痕与擦伤，氟塑料制件有无异味。

6.6.2.4 检查机器正常时，即可再进行空车运转 30min，再检查上列项目，如无异常，即可进行下列工序。

6.6.3 吹洗

压缩机空车运转完成后，即可进行吹洗工作，所谓吹洗，就是利用各级汽缸排出的压缩空气，吹除各级管路内的尘埃及脏污，吹洗工作应按如下步骤进行。

6.6.3.1 装上一、二级气阀及其他管路，不装二级吹气管，开车吹洗从一、二级分离器出口检查，吹出干净空气为止。

6.6.3.2 装上二级吸气管，开车继续吹洗，直到气体出口处检查排气中无任何灰尘污物为止。

6.6.3.3 检查方法可用白布做打靶试验。

6.6.4 调整负荷运转

6.6.4.1 第一阶段开车运转 10min，由无负荷调整到二级排气压力为 0.2MPa 时检查：

① 压缩机运转平稳，应没有不正常的振动及响声。

② 检查冷却水流通情况，不允许有断断续续的水流，亦不允许有气泡及堵塞现象。

③ 压缩机各结合面及管路连接处应没有松动、漏气、漏水、漏油现象。

④ 各级排气温度不应超过 160℃。

⑤ 观察电流表有无显著的波动和激增现象，以判断氟塑料环装配间隙恰当与否。

⑥ 润滑油应不能沿活塞杆进入填料和汽缸内。

⑦ 听声判断吸、排气阀的工作情况是否正常。

⑧ 检查填料或活塞环有无严重泄漏现象。方法是停车时立即关闭排气阀，然后观察一、二级压力表变动情况及细听各处有无漏气响声。

6.6.4.2 第一阶段负荷试运转完毕，停车拆开机器侧盖，检查曲轴轴承、连杆轴承、十字头及滑道的温度有无过热现象，若无即可进行第二阶段开车试运转，压力调到 0.5MPa 后运转 30min 停车检查，项目同第一阶段。如无异常，则进行负荷运转。

6.6.4.3 由压力 0.5MPa 逐渐调整到满负荷(额定排气压力 0.7MPa)进行较长时间的连续运转，运转正常后则可正式测定各项参数，并应对减荷阀、调节器、安全阀等进行试验，考察其工作是否灵敏，压缩机经负荷运转后检查证明一切都正常时，方可投入正常运转。

7. 质量检验计划(附表 1-4)

附表 1-4　质量检验计划

序号	检验点	检验项目	检验级别			检验方法及检查数量	工作签证	检验标准
			监检	专检	自检			
1	设备验收	1 设备开箱检验	√	√	√	全面检查质量证明文件		
2	基础验收	2 设备基础验收与复验	√	√	√	全面检查交接复验记录		
3	机组安装	3 机身轴承箱油箱密封	√	√	√			
		4 机身安装	√	√	√			
		5 主轴轴承中体安装	√	√	√			
		6 灌浆前检查	√	√	√			
		7 汽缸和盘车器安装	√	√	√			
		8 十字头和连杆安装	√	√	√			
		9 填料和刮油器安装	√	√	√			
		10 活塞和活塞环安装	√	√	√			
		11 吸、排气阀安装	√	√	√			
		12 循环油系统安装	√	√	√		相关表格	相关标准
		13 汽缸和填料函油系统安装	√	√	√			
		14 电动机安装	√	√	√	观察全数检查		
		15 附属设备和管道安装	√	√	√			
4	循环油系统及水系统试运行	16 试运行前检查	√	√	√			
		17 水汽系统的试运行	√	√	√			
		18 循环油系统试运行	√	√	√			
		19 填料函注油系统	√	√	√			
5	无负荷试车	20 试运行条件和准备工作	√	√	√			
		21 无复合式车	√	√	√			
6	附属设备及管道	22 吹扫前检查	√	√	√			
		23 吹扫检查	√	√	√			
7	负荷试车	24 准备工作	√	√	√			
		25 负荷试运行	√	√	√			

8. 安全风险预测及安全技术措施

8.1　安全风险预测及控制措施(附表 1-5)

附表 1-5 安全风险预测及控制措施

序号	危险源	来源	可能发生的事故	风险等级	控制措施
1	施工现场	地面不平衡、道路不畅通	人员伤害 车辆伤害	中 中	平整地面、保持道路畅通
		夜间施工无照明	人员伤害	中	增加夜间照明
		无证动火、无防火设施	火灾	大	按规定办理作业证、配备消防器材
		平台钢格板没有固定或固定不平	高空坠落	大	牢固固定钢格板
2	施工机具	设备故障中运行或运行中检修	人身伤害	中	①机械使用前必须检查，保证机械设备状况良好、安全保险装置齐全有效 ②机械设备检修时必须切断电源或关闭电机 ③正确佩戴劳动用具 ④保证气瓶安全附件齐全有效、存放位置符合规定
		机械打磨、切割时未正确佩戴防护用具	人身伤害	中	
		车辆车况不良、安全装置不齐全或已失效	运输伤害	中	
		气瓶安全附件不齐全、使用或存放不符合要求	火灾爆炸	大	
3	高处作业	无可靠立足点	高处坠落	大	搭设临时平台
		未按规定搭设安全操作平台和防护设施	高处坠落	大	按规定搭设安全操作平台和防护设施
		物体放置不符合要求	物体打击	中	按要求放置物体
		未按规定设置上下通道	高处坠落	大	按规定设置上、下通道
4	洞口临边	未按规定设置防护设施	高处坠落 物体打击	大	按规定设置防护设施
		物体放置不符合要求	物体打击	中	按要求放置物体
		无明显警示	高处坠落、物体打击	大	设置等戒标志
5	电气设施	未使用5芯电缆	触电	大	①施工现场临时用电按规范要求 ②定期进行现场安全用电检查 ③所有接地装置经测试合格 ④带电作业需有专人监护
		电缆绝缘不良、乱拉乱接	触电	大	
		电缆过路无保护	触电	大	
		不符合"三级配电、两级保护"要求	触电	大	
		无接地零线	触电	大	
6	人为因素	不按规定正确佩戴个人劳动保护用品	人员伤害	大	①制定落实安全生产责任制及奖惩制度 ②加强安全监督和检查 ③加强安全教育 ④各工种要严格按操作规程施工
		违章违纪	各类事故	大	
		行为失误	各类事故	中	

8.2 安全技术措施

8.2.1 所有进入施工现场的员工应按规定穿戴好劳动保护用品，使用砂轮机时必须戴防护眼镜。

8.2.2 现场特种作业人员必须持证上岗。

8.2.3 各种压力气瓶必须分开存放，其安全附件必须完好，并搭设棚架，防止暴晒或雨淋。

8.2.4 使用倒链进行吊装时，倒链使用前应进行检查，合格后方可使用，倒链的系挂点须安全可靠。

8.2.5 起重作业时，重物下方不得有人停留或通过。

8.2.6 吊装作业时，设置禁区，与吊装工作无关的人员严禁入内，进入吊装作业区的人员要听从指挥，统一调度协调。

8.2.7 各工种要严格按照操作规程施工。

8.2.8 使用煤油、洗油等材料时要严禁烟火。

8.2.9 设备清洗、脱脂现场，应整洁宽敞、通风良好。

8.2.10 使用四氯化碳、三氯乙烯等为清洗剂时，操作者要穿好防毒护具，手不准直接接触有毒物品。

8.2.11 施工现场的危险部位应设置安全警示牌，悬挂端正、醒目、便于识别。

8.2.12 重物提升和降落速度要均匀，严禁忽快忽慢和紧急制动，左右回转要平稳，当回转未停稳前不得作反向动作，吊钩严禁带载自由下降。

8.2.13 对于施工时需要掀开平台钢格板的地方，需在四周设警戒线，工作完成后立即恢复，并将卡扣拧紧。

方案中施工机具计划、劳动力计划、施工材料计划、施工进度计划等从略。

附录二　泵类安装施工方案

1. 工程概况及特点

泵类设备是××厂××炼油项目的关键设备。该项目泵的台数多、类型复杂，有离心泵、计量泵、屏蔽泵、滑片泵、磁力泵等。因此，做好泵类安装的各项工作，保证安装工程的顺利进行，是整个设备安装工程的重要环节；特别是加氢裂化的加氢进料泵、贫溶剂泵、延迟焦化的辐射进料泵、高压水泵和柴油加氢的加氢进料泵等；10 台大泵的安装和检查验收更是关注的重点，这 10 台大泵中，有 3 台为进口泵，其余为国产泵。

加氢裂化装置的加氢进料泵，选用卧式双壳体多级筒形泵，轴功率为 1470kW，主泵由增安型异步电动机和液力透平联合驱动，备泵由电动机单独驱动，电动机功率为 1800kW，每台泵设一台独立的润滑油站，液力透平采用平衡型双机械密封。

贫溶剂泵驱动方式为：电机加液力透平，采用卧式双壳体多级筒形泵，外壳体为锻造加工，轴功率 485kW，主泵由增安型异步电机、液力透平联合驱动，备泵由电机单独驱动，电机功率选用 550kW，液力透平介质为循环氢脱硫塔塔底富液，每台泵设 1 台独立的润滑油站，液力透平采用平衡型双机械密封。

延迟焦化装置辐射进料泵是输送塔底渣油的关键设备，输送的介质为高温油类，因此要求有极好的密封性，以保证热油不外漏。由于介质中硫含量为 2.27%（质量分数），因此，泵的零部件要求具有抗硫腐蚀的能力。为提高泵组运行的可靠性，保证装置长周期平稳运行，辐射进料泵主泵采用国外引进产品，备泵为国产，泵组由泵体、联轴器、电机及联合底座组成，泵体为垂直剖分卧式离心泵，泵进、出法兰均向上布置，驱动电机采用国产增安型异步电动机。辐射进料泵工艺参数：介质为减压渣油及循环油，操作温度为 316℃（正常）、390℃（最高）/290℃（最低）；腐蚀成分：焦粉、硫含量 2.27%（质量分数）；正常流量 230m^3/h；吸入压力 0.42MPa；扬程 400m。

高压水泵在延迟焦化装置中，起水力切焦作用，是水力除焦的关键设备之一，要求具有足够高的压力和扬程，驱动电机功率要求足够大。泵组由泵体、齿轮、联轴器、电机、联合底座及润滑油站等辅助设备、配管组成，泵体为卧式双壳体离心式，泵进、出口法兰均向上布置。工艺参数：介质为除焦水（含焦粉，颗粒直径<0.3mm），正常流量 280m^3/h，扬程 3060m，轴功率 3190kW，电机功率 3800kW，出口压力 40MPa。

柴油加氢装置的加氢进料泵选用卧式双壳体多级筒形泵，外壳体为径向剖分、锻造加工，轴功率为 1167kW，电机功率为 1400kW，泵机械密封采用平衡型单端面机械密封，每台泵有独立的润滑站。工艺参数：流量为 311m^3/h，吸入压力 0.4MPa，排出压力 9.1MPa，扬程 1161m，泵送温度 45~120℃，额定功率 1167kW。

2. 编制依据

（1）GB 50231—2009《机械设备安装工程施工及验收通用规范》

（2）GB 50275—2010《压缩机、风机、泵安装工程施工及验收规范》

（3）HG 20203—2017《化工机器安装工程施工及验收规范》

（4）GB 50484—2008《石油化工建设工程施工安全技术规范》

（5）泵设备制造厂的有关技术文件

3. 施工顺序

泵安装施工顺序如附图 2-1 所示。

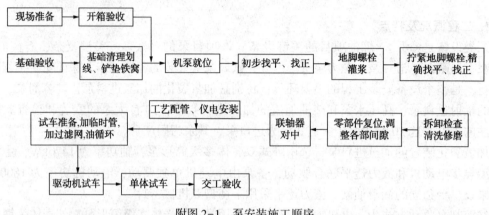

附图 2-1 泵安装施工顺序

4. 泵安装时主要工序的技术要求

4.1 开箱验收及管理

泵类设备到现场后，由建设单位组织，制造厂家、监理单位、施工单位参加，依据装箱单、订货合同，进行开箱检验。

4.1.1 核对设备的名称、型号、规格、包装箱号、数量，并检查包装状况。

4.1.2 检查随机技术资料及专用工具是否齐全。

4.1.3 对主机、附属设备及零部件进行外观检查，并核实零部件的品种、规格、数量等。

4.1.4 核对随机技术资料与设备是否匹配，核对设备是否与最终交付资料相匹配。

4.1.5 检验后应提交有签证的检验记录。

4.2 泵及其各零部件若暂不安装，应采取适当的防护措施，妥善保管，严防雨淋、损坏、老化、错乱或丢失等现象的发生。

4.3 凡与泵类设备相配套的电气、仪表等设备及配件，应由各专业人员进行验收，妥善保管。

4.4 对暂不安装的零部件、备品备件，应采取适当的防护措施，放入库房内，妥善保管，防止丢失、损坏。

5. 基础的验收及处理

5.1 基础移交时，应有质量合格证书及测量记录，在基础上应明显地画出标高基准线及基础的纵横中心线，在建筑物上应有坐标轴线，重要的设备应有沉降观测点。

5.2 对泵的基础进行外观检查，不得有裂纹、蜂窝、空洞、露筋等缺陷。

5.3 预留螺栓孔内应干净，无积水，无杂物。

5.4 按有关土建基础图、外形尺寸图及泵的技术文件，对基础的尺寸及位置进行复测检查，其允许偏差应符合附表 2-1 规定：

附表 2-1　基础尺寸与位置的允许偏差　　　　　mm

项次	项目名称		允许偏差	项次	项目名称		允许偏差
1	基础坐标位置(纵横轴线)		±20	6	预埋地脚螺栓	标高顶端	0~20
2	基础各不同平面标高		0~-20			中心距	±2
3	基础上平面外形尺寸		±20	7	预留地脚螺栓	中心位置	±10
	凸台上平面外形尺寸		0~-20			深度	0~-20
4	基础上平面水平度	每米 5		8	带锚板地脚螺栓	标高	0~-20
		全长 10				中心位置	5
5	竖向偏差	每米 5				水平度(带槽锚板)	每米 5
		全长 10				水平度(带螺纹孔锚板)	每米 2

5.5　基础在设备安装前应进行铲凿,将基础表面低强度、疏松的混凝土刨掉,并铲出麻面,麻面深度一般不小于 10mm,密度以每平方分米有 3~5 个点为宜。

5.6　需二次灌浆的基础表面,不允许有油污或疏松层,基础表面应该用无油压缩空气吹去所有灰尘和松散的颗粒,如果用水泥砂浆灌浆,基础表面应当用水浸透,直到不吸水为止,多余的水分除去,如果用环氧树脂砂浆,在施工前所有表面应保持干燥。

5.7　放置垫铁处的基础表面(至周边约 50mm)应铲平,其水平度允许偏差为 2mm/m。

5.8　螺栓孔内的碎石、泥土等杂物和积水,必须清除干净。

6. 设备的吊装

6.1　用于起吊的起重设备及绳索必须能承受起吊货物的重量(一般在产品数据单或发货单中都有货物的重量数值)。

6.2　设备在起吊前,应用钢丝绳索将设备捆绑好,达到良好的起吊平衡后,再慢慢匀速吊起。

6.3　设备吊装工作按起重操作规程进行。

6.4　吊装设备,要用设备上的吊耳,必须捆绑设备时,应用专门的吊装带进行,或在绳索上套防护品。

6.5　吊运设备应在排子上进行,严禁直接撬别、锤击、牵拉设备。

6.6　设备吊装顺序,应为先高后低、先大后小、先里后外。

6.7　要有专职安全人员,时刻在现场巡视,对安全措施的实施起监督作用,发现隐患和违章,及时排除和制止。

6.8　卧式安装泵的整机起吊,可直接把绳索挂在泵的固定件上,如入口法兰、电机等处,进行吊装。如果由于超重不允许整体吊装时,可将泵头、底座、电机分开起吊,最终在使用现场设备基础上进行组装。

6.9　泵本体上的吊环不能用于泵头或整机的吊装,泵体上的吊环仅用于泵的拆卸维修时对零部件的起吊。

7. 对地脚螺栓的要求

7.1　放置在预留孔内的地脚螺栓的光杆部分应无油污、氧化皮,螺纹部分应涂上少量油脂,地脚螺杆及锚板应刷防锈漆。

7.2　螺栓安装应垂直,地脚螺栓不应碰到孔底、螺栓上任一部位离孔壁的距离不得小于 15mm。

7.3 拧紧螺母后，螺栓必须露出螺母 1.5~3 倍的螺距高度，螺母与垫圈、垫圈与底座间的接触均应良好。

7.4 用螺母托着的钢制锚板与螺母之间应点焊固定。

7.5 当锚板直接焊在地脚螺栓上时，其角焊缝高度应不小于螺杆直径的 1/2。

7.6 地脚螺栓拧紧力矩：预留孔内的混凝土达到设计强度的 75% 以上时，才可拧紧地脚螺栓，拧紧力矩数值见附表 2-2。

附表 2-2　拧紧力矩数值

螺丝螺纹直径/mm	力矩/kgf·m	轴向拉力/kgf·m	螺丝螺纹直径/mm	力矩/kgf·m	轴向拉力/kgf·m
12	2.5~3	900	36	80~82	8500
16	6~7	1500	42	120~130	11500
20	13~14	2500	48	190~195	16000
24	23~24	3500	56	300~310	25000
27	34~35	4800	64	440~460	30000
30	45~70	5500			

8. 垫铁的安装

8.1 在地脚螺栓的两侧各放置一组垫铁，应尽量使垫铁组靠近地脚螺栓，当地脚螺栓间距小于 300mm 时，可在各地脚螺栓的同一侧放置一组垫铁。

8.2 相邻两垫铁组的间距，可视泵的重量、底座的结构形式以及负荷分布等具体情况布置，一般垫铁组的间距为 500mm。

8.3 垫铁表面应平整，无氧化皮、飞边、毛刺等，斜垫铁的斜面粗糙度不得低于 $\frac{25}{}$，斜度一般为 1/20~1/10，对于重心较高或振动较大的泵，采用 1/20 的斜度为宜。

8.4 斜垫铁应配对使用，与平垫铁组成垫铁组时，一般不宜超过 5 层，薄垫铁应放在中间，垫铁组的高度一般为 30~70mm，配对斜垫铁的搭接长度应不小于全长的 3/4，其相互间的偏斜角应不大于 3°。

8.5 垫铁直接放置在基础上，与基础接触应均匀，其接触面积应不小于 50%。平垫铁顶面水平度的允许偏差为 2mm/m。各垫铁组顶面的标高应与泵底面实际标高相符。

8.6 泵找平后，垫铁组应露出底座 10~30mm。每块垫铁伸入泵底座底面的长度，均应超过地脚螺栓，且应保证泵的底座受力均衡。若泵底座的地面与垫铁接触宽度不够时，垫铁组放置的位置应保证底座坐落在垫铁组承压面的中部。

8.7 泵用垫铁找平、找正后，用 0.25kg 的手锤敲击检查垫铁组的松紧程度，应无松动现象。用 0.05mm 的塞尺检查垫铁之间的间隙，在垫铁同一断面处，从两侧塞入塞尺的长度和不得超过垫铁长（宽）的 1/3。

8.8 垫铁组检查合格后，应立即用电焊在垫铁组的两侧进行层间点焊固定，垫铁与泵底座之间不得焊接。

8.9 垫铁选用计算公式

$$A \geqslant C \frac{(Q_1 + Q_2) \cdot 10^4}{R}$$

式中　A——垫铁面积，mm^2；

　　C——安全系数，宜取 1.5~3；

　　Q_1——由于设备等的重量加在该垫铁组上的负荷，N；

Q_2——由于地脚螺栓拧紧所分布在该垫铁组上的压力，可取螺栓的许用抗拉力，N；

R——基础或地坪混凝土的单位面积抗拉强度，可取混凝土的设计程度，MPa。

8.10 常用垫铁选用规格(附表 2-3)

附表 2-3 常用垫铁选用规格

斜垫片					平垫片				垫片面积
代号	L	b	c	a	材质	代号	L	b	材质	A/mm
斜一	100	50	≥5	4		平一	100	50		50
斜二	120	60	≥5	6	普通碳钢	平二	120	60	普通碳钢	72
斜三	140	70	≥5	8		平三	140	70		98
斜四	160	80	≥5	8		平四	160	80		128
斜五	200	90	≥5	8		平五	200	90		200

注：1. 垫铁厚度 h 可根据实际情况决定，底层平垫铁的厚度一般不小于10mm。

2. 表中的斜垫铁可与同号或者大一号的平垫铁搭配使用。

3. 为防止敲击时出现卷边，应预先将端面的上、下两棱边倒角。

4. 垫铁示意图如附图 2-2 所示。

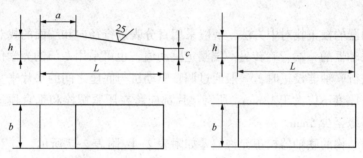

附图 2-2 垫铁示意图

9. 无垫铁安装

9.1 泵的自重及地脚螺栓的拧紧力均由二次灌浆层来承担的安装方法称为无垫铁安装，适用于底座平面较平整的设备。对于转速较高、负荷较大的设备，二次灌浆层部分应采用捣浆的方法；对于一般机器，可采用灌注的方法。

9.2 无垫铁安装是利用小型千斤顶或临时垫铁或泵上已有的安装用顶丝来找平泵，用微胀混凝土(或无收缩水泥砂浆)灌注并随即捣实二次灌浆层，待二次灌浆层达到设计强度的75%以上时，取出千斤顶或临时垫铁填实空洞，或松掉顶丝，并复测水平度。

10. 泵的找正

10.1 泵的纵向与横向中心线与基础中心线的允许偏差为±5mm，泵纵向中心线即泵轴的中心线；泵横向中心线一般为出口管的中心线。如果机组还包括齿轮箱，原动机与泵体中心线应分别进行检查，允许偏差分别为±5mm。

10.2 基础上所标出的标高的允许偏差为±10mm。用水准仪进行测量，以厂区或厂房内的基准点标高为准，垫铁总的高度应控制在 30~70mm。

10.3 泵就位后，应进行找平，找平时应该选取设备的入口法兰密封面或者泵轴的外露轴颈为基准面，泵体的横向水平允许偏差一般为 0.1mm/m，泵的纵向水平允许偏差一般为 0.05mm/m。在设备找正时，不允许采用松紧螺栓的方法来调整，必须通过调整垫铁的位置来找平。调整水平后，方可上紧螺栓，上紧后再次检查水平度，如果仍不能满足要求，应松开螺栓，重新调整。

10.4 泵进行找正后，要对泵轴联轴器和驱动端联轴器进行初步找正，以避免二次灌浆后无法找正。

11. 底座的二次灌浆

11.1 二次灌浆层的灌浆工作，一般在工程检查合格、泵最终找平、找正后 24h 内进行，否则在灌浆前应对泵的找平、找正数据进行复测核对。

11.2 二次灌浆层的高度一般为 30~70mm，灌浆时应安设外模板，外模板距设备底座外边缘距离不得小于 60mm，外模板高度不得小于 10mm。

11.3 二次灌浆层的灌浆工作要连续，不得分次浇灌，并应符合土建专业的有关技术规定。当环境温度低于 5℃时，在二次灌浆层养护期间，应采取保温或防冻措施。

12. 联轴器的找正

12.1 在基础(包括二次灌浆层)彻底固化之后，对泵联轴器进行准确校对。

12.2 校正联轴器之前，在联轴器偶合的情况下，检查驱动装置的旋转方向与泵的旋转方向是否一致。

12.3 联轴器的校正找对中方法，一般采用百分表进行径向和端面的找对中测量。将百分表座固定在联轴器的一端，旋转另一端测定跳动值，也可采用专门的光学仪器进行测量。

12.4 在进行联轴器校正时，一般通过调整驱动机与底座之间的垫片来实现，电机与底座间的垫片最大厚度不应大于 13mm，所有垫片都应跨在压紧螺栓和垂直顶丝上，并且应延伸出设备支脚外缘至少 5mm。

12.5 各种结构的联轴器校正允许偏差如附表 2-4~附表 2-7 所示。

附表 2-4　滑块联轴器(爪形联轴器)　　　　　　　　mm

联轴器外径 D	径向位移 y <	轴向倾斜 z <	联轴器之间间隙 S ≈
≤300	0.05	0.4/1000	2.0
>300~600	0.10	0.6/1000	2.0

附表 2-5　齿形联轴器　　　　　　　　mm

联轴器外径 D	径向位移 y <	轴向倾斜 z <	联轴器之间间隙 S ≈
170~185	0.05	0.3/1000	2.5
220~250	0.08	0.3/1000	2.5
>300~600	0.10	0.5/1000	5.0

附表 2-6　弹性柱销联轴器　　　　　　　　mm

联轴器外径 D	径向位移 y <	轴向倾斜 z <	联轴器之间间隙 S ≈
70~106	0.04	0.2/1000	3.0
130~190	0.05	0.2/1000	4.0
224~250	0.05	0.2/1000	5.0
315~400	0.08	0.2/1000	5.0
475~600	0.10	0.2/1000	6.0

附表 2-7　膜片联轴器

mm

联轴器外径 D	径向位移 y ＜	轴向倾斜 z ＜
D≤200	0.05	0.2/1000
200<D≤300	0.08	0.3/1000
300<D≤400	0.10	0.4/1000
400<D≤600	0.10	0.5/1000

13. 工艺管道安装

13.1　与设备连接的管道内部应清理干净，固定焊口应远离设备，不允许有附加外力加在泵上，泵的进出口应加临时盲板，等管道吹扫干净后方可拆除。

13.2　工艺管道与设备口配对法兰在自由状态下应平行和同心，允许偏差如附表 2-8 所示。

附表 2-8　法兰组对允许偏差

mm

转速/(r/min)	法兰面平行度≤	径向位移
≤1500	0.3	全部螺栓顺利穿入
3000~6000	0.15	≤0.50
>6000	0.10	≤0.20

13.3　法兰间距以能顺利放入垫片的最小距离为宜。

13.4　最终连接管道时，应在联轴器上用百分表监测其径向位移，转速≤6000r/min 时其位移≤0.05mm，转速>6000r/min 时其位移≤0.02mm，否则，调整管道。

14. 设备防护措施

14.1　安装好的泵进出口要加临时盲板，管道吹扫合格后方可拆除。

14.2　与其他专业交叉作业时，泵上方应搭防护棚，防止掉物砸伤设备。粉刷屋面时，设备上方应遮盖好，防止弄脏表面。

14.3　长时间外露的设备，应有防雨、雪措施。

14.4　不锈钢设备在安装过程中和安装后，应尽量避免与碳钢直接接触。

14.5　设备上的压力表、油杯等易损件应卸下保存，防止碰坏和丢失。敞开的管口要封闭包好。

14.6　通电的设备要挂牌提示，防止误操作损坏设备。

15. 单体试车

15.1　试车前的准备工作。

① 驱动机已单独试运转 2h 合格，转向与泵的转向一致。

② 各固定连接部位无松动。

③ 各润滑部位加注润滑剂的规格和数量应符合随机文件的规定。

④ 各指示仪表、安全保护装置及电控装置均应灵敏、可靠。

⑤ 盘车应灵活，无异常现象。

⑥ 入口管应加过滤网，按规定加注合格的润滑油(脂)。

⑦ 旋转部件加装防护网。

⑧ 泵入口加临时过滤网，滤网通流面积应大于入口面积的 2 倍。

⑨ 盘车检查，应灵活，无卡涩现象。

15.2　泵启动时应符合下列要求：

① 打开入口阀，关闭出口阀。

② 泵的平衡盘冷却水管路应畅通，吸入管路必须灌满液体，排尽空气，不得在无液体的情况下启动(自吸泵的吸入管路，可不灌注液体)。

③ 先点动驱动机，观察转动方向，听有无不正常的声响。

④ 以水为介质进行试运转，在额定工况下连续运转 4h。

15.3 泵停止时应符合下列要求：

① 关闭出、入口阀门，切断电源。

② 待泵冷却后，依次关闭附属系统(润滑油和冷却水阀门)。

③ 应放净泵体内积存的液体，防止锈蚀和冻裂。

15.4 试运转应符合下列要求：

① 开车时 15min 记录一次，半小时后，每小时记录一次。

② 电流、电压应符合技术文件的规定。

③ 轴承振动值应符合技术文件的规定，若无规定时，应符合附表 2-9 的要求：

附表 2-9 轴承振动值

转速/(r/min)	轴承处的双向振幅/mm≤	转速/(r/min)	轴承处的双向振幅/mm≤
≤375	0.18	>1500~3000	0.06
>375~600	0.15	>3000~6000	0.04
>600~750	0.12	>6000~12000	0.03
>750~1000	0.10	>12000	0.02
>1000~1500	0.08		

注：振动值应在轴承体上(轴线、垂直、水平三个方向)进行测量。

16. 质量保证措施：

① 施工前通过技术交底来贯彻与细化施工方案。

② 在各工序的施工过程中，通过现场技术交底和下达附有施工指导图的质检卡来实现全过程的质量管理。

③ 要求施工人员相对稳定、分工明确、负责到底，并实行作业人员的质量责任制，调动施工作业人员的积极性，实现全员质量管理。

④ 严格按照公司质量管理体系程序进行质量运作。

⑤ 安装前，对施工中使用的测量仪器，如百分表、水准仪、经纬仪、水平尺、卡尺等进行检定校核，确保计量器具的准确性。

⑥ 转子和运动部件不得有异常响声和摩擦现象。

⑦ 泵必须在额定负荷下连续进行单机试运转 4h。

⑧ 运转中，滑动轴承及往复运动部件的温升不得超过 35℃，最高温度不得超过 65℃；滚动轴承温升不得超过 40℃，最高温度不得超过 75℃。

⑨ 当需要打开泵检查时，关闭入口阀，打开放空阀门。

⑩ 泵的附属设备及管道应运行正常、连接牢固、无泄漏。

⑪ 停止电动机时，应注意电机是否平稳停车。

⑫ 采用现代管理手段，成立 TQC 小组，坚持"三检一平"，严格工艺纪律，加强监督管理，对新工艺、新技术的应用。

⑬ 试运行过程中，应做详细记录，发现异常及时处理。

附录三 加氢裂化往复压缩机安装施工方案

1、编制说明

××厂加氢裂化装置四台压缩机组均为散件到场。由于工期要求紧，施工交叉作业多，为有效控制施工质量，提高工作效率，保证工期。特编制此方案，以指导施工。

2. 编制依据

GB 50275—2010《压缩机、风机、泵安装工程施工及验收规范》

GB 50231—2009《机械设备安装工程施工及验收通用规范》

HG/T 20203—2017《化工机器安装工程施工及验收规范》

××厂随机相关图纸及技术资料

××厂加氢裂化装置初步设计

3. 压缩机组主要工艺技术参数

（1）结构特点及布置简图（附图 3-1）

结构形式：4M 型对称平衡式；列数：3 列；压缩级数：3 级；汽缸润滑方式：少油。

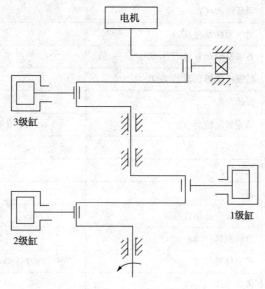

附图 3-1 布置简图

（2）性能参数及主要技术指标（附表 3-1）

附表 3-1 性能参数及主要技术指标

项　目	参数值及技术指标
型号名称	4M80-26/23.5-157.5-BX 型
介质名称	氢气
组成	H_2、CH_4、C_2H_5、C_3H_8

续表

项　　目		参数值及技术指标
额定工况下的性能参数	各级吸气压力/MPa	2.35/4.41/8.23
	各级吸气温度/℃	40/40/40
	各级排汽压力/MPa	4.41/8.23/15.75
	各级排气温度/℃	104/103/106
	轴功率/kW	2672
	排气量/(m³/min)	26(吸入状态下)
	冷却水压力/MPa	0.4(循环水)/0.4(软化水)
	主轴承温度/℃	≤65
	噪声/dB	≤85(声压级)
	曲轴转速/(r/min)	300
	仪表风压力/MPa	0.4~0.6
结构参数	活塞行程/mm	350
	各级缸径/mm	440/330/255
	活塞杆直径/mm	130
消耗指标	循环油量/(L/min)	300
	氮气消耗量/(m³/h)	12
性能参数	各级安全阀开启压力/MPa	5.12/9.94/17.32
	活塞杆摩擦表面温度/℃	≤100
	振动烈度	≤18
	填充氮气压力/MPa	0.1~0.15(填料)/0.05~0.10(中间填料)
	主机/kg	60585
	辅机/kg	24430
	管路/kg	2650
	机组最大起吊件/kg	37000(电机)
	电机检修件/kg	24000(电机)
	机组外形尺寸/mm	8950×4500×1800(不包括电机、辅机及管路)
	传动方式	刚性直联
电动机	型号名称	TAW3000-20W/2600
	额定转速/(r/min)	300
	额定电压/kV	6
	额定功率/kW	3000
	防爆标志	EXe Ⅱ T3
	质量/kg	40000

4. 施工工艺程序(附图 3-2)

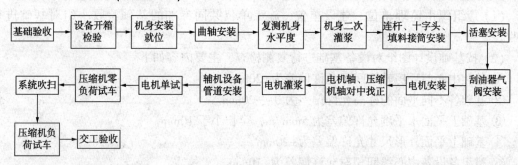

附图 3-2　施工工艺程序

5. 施工方法

5.1　施工准备

(1) 施工前的准备工作及应具备的条件

① 机组厂房土建工程已完成,并经验收合格。

② 厂房结构及行车组装工作已完成,确保机组安装时厂房封闭,行车可以使用。

③ 运输和消防通道畅通,并在厂房四周布置消防灭火器材。

④ 厂房内照明、用水、电气等均已畅通,具备使用条件。

⑤ 机器设备的临时倒运地点经监理检查安全可靠。

⑥ 厂房四周设立专区,并有专人值班,防止零件丢失。

(2) 机组安装前的准备工作

① 安装方案已批准,并向班组交底。

② 制造厂提供的各机器和附属设备的质量合格证书、检验和组装记录、安装使用说明书、主要部件图、易损件零件图、总装配图、特性曲线、机组找正曲线、试运转记录、装箱单等齐全。

③ 基础设计图纸,验收的技术规范、规程,施工方案,施工记录等文件齐全。

④ 机组平面布置图、安装图、有关工艺图及设计文件齐全。

⑤ 安装施工前,对施工人员进行技术交底,针对本项目的工程质量、职业安全卫生、环境保护、工程进度目标、机组工艺流程、机器结构、设计图纸、说明书、规程、规范、标准和安装技术要求等进行详细的学习和指导,使全体施工人员对机组结构与安装要求有较深入的了解,能熟练掌握施工方法和步骤,为保证机组的施工质量和进度作好充分准备。

⑥ 存放机器零部件的库房、货架已搭设完毕,并有可靠的防尘、防锈措施。

⑦ 机组安装用的各种记录表格、工具、量具等齐全。

⑧ 压缩机组或零部件在安装前,必须用清洗剂进行彻底清洗,以除去油封层,绝不允许用金属刮刀来进行这一工作,经清洗后的零部件要妥善保管。

(3) 施工组织

① 机组安装期间,应组织协调好机组的运输、吊装工作,土建的现场管理工作和基础交接工作。

② 机房内应安排专职保卫人员,无关人员禁止入内。

5.2　基础验收及处理

（1）应组织由监理单位、建设单位、施工单位共同参加的基础验收小组对基础进行验收。

（2）按基础设计图纸对设备基础进行复测检查，主要内容如下：

① 基础中心与厂房轴线间距允许偏差为±20mm。

② 基础各不同平面的标高允许偏差为 0～-20mm。

③ 基础上平面水平度允许偏差为 5mm/m，全长小于 10mm。

④ 基础上平面外形尺寸允许偏差为±20mm。

⑤ 机组各设备中心线间相对允许偏差为±10mm。

⑥ 地脚螺栓孔中心允许偏差为±5mm。

⑦ 地脚螺栓孔垂直度允许偏差为 10mm。

⑧ 与锚板相接触的平面应平整，其不平度的允许偏差为 5mm/m。

⑨ 平面凹凸部分允许偏差为±10mm。

⑩ 核实基础尺寸是否与设备相关尺寸相符，如有出入，应尽快解决。

⑪ 基础外观要求表面平整，无蜂窝、露筋、裂纹等缺陷。

⑫ 基础面上，复层必须打掉。

⑬ 基础上的纵横中心线、轴线、标高应标注清晰。

（3）设备安装前，应将基础做好：

① 需要二次灌浆的基础表面应铲出麻面，麻点每平方分米 3~5 个，均匀分布，深度不小于 10mm，表面油污及疏松层一律清除干净。

② 铲垫铁窝，划出垫铁位置，使垫铁在其上的接触面积达到 70%以上，用水平尺检查垫铁上的水平度，其横向不大于 1mm/m，纵向不大于 2mm/m，垫铁窝铲好后，清除基础上的尘土、杂物，重新在基础上划出纵、横中心线，地脚螺栓中心线，在基础侧面上标出标高。

③ 按垫铁布置图和标高位置安放垫铁，等设备就位。

④ 地脚螺栓预留孔内的碎石、泥土、杂物和积水等必须清理干净。

⑤ 核对到场设备地脚孔，发现有误，及时通知有关部门进行整改处理。

5.3　开箱验收

（1）机组开箱检查，必须有下列单位人员参加：

施工单位的人员有施工技术负责人、质检员、供应设备计划员；制造厂单位的人员有销售人员代表、技术人员代表；业主方参加的人员有项目部负责设备人员，设备处有关设备、电气、仪表人员；监理方的人员主要有负责设备专业的工程师，负责电气、仪表专业的工程师；如果是进口设备，还必须有商检部门的人员参加。

（2）开箱检查需采用合理的工具，如手锤、撬棍等，注意严禁将箱内物品损坏。

（3）开箱前，应检查机器名称、型号与对应箱号相符。

（4）设备上的防护物和包装应按施工工序安排，适时拆掉，不能拆得过早，开箱检查后要恢复包装。

（5）开箱后，凡经切削加工的零部件和附件，不得直接放在地上，以免锈蚀。

（6）根据装箱单核对机器零部件的名称、型号、规格、数量、随机附件、备件、附属材料、工具以及设备出厂合格证、其他技术文件是否齐全并检查包装是否有损坏。

① 对箱内物品进行外观检查，如有损伤、锈蚀、焊缝表面缺陷等情况应进行记录、拍照、对有争议的地方应协商解决。

② 检验后，由参检各方签字。

（7）设备的各运动部件，在防锈油未清除前，开箱检验时不得进行相互转动和滑动，由于检查而除去的防锈油在检查后应重新涂好。

（8）按设计图纸核实机组主要安装尺寸，并做好详细检查记录。

（9）检查完毕，对缺损的零配件等，及时确定解决办法。

（10）机器及各零部件若暂不安装，应采取适当的防护措施，妥善保管，严防变形、损坏、锈蚀、错乱等。

（11）凡与机器配套的电气、仪表等设备及配件，应由各专业人员进行验收，妥善保管。

5.4 机身一次找正灌浆

① 用 300t 吊车和 120t 履带吊车将机身吊装就位。

② 机身的找平、找正。将机身就位在已找好标高的垫铁上，机身水平度用框式水平仪测量，列向水平度在十字头滑道处测量，水平度不应超过 0.1 mm/m，轴向水平度在机身轴承座孔处测量，并以两端数值为准，中间数值作参考，两者水平度允许偏差不得大于0.5mm/m。

③ 机身一次灌浆。

④ 紧固机身地脚螺栓，垫铁两侧点焊牢固，准备二次灌浆。

5.5 曲轴及曲轴轴瓦清洗检查

在地脚螺栓孔混凝土灌浆强度符合要求后进行安装曲轴的工作。

① 拆除曲轴轴瓦上盖，吊出曲轴放在自制的托架上。

② 用洗油清洗曲轴和油箱。

③ 清洗曲轴轴瓦和油道，测量曲拐臂间距，其偏差应小于总行程的1/10000。

④ 用风泵将油道及瓦座吹扫干净，紧固曲轴油道丝堵，回装曲轴。

⑥ 检查曲轴各轴瓦间隙。

5.6 安装连杆和十字头

① 清洗连杆及连杆大、小头瓦和十字头。

② 检查轴径及连杆大、小头瓦的质量。

③ 安装连杆和十字头。安装十字头时，应注意对应关系，不得装反(机身两侧的十字头因其受力方向相反，各自十字头滑履上的垫片数量不同，每个十字头与其对应的机身处有字头标记)，用塞尺检查各连杆大、小头瓦的间隙，在十字头与滑道全行程的各个位置测量间隙。

④ 用塞尺检查十字头与滑道间隙，十字头与滑道接触面积应大于70%，并均匀接触。

5.7 填料、接筒、汽缸安装

① 将三个排气缓冲器吊装就位。

② 清洗三个汽缸与机身连接面的防锈油。

③ 组装填料，每组密封元件的装配关系及顺序应按随机图样中"填料部件图"中的要求进行。不得装反，每组填料密封环与填料盒间的轴向间隙应符合随机图纸的要求。

④ 填料组装后，仔细检查油孔、气孔等，应保证油孔、漏气回收孔、充氮孔及冷却水孔等畅通、清洁，并整体安装于汽缸上。

⑤ 安装三个缸体、接筒，汽缸连接面上的密封圈应全部放入槽中，紧固连接螺栓后，应使汽缸与接筒连接面全部接触、无间隙。

⑥ 汽缸、接筒连接成一体后，再将接筒另一端与机身连接。

⑦ 安装各缸体支撑架。

⑧ 当采用拉钢丝找正法时，以十字头滑道中心线为基准，找正汽缸的中心线，其同轴度偏差应符合附表3-2规定：

附表3-2 同轴度允许偏差

汽缸直接	径向位移≤	轴向倾斜
<100	0.05	0.02
>100~300	0.07	0.02
>300~500	0.10	0.04
>500~1000	0.15	0.06
>1000	0.2	0.08

其倾斜方向应与十字头滑道方向一致，如超过时，应使汽缸做水平或径向位移，或刮研接筒与汽缸止口处连接平面进行调整，不得采用加偏垫或施加外力的方法来强制调整。

⑨ 当采用校水平找正方法时，应在汽缸镜面上用水平仪进行测量，其水平度偏差不得超过0.05mm/m，其倾斜方向应与十字头滑道倾斜方向一致，并应测量活塞体与汽缸镜面的径向间隙，其间隙应均匀分布，偏差值不应大于平均间隙的1/8~1/6。

⑩ 无论采用哪种找正方法，均必须保证活塞杆径向水平、垂直跳动值符合产品说明书中的规定，并以活塞杆跳动值作为找正验收依据。

⑪ 缸体支撑架和地脚螺栓一次灌浆。当汽缸缸体以及活塞杆找正完成后，对缸体支撑架的地脚螺栓进行一次灌浆。

5.8 活塞安装

(1) 清洗活塞和各自的活塞环、支撑环。

(2) 安装活塞环时，应保证活塞环在环槽内能自由转动，压紧活塞环时，环应能全部沉入槽内，相邻活塞环的开口位置应互相错开。

(3) 安装支撑环时，在活塞装入汽缸时，应使支撑处于活塞正下方位置。

(4) 活塞在推入汽缸前，应在活塞杆尾部套入保护套，以避免安装时刮伤填料密封环。

(5) 将活塞分别装入缸体。

(6) 将各活塞杆与十字头采用液压连接。

① 将密封圈、压力活塞等组装后装入活塞杆尾部，与活塞杆台肩靠紧。

② 将调整环旋入定位环，使其径向孔对准定位环上任一螺孔。

③ 将止推环装在活塞杆尾部外端，用弹簧箍住。

④ 盘车使十字头移动，将活塞杆尾部引入十字头颈部内，用扳手拧动调节环，使定位螺母旋入十字头螺纹孔内，连接过程中应防止活塞转动。

⑤ 盘动压缩机，分别用压铅法测量前、后止点间隙，其数值应符合产品说明书中的

规定。

⑥ 当前、后止点间隙偏差较大时，应重新进行调整，旋松锁紧螺母，旋出定位螺圈，可重复调整直至止点间隙符合规定值。

⑦ 活塞前、后止点间隙合格后，应退出锁紧螺母，将定位螺圈上的螺钉拆下，涂上厌氧胶后拧入，最后旋紧锁紧螺母。

（7）回装缸头盖。

（8）再次复查前、后死点间隙。

（9）安装填料函冷却水管线和排气管线。

5.9 刮油器和气阀的安装。

（1）刮油器安装时，要注意刃口方向，不要装反。

（2）刮油环组与刮油盒端面轴向间隙应符合产品说明书中的规定。

（3）同一气阀的弹簧高度(自由高度)应相等，弹簧在弹簧孔中应无卡滞和歪斜现象。

（4）气阀连接螺栓安装时应拧紧，严禁松动。

（5）组装完成的气阀组件，应用煤油做气密性试验。

（6）气阀装入汽缸时应注意吸、排气阀在汽缸中的正确位置，不得装反，附图 3-3 是环状阀的吸气阀的结构简图。

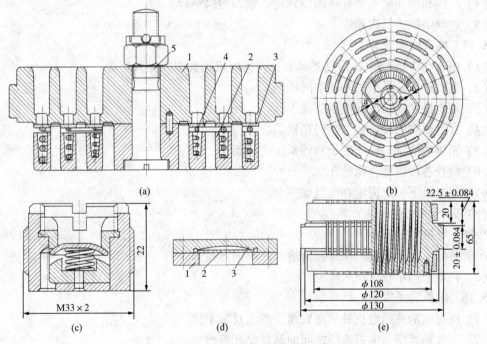

附图 3-3 吸气阀结构简图

1—阀座；2—升程限制器；3—阀片；4—弹簧；5—螺栓螺母

排气阀的结构与吸气阀基本相同，两者仅是阀座与升程限制器的位置互换而已，吸气阀升程限制器靠近汽缸，排气阀则是阀座靠近汽缸。

5.10 其他零件的安装

其他零件的安装应以产品出厂图样为依据，注意各零部件的正确安装位置。

5.11　压缩机附属设备安装

（1）机组油站吊装就位、找平、找正。

（2）气液分离器吊装就位、找平、找正。

（3）级间冷却器吊装就位、找平、找正。

（4）机组水站吊装就位、找平、找正，四台机组共用一个水站。

（5）水站、油站、气液分离器、各级冷却器进行一次灌浆。

5.12　进气缓冲器安装与调整

（1）安装进气缓冲器和支架，找平、找正。

（2）进气缓冲器及支架地脚螺栓一次灌浆。

5.13　压缩机、各附属设备及各支撑架进行二次灌浆

（1）各附属设备二次精找。

① 水站和油站的找正要求：纵、横向偏差≤5mm/m；位置偏差≤5mm。

② 分液罐的找正要求：垂直度偏差≤1mm/m；位置偏差≤5mm。

③ 级间冷却器的找正要求：位置偏差≤5mm。

（2）附属设备垫铁点焊，二次灌浆。

（3）压缩机安装水平度、位置度复查，质量要求同前。

（4）缸体和缓冲罐支架标高调整到位，紧固地脚螺栓。

（5）点焊垫铁，二次灌浆。

5.14　电机底座安装

（1）用300t吊车将电机吊到基础上，再将电机地脚螺栓穿入套管。

（2）电机护罩放在电机基础中间槽内。

（3）将电机底座吊放在电机基础上。

（4）穿上地脚螺栓，垫上临时垫铁。

（5）用煤油清洗底座与定子和轴承座连接面。

（6）检查各预留地脚螺栓孔。

（7）将电机下护罩固定在电机底座上。

（8）拆下油封座。

5.15　电机定子安装

（1）将电机定子吊起，用煤油清洗与底座的连接面。

（2）将定子固定在电机底座上。

5.16　电机转子安装

（1）用煤油清洗两电机轴承座底面、油池及轴承体。

（2）清洗轴承座与电机底座之间的调整垫和绝缘垫。

（3）将对轮侧轴承座固定在电机底座上，并打开轴承盖和上轴瓦，清洗轴和轴瓦，用白布盖好。

（4）用煤油清洗电机转子轴和轴颈。

（5）将两个甩油杯套在电机轴上，对轮端朝前穿过定子，放在两轴承座上。

（6）调整定子与转子的间隙。

（7）检查电机轴承间隙及转子绝缘情况。

（8）理设电机轴承测温点。

（9）引出线到电机外轴承测温接线盒。

（10）安装电机转子风叶片和励磁机风叶片。

（11）根据飞轮尺寸确定电机转子轴与曲轴端距离。

5.17 励磁机安装

（1）将励磁机定子穿在电机转子上。

（2）调整励磁机线圈与转子的间隙。

（3）引出线到电机外接线盒。

（4）检查转子与电机底座绝缘。

5.18 上护罩安装

（1）拆掉上护罩接线盒。

（2）将电机上护罩固定在底座上。

（3）装上接线盒，固定端子。

5.19 电机冷却器安装

（1）将电机冷却器与上机壳连接面的封条放好。

（2）将电机冷却器放在上机壳上并紧固螺栓。

5.20 电机对轮铰孔

（1）加工两根临时连接螺栓。

（2）把紧对轮。

（3）用铰刀先对电机对轮的任意两个螺栓孔铰孔，使其达到设计规定尺寸。

（4）装上飞轮，用两根联轴器螺栓将曲轴、飞轮、电机对轮连在一起。

（5）对电机对轮螺栓孔逐个铰孔。

5.21 联轴器安装

（1）连接联轴器螺栓。

（2）以压缩机轴为基准精找机组同轴度，要求径向偏差≤0.03mm/m，端面偏差≤0.03mm/m。

（3）安装飞轮护罩。

5.22 电机灌浆

5.23 管线施工

（1）压缩机本体管线安装。

（2）压缩机油管线安装，压缩机管道焊接全部采用氩电联杆，按探伤比例进行无损检测。

（3）压缩机与各附属设备之间的配管安装。

（4）压缩机工艺配管试压。

（5）油管线酸洗钝化施工程序及技术质量要求：

① 采用槽浸法进行酸洗，需在空旷的通风地带砌筑三个池子，分别用于酸洗、中和、钝化。

② 清除干净管道内的焊渣、铁屑、泥沙等杂质。当管道内表面有明显锈斑时，酸洗前应用5%的碳酸钠溶液进行必要的预除油处理。

③ 按附表 3-3 规定的配方和顺序配制酸洗液、中和液及钝化液，并搅拌均匀。

附表 3-3　酸洗液、中和液及钝化液配比一览表

溶液名称	名称	浓度/%	温度	时间/min
酸洗液	氢氟酸（HF）	1～5	常温	15
	硝酸钠（NaNO$_3$）	10～20		
	水（H$_2$O）	余量		
中和液	碳酸钠（Na$_2$CO$_3$）	5		5～10
钝化液	硝酸（HNO$_3$）	5		45
	重铬酸钾（K$_2$Cr$_2$O$_7$）	2		45

④ 用吊车将要酸洗的不锈钢管道投入酸洗池中，投入过程速度要缓慢，防止酸洗液溅出伤人。在酸洗过程中，应定期分析酸液的成分并及时补充新液，当清除脏的附着物的效果明显下降时，应予以更换，严禁将酸洗液、中和液、钝化液相互混合。

⑤ 酸洗的操作温度和持续时间应根据脏的附着物去除情况进行调节，酸洗后的水洗、中和、钝化三道工序应紧密配合、连续进行，工序间的排空时间应尽量缩短，以免生成新的氧化物，合格后应及时将管道封闭。

⑥ 当酸洗或钝化的效果不明显时，应适当提高溶液的浓度和温度。

⑦ 水洗后，应检查水的酸碱度（pH 值），在 7～7.5 的范围内为合格，然后立即用压缩空气吹干，并抹上工作介质油。

⑧ 酸洗后的管道以目测检查质量，内壁呈金属光泽的为合格，钝化质量应以蓝点检验法检查钝化膜的致密性，用检验液一滴点于钝化面上，15min 内出现的蓝点少于 8 点为合格。蓝点检验液配方见附表 3-4。

附表 3-4　蓝点检验液配方一览表

药剂名称	盐酸	硫酸	铁氯化钾	蒸馏水
含量百分数/%	5	1	5	89

经酸洗、中和、钝化后的废液、废水应经处理并符合环保要求后，按业主要求排入指定地点。

5.24　油系统检查

（1）油站残油清理。

（2）油冷却器和级间冷却器试压。

（3）油泵试运行，油管线冲洗。

（4）注油器试运行。注油管排空。

5.25　仪表施工

（1）就地仪表盘安装。

（2）就地仪表盘的仪表拆除、校验、安装。

（3）操作台、主机显示器安装。

（4）随机仪表安装、校验。

（5）随水站、油站带的仪表拆除、校验、安装。

（6）接线盒安装，保护管、风管安装。

（7）仪表电缆敷设、接线。

（8）控制柜安装，柜内隔离器温度变化校验、安装。

（9）PLC 调试。

（10）仪表盘柜送电系统、回路联校。

5.26　电气施工

（1）高压柜实验，高压电机绝缘测试，槽盒电缆敷设。

（2）电缆试压。

（3）高压电缆头制作接线。

（4）差动保护电流互感器安装调试。

（5）差动保护调试。

（6）盘车电机接线、空间加热器接线、单机试运行。

（7）电机试运行。

6. 垫铁的布置和要求

（1）垫铁布置的原则是在地脚螺栓两侧各放置一组垫铁，并尽量使垫铁组靠近地脚螺栓，当地脚螺栓间距小于 300mm 时，可在各地脚螺栓的同一侧共用一组垫铁，相邻两垫铁组的间距，可根据机器的重量、底座的结构形式以及负荷分布等具体情况而定，一般为 500mm 左右。

（2）垫铁表面应平整，无氧化皮、毛边等缺陷，斜垫铁的斜面粗糙度不得低于 $\sqrt{12.5}$ ，斜度一般为 1/20~1/10。对于重心较高或振动较大的机泵，斜垫铁采用 1/20 的斜度为宜。

（3）斜垫铁应配对使用，与平垫铁组成垫铁组，垫铁组一般不超过五层，薄的平垫铁应放在中间，垫铁组的高度一般为 30~70mm。

（4）垫铁直接放置在基础上，与基础接触应均匀，且接触面积应不小于 50%，平垫铁顶面水平度允许偏差为 2mm/m。各垫铁组顶面标高应与机器底面的实际安装标高相符。

（5）机器找平后，垫铁露出底座 10~30mm，地脚螺栓两侧的垫铁组，两块垫铁伸入机泵底座面的长度，均应超过地脚螺栓，且应保证机器底座受力平衡。

（6）配对斜垫铁的搭接长度应不小于全长的 3/4，其相互间的偏斜角应不大于 3°。

（7）机器用垫铁找平、找正后，用 0.25kg 的手锤敲击检查垫铁组的松紧程度，用 0.05mm 的塞尺检查垫铁之间以及垫铁与底座之间的间隙，在垫铁同一断面处从两侧塞入长度总和应不超过垫铁长（宽）的 1/3。检查合格后，用电焊在垫铁组的两侧进行层间点焊固定。垫铁和机泵底座之间不得焊接。

（8）垫铁规格：机身选用 260mm×130mm 的垫铁；电机部分选用 200mm×100mm 的垫铁；汽缸和缓冲器选用 140mm×70mm 的垫铁。

7. 地脚螺栓

（1）放置在预留孔中的地脚螺栓应符合下列要求：

① 地脚螺栓的光杆部分应无油污和氧化皮，螺纹部分应涂上少许油脂。

② 地脚螺栓应垂直地放置于预留孔中。

③ 地脚螺栓不应碰孔底，螺栓上任一部分距离孔壁的距离不得小于 15mm。

④ 拧紧螺母后，螺纹必须露出 2~3 扣。

⑤ 螺母与垫圈、垫圈与底座间应接触良好。

（2）拧紧地脚螺栓，应在预留孔的混凝土达到设计强度的 75% 以上时进行，拧紧力应均匀。

8. 机组灌浆及要求

（1）一次灌浆。一次灌浆是指对地脚螺栓的灌浆，目的在于固定地脚螺栓。

① 一次灌浆由土建单位负责进行，设备安装单位派人监督整个灌浆过程。

② 灌浆前将基础上的地脚螺栓预留孔清洗干净，不得有杂物和积水。

③ 灌浆用料一般为碎石混凝土，标号应比基础的混凝土标号高一级。

④ 若需混凝土早强时，可在混凝土内掺加早强剂。

⑤ 在灌浆过程中，应边灌边捣实，防止出现气孔；同时不得使地脚螺栓或机泵产生歪斜，灌浆面与基础面应平齐。

（2）二次灌浆。二次灌浆的基本要求如下：

① 二次灌浆一般应在隐蔽工程检查合格，设备的最终找平、找正符合要求的条件下进行，且灌浆必须在 24h 内进行，否则在灌浆前应对设备的找平、找正数据进行复核。

② 与二次灌浆层相接触的表面应无油污、杂物等。

③ 二次灌浆和抹面工作必须连续进行，不得分次浇灌，并应符合土建专业的有关技术规定。

④ 按要求进行混凝土养护。

a. 油站、水站、冷却器、分液器及支架的二次灌浆用灌浆料浇灌。

灌浆料型号：RG-2 型高强无收缩灌浆料。

方式：自然流动，不许振动。

b. 机身的二次灌浆：采用灌浆料。

灌浆料型号：RG-2 型高强无收缩灌浆料。

方式：自然流动，不许振动。

步骤：支模；制作流动槽；将干料倒入搅拌机，按说明书要求加入适量的清洁水进行搅拌；将搅拌好的灌浆料通过流动槽流入模板区域内，使其充满底座所有空间，并高出底板底面 5~10mm；待灌浆料凝固后用水养护 7 天。

9. 质量标准和施工质量保证措施

为确保工程质量，项目部专门建立了质量保证体系，并制定质量标准，在全体施工人员中进行宣传贯彻，附图 3-4 是项目质量保证体系：

本项目质量目标如下：

① 单位工程交验合格率 100%。

② 工程材料正确使用率 100%。

③ 设备试车一次合格率 100%。

④ 特殊工种持证上岗率 100%。

⑤ 管道封口率 100%。

⑥ 管道内部、设备内部清洁率 100%。

⑦ 焊缝无损检测一次合格率 98% 以上。

⑧ 安装工程的单位工程优良率 92% 以上。

⑨ 安装工程的分部、分项工程合格率100%。

⑩ 安装工程的分部、分项工程优良率90%以上，且主要分部工程、主要分项工程全部优良。

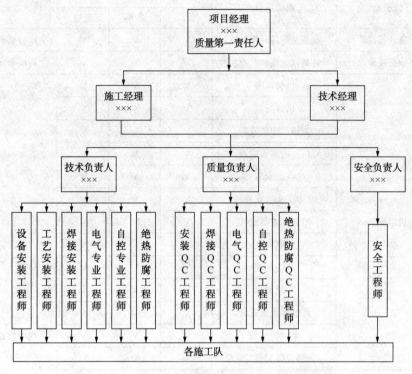

附图 3-4 压缩机安装质量保证体系

压缩机安装关键工序质量控制点如附表 3-5 所示。

附表 3-5 压缩机安装关键工序质量控制点

序 号	质量控制点	控制级别
1	设备开箱检验	AR
2	基础检查验收	BR
3	安装检查	BR
4	垫铁安装隐蔽检查	AR
5	联轴器对中检查	BR
6	拆装检查	BR
7	油系统冲洗检查	AR
8	试运转前系统确认检查	AR
	试运转检查	AR
	往复式压缩机单机试车	AR

注：A—建设单位、监理单位、施工单位三方的质量检查人员共同检查确认。

B—监理单位、施工单位的质量检查人员共同确认。

R—提交检查记录(监理文件、交工技术文件)。

活塞式压缩机安装质量检验计划如附表 3-6 所示。

附表 3-6　活塞式压缩机设备安装质量检验计划

序号	检验点	检验项目	检验级别			检验方法及检查数量
			监检	专检	自检	
1	设备开箱检验	设备及附件开箱检查	√	√	√	全面检查质量证明文件
2	基础交接验收	设备基础交接验收及复验	√	√	√	全面检查交接复验记录
3	机组安装	机身试漏	√	√	√	现场检查全数检查
		机身安装	√	√	√	
		主轴、中体安装	√	√	√	
		机身灌浆前检查	√	√	√	
		汽缸安装	√	√	√	
		十字头、安装	√	√	√	
		填料刮油器安装	√	√	√	
		活塞安装	√	√	√	
		气阀安装	√	√	√	
		系统油运	√	√	√	
		注油器系统安装	√	√	√	
		电动机安装	√	√	√	
		附属设备管道安装	√	√	√	
4	循环油系统和水系统试运行	试运行前检查	√	√	√	
		水气系统试运行	√	√	√	
		循环油系统试运行	√	√	√	
		汽缸填料函系统油运行	√	√	√	
5	无负荷试车	试运条件准备工作	√	√	√	
		无负荷试车	√	√	√	
6	附属设备及管道安装	吹扫前检查	√	√	√	
		吹扫检查	√	√	√	
7	负荷试车	准备工作	√	√	√	
		负荷试运行	√	√	√	

10. 安全目标和安全技术措施

（1）安全目标：在保证人身及设备安全的情况下保证安全质量。

① 无人员伤亡。

② 无重大火灾。

③ 无重大机械事故，无环境污染。

（2）施工现场主要危害因素辨识、评价与控制措施详见附表 3-7。

附表 3-7　风险分析

序号	危险源	来源	可能发生的事故	风险等级	控制措施
1	施工机具	气瓶安全附件不齐全，使用存放不符合规定	人身伤害火灾爆炸	大	①机械使用前必须检查，保证设备状况良好 ②机械设备检修时必须切断电源 ③保证气瓶安全，附件齐全、有效，存放位置符合要求
		机械打磨、切割时未正确佩戴防护用具		中	
		设备故障中运行，或运行中检修		中	
		车辆状况不良安全装置不齐全	运输伤害	中	
2	施工现场	道路不畅通地面不平整	人员伤害	中	①平整地面、保持道路畅通 ②按规定办动火证 ③增加夜间照明 ④牢固固定钢格板
		无证动火无防火设施	人员伤害火灾	大	
		夜间施工无照明或照明不良	人员伤害	中	
		平台上钢格板没有固定		大	
3	高处作业	无可靠立足点	高处坠落	大	①搭设临时平台 ②加设防护措施，护栏要齐全到位 ③按要求放置物体 ④按规定设置上、下通道
		无安全平台、平台无栏杆		大	
		物体放置不符合规定	物体打击	中	
		未按规定设置上、下通道	高处坠落	大	
4	洞口临边	未按规定设置防护设施	高处坠落物体打击	大	①按规定设置防护措施 ②按要求放置物体 ③设置警戒标志
		物体放置不符合要求	物体打击	中	
		无明显警示	高处坠落物体打击	大	
5	电气设施	未使用五芯电缆	触电	大	①现场临时用电按规范要求 ②定期进行现场安全用电检查 ③所有接地装置经测试合格 ④带电作业需有专人监护
		电缆绝缘不良、乱接线		大	
		电缆过路无保护		大	
		不符合三级配电、两级保护要求		大	
		无接地零线		大	
6	人为因素	不按规定正确佩戴个人劳动保护用品	人员伤害	大	①制定落实安全生产责任制及奖惩制度 ②加强安全监督和检查 ③加强安全教育 ④各工种要严格按操作规程施工
		违章违纪	各类事故	大	
		行为失误		中	

（3）安全技术措施：

① 所有进入施工现场的员工应按规定穿戴公司统一发放的工作服、安全帽、劳保鞋等个人防护用品。使用砂轮机时必须戴防护眼镜。

② 施工现场的危险部位应设置安全警示牌，悬挂端正、醒目、便于识别。

③ 现场特种作业人员必须经政府有关部门培训合格，发给《特种作业人员操作证》后方可上岗。

④ 各种压力气瓶必须分开存放，其安全附件必须完好，并搭设棚架，防止暴晒和雨淋，不同气瓶间距不小于 5m，氧气和乙炔气瓶与明火的距离必须保持 10m 以上，乙炔气瓶必须垂直放置。

⑤ 现场施工用电必须采用三相五线制，所有的用电设备均须实行漏电保护，且一机一闸、接零接地、保护完好，钢平台必须不少于两处接地，现场电焊把线要定期检查，发现隐患及时消除。

⑥ 起重机的指挥人员作业时应与操作人员、吊车司机密切配合，操作人员应严格执行指挥人员的信号，信号采用哨音加手势，如信号不清或错误，操作人员可拒绝执行，吊装区域必须设置警戒线，严禁无关人员进入。

⑦ 设备利用倒链进行吊装时，倒链使用前应进行检查，合格的方可使用，倒链的系挂点须安全可靠，且多倒链吊装时，起落要同步，有专人统一指挥。

⑧ 严禁酒后从事起重吊装作业和高处作业，登高作业时，必须先系挂好安全带。

⑨ 起重作业时，重物下方不得有人停留或通过。

⑩ 重物提升和降落速度要均匀，严禁忽快忽慢和紧急制动，左右回转动作要平稳，当回转未停稳前，不得作反向动作，吊钩严禁带载自由下降。

⑪ 高处作业人员使用的工具、零配件等，必须放在工具袋中，严禁随意丢掷。

⑫ 作业班组对材料、边角余料、建筑垃圾、落地灰、零碎保温材料及各种包装物等，应做到工完、料净、场地清，并在每日下班前对机具等进行清理，按指定地点分类堆放。

⑬ 设备就位时，各工种要动作协调、相互照应，手不得放在设备底座下边。

⑭ 吊装作业时，设置禁区，与吊装或安装工作无关的人员严禁入内，进入吊装或安装作业范围内的人员，严禁盲目穿行，要听从指挥。

⑮ 对于施工时需要掀开平台钢格板的地方，需在四周拉警戒线，工作完成后立即恢复，并将卡扣拧紧。

⑯ 现场配置足够的灭火器材。

⑰ 行车必须由专人负责操作。

⑱ 洞口临边要按规定设置防护设施，并设置明显的标志。

⑲ 各工种要严格按照本工种的操作规程施工。

⑳ 其他未尽事宜，参见《石油化工建设工程施工安全技术规范》。

附录四　换热器安装施工方案

1. 编制说明

××万吨/年合成氨项目已进入设备安装阶段，为保证我公司能高质量、高效率、安全、顺利地完成合成氨工程项目，为下一步工艺配管创造条件，特编制此施工方案。

2. 编制依据

××项目施工平面布置图及设备图纸；

《中低压化工设备施工及验收规范》；

《施工方案管理规定》；

《压缩机、风机、泵安装工程施工及验收规范》。

3. 工程概况

（1）安装设备明细如附表 4-1 所示。

附表 4-1　换热器安装一览表

序号	位号	设备名称	规格/mm	数量/台	单重/kg	安装位置
1	E_101	1#热交换器	φ500×3300	1	1400	室外地面卧式
2	E_102	2#热交换器	φ600×4560	1	1600	
3	E_103	1#尾气冷却器	φ600×2800	1	2100	
4	E_104	1#反应器冷却器	φ800×7200	1	6500	
5	E_105	2#尾气冷却器	φ580×6512	1	5800	10m 柜架上卧式
6	E_106	进料冷却器	φ480×5085	1	4600	
7	E_107	成品冷却器	φ460×3850	1	2400	
8	E_108	1#合成气冷却器	φ485×5060	1	1850	室外地面卧式
9	E_109	2#合成器冷却器	φ600×7000	1	5800	

（2）现场情况：

××项目施工现场"三通一平"已完成，可以进行设备安装的前期准备工作。

4. 施工准备

① 水、电、气已接到施工现场的指定位置。

② 现场道路畅通。

③ 设备库房布置合理，符合施工要求。

④ 设备安装前应有必要的施工方案和技术交底。

⑤ 设备基础验收交接完毕。

⑥ 对全体施工人员进行质量教育和安全教育。

5. 施工方法

（1）施工程序：

换热器设备验收—设备试压—安装就位、初找—地脚螺栓孔灌浆—设备最终找正—二次灌浆—附件内件安装—内部清理—刷油保温—最终检查。

（2）施工方法：

① 设备验收保管：设备开箱验收应由建设单位、监理单位、施工单位代表参加，并按图纸、技术资料及装箱清单等对机器、设备进行外观检查，核对机器、设备及其零部件的名称、型号、规格、数量是否与图纸、资料相符。

② 设备及附件应无变形、锈蚀、损坏等现象。

③ 换热器应具有设备出厂合格证书、压力容器的产品质量证明书、水压试验记录。

④ 换热器及附件验收后，应将暂不安装的部件放入库房内保存，库房内应保持干燥、通风，注意防潮，避免腐蚀。

⑤ 设备的安装：

a. 机械设备就位前，基础表面应进行修整，需二次灌浆的基础表面应铲出麻面，麻点深度一般不小于 10mm，深度以每平方厘米内有 3~5 个点为宜，表面不允许有油污或疏松层，放置垫铁处的基础表面应铲平，其水平度允许偏差为 2mm/m，螺栓孔内的碎石、泥土、杂物等必须清理干净。

b. 安装垫铁的要求：

（a）垫铁材质为普通碳钢，垫铁应平整，无氧化皮、毛刺和卷边，配对斜垫铁间应接触密实。

（b）垫铁应布置在负荷集中的部位、地脚螺栓的两侧、底板的四角、加强筋部位，相邻两组垫铁一般为 300~700mm，每组垫铁一般不超过四块，其中有一对斜垫铁，高度宜为 30~70mm。

（c）垫铁直接放在基础上，与基础接触紧密且均匀，其接触面积不少于 50%，平垫铁顶面水平度允差为 2mm/m，配对斜垫铁的搭接长度应不小于全长的 3/4，其相互间的偏斜角不大于 3°。

（d）机器找平后，垫铁组应露出底座 10~30mm，地脚螺栓两侧的垫铁组，每块垫铁伸入机器底座底面的长度均应超过地脚螺栓，目的是保证受力均匀，不至于拧紧螺栓时将垫铁挤跑，造成压不实而影响安装质量，从而保证机器底座受力均匀。

（e）机器安装的垫铁组，用 0.25kg 小锤敲击检查，应无松动，垫铁层间用 0.05mm 塞尺检查，垫铁同一断面处，两侧塞入深度之和不得超过垫铁全长的 1/4。检查合格后，将垫铁两侧层间点焊固定。

c. 地脚螺栓的安装要求：

（a）地脚螺栓的光杆部分应无油污和氧化皮，螺纹部分应涂上少量油脂。

（b）螺栓应垂直、无歪斜。

（c）安装地脚螺栓时，不应碰孔底，螺栓上的任一部位离孔壁的距离不得小于 20mm。

（d）工作温度下多膨胀或收缩的卧式设备，滑动端地脚螺栓应先紧固，待设备和管线连接完毕后，再松动螺母，留下 0.5~1mm 间隙，同时用锁紧螺母紧固、保持间隙、采用滑动底板时，设备底座的滑动面应进行清理并涂上润滑脂。

d. 换热器吊装就位前，应再次检查设备上的油污、泥土等脏物是否清除干净，同时按设计图纸仔细核对设备管口方位、地脚螺栓孔和基础预埋地脚螺栓的位置、尺寸。

e. 设备吊装应按已批准的吊装方案进行，吊装时设备的接管或附属结构不得由于绳索的压力或拉力而受到损伤，就位后注意保证设备的稳定性。

f. 设备在找正、找平时，调整和测量的基准一般规定为：基础上的标高线、中心线、立式设备的铅垂度以两端部测点为基准，卧式设备的水平度一般以设备的中心线为基准，找平、找正应在同一平面内互成直角的两个或两个以上的方向进行。

设备找平、找正时，应根据要求进行垫铁调整，不应用紧固或放松地脚螺栓及局部加压力等方法进行调整。设备调整后的主要偏差应符合附表 4-2 规定：

附表 4-2　调整后的主要偏差

项目	一般设备		与机器衔接的设备	
	立式设备	卧式设备	立式设备	卧式设备
中心线位置	$D \leqslant 2000 \pm 5$ $D > 2000 \pm 10$	±5	±3	±3
标高	±5	±5	相对标高±3	相对标高±3
水平度		轴向 $L/1000$ 径向 $2D/1000$		轴向 $0.6L/1000$ 径向 $D/1000$
铅垂度	$H/1000$ 但不超过 35		$H/1000$	
方位	沿底座环圆周测量 $D \leqslant 2000$　10 $D > 2000$　15		沿底座环圆周测量 5	

g. 设备的现场试压如附表 4-3 所示。

附表 4-3　设备现场试压

序号	设备位号	设备名称	材质	设备压力		耐压试验（水压）		气密试验	
				壳程	管程	壳程	管程	壳程	管程
1	E_101	1#热交换器	S.S	2.5	3.1	3.96	3.96		
2	E_102	2#热交换器	S.S	2.5	2.5	3.33	3.33	2.63	2.63
3	E_103	1#尾气冷却器	S.S	2.5	2.5	3.33	3.33	2.63	2.63
4	E_104	1#反应器冷却器	S.S	1.0	3.0	1.25	3.845	1.05	
5	E_105	2#尾气冷却器	S.S	1.0	2.30	3.1	3.1		
6	E_106	进料冷却器	S.S	1.2	2.5	3.19	3.19		
7	E_107	成品冷却器	S.S	1.0	1.9	1.25	2.38	1.05	
8	E_108	1#合成气冷却器	S.S	1.0	1.8	1.25	2.25	1.05	1.89
9	E_109	2#合成气冷却器	S.S	1.0	1.0	1.5	1.5		

设备在试压、清理、吹洗合格后应马上进行封闭，封闭前应有专人进行检查。

6. 安全技术措施及要求

（1）技术方案的编制和技术交底要及时、合理、针对性强、能指导施工。

（2）施工人员要执行技术方案、技术交底的要求，严格遵守工艺纪律，按图纸和技术要求施工。

（3）施工过程中，施工人员要进行自检，并接受专职质检员的检查。

（4）工序的交接要有工序交接记录，各施工控制点的技术资料要齐全，手续完备。

（5）施工中若发现不合格的地方要及时向有关人员汇报并及时整改，以保证施工质量。

（6）施工操作必须严格按《安全技术操作规程》执行。

（7）施工人员进入施工现场必须正确佩戴好安全防护用品，来往行走，注意头上、脚下以及往来车辆，防止意外伤害。

（8）施工人员必须持证上岗，登高作业应系挂安全带。

（9）厂区内动火，必须办理动火手续，手续齐全方可动火，动火过程中必须有专人监护。

（10）风力大于5级时，严禁进行吊装作业，雷雨天气应有防触电措施。

（11）使用的各种电动工具必须配有触电保护器，进入有限空间作业，所用照明要使用安全电压。

（12）施工现场必须配有合格的消防器材，规格、数量由安全员提出，消防用水由车间指定地点取用。

（13）设备在吊装过程中，应密切配合，在重物下面严禁有人行走和停留。

（14）机索具及制作的工具，必须正确使用，经试吊合格后，方可使用。

（15）设备在运输、吊装时，应设专人指挥，信号应清晰、准确、施工应听从指挥，协调一致，严禁凭估计猜测，擅自行动。

（16）设备就位，穿地脚螺栓时，应使用撬棍，手脚不准放在设备底部，防止挤、砸伤。

（17）脚手架搭设要按规范规定办理，搭设合格后，经安全部门检查合格，挂上可以使用的牌子。行走的斜梯、平台要有安全护栏、踢脚板，护栏要牢固可靠，跳板搭设时，要用8#线捆绑牢固，符合安全操作规程的要求。

附录五 立式圆筒形储罐建造施工方案

1. 编制说明

××公司非标储罐项目质量要求高，工期要求紧，罐区处于化工装置区内，安全措施要求严，为高质量、高效率、安全顺利的完成安装制作任务，使之正常投入运行，特编制本施工方案，用以指导施工。

2. 编制依据

GB 50128—2014《立式圆筒形钢制焊接储罐施工及验收规范》

××设计院有关储罐施工及验收工程技术条件

GB 50236—2011《现场设备工业管道焊接施工及验收规范》

GB 50484—2019《石油化工建设工程施工安全技术规范》

3. 工程概况

本次储罐建造工程量有四台固定顶储罐，容积 $1000m^3$，罐内介质为成品油类，准备采用倒装法进行施工。

4. 施工准备

① 编制切实可行的施工方案。

② 参加图纸会审。

③ 施工前，进行技术交底。

④ 制作检测样板，并经过监理单位和质检部门检查验证。

⑤ 制作吊装用立柱。

⑥ 制作倒装用底部胀圈。

⑦ 准备 5t 倒链 8 台。

⑧ 按方案要求准备量具、吊装索具等各种工具。

5. 施工方法

按方案要求准备采用倒装法施工。

（1）施工顺序

材料进场验收→基础交接验收→储罐预制→底板组对安装→底板焊接→底板无损检测→底板真空试验→最上部节→带壁板组装→立柱(吊装用)安装→胀圈安装→壁板焊接→储罐顶板及固定顶安装→固定顶焊接→用倒链起升壁板及固定顶→上数第二带壁板组装焊接→焊缝无损检测→罐壁板几何形状检查(用样板及卷尺、线坠)→直至最下部→带板组装焊接→壁板与底板角焊缝焊接→角焊缝煤油渗透试验→各接管、人孔安装→附件安装—储罐整体几何尺寸检查→水压试验→基础沉降观测→储罐保温、防腐→竣工验收。

（2）进场钢材应具有质量合格证书并与钢材上的产品标识相一致。

进场的焊条等焊接材料也必须具有质量合格证。

钢材和焊材进场要向监理单位报验，监理单位检查合格后，方准进场使用。

（3）基础交接验收，按规范要求必须具有基础施工记录和合格证明资料，监理单位人员参与对基础的中心线位置、标高、外观、沥青砂施工等进行验收，合格后方能交接。

（4）储罐预制

① 样板的准备。首先制作检查样板，直线样板和弧形样板可做在一个样板上，一面是检查直线样板，一面是检查弧形样板。

② 壁板预制。根据排板图，对壁板进行预制下料，在剪板机上下料，用样板进行检查。

③ 底板预制。根据排板图，对底板进行下料，允许偏差按规范要求办理。

弓形边缘板沿罐底半径方向的最小尺寸，不应小于700mm。

非弓形边缘板最小直边尺寸，不应小于700mm。

底板任意相邻焊缝之间的距离，不应小于300mm。

④ 固定顶顶板预制。任意相邻焊缝的间距，不应小于200mm。单块顶板本身的拼接，宜采用对接的形式。

⑤ 构件预制。抗风圈、加强圈、包边角钢用垠弯机进行预制成形，用弧形样板检查，其间隙不应大于2mm。

（5）底板组对安装

储罐基础验收合格后，将预制好的底板按图纸要求对接，将垫板点焊固定，垫板与两块底板贴紧，其间隙应不大于1mm，由中间向四周铺设底板。

（6）底板的焊接

焊工必须持证上岗，施焊前还要对焊工进行考试，由监理单位人员监考，施工单位组织，考试不合格的焊工不许上岗作业。施焊前，施工单位要向监理单位人员报验焊接工艺评定。焊条的烘干、保管都要按规范规定的事项执行，在现场使用的焊条要使用保温筒，超过允许使用的时间应重新进行烘干。

底板的焊接，焊工应均匀、对称分布，由四名焊工在底板上同时焊接，按预先排好的焊接顺序，先焊短焊缝，后焊长焊缝，初层焊道采用分段倒退焊法。

（7）底板的无损检测

储罐底板所有焊缝进行100%真空试验，负压值不低于53kPa。

每条对接焊缝外端300mm长进行射线检测，检测合格后方准进行下道工序施工。

（8）壁板组对安装

由于采用的是倒装法，将吊装用的立柱、倒链、胀圈都准备好后，开始安装组对罐壁最上部一带板，保证两壁板上口水平的允许偏差不大于2mm，在整个圆周上任意两点水平位置的允许偏差不大于6mm，保证壁板的垂直度允许偏差不大于3mm。

（9）壁板焊接

壁板焊接要先焊纵向焊缝，当焊完相邻两圈壁板的纵向焊缝后，再焊其间的环向焊缝，焊工应均匀分布，并按同一方向施焊。

（10）储罐顶板及固定顶的安装及焊接

检查包边角钢的曲率半径偏差，顶板应按划好的等分线对称组装，顶板搭接宽度允许偏差±5mm。

（11）用倒链多点提升法提升起上数第一圈壁板及固定顶，组装并焊接上数第二圈壁板。

（12）对焊接后的壁板进行射线检测，纵向焊缝、环向焊缝、T形焊缝按规范要求进行无损检测，无损检测位置由施工单位质检员和监理人员共同指定。

（13）储罐的附件安装

① 开孔接管的中心位置偏差，不应大于 10mm，接管外伸长度的允许偏差为 ±5mm。

② 开孔补强板的曲率应与罐体的曲率一致。

（14）罐体几何形状、尺寸检查：

当储罐的组对焊接全部结束后，对罐体的几何尺寸进行检查，监理单位人员应参加。

① 罐壁高度允差，不应大于设计图纸规定高度的 0.5%。

② 罐壁垂直度允许偏差，不应大于罐壁高度的 0.4%，且不得大于 50mm。用线坠检查。

③ 罐底圈壁板内半径，应在底圈壁板 1m 高处检查。

（15）水压试验及基础沉降观测：

① 用洁净水向罐内充水，上面的人孔打开，充水至高度的 1/2，检查罐底、罐壁的稳定性和严密性，观察有无渗漏，同时测量沉降值，再充水到罐高的 3/4，用水准仪测量基础沉降值，同时检查罐的稳定性和严密性，再充水至最高液位，用水准仪测量基础沉降值，这三次测量均有监理人员参加确认，保持 48h 后，罐壁无渗漏、无异常变形、基础沉降值在允许范围内为合格。

② 固定顶的强度及严密性试验。当罐内水位在最高液位下 1m 时，用 U 形管水压计进行测量，封闭人孔和其他管口，缓慢充水升压。当升至试验压力时，罐顶无异常变化为合格，试压后立即打开人孔，和大气相通。

③ 固定顶的稳定性试验。应充水到设计最高液位，用放水方法进行试验。封闭人孔和其他管口，试验时缓缓降压，达到试验负压时，罐顶无异常变形为合格，试验后，立即打开人孔，使储罐内部与大气相通，恢复到常压。

6. 质量要求及质量保证措施

（1）质量要求：

① 单位工程交验合格率 100%。

② 工程材料正确使用率 100%。

③ 焊缝无损检测一次合格率 98% 以上。

④ 特殊工种持证上岗率 100%。

（2）质量保证措施：

建立完善的质量保证体系，使之处于正常运行状态。

7. 安全技术措施

① 施工人员进场进行安全教育。

② 施工人员进场穿统一的工作服并戴安全帽。

③ 施工现场动火办理动火证。

④ 电器设备必须安漏电保护器。

⑤ 使用砂轮机等必须戴防护眼镜。

⑥ 登高作业，必须系挂安全带。

⑦ 特殊工种人员必须持证上岗。

⑧ 吊装作业必须有专人指挥。

⑨ 吊装物下不得站人。

⑩ 雨、雪天气不得从事焊接作业。

⑪ 拴挂倒链处必须牢固、可靠，以免拉断伤人。

⑫ 脚手架搭设要达到标准要求，验收合格方准使用。

⑬ 有限空间作业要设排风机、引风机，作业前，对其进行检查，检查合格后方能作业。

⑭ 利用倒链进行多点吊装时，一定要动作协调，统一指挥，使罐壁平稳、水平提升。

⑮ 储罐试压时，要认真进行观察，不许超压。

⑯ 试压用压力表必须是经过鉴定合格的压力表。

⑰ 试压后，将水排入雨水管道，不许浸泡基础。

储罐安装工程质量检验计划见附表 5-1。

附表 5-1　储罐类安装工程质量检验计划

序号	检验点	检验项目	检验级别			检验方法及检验数量
			监检	专检	自检	
1	材料验收	焊材、板材、附件、合格证及复检报告	√	√	√	
		焊材、板材、附件外观检查	√	√	√	
2	焊接资质	焊接工艺评定	√	√	√	
		焊工合格证	√	√	√	
3	基础复查	设备基础验收及复测	√	√	√	
4	几何尺寸检查	罐底组装	√	√	√	
		底圈壁板组装	√	√	√	
		其他各圈壁板组装	√	√	√	
		罐顶组装	√	√	√	
		罐总体几何尺寸检查	√	√	√	
5	焊缝检验	组对间隙侧边量	√	√	√	
		焊缝的角变形	√	√	√	
		焊缝的外观质量	√	√	√	
		无损检测	√	√	√	全面检查
6	附件检查	各接管的安装位置	√	√	√	
		接管组对形式	√	√	√	
		盘管加热器安装	√	√	√	
		梯子、平台安装	√	√	√	
		安全阀等附件安装	√	√	√	
7	封闭检查	内件安装	√	√	√	
		内部清洁度	√	√	√	
8	压力试验	盘管加热器强度、严密性	√	√	√	
		罐底真空试验	√	√	√	
		补强板严密性试验	√	√	√	
		罐体强度、严密性、稳定性	√	√	√	
9	基础沉降	基础沉降观测	√	√	√	
10	防腐	防锈、防腐质量检查	√	√	√	

××项目储罐试压方案

一、编制说明

三台储油罐安装施工已接近尾声，为确保早日投产、顺利运行，特编制此三台储油罐的试压方案，以指导施工。

二、编制依据

××设计院储罐施工及验收工程技术资料；

GB 50128—2014《立式圆筒形钢制焊接储罐施工及验收规范》；

GB/T 50484—2019《石油化工建设工程施工安全技术标准》。

三、试压准备

① 试压前，三台储罐必须按图纸及技术要求施工完成，外面的梯子、平台、护栏安装完成，内部附件也已安装完毕，安装质量符合图纸和技术文件的要求，无损检测已全部完成并合格，监理单位和建设单位已对其整体几何尺寸验收合格，具备水压试验条件，准许进行储罐的试压。

② 储罐试压前，所有资料必须齐全，包括无损检测资料。试验用压力表、U形管试压计都已经过校验合格。

③ 三台储罐试压充水前，所有罐壁上的管口、人孔都应封闭，罐顶人孔敞开。

四、储罐的水压试验

① 清理储罐内部，将其杂物、焊渣等清除干净。

② 与严密性相关的焊缝，不得涂刷油漆，待水压试验检漏合格后再补刷油漆。

③ 充水试验中，要加强基础沉降的观察和测量，如发现基础有不均匀沉降，应停止充水，待处理后方可继续充水试验。

④ 罐底板的严密性，应以充水试验过程中直至充水到最高设计液位、罐底始终无泄漏为合格，如发现泄漏，应及时将水排除，用真空试漏法找到渗漏部位，进行补焊后，如真空试漏合格，再继续进行充水试验。

⑤ 罐壁的强度及严密性试验，充水到设计最高液位，并保持48h后，观察罐壁无渗漏、无异常变形为合格。如发现渗漏，应及时放水至液面到渗漏处下300mm时，对渗漏处进行补焊，检查合格后再继续充水试验。

⑥ 储罐充水应从下部接口缓慢向罐内输入，灌入时，罐顶人孔打开，和大气连通，便于气体的排除。

⑦ 储罐的稳定性试验：充水到设计最高液位，用放水法进行，试验前将罐顶部人孔和其他管口封闭，用U形管压力计进行测试，缓慢放水，达到试验负压时，罐顶无异常变形为合格，试验后应立即打开顶部放空阀，打开人孔，恢复常压。

⑧ 固定顶的强度及严密性试验，罐内水位在最高设计液位下1m时，封闭人孔、罐顶其他管口，缓慢升压，用U形管试压计进行测试，当升至试验压力时，罐顶无异常变形、焊缝无渗漏为合格，试验后，应立即使储罐内部和大气相通，打开顶部放空阀和人孔，恢复常压。引起温度剧烈变化的天气，不允许做固定顶的强度、严密性、稳定性试验。

⑨ 充水到1/2、3/4及充满水时都要进行观察，并测量基础沉降，满水48h后应再对基础进行沉降观测一次。

⑩ 充水试验过程中，严禁对罐体进行敲打、补焊等，遇有缺陷时，应作出标记。

⑪ 罐体上补强板试漏，由信号孔通入 0.4~0.5MPa 的压缩空气，检查焊缝质量，以无泄漏为合格。

⑫ 向罐中充水时，由罐顶向大气放空，以防止压力积聚，充水到设计最高液位时（罐体和罐中的水温基本相同以前，水面以上不得加压），关闭罐顶放空口，将空气由气泵缓慢注入罐上部，试验时压力应缓慢上升至 0.006MPa（最高试验压力的 10%），保压 5min，然后对所有焊接接头和连接部位进行初次泄漏检查，如有泄漏，修补后重新试验。修补后泄漏检查合格，再继续缓慢升压至 0.03MPa（最高试验压力的 50%），其后按每级为 0.006MPa（最高压力的 10%）的级差逐级增至最高试验压力。0.0625MPa（最高试验压力为 1.25 倍的气体空间的设计压力），保压 60min 后将压力降至 0.054MPa（最高试验压力的 87%），并保持足够长的时间后再次进行泄漏检查，如有泄漏，修补后再按上述规定重新试验。

⑬ 储罐第一次试压时，不允许有人靠近罐体，当罐中的压力等于（或高于）气体的设计压力时，如果需要对特定区域进行仔细观察，应离开罐体适当的距离，用望远镜观察。

⑭ 随着压力的增加，应检查储罐是否有危险的迹象，在最大试压达到 0.0625MPa 时，至少应保持 60min，然后使压力缓慢地泄放下降，直到气体空间的压力等于其设计压力时为止。

⑮ 试验压力达到设计压力后，应保持足够的时间，以便对罐体上的所有焊缝及人孔、接管和其他接口周围的所有焊缝做仔细的外观检查，检查时应对所有罐体设计的最高液位以上的焊缝涂刷肥皂水，进行严密性检查，无气泡、罐体无变形为合格。

⑯ 将罐内压力泄放，打开放空口，在常压下，保持最高充水液位 48h，罐壁无泄漏、无异常变形为合格。

五、试压安全技术措施

① 所有施工人员进入现场要戴安全帽，着装整齐。

② 储罐试压时，阀门的开关等由专人负责，其他人不得随意操作。

③ 应设专人对罐内液体高度进行观察，做好记录，并检查罐体有无异常响声，出现异常情况，应及时停止进水，并进行处理。

④ 试压工作开始前，应向参加试压的工作人员进行技术交底和安全交底。

⑤ 现场动火必须办理动火作业许可证。

⑥ 试压结束后，要将水排放到建设单位指定的排放地点，不许就地排放，不许浸泡罐的基础。

附录六 塔制造安装施工方案

××公司炼油厂塔制造安装施工方案

1. 编制说明

××公司炼油厂共有 52 台塔，其中 4 台塔现场制作安装，其余 48 台塔整体到货现场安装，为了保质保量地完成这一艰巨任务，保证塔安装投产一次试车成功，在工期紧，任务重，技术难度大的情况下，特编制此方案，进行指导施工。

2. 编制依据

化工塔类设备施工及验收规范

GB/T 150—2011《压力容器》

SH/T 3524—2019《石油化工静设备现场组焊技术规程》

SH/T 3515—2017《石油化工大型设备吊装工程施工技术规程》

NB/T 47041—2014《塔式容器》

SH/T 3536—2011《石油化工工程起重施工规范》

GB 50683—2011《现场设备、工业管道焊接工程施工质量验收规范》

SH 3501—2011《石油化工有毒、可燃介质钢制管道工程施工及验收规范》

3. 工程概况

需现场整体安装的 52 台塔明细见附表 6-1。

附表 6-1 塔设备安装工程量一览表

序号	所在车间	规格编号	容积	单重/t	数量	备注(塔名称)
1		0210-T-101	φ2600×51654×16/14	60.9	1	分馏塔
2		0210-T-102	φ3000×71554×24/16/14	113.7	1	二甲苯塔
3		0210-T-201	φ2200×62904×23/18/14	73.5	1	蒸馏塔
4	芳烃抽提	0210-T-202	φ1200×19235×10	6.9	1	非芳香蒸馏塔
5		0210-T-203	φ2400×39452×12	3401	1	回收塔
6		0210-T-204	φ1400×7985×10	4.1	1	溶剂回收塔
7		0210-T-301	φ1800×49089×18/14	43.9	1	苯塔
8		0210-T-302	φ2200×62904×22/18/14	35.4	1	甲苯塔
9	连续重整	0211-T-201	φ1400×1800×35189×18/14	32.9	1	稳定塔
10		0211-T-301	φ800×9400×10	4	1	洗涤塔
11	PSA	0214-T-101 A-J	φ1800×8400	18	10	吸附塔

序号	所在车间	规格编号	容积	单重/t	数量	备注(塔名称)
12		0203-T-201	$\phi2400×32500$	70	1	主气提塔
13		0203-T-202	$\phi4800/3000×33100$	160	1	脱丁烷塔
14		0203-T-204	$\phi1800×23000$	35	1	脱乙烷塔
15	加氢裂化	0203-T-205	$\phi2400×30200$	38	1	分馏塔
16		0203-T-206	$\phi1000×19200$	55	1	脱硫塔
17		0203-T-207	$\phi1000×19200$	22	1	氢脱硫塔
18		0203-T-101	$\phi2200×13500$	176	1	初馏塔
19		0201-T-101	$\phi3400×38000×(20+3)/(6+3)$	85	1	常压气提塔
20		0201-T-103	$\phi2000×4800$	20	1	脱丁烷塔
21	常减压	0201-T-202	$\phi1800/2800×51000/18/30/26$	120	1	脱乙烷塔
22		0201-T-203	$\phi1400×49000×28$	80	1	吸收塔
23		0201-T-201	$\phi800×3600×40/36/34$	55	1	再生塔
24		0256-T-101	$\phi800×23900×(12+3)$	80	1	再生塔
25		0256-T-201	$\phi2600×19100$	36.5	1	急冷塔
26	硫黄回收	0256-T-202	$\phi24000×19700$	39	1	尾气吸收塔
27		0256-T203	$\phi2200×21300$	34.1	1	再生塔
28		0256-T-301	$\phi2400×38250×(12+3)/14$	54.5	1	主气提塔
29	制氢	0234-T-101	$\phi1500×13400$	15	1	酸性水汽提塔
30		0234-T-101 A~J	$\phi2800×9000$	50	10	吸收塔

现场制作的塔有三种四台,见附表6-2。

附表6-2

序号	所在车间	编号	容积	单重/t	数量	备注名称
1	常减压	0201-T-102	$\phi6400×56136×31/(24+3)$	550	1	常压塔
2		0201-T-104	$\phi5000×51000×(18+13)$	320	1	减压塔
3	延迟焦化	T-101A	$\phi9000×24000$	271	1	焦炭塔(Ⅰ)
4		T-101B	$\phi9000×24000$	271	1	焦炭塔(Ⅱ)

4. 施工准备

要编制切实可行的施工方案经过各级审批。

施工现场应做到三通一平,尤其一些大型塔进入施工现场时要做好准备,清除现场道路上的障碍物,协调好进场顺序。参加在建设单位、监理单位组织的对塔的图纸会审和设计单位作的设计交底。

基础验收,要求土建施工单位在基础上明显地画出标高基准线、纵横中心线,并提供基础的质量合格证明书、测量记录等技术资料,基础外观不得有蜂窝、空洞、露筋等缺陷。

基础的尺寸公差按规范要求执行。

5. 施工方法

（1）现场制作的塔的施工顺序如下：

施工准备→图纸审查→编制施工方案→安全技术交底→基础复测→塔到货检验→塔设组对平台→裙座组对→裙座焊接→垫铁设置→吊耳焊接→裙座吊座就位→裙座找平找正→筒体组对焊接→设备接管、人孔安装→塔的整体热处理→塔的水压试验沉降观测→塔及管线的保温→塔的检查验收。

（2）塔组对时的技术要求：

① 塔组对时必须严格按照设计图纸、排版图、施工方案的要求进行施工。

② 组对前，应再次核对塔的管口方位及对中点是否清晰明确，分段处的外圆周长允许偏差是否符合要求，对不符合要求的项目必须及时进行处理。

③ 塔组对前，应按规范规定要求对其坡口尺寸和质量进行检查，坡口尺寸应符合图样的要求，坡口表面不得有裂纹、分层、夹渣等缺陷。

④ 两段对口前，必须将两段的对口端的同长差换算成直径差，在对口时，应将差值匀开，以免错边集中在局部而造成超标。

⑤ 用千斤顶或调节丝杠进行间隙调整，用楔子调整对口的错边量，使其沿圆周均匀分布，防止局部超标，达到要求后，进行定位焊、固定。

⑥ 当两板厚度不相等时，对口错边量允许值应以较薄板厚为基准进行计算。测量时，不应计入两板厚度差值。

⑦ 组对后，形成的棱角 E，用长度不小于 300mm 的直尺检查，E 值不得大于钢板厚度 $\delta/10+2$，且不得大于 5mm。

⑧ 组对完成后，必须按规范要求进行再次找正与找平，除图样另有规定外，壳体直线度允许偏差应不大于壳体长度 1‰，当壳体长度超过 30m 时，其壳体直线度允许偏差不得大于 30mm。

⑨ 定位焊与正式焊的间隔时间不宜过长，以防容器变形。

⑩ 封头和筒体的对口应以内壁对齐。

⑪ 复合钢板的筒节组装时，以复层为基准，防止错边超标，定位板与组对卡具应焊在基层，防止损伤复层。

⑫ 不锈钢和复合钢板复合层表面在组装时不得采用碳钢制工具直接敲打，局部伤痕等影响腐蚀性能的缺陷必须进行修磨，修磨后的厚度不应小于名义厚度减去钢板负偏差。

附表 6-3　塔外形尺寸偏差允许范围

序号	检查项目		允许偏差
1	圆度		+20
2	直线度		15
3	上下两封头之间的距离		+0.5mm/m 且不大于+50
4	基础环底面至塔器下封头与塔壳链接焊缝距离		1000mm 裙座长偏差不得大于 2.5mm 且最大为 6
5	接管法兰至塔器外壁及法兰倾斜度		±5mm ≤0.5
6	接管或人孔的标高	接管	±6
		人孔	±12

现场组对的塔要严格控制塔的圆度、直线度以及上、下两封头之间的距离，控制塔基础底面到塔器底面下封头与塔壳连接焊缝的距离，严格控制接管法兰轴线与塔器外壁的垂直度。

下面列出塔体安装允许偏差见附表6-4。

附表6-4

序号	检查项目	允许偏差
1	中心线位置	$D \leq 2000+5$
		$D > 2000 +10$
2	标高	±5
3	铅垂度	不超过15
4	方位	$D \leq 200010$
		$D > 2000 \ 5$

6. 塔组对时的质量控制措施

塔组对的质量指标：

① 材料正确利用率100%。

② 塔组装一次验收合格率100%。

③ 塔的焊接无损检测一次合格率97%以上。

④ 塔体管口封口率100%。

施工项目部成立质量管理体系，确保质量体系正常运行。

组对塔的关键工序质量控制点见附表6-5。

附表6-5

序号	控制点名称	级别
1	设备材料检验	AR
2	设备基础验收	BR
3	垫铁安装隐蔽检查	AR
4	焊接工艺评定 焊工资格审查	BR
5	分段塔组对焊接检查	AR
6	组队塔压力试验	AR
7	塔基础沉降观测检查	BR

注：A—建设单位、监理单位、施工单位共同检查。

　　B—监理单位、施工单位共同检查。

　　R—检查时形成的资料。

7. 焊接的有关要求

（1）焊材的一般规定：

① 焊材仓库负责焊材的保管，严格执行《焊材一级库保管规定》。焊接材料必须具有质量证明书和出厂合格证，焊条的药皮不得有脱落和不许有裂纹，焊丝在使用前应清除其表面的油污、锈蚀。

② 焊接材料的储存保管应按下述要求执行：

焊材库必须通风，库房内不得存放有害气体或有腐蚀性介质，焊接材料应放在架子上，架子离地面高度要有合适的距离以及与墙面距离均不小于300mm。焊材应按种类、牌号、批号、规格和入库时间分别摆放，并有明显的标识，焊材库内应设温度计、湿度计，库房温度不应低于5℃，相对湿度不超过60%，焊材烘干室负责焊材的烘烤和发放，依据《焊材烘烤一览表》的规定进行烘烤与保温，回收的焊条重复烘烤不超过两次。施工中，焊条应存放在保温筒内，随用随取，焊条在保温筒内如超过4h，应重新烘干。

焊接环境出现下列情况下，必须采取有效防护措施，否则禁止施焊。

a. 焊条电弧焊时，风速不大于10m/s。

b. 环境相对湿度不大于90%。

c. 焊接场所存在风、雨、雪天气。

（2）焊前准备：

① 焊接工艺评定：

按照NB/T 47014—2011进行焊接工艺评定。评定项目包括焊接接头、焊接接头返修、承压件上永久性或临时性焊接接头以及定位焊接接头，并根据评定合格的焊接工艺按照NB/T 47015—2011的规定制订焊接工艺规程。

② 焊工资格的审查：

电焊工必须持证上岗，在合格的项目范围内施焊。凡参加不锈钢复合钢板的焊工必须进行考试，合格后方可承担焊接作业，考试时，由监理单位和施工单位联合监考。

焊工考试执行《锅炉压力容器焊工考试规则》的有关规定，并按下述原则进行考试。

焊工考试可按基层材质和复层材质分别进行考试，也可按不锈钢复合板进行考试，分别考试时，试件的选择应按复合钢板的总厚度考虑。

不锈钢复合板的基层和复层焊缝可分别由具备相应资格的焊工进行施焊，但焊接过渡层焊缝的焊工应同时具备基层类和复层类材质的焊接资格。

施焊工艺评定试件的焊工，工艺评定合格，可申报相应的焊接资格。

③ 坡口的加工：

坡口在制造厂已加工完毕，卷板进场时，要对加工完的坡口进行外观检查，坡口表面不得有裂纹和分层否则应进行修补。

④ 接头的组对：

坡口及其两侧各20mm范围内进行表面清理，复层距坡口100mm范围内应涂防飞溅涂料。

定位焊应焊在基层母材上，且采用与焊接基层金属相同的焊接材料，焊条电弧焊和埋弧自动焊相结合进行施焊。

严禁在复层上焊接工卡具，工卡具应在基层一侧，且采用与焊接基层金属相同的焊接材料，去除工卡具时，应防止损伤基层金属，焊疤处要打磨光滑。

⑤ 焊接方法和焊接材料的选用：

四台现场组对的塔，焊缝总长度3156m，为了提高效率，保证焊接质量，保证工期，横焊焊缝采用埋弧自动焊，其余焊缝采用焊条电弧焊，复层焊接采用焊条电弧焊。

焊接时，要先焊基层，再焊过渡层，再焊复层，且焊接基层时不得将基层金属沉积在复层上。

焊接基层和过渡层以及复层时，都必须进行焊前预热，预热温度根据焊接工艺评定确定。

基层和过渡层预热温度为200~250℃之间，复层预热温度≥150℃，预热范围在坡口两侧均不得小于150mm。并且不小于3倍壁厚，且应预热均匀。

焊接材料的选择见附表6-6

附表6-6　焊条焊丝选用

序号	母材材质	焊材及规格		
		焊条	焊丝	焊剂
1	14Cr1MoR（基层）	CMA96-MB	US511N	PF200
2	14Cr1MoR+oCr13（过渡层）	ENiCrFe-3		
3	oCr13（复层）	ENiCrFe-3		
4	14Cr1MoR+20R（裙座）	J427		

在焊接过程中，由于某种原因间断了焊接工作，应维持焊缝坡口两侧各150mm范围内处于预热温度下，直到焊接工作重新开始，否则应在暂停工作时立即进行消氢处理。

⑥ 焊缝焊接完毕后，立即进行后热，后热温度为350℃进行消氢处理，时间为2h。

过渡层焊接用小热输入多道焊接。

焊接复层前，必须将过渡层焊缝表面坡口边缘清理干净。

在进行纵焊缝焊接时，应将过渡层及复合层焊缝两端各30~50mm处不焊，待环缝基层焊缝焊接完成后，再将纵缝两端焊接到位成形。

筒体和封头上的所有承压焊缝（包括裙座上部铬钼钢段），应采用全焊透结构。

⑦ 对于不锈钢复合钢板的焊接接头，复层面端部离基层坡口边缘的距离至少10mm，且基层焊完后，基层焊缝表面必须磨平，清扫干净，并经磁粉检测，合格后，方能进行堆焊焊接，焊缝处的复层对口错边量不得大于1mm，且应先焊基层后焊复层。

⑧ 开口接管不得与筒体环缝、纵焊缝和封头上的拼接焊缝相碰，且距焊缝边缘距离不得小于100mm。

⑨ 堆焊构件应在堆焊前，用磁粉探伤检查基体表面有无裂纹，要求其表面不得有微裂纹存在。

⑩ 禁止在容器的非焊接部分引弧，因电弧擦伤而产生的弧坑或焊疤，必须打磨平滑。

⑪ 所有铬钼钢（包括复合板部分）对接接头的焊缝余高应打磨到与母材齐平。在焊接完成后整体热处理前要进行检查。

焊缝的对口错边量不得大于3mm。

此堆焊层表面应光滑，不允许存在任何大小裂纹，不许存在未熔合及条状夹渣，堆焊层表面不允许存在任何宏观缺陷。

焊道间搭接接头处应平滑过渡，其不平度均不大于1.5mm。

8. 焊接检验

（1）焊接前的检验：

工程中所使用的焊接材料，在使用前必须进行核查，确认与母材相匹配方可使用。

使用的焊条必须是按要求经过烘烤，焊丝表面应清理干净，不得有锈蚀、油污。

施焊前，应检查坡口形式、组对要求、坡口及坡口两侧表面的清理情况，必须符合焊接工艺要求。

（2）焊后外观检查：

所有焊接接头表面不允许存在咬肉、裂纹、气孔、弧坑、夹渣等缺陷，焊接接头上的熔渣和两侧的飞溅物必须打磨和清理干净。

（3）无损检测：

① 焊缝的透视：焊缝的透视是检验焊缝内部缺陷的准确又可靠的方法之一，焊缝透视可分为 X 射线探伤和 γ 射线探伤两种。

② 当射线通过被检查的焊缝时，由于焊缝内的缺陷对射线的衰减和吸收能力不同，因此通过焊接接头后的射线强度不一样，使胶片感光程度不一样，将感光胶片冲洗后，就可以用来判断和鉴定焊缝的内部质量。

③ 对于现场组对塔的所有铬钼钢对接接头（包括开口接管，裙座上的铬钼钢部分和裙座上碳素钢与铬钼钢之间的对接接头）及复合钢板对接接头在焊后热处理之前应按 NB/T 47013—2015 进行 100%射线检测，其检测结果不应低于 Ⅱ 级。

④ 裙座上碳素钢与碳素钢之间的对接接头应按 NB/T 47013—2015 抽查不少于总长度的20%进行射线探伤，其检测结果不低于 Ⅲ 级。

⑤ 超声检测（UT）：

所有铬钼钢对接接头（包括开口接管和裙座上的铬钼钢部分），裙座上碳素钢与铬钼钢之间的对接接头及复合钢板对接接头在焊后均应按 JB/T 4730 进行 100%超声检测，如发现超标缺陷，则该部位的整条焊缝应全部进行超声波复测，超声波为 Ⅰ 级合格，对于小直径接管的对接接头如无法进行超声检测可以免除，但应采用分层磁粉检测（MT）。

如果在焊后热处理之前，对对接接头进行 100%超声检测，则热处理后应抽查 20%进行超声复检，如发现超标缺陷，则该部位的整条焊缝应全部进行超声复检，超声复检的合格级别不变（Ⅰ 级为合格）。

焊后热处理之后，对复合钢板部分应抽查 20%进行超声检测，Ⅰ 级合格，若发现不合格缺陷，则应进行全面积超声检测。

⑥ 磁粉检测（MT）：

所有铬钼钢的焊缝坡口，所有铬钼钢焊接接头清根后表面，待堆焊面和焊接接头内外表面，均应按 NB/T 47013—2015 在焊接前或热处理前进行 100%磁粉检测，当裙座内部的铬钼钢焊接接头不能进行磁粉检测时，可用渗透检测代替。铬钼钢部分所有暂时性的装配件均应去除，去除后的表面应打磨光滑并进行磁粉检测。

在安装过程中，可根据需要对焊接接头进行一次或多次磁粉检测。

⑦ 渗透检测（PT）：

焊后热处理之后，所有焊接接头内外表面应按 JB/T 4730 进行渗透检测。

⑧ 硬度检测（HT）：

在焊后热处理之后，应对铬钼钢部分进行硬度检测且硬度值不得大于 225HB。

⑨ 检测数量规定如下：

每条环向对接接头（包括筒体与封头之间的环向对接接头），每条纵向对接接头（包括封头上拼接接头），各抽查 2 处，每处包括两侧母材、焊缝金属和两侧热影响区上各一点。

每个开口接管与筒体或封头之间的焊接接头各抽查一处，每处包括两侧母材焊缝金属和两侧热影响区上各一点。

顶部、底部大法兰密封面附近各抽查 3 点，其余每个法兰密封面附近各抽查一点。

⑩ 水压实验后的无损检测：

水压试验合格后，应抽查铬钼钢部分的对接接头，总长 20% 进行超声波检测。

并对 20% 总长的铬钼钢对接接头进行磁粉检测或渗透检测。

⑪ 合金元素检测：

铬钼钢焊接接头及复合钢板焊接接头的基层和复层焊接完毕后，应对其主要合金元素 Cr、Ni、Mo 等合金元素进行光谱分析，以确认该焊接接头的焊接材料，检测点要求如下：

a. 每条环向焊缝接头不少于 2 点。

b. 每条纵向焊缝接头不少于 1 点。

c. 每条接管对接接头及壳体之间的焊接接头至少 1 点。

⑫ 焊缝返修：

a. 焊缝返修必须由持证焊工担任实施。

b. 经检测不合格的焊接接头表面缺陷，可用砂轮磨掉，所剩壁厚不得小于名义厚度减钢材厚度负偏差，打磨部位应与周围金属平缓过渡，打磨后需经磁粉检测合格。

c. 返修前，先对缺陷进行定位，当缺陷位置距复层表面不大于 3mm 时，在复层一侧进行返修，否则应在基层一侧返修，并控制刨槽深度，严禁伤及过渡层焊缝。

d. 经检测不合格的内部缺陷，允许铲掉补焊，缺陷去除后，须经磁粉检测合格后方可补焊。磨削或碳弧气刨清除缺陷时，刨槽底部应修磨成 U 形，槽长不得小于 50mm。

e. 补焊应符合下列规定：

补焊应采用经过评定的焊接工艺(包括预热和焊后热处理)和焊接材料。

返修后的焊缝应修磨成与原焊缝基本一致，并按原无损检测要求进行检验。

焊缝同一部位返修次数不应超过两次，超过时，应由施工单位技术总负责人进行审批，批准后方可执行。

焊缝返修应在热处理前进行，否则应重新进行热处理。

每个焊工施焊的位置应记录在施焊记录上，以施焊记录作为焊工识别的标识。

9. 安全技术措施

① 施工人员进入现场要戴好安全帽，着装整齐并且要进行安全教育。

② 登高作业要系好安全带。

③ 使用砂轮机操作要戴防护眼镜。

④ 进入有限空间作业，照明要使用安全电压。

⑤ 进入有限空间作业要办理有限空间作业证。

⑥ 动火作业要办理动火证。

⑦ 吊装作业要有专人指挥，哨音响亮，旗语鲜明，重物下不许站人，吊装现场要设置警戒绳，非施工人员不得进入。

关于塔的整体吊装，另有吊装方案，此处从略。

附录七　管道安装施工方案举例

乙烯装置管道安装施工方案

1. 编制说明

XX 公司乙烯装置 XX 车间管道安装工作量大，管道材质多，管道主要材质有 20、20R、1Cr5Mo、0Cr18Ni9Ti 等，管廊上的高空管道多，安装难度大，为了保质保量地完成安装任务、保工期、高效率，特编制此施工方案，以指导施工。

2. 编制依据

设计文件和图纸资料：

GB 50235—2010《工业金属管道工程施工规范》；

SH 3501—2011《石油化工有毒、可燃介质钢制管道施工及验收规范》；

GB 50683—2011《现场设备、工业管道焊接工程施工质量验收规范》；

SH/T 3536—2011《石油化工工程起重施工规范》；

SH/T 3059—2012《石油化工管道设计器材选用规范》。

3. 工程特点

① 管道预制工作量大，合金钢管道材质占有较大比例，焊接要求严格，合金钢管道的焊接前预热和焊后热处理消除应力、以及焊后消氢都很严格，管道的安装工程量如附表 7-1 所示。

附表 7-1　管道安装工程量明细表

序号	材质	无缝钢管/m	管件/个	阀门/个
1	0Cr18Ni9Ti	320	278	各种阀门 3436 个
2	1Cr5Mo	3050	1803	
3	20R	80	120	
4	20G	235	68	
5	20	43656	12368	

② 工艺管道中易燃、易爆的介质多，防泄漏要求严。

③ 管道布置密集，管廊上的管道多，施工空间小，工期紧，任务重。

4. 施工准备及施工方法

(1) 编写切实可行的施工方案，逐级审批，尤其要经过监理单位的审批，审批后方可执行。

(2) 切实组织好人力物力，保证施工需要。

(3) 施工现场做到"三通一平"，吊车、板车的运走道路畅通。

(4) 管道施工图经过施工图纸会审，并已对施工人员进行技术交底。

(5) 施工工序见附图 7-1。

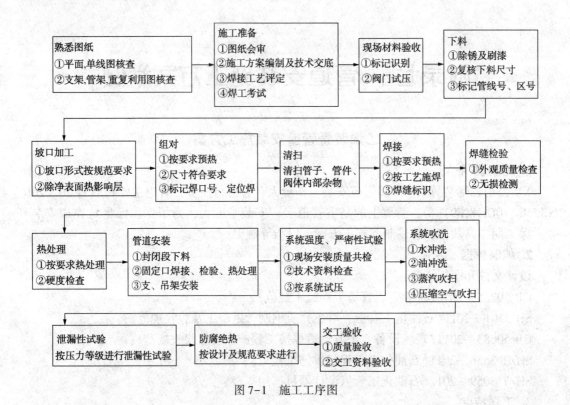

图 7-1　施工工序图

（6）管道组成件检验及材料管理：

① 对管道组成件的一般要求：

a. 材质、规格、型号、质量应符合设计文件的规定。

b. 无裂纹、缩孔、夹渣、折叠、重皮等缺陷。

c. 锈蚀、凹陷及其他机械损伤的深度，不应超过产品相应标准允许的壁厚负偏差。

d. 螺纹、密封面、坡口的加工精度及粗糙度应达到设计要求或制造标准。

e. 管道组成件(管子、阀门、管件、法兰、补偿器、安全保护装置等)，必须具有质量证明书或合格证，无质量证明书或合格证不得使用。

f. 不锈钢管道组成件及支撑件在储存及施工期间不得与碳素钢接触，所有暂时不用的管子均应封闭管口。

g. 所有管道组成件，均应有产品标识。

h. 任何材料代用必须经设计部门同意，不允许任意不加区别地以大代小，以厚代薄，以较高等级材料代替较低级别的材料。

② 对管道支、吊架的要求：

a. 应有合格证明书。

b. 弹簧表面不应有裂纹、折叠、分层、锈蚀等缺陷。

c. 尺寸偏差应符合设计要求。

d. 在自由状态下，弹簧各圈节距应均匀，其偏差不得超过自由高度的2%。

③ 管子及管件检验：

a. 鉴于该工程中使用的同规格(外径)，同材质的管子、管件存在壁厚相差不大的特点，在使用前应按单线图及管道规格表核对管子、管件的规格、数量、材质和标记，并审查质量证明书的内容。予以认真核对，保证材料正确使用率达到100%。

b. 合金钢管子、管件、法兰、螺栓、螺母，应用光谱分析仪对材质进行复查，每批抽查5%且不少于1件，并做好检验状态标识及材料色标。

c. 螺栓、螺母的螺纹应完整，无划痕、毛刺等缺陷，螺栓、螺母应配合良好，无松动或卡涩现象。

d. 法兰密封面、八角垫、缠绕垫不得有径向划痕、松散、翘曲等缺陷，石棉垫表面应平整、光滑，不得有气泡、分层、褶皱等缺陷。

④ 阀门检验：

a. 阀门进入现场，必须有质量证明文件，无质量证明文件的阀门不得使用。

b. 阀门应进行外观检查，其零部件应齐全完好，不得有裂纹、氧化皮、粘砂、疏松等影响强度的缺陷。法兰密封面平整光滑，无毛刺及径向沟槽。

c. 阀门在安装前，应按要求和施工验收规范对阀体进行液体100%压力试验。

d. 安全阀在安装前应进行调校，按设计要求由建设单位统一定压、调校，合格后在有关人员监督下进行铅封。

⑤ 工程材料管理：

a. 工程材料要具备质量证明书，领料时要认真核对材质、型号、规格。

b. 材料合格品、不合格品及待检品应分区摆放。

c. 不同材质、等级的管子、管件应有标识，摆放整齐。

d. 材料发放要有详尽的台账，具有可追溯性。

e. 施工班组凭单线图限额领料。

f. 管道封口率要达到100%，管内清洁率达到100%。

⑥ 焊接材料的管理发放：

a. 焊材要设一级库和二级库，一级库为总的焊材库，二级库要从一级库领取焊材，并要保证焊材的保管环境和管理制度。

b. 焊接材料的管理及发放应有专人负责。

c. 焊条在使用前应按照生产厂家的说明书进行烘烤和保温。

d. 焊工在领用焊条时应使用焊条保温筒，焊条应随用随取，一次领用数量不得超过4h的用量。

e. 一个焊条保温筒内，不得装入两种或两种以上牌号规格的焊条。

f. 当天施工完毕，未用完的焊条和用后的焊条头应退回焊材发放处，由焊材管理人员按照规定统一处理。

g. 回收焊条的烘烤次数不得超过2次。

h. 焊条领用与回收必须有完整的记录，由当事人签名填写焊条领用与回收记录。

（7）管道预制：

① 根据该工程工艺管道安排时间紧，容易发生交叉作业等特点，建造管道预制厂，进行工厂化预制，预制程度应尽可能的深，这样可以在正式要安装时能节省时间。

② 管道预制加工前，施工班组应仔细核对设计单线图，并结合现场的实际情况，认真熟悉管段图上材质规格、几何尺寸、方法、发现问题及时反馈技术部门以便联系设计解决，

减少误差和返工，供应部门要保证工程所需管材、管件数量充足供应。

③ 单线图用于现场预制和施工安装，管道预制前，工程技术人员在管道单线图上标明预制口、现场焊接口时要考虑好活动口的位置，靠近设备管口处不要预制太长，装置与管廊连接处两边最好都考虑用活接头，避免因其他原因造成偏移，引起预制返工。

④ 管道预制过程中的每一道工序，均应核对管子标识并做好标识的移植。对于不锈钢管道，不得使用钢印作标识。

⑤ 预制应严格按单线图执行，每预制一道焊缝都要在单线图上进行标记。

⑥ 坡口加工和预制应在经处理硬化的地面或平台上进行，管子切割应保证切口面平整、无裂纹、重皮、毛刺、凹凸、缩口、熔渣、氧化物、铁屑等，端面倾斜偏差不应大于管子外径的1%，且不得超过3mm。

⑦ 管子坡口加工，不锈钢管道应采用机械加工或等离子切割，其他管道可采用氧—乙炔焰方法进行切割加工。

⑧ 管子、管件组对时，一律（承插焊口除外）采用V形坡口。

⑨ 壁厚相同的管道组成件组对时，应使内壁平齐，其错边量不应超过其壁厚的10%，且不大于2mm，焊口内外边20mm处用角向磨光机，将管子表面清理干净，不得留有铁锈、泥砂、油漆、油污等杂物。对于壁厚不相同的管道组成件组对时，应严格遵守SH 3501—2011的焊前准备的规定，对不同壁厚的管子壁厚进行修整。

⑩ 对于直径在2in以上的管子，焊接采用氢弧焊打底、焊条电弧焊填充盖面的焊接工艺，焊接层数为2~3层，层间焊接接头应相互错开。

⑪ 不锈钢焊接前应将坡口及其两侧20~30mm范围内的焊件表面清理干净，在每侧各100mm范围涂抹白垩粉或其他防粘污剂，以防焊接飞溅物沾污。

⑫ 焊后应认真检查，焊缝表面应平滑过渡，不得有裂纹、气孔、夹渣、飞溅、咬肉等缺陷，咬边深度应小于0.5mm，长度应小于焊缝长度的10%且小于100mm，焊缝表面加强高1~2mm，焊缝宽度超出坡口2mm为宜。

⑬ 直管段上两道对接焊口中心面间距应符合：当管径大于或等于150mm时，不应小于150mm，当管径小于150mm时，焊口间距不应小于管子外径的数值。

⑭ 当采用承插焊时，管子与管子应同心，角焊缝应该焊两遍，角焊缝焊脚尺寸应不小于1.4倍的管壁厚度，管子插入管件应有1~1.5mm的间隙，目的是使焊接牢固。

⑮ 焊接时，不准在焊件表面引弧和试电源，应在焊道内引弧或在卡具上引弧，或在引弧板上引弧，目的是保护管道不被损伤。

⑯ 使用卡具过后，焊疤要打磨干净。

⑰ 焊缝焊接完毕，应按要求标注焊工、焊口标识，内容包括焊工号、焊口号、焊接日期、管线材质等。

⑱ 焊缝焊接完毕后，对焊缝进行外观检查，组对、焊接及焊接自检等过程都要如实填写焊接记录，每根管线预制焊接完毕后，质检人员确认合格后，应立即输入焊口数据库，以备按规定比例进行射线探伤。

⑲ 合格的管段应具备管配件完整性，需无损检测的焊缝合格，管口用塑料布或塑料胶板及时进行封堵，避免脏物进入管内。

⑳ 对于材质是1Cr5Mo等级壁厚的管段，要进行焊前预热。焊前预热温度要>250℃，

焊后要进行消氢处理。

（8）管道的现场安装：

① 管道安装：

a. 管道安装顺序本着分片区、分系统，先大直径后小直径，先上层后下层，先难后易，与设备相连接的管道原则上是从里向外配管，即从设备接管处向外配管，以减少焊接应力对机器安装精度的影响，管道穿越格栅板时，应将固定口设置在格栅板的上方，便于焊接及检查。

b. 管道在安装前应对设备管口、预埋件、预留孔洞、钢结构等涉及管道安装的内容进行复核，确认无误后才能进行管道的安装工作。

c. 管子吊起安装前，应对管道倾斜45°敲打，将其内部脏物清理干净，并由专业质检人员检查确认，保证管内无任何杂物后进行安装。

d. 仪表组件的临时替代，所有仪表组件安装时，均可采用临时组件进行替代，待试压、冲洗、吹扫工作结束后，气密试验前，再正式安装就绪。

e. 水平段管道的倾斜方向以及倾斜角度要符合设计文件的要求，倾斜方向要以便于输送介质为原则。

f. 蒸汽冷凝水管道上的疏水阀要待管道冲洗干净后，再进行安装。

g. 在管道安装过程中，配管不能连续进行，中间有停歇时，各管道开口处务必加盖或用塑料布包扎，以免杂物、灰尘进入。

h. 管道需按设计要求作静电接地，并与电气专业设计的接地网连通。

② 管道安装时的允许偏差见附表7-2。

附表7-2 管道安装时的允许偏差

项 目		允许偏差
坐标		25
标高		±20
水平管道垂直度	$DN \geqslant 100$	$2L‰$ 最大 50
	$DN > 100$	$3L‰$ 最大 80
立管垂直度		$5L‰$ 最大 30
成排管道间距		15
交叉管的外壁或绝热层间距		20

注：DN 为管子公称直径；L 为管道有效长度。

③ 与传动设备连接的管道：

a. 与传动设备连接的管道的固定焊口应尽量远离设备，并在固定支架之外，以减少焊接应力的影响。

b. 管道安装要确保不对机器产生附加应力，做到自由对中，在自由状态下检查法兰的平行度和同轴度。

c. 与传动设备连接的管道支、吊架安装完毕后，应卸下设备连接处的法兰螺栓，在自由状态下检查法兰的平行偏差，其平行度允许偏差为≤0.15mm，螺栓能自由穿入。

d. 传动设备入口管，在系统吹扫前不得与设备连接，应用有标记的盲板隔离。

④ 阀门安装：

a. 安装前，应核对阀门的规格、型号、材质，并清理干净，保持关闭状态，搬运、存放、吊装阀门时应注意保护手轮，防止碰撞、冲击，吊装阀门时，严禁在手轮上或手柄螺杆上捆绑绳扣。

b. 阀门安装前，按介质流向确定其安装方向。

c. 截止阀、止回阀、节流阀等应按阀门的指示标记及介质流向，确保其安装方向正确。

d. 阀门安装时，手轮的方向应按设计要求安装且应便于操作，水平管道上的阀门，其阀杆一般应安装在上半周范围内，安全阀两侧阀门的阀杆，可倾斜安装或水平安装，除有特殊规定外，手轮不得朝下。

e. 安全阀安装时，应注意其垂直度，在管道投入运行之前及时调校，开启和回座压力符合设计要求，调校后的安全阀，应及时铅封。

f. 法兰或螺纹连接的阀门应在关闭状态下安装，对焊式阀门在焊接时不应关闭，并在承插端头留有 $0.5 \sim 1mm$ 间隙，防止过热变形。

⑤ 法兰安装：

法兰连接应与管道同心，并应保证螺栓自由穿入，法兰螺栓孔应跨中安装，法兰间应保持平行，其偏差不得大于法兰外径的 1.5‰ 且不得大于 2mm，不得用强紧螺栓的方法消除歪斜。

⑥ 伴热管安装：

a. 伴热管与主管、伴热管之间应平行安装，且应自行排液。

b. 水平伴热管宜在主管斜下方或靠近支架的侧面，垂直伴热管应均匀分布。

c. 伴热管的固定要用镀锌铁丝绑扎，直管段绑扎间距按伴热管规格 $DN15$、$DN20$、$DN25$ 分别为 1000mm、1500mm、2000mm，弯头处不得少于 3 个绑扎点。

d. 当碳钢伴管对不锈钢主管伴热时，两者间绑扎处应按设计或规范要求加隔离垫。

⑦ 支、吊架安装：

a. 支、吊架位置应按设计要求准确无误，安装平整牢固，与管子接触紧密，根据现场实际情况可适当调整管架位置和形式，如果需要埋设小型支架，可用膨胀螺栓或焊接的方法来固定。

b. 不锈钢管道不得与碳钢支架直接接触，要加垫板，管廊小口径不锈钢管道与结构间应加隔离垫板。

c. 支、吊架支撑在设备上时均应加设垫板，其材质要与设备材质一致。

d. 支、吊架焊道长度及高度应符合设计要求。

e. 对于进行应力计算的管道应严格按原设计的管架形式、位置进行安装，如因特殊原因要修改，必须由设计工程师重新计算确认。

f. 所有假管支托，都应开透气孔。

g. 滑动支架、导向支架的滑动面应清洁平整，不得有歪斜和卡涩现象，安装位置应向位移相反方向偏移 1/2 的位移值。

h. 吊架安装时，吊杆一般垂直安装，但有热位移的管道吊点应设在位移的相反方向，按位移值的 1/2 偏位安装。

i. 弹簧支架在安装时，要注意先核对弹簧支架安装高度是否正确，然后再确定管道支腿等辅助支架，不能对弹簧支架拿来就按原样安装。一般情况下，弹簧支架出厂时，因为运输需要，将中心旋杆调到最低点，甚至顶到底板上，比安装高度小，应调节到安装高度再安装，如果直接安装会造成弹簧支架无法正常工作，严重时会影响装置开工，造成严重后果，弹簧支架的定位销在管道试压完、装置试车前拆卸。

⑧ 管道焊接检验：

a. 管道焊接工作开始前，应编制相应的焊接工艺评定，并编写焊接作业指导书，对焊工进行技术交底。

b. 施焊人员应有相应位置的焊工合格证，并且应在有效期内。

c. 焊接材料应有质量证明书和合格证，且外观无药皮脱落、锈斑、潮湿等现象。

d. 焊接方法：对于管子公称直径在 2in 以上的，要进行氢弧焊打底、电焊盖面，而对于管子直径在 2in 以下的要进行氩弧焊打底，氩弧焊盖面，即全部氩弧焊焊接。

e. 不锈钢或异种钢焊接时，管内应通氩气保护。

f. 若在下列环境中施焊，都必须采取防护措施，否则应停止焊接作业。

● 焊条电弧焊焊接时，风速等于或大于 8m/s；气体保护焊焊接时，风速等于或大于 2m/s。

● 相对湿度大于 90%。

● 下雨或下雪。

g. 不锈钢管焊道在焊接完成后，需要进行酸洗、钝化处理。

h. 已进行过热处理的设备、管道，焊道上不得再进行焊接作业，如必须动焊时，需与有关的技术人员联系。

i. 施工过程中，及时做好焊口标识工作，做好焊接记录，并在单线图上进行标识，建立数据库。

j. 射线检验要求：

● 按照设计提供的管道焊缝检验比例及合格标准进行检测，在能检测的焊缝中，固定焊口检测比例不得少于检测数量的 40%，且不少于一道焊口。

● 管道焊接接头无损检测后焊缝缺陷等级评定，应符合 NB/T 47013—2015《承压设备无损检测》的规定。

⑨ 产品保护：

a. 在运输搬运管道时，防止防腐油漆的损坏，预制安装管道时，管道、管件的下面要垫方木，任何人不得在管段上行走，不得用硬物磕碰防腐层。

b. 管廊上串管时要使用自制滑道，尽量避免硬拉破坏油漆。

c. 管段组对焊接完毕后，焊工应立即将焊道清理干净，管内不得有焊渣、药皮、氧化铁等脏物。

d. 预制完成和安装未完成的管道两端用塑料布进行封闭，避免脏物进入管内。

e. 对安装上的仪表，尽可能将其包扎好，避免碰撞。

5. 质量管理和保证措施

① 向施工班组进行详细的施工技术交底，使施工人员明白项目质量目标，施工方法，施工质量控制重点和难点。

② 进行必要的焊接工艺评定，开展特殊工种的培训考试工作，做到焊接工艺评定覆盖率 100%，特殊工种上岗持证率 100%。

③ 所有进库材料、配件都必须经过检验，有合格证及质保书，严禁不合格材料进入施工现场。

④ 材料堆放应按规格、材质整齐堆放，立牌作好标识，严禁混放，用道木垫起，防止水淹，材料发放时应做好详细地发放台账记录，并由当事人本人签字做到材料领用发放具有可追溯性，对于特殊要求的管材要专门堆放，做好标识和发放记录。

⑤ 要做好过程监控，严格按照质量检验计划的要求对现场质量进行控制。发现问题，及时整改，严格按照施工图纸、施工规范和施工技术文件进行施工，任何现场修改、材料代用都必须取得设计同意，并有书面凭据，严禁自行改变施工图纸或降低使用标准。

⑥ 组织人员进行现场工艺、纪律检查，发现问题，应立即进行处理，并提出措施，避免类似问题再次发生。

⑦ 各部门、各班组的施工资料应与现场实际施工情况相吻合，上报的交工资料不能滞后，要与现场的进度同步。

⑧ 建立一套完整的奖惩制度，对质量好的予以奖励，对质量差的，除要求其整改外，还必须进行处罚。对焊接合格率达不到要求的焊工，清除管道施工班组。

⑨ 坚持每天早上开班前质量会议，加强质量宣传工作，坚决贯彻"质量第一、质量终身制"的方针。

⑩ 管道工程质量保证体系见附图7-2。

⑪ 质量检验计划见附表7-3。

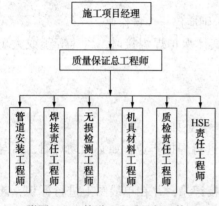

附图 7-2　管道工程质量保证体系

附表 7-3

序号	检验点	检验项目	检验级别		
			自检	专检	监检
1	管件、管材、阀门、焊材的检验	管材、管件、阀门支、吊架、弹簧、焊材	√	√	√
		安全阀调试	√	√	√
		阀门试压	√	√	√
2	管道加工	管材下料部件制作	√		√
		管道预制	√		√
3	管道安装	管道安装			
		直管口组对	√		√
		马鞍口割口组对	√		√
		支、吊架安装	√		√
		附件安装	√		√
4	管道焊接	焊接工艺评定	√		√
		焊工资格确认	√		√
		焊接质量	√		√
		无损检测	√		√
		热处理	√	√	√

续表

序号	检验点	检验项目	检验级别		
			自检	专检	监检
5	管道系统试验	压力试验	√	√	√
		真空试验	√	√	√
		泄漏试验	√	√	√
6	管道吹洗	吹扫与脱脂	√	√	√
		管道复位	√	√	√
7	管道涂漆	除锈除漆	√	√	√

⑫ 开工前技术人员首先应进行全面技术交底，要求施工人员严格按规范及施工图要求施工。

⑬ 要进一步落实各级质量责任制，明确各级管理人员及操作工人的质量职责，并与个人经济利益挂钩，提高职工的自我管理的质量意识。

⑭ 做好材料的检查验收工作，严把材料质量关，避免因材料给工程带来的不必要的隐患。

⑮ 认真做好工序施工过程中的巡查、跟踪、监督工作，严格执行自检、互检、专检的三检制，及时发现问题及时纠正。

⑯ 严格按程序文件办事，规范现场质量行为，以质量体系有效运作作为质量预控的有效保证。

⑰ 设置施工质量关键工序控制环节、控制工序及 A、B、C 三级质量控制点，严格按质量控制点进行检查和报验，关键工序质量控制点如附表 7-4 所示。

附表 7-4

序号	质检名称	质检等级	序号	质检名称	质检等级
1	材料进场检查	BR	11	安全阀调试定压	AR
2	焊接前检查	BR	12	试压前管道安装检查	BR
3	预制安装	BR	13	强度试验	AR
4	高压管加工后检查	BR	14	严密性试验	AR
5	补偿器安装检查	BR	15	泄露性试验	AR
6	高压管件检查	CR	16	吹扫检查	AR
7	管支架、吊架安装检查	C	17	伴热检查	CR
8	弹簧支、吊架调整	BR	18	化学清洗、钝化、充氮保护检查	AR
9	管道无应力连接检查	B	19	隐蔽工程检查	AR
10	静电接地检查	CR			

注：A—建设单位、监理单位、施工单位的质量控制人员共同检查确认。

　　B—监理单位、施工单位的质量控制人员共同确认。

　　C—施工单位的质量控制人员检查确认。

　　R—提交检查记录。

附表 7-5　管道安装质量通病及防治措施

序号	名称	现象	原因分析	控制措施
1	法兰接口	滴漏返潮	法兰端面与管道中心不垂直 垫片不合格 螺栓未紧固	法兰安装要注意对齐 垫片要符合图纸要求 螺栓对称紧固,分数次紧固完毕
2	架空管道	管道不平行、坡度不明确、支架合要求	不按图纸施工 没有注意管道平齐原则	严格按图施工 管道安装注意平齐 以建筑物为参照
3	管道焊接	碳钢管借口渗漏	焊缝缺陷	注意焊接工艺焊材,按焊接工艺指导书进行
4	不锈钢安装	不锈钢管道内部氧化	没有充氮保护 焊接参数不正确	不锈钢管道焊接一定要用充氮保护
5	热处理	硬度值高于母材	热处理温度未到、恒温时间不够	严格按热处理参数进行
6	管架安装	支架不起作用	支架形式不正确 未按图施工 管家固定不牢	分清管道的支架用途 管架要固定牢固
7	阀件安装	阀门影响使用	阀门型号选用不正确 没按图纸要求施工	注意阀门安装方向,正确施工

6. 安全技术措施及文明施工

① 所有进入施工现场的人员都必须戴安全帽,着装整齐。

② 登高作业要系好安全带。

③ 应经常检查脚手架、跳板的使用状况,如有松动、下沉、严重锈蚀,应及时处理。

④ 施工现场用电要"一机一闸一保护"。

⑤ 雨雪天,在露天工作环境下,尽可能地避免使用电动工具。

⑥ 严禁在风力六级及六级以上时进行高空作业。

⑦ 用于吊装管子、管件的倒链、索具等要认真检查,有问题的要处理好之后方可使用,吊装时,一定要捆绑牢固,吊装过程要平缓进行,防止发生窜管现象,以免造成人员、设备、管道伤害。

⑧ 脚手架搭设要牢固可靠,并设防护栏杆和斜支撑。

⑨ 起重作业要旗语鲜明,统一指挥,起重人员要持证上岗。

⑩ 现场施工垃圾及生活垃圾要及时清理,保持现场文明、清洁,酸洗过后的残液不要乱排,尽量收集在一起进行处理,排放到指定地点。

参 考 文 献

[1] 王文友主编.过程装备制造工艺[M].北京：中国石化出版社，2009

[2] 李志安，金志浩，金丹主编.过程装备制造[M].北京：中国石化出版社，2014

[3] 邹广华，刘强编著.过程装备制造与检测[M].北京：化学工业出版社，2003

[4] 姚慧珠，郑海泉主编.化工机械制造工艺[M].北京：化学工业出版社，1990

[5] 谢忠武，刘勃安，谢英慧等编.石油化工设备安装施工手册[M].北京：化学工业出版，2011

[6] 冯兴奎主编.过程设备焊接[M].北京：化学工业出版社，2003

[7] 张声主编.压力容器制造单位质量保证人员实用手册[M].上海：华东理工大学出版社，1999

[8] 王先逵编著.机械制造工艺学[M].北京：机械工业出版社，2007

[9] 陈学冬.我国压力容器设计、制造、和维护十年回顾与展望[J].压力容器，2012，29(12)

[10] GB/T 150—2016 压力容器[S]

[11] GB/T 151—2014 热交换器[S]

[12] TSG21—2016 固定式压力容器安全技术监察规程[S]

[13] GB/T 25198—2010 压力容器封头[S]

[14] GB/T 5117—2012 非合金钢及细晶粒钢焊条[S]

[15] GB/T 5118—2012 热强钢焊条[S]

[16] GB/T 983—2012 不锈钢焊条[S]

[17] GB/T 10045—2018 非合金钢及细晶粒钢药芯焊丝[S]

[18] GB/T 17853—2018 不锈钢药芯焊丝[S]

[19] GB/T 14957—1994 熔化焊用钢丝[S]

[20] GB/T 8110—2008 气体保护电弧焊用碳钢、低合金钢焊丝[S]

[21] GB/T 5293—2018 埋弧焊用非合金钢及细晶粒钢实心焊丝、药芯焊丝和焊丝-焊剂组合分类要求[S]

[22] GB/T 12470—2018 埋弧焊用热强钢实心焊丝、药芯焊丝和焊丝-焊剂组合分类要求[S]

[23] GB/T 4842—2017 氩[S]

[24] GBZ/T 230—2010 职业性接触毒物危害程度分级[S]

[25] GB 50160—2008 石油化工企业设计防火规范[S]

[26] GB 50016—2014 建筑设计防火规范[S]

[27] GB/T 985.1—2008 气焊、焊条电弧焊、气体保护焊和高能束焊的推荐坡口[S]

[28] GB/T 985.2—2008 埋弧焊的推荐坡口[S]

[29] GB/T 324—2008 焊缝符号表示法[S]

[30] GB/T 11345—2013 焊缝无损检测 超声检测 技术、检测等级和评定[S]

[31] GB 50275—2010 压缩机、风机、泵安装工程施工及验收规范[S]

[32] GB 50231—2009 机械设备安装工程施工及验收通用规范[S]

[33] GB 50683—2011 现场设备、工业管道焊接工程施工质量验收规范[S]

[34] GB 50235—2010 工业金属管道工程施工规范[S]

[35] GB 50236—2011 现场设备、工业管道焊接工程施工规范[S]

[36] GB/T 50484—2019 石油化工建设工程施工安全技术标准[S]

[37] GB 50128—2014 立式圆筒形钢制焊接储罐施工及验收规范[S]

[38] SH/T 3536—2011 石油化工工程起重施工规范[S]

[39] HG/T 20203—2017 化工机器安装工程施工及验收规范(通用规定)[S]

[40] SH/T 3524—2009 石油化工静设备现场组焊技术规程[S]

[41] SH/T 3515—2017 石油化工大型设备吊装工程施工技术规程[S]

［42］NB/T 47041—2014 塔式容器［S］

［43］SH/T 3536—2011 石油化工工程起重施工规范［S］

［44］SH 3501—2011 石油化工有毒、可燃介质钢制管道工程施工及验收规范［S］

［45］NB/T 47013—2015 承压设备无损检测［S］

［46］NB/T47014—2011 承压设备焊接工艺评定［S］

［47］NB/T 47015—2011 压力容器焊接规程［S］

［48］JB 4732—1995 钢制压力容器 应力分析法设计标准［S］

［49］SH/T 3059—2012 石油化工管道设计器材选用规范［S］